Teubner Studienbücher

Informatik

Berstel: **Transductions and Context-Free Languages**
278 Seiten. DM 38,– (LAMM)

Beth: **Verfahren der schnellen Fourier-Transformation**
316 Seiten. DM 34,– (LAMM)

Bolch/Akyildiz: **Analyse von Rechensystemen**
Analytische Methoden zur Leistungsbewertung und Leistungsvorhersage
269 Seiten. DM 29,80

Dal Cin: **Fehlertolerante Systeme**
206 Seiten. DM 24,80 (LAMM)

Ehrig et al.: **Universal Theory of Automata**
A Categorical Approach. 240 Seiten. DM 24,80

Giloi: **Principles of Continuous System Simulation**
Analog, Digital and Hybrid Simulation in a Computer Science Perspective
172 Seiten. DM 25,80 (LAMM)

Kandzia/Langmaack: **Informatik: Programmierung**
234 Seiten. DM 24,80 (LAMM)

Kupka/Wilsing: **Dialogsprachen**
168 Seiten. DM 21,80 (LAMM)

Maurer: **Datenstrukturen und Programmierverfahren**
222 Seiten. DM 26,80 (LAMM)

Oberschelp/Wille: **Mathematischer Einführungskurs für Informatiker**
Diskrete Strukturen. 236 Seiten. DM 24,80 (LAMM)

Paul: **Komplexitätstheorie**
247 Seiten. DM 26,80 (LAMM)

Richter: **Betriebssysteme**
Eine Einführung. 152 Seiten. DM 28,80 (LAMM)

Richter: **Logikkalküle**
232 Seiten. DM 24,80 (LAMM)

Schlageter/Stucky: **Datenbanksysteme: Konzepte und Modelle**
2. Aufl. 368 Seiten. DM 34,– (LAMM)

Schnorr: **Rekursive Funktionen und ihre Komplexität**
191 Seiten. DM 25,80 (LAMM)

Spaniol: **Arithmetik in Rechenanlagen**
Logik und Entwurf. 208 Seiten. DM 24,80 (LAMM)

Vollmar: **Algorithmen in Zellularautomaten**
Eine Einführung. 192 Seiten. DM 23,80 (LAMM)

Weck: **Prinzipien und Realisierung von Betriebssystemen**
299 Seiten. DM 34,– (LAMM)

Wirth: **Compilerbau**
Eine Einführung. 3. Aufl. 117 Seiten. DM 17,80 (LAMM)

Wirth: **Systematisches Programmieren**
Eine Einführung. 5. Aufl. 160 Seiten. DM 23,80 (LAMM)

Preisänderungen vorbehalten

Zu diesem Buch

Dieses Buch ist entstanden aus FORTRAN 77-Vorlesungen mit Programmierpraktika, die der Verfasser für Ingenieure verschiedener Fachrichtungen seit einigen Jahren an der Fachhochschule Gießen-Friedberg hält. Es gliedert sich in drei Kapitel. Das 1.Kapitel enthält kurze Aufgaben zum Einüben einzelner Sprachelemente, die in einer Praktikumsdoppelstunde programmiert und getestet werden können.
Im 2. Kapitel sind Verfahren der numerischen Mathematik als Aufgaben formuliert. Diese Algorithmen können auch später in der Berufspraxis vom Ingenieur benutzt werden: Lösen von Interpolationen, Approximationen, Gleichungssystemen, Integralen und Differentialgleichungen.
Das letzte Kapitel bringt Aufgaben zur Computergrafik: Zentral- und Parallelprojektion, Hidden-Line-Algorithmen bei der Darstellung von Flächen und Körpern, konforme Abbildungen und Computerkunst.

Programmierpraktikum für Ingenieure

Mit grafischen und numerischen Aufgaben

Von Dr. phil. nat. Wilhelm M. Pieper
Professor an der Fachhochschule
Gießen-Friedberg

Mit 188 Bildern, 25 Beispielen und
294 Aufgaben

B. G. Teubner Stuttgart 1985

Prof. Dr. phil. nat. Wilhelm M. Pieper

Geboren 1937 in Westönnen/Westfalen. Von 1958 bis
1965 Studium der Physik an den Universitäten Freiburg und München. Diplom bei S. Flügge in Freiburg.
Von 1965 bis 1969 wiss. Mitarbeiter von W. Greiner
an der Universität Frankfurt/Main. 1967/68 Research
Associate am Center for Advanced Studies in
Charlottesville/Virginia. 1969 bis 1972 Prozeßrech-
nereinsatz in Kernkraftwerken bei AEG, Frankfurt/Main
und General Electric in San Jose. Seit 1972 Professor
an der Fachhochschule Gießen-Friedberg im Bereich Gießen.

CIP-Kurztitelaufnahme der Deutschen Bibliothek

Pieper, Wilhelm M.:
Programmierpraktikum für Ingenieure : mit graf.
u. numer. Aufgaben / von Wilhelm M. Pieper. -
Stuttgart : Teubner, 1985.
   (Teubner Studienskripten ; 107 : Informatik)
   ISBN 978-3-519-00107-2   ISBN 978-3-322-96632-2 (eBook)
   DOI 10.1007/978-3-322-96632-2

NE: GT

Gesamtherstellung: Beltz Offsetdruck, Hemsbach/Bergstr.
Umschlaggestaltung: M. Koch, Reutlingen

VORWORT

Dieses Buch ist entstanden aus einer FORTRAN-Vorlesung mit Programmierpraktiken, die der Verfasser seit einigen Jahren an der Fachhochschule in Gießen in den Fachbereichen Elektrotechnik, Maschinenbau und Technisches Gesundheitswesen hält. Es soll dazu anregen, selbst Programme zu schreiben und nicht etwa fremde Programme zu übernehmen.
So wie man eine gesprochene Sprache am besten dadurch erlernt, daß man gezwungen wird, die eigenen Gedanken frei zu formulieren, so beherrscht man auch eine Programmiersprache erst dann, wenn man einige Programme selbst erstellt hat.
Andererseits sollte aber schon aus Zeitgründen nicht jeder Anfänger mühsam alle Tricks der Programmierung neu erfinden müssen, denn auch Kinder lernen die ersten Worte durch Nachsprechen.
Aus diesem Grunde ist das Praktikum in zwei Teile geteilt: die Präsenzübungen, in denen einzelne Sprachelemente an kleinen Aufgaben geübt werden und die Hausübungen, in denen Programme von ca. 50 bis 150 Zeilen selbständig erstellt werden.
In den Präsenzübungen wird den Teilnehmern von den Betreuern jede Hilfe gegeben, um in einer Doppelstunde (90 Minuten) die Programme zu schreiben, in den Rechner zu geben und auszutesten. Die Aufgaben sind im 1. Kapitel des Buches wiedergegeben.
Für die etwas längeren Hausübungen haben die Teilnehmer vier Wochen Zeit. Sie behandeln im Wesentlichen Aufgaben aus der numerischen Mathematik (2. Kapitel) und der graphischen Datenverarbeitung (3. Kapitel). Nach der Programmabgabe erhalten die Studenten die Möglichkeit, innerhalb von zwei Wochen die Programme zu verbessern, falls sich bei der Durchsicht noch Fehler herausstellen. Neben der Programmiererfahrung sollen die Teilnehmer an den Hausübungen auch ein Gespür dafür bekommen, welche Probleme sich heute mit Rechnern leicht lösen lassen. Dabei motivieren die graphischen Übungen ungemein, da sie nicht nur abstrakte, numerische, sondern sichtbare Ergebnisse liefern. Außerdem springen bei ihnen Programmfehler sofort ins Auge.
Die mathematischen Grundlagen werden bei den einzelnen Aufgaben oder bei den Musterprogrammen hergeleitet. Vorausgesetzt werden lediglich Kenntnisse in elementarer Vektorrechnung (Skalar- und Vektorprodukt), in elementarer Matrizenrechnung und in Differentialrechnung.
Wegen der großen Teilnehmerzahl sind zu vielen Aufgaben Varianten oder mögliche Erweiterungen angegeben. Von diesen Varianten sollte in einer Hausübung immer nur eine Version bearbeitet werden. Die "Namen" der Aufgaben dienen dazu, die Verständigung zwischen den Praktikumsteilnehmern und den Betreuern bei Rückfragen zu erleichtern. Eine gewisse Freiheit bei der Lösung der Aufgabe ist zulässig. Wird z.B. in einer Aufgabe verlangt, ein Feld mit 100 Komponenten einzulesen, so soll damit lediglich angedeutet werden, daß eine Schleife zu programmieren ist. Natürlich genügt es dann, ca. 10 Werte einzulesen.
Die im Buch wiedergegebenen Abbildungen müssen nicht in jedem Detail mit der zugehörigen Aufgabe übereinstimmen. Oft wurden Zeichnungstexte bei der Buchwiedergabe fortgelassen, um dafür Zeichnungsdetails im Buch größer darstellen zu können. Auch können in den Abbildungen die Kurvenparameter anders gewählt sein als in der Aufgabenstellung.

Danken möchte ich den vielen Studenten für ihre Mitarbeit, für Anregungen zu den Aufgaben, für Fehlerhinweise und für einige schöne Grafiken.
Ebenso danke ich den Kollegen der technischen Fachbereiche in Gießen und Herrn Prof. H. Meintzen von der FH Konstanz für viele Hinweise und Anregungen und den Laboringenieuren Herrn B. Kuntscher und Herrn R. Novak, die bei der Betreuung der Praktika halfen, die den Terminalknoten der CYBER-Anlage der Universität Gießen bzw. die PDP-11/60-Anlage 'on-line' gehalten haben und die die Kommandoprozeduren geschrieben haben, ohne die das Praktikum nicht so reibungslos ablaufen würde.
Mein besonderer Dank gilt unserem EDV-Tutor Herrn N. Studer. Er ist der gute Geist der DV-Ausbildung, bestens eingearbeitet in die Betriebssysteme (NOS bzw. RSX-11M) und stets hilfsbereit zu den Anwendern. Von ihm wurde das Polyederprogramm geschrieben (Aufg. 3.4 j) Darstellung eines Fußballs).
Last not least sei auch Herrn M. Knopp gedankt für die mühevolle Arbeit, das Manuskript auf einer Typenradmaschine zu tippen.

Gießen,März 1985   W.M.Pieper

INHALTSVERZEICHNIS

KAPITEL 1

C O D I E R P R A K T I K U M

1.1   DATENTYPEN: EIN- UND AUSGABE/FORMATE/EINFACHE RECHNUNGEN

Am Anfang des Erlernens einer Programmiersprache steht die Ein- und Ausgabe von Daten. Unmittelbar nach dem Einlesen der Daten sollten diese zur Kontrolle wieder ausgegeben werden (siehe Musterprogramm 1.1 a)). Man versuche zunächst, die Programme mit diesen wenigen Befehlen zum "Laufen" zu bringen. Dabei variiere man die Form der Eingabe - z.B. darf man für ein programmiertes F-Format die Daten im E-Format eingeben und umgekehrt -. Die lauffähigen Programme erweitere man derart, daß mit den Grundrechnungsarten und den FORTRAN-Funktionen neue Variable berechnet werden und ausgedruckt werden. Dabei achte man auf den Typ und die Anzahl der Argumente der Funktionen und wähle als Argumente nicht nur simple Variable: SIN (X), sondern längere arithmetische Ausdrücke: SIN (5.82 $\cdot$ SQRT (3.84 $\cdot$ X $\ast\ast$ 2 - 1.7)/4.9), um ein Gespür für die Möglichkeiten zu gewinnen. Ist die Vermischung von Datentypen zulässig? Sind die auftretenden Funktionen im verwendeten Compiler vorhanden? Beispielsweise fehlt häufig die tan-Funktion.
Hier sollen kurz die Funktionen besprochen werden, die dem Anfänger Schwierigkeiten machen:

Die MAX- und MIN-Funktionen haben immer mehrere Argumente! Ihr Wert ist gleich dem größten oder kleinsten Argument, wobei z.B. -50. kleiner als +20. ist. An ihrem Namen kann man die Typen ihrer Argumente und ihres Wertes erkennen.

Die MOD-Funktionen berechnen den Rest, der bei der Division des 1. Arguments durch das 2. Argument entsteht. Sind die Argumente ganzzahlig, so ist auch der Rest, d.h. der Funktionswert ganzzahlig (MOD), anderenfalls ist er reell (AMOD) oder doppelt genau (DMOD).

Es gibt zwei ATAN-Funktionen. Der Wertbereich der ATAN-Funktion liegt zwischen $-\pi/2$ und $+\pi/2$. Diese Funktion ist also die Umkehrfunktion der tan-Funktion. Dagegen dient die ATAN2-Funktion zur Ermittlung des Polarwinkels in einem kartesischen x-y-Koordinatensystem. Ihr Wert liegt zwischen $-\pi$ und $+\pi$. Der Wert ATAN2 (Y,X) ist gleich dem Polarwinkel des Punktes (X,Y) im Bogenmaß. Die Argumente der trigonometrischen Funktionen müssen ebenfalls im Bogenmaß angegeben werden.

In FORTRAN 77 stehen auch die hyperbolischen Funktionen zur Verfügung. Eine wesentliche Verbesserung besteht auch darin, daß man für verschiedene Typen von Argumenten und Funktionswerten den gleichen Funktionsnamen in FORTRAN 77 verwenden darf: LOG, MAX, MIN etc. Man verschaffe sich einen Überblick anhand der FORTRAN-Literatur (z.B. des Buches von H. Wehnes [6]). Die Funktionen CHAR, ICHAR, INDEX und LEN zum Bearbeiten von Zeichenketten sind in 1.1 q) beschrieben.

1.1 a)   Musterprogramm zur Ein- und Ausgabe von Daten

```
/OLD,P11
/LIST
        PROGRAM EINAUS( INPUT,OUTPUT,TAPE5=INPUT,TAPE6=OUTPUT )
C  MUSTERPROGRAMM ZUR EIN- UND AUSGABE VON DATEN VERSCHIEDENER TYPEN
C  DEKLARATION DER NAMEN :
        REAL I,J,K
        INTEGER X,Y,Z
        DOUBLE PRECISION F,G,H
        COMPLEX A,B,C
        LOGICAL L,M,N
C  DER TYP 'CHARACTER' UND DER OPERATOR // STEHEN NUR IN FORTRAN 77
C  ZUR VERFUEGUNG :
        CHARACTER *8 TEXT,WORT,NAME*4,DRUCK*4
C************************************************************************
C 'LISTENGESTEUERTE' EIN-UND AUSGABE: * STATT EINER FORMATNUMMER
        WRITE(6,*) ' BITTE L1,M1,Q,P'
   7    READ(5,*)  L1,M1,Q,P
   8    N1=L1/M1
   9    S = L1/M1
        T = Q**2 - SQRT(P+ 3.8899E-01)
  22    WRITE(6,*)' L1=',L1,'  M1=',M1,'  Q=',Q,'  N1=',N1,' S=',S,' T=',T
C************************************************************************
C FORMATGESTEUERTE EIN- UND AUSGABE
  10    WRITE(6,*) ' BITTE 2 REAL- UND 2 INTEGER WERTE: 2F6,2I5'
  11    WRITE(6,*) ' FFFFF6FFFFF6IIIII5IIII5'
  24    READ(5,20,ERR=10) I,J,X,Y
  25    K = SIN(I+2.8)+1.5*EXP(-3.1*J)
  26    Z = MAX0(X+2,Y**2,+3)*4
  29    WRITE(6,21) I,J,K,' X= ',X, ' Y= ',Y, ' Z= ',Z
  30    WRITE(6,*) ' BITTE 2 D.PREC. UND 2 COMPLEX-WERTE 2D10,4E10'
  31    WRITE(6,*)' DDDDD67890DDDDD67890EEEEE67890EEEEE67890EEEEE67890E..'
  32    READ(5,40,ERR=30) F,G,A,B
  35    H = -0.6677D+01/DATAN2(3.0*F,G+1.0)
  36    C = CCOS(A**3-(0.5,1.2))/B + 2.0*CMPLX(I+1.,J-2.3)
  37    WRITE(6,41) ' F= ',F,' G= ' ,G,' H= ',H,  A,B,C
  50    WRITE(6,*) ' BITTE 2 LOGISCHE WERTE:L2 UND 2 TEXTE:A8,A4'
  51    WRITE(6,*) ' LLLLLAAAAAAAAABAAA4'
  52    READ(5,60,ERR=50) L,M,TEXT,NAME
        N = L .AND. .NOT. M
        DRUCK = TEXT
 100    WORT = DRUCK//NAME
        WRITE(6,61) L,M,N,TEXT,NAME,DRUCK,WORT
C************************************************************************
  20    FORMAT( 2F6.2,2I5 )
  21    FORMAT( 1X,'I = ',E15.8,' J=',E15.6,' K = ',E13.7 / 3(A4,I5 ))
  40    FORMAT( 2D10.3,4E10.3 )
  41    FORMAT( 3( A4,D12.5 )/' A = ',2E10.3,' B = ',2E10.3/' C = ',2E10.3 )
  60    FORMAT( 2L2,A8,A4 )
  61    FORMAT(' L,M,N = ',3L2,1X,A8,2( 1X,A4 ),1X,A8 )
        END
/FTN5,I=P11,L=0
     0.486 CP SECONDS COMPILATION TIME.
```

```
/LGO
  BITTE L1,M1,Q,P
? 5,3,4.98716627,3156.1129478E+02
  L1=5  M1=3  Q=4.98716627  N1=1 S=1. T=-536.9214475373
  BITTE 2 REAL- UND 2 INTEGER WERTE: 2F6,2I5
  FFFFF6FFFFF6IIII5IIII5
? -6.9840.7E-1    -12  78
 I =  -.69840000E+01 J=       .700000E-01 K =   .2071015E+01
 X=     -1 Y=    278 Z= *****
  BITTE 2 D.PREC. UND 2 COMPLEX-WERTE 2D10,4E10
  DDDDD67890DDDDD67890EEEEE67890EEEEE67890EEEEE67890E..
? 45.316D+02-0.29D-11  9.61E-1    -7.44       0.9         -50.8
 F=   .45316D+04 G=  -.29000D-11 H=  -.42509D+01
 A =    .961E+00 -.744E+01 B =    .900E+00 -.508E+02
 C =  -.205+168 -.120+168
  BITTE 2 LOGISCHE WERTE:L2 UND 2 TEXTE:A8,A4
  LLLLAAAAAAA8AAA4
?  T F MUELLER EVA
 L,M,N =  T F T  MUELLER  EVA  MUE  MUE EVA
```

Die Zeilen, die mit einem ? beginnen, wurden vom Programmierer
beim Dialog eingetippt. Ihre Werte werden von den READ-Anweisungen
übernommen und in die entsprechenden Variablen abgelegt. Die
übrigen Zeilen sind Ausdrucke der jeweiligen WRITE-Anweisungen.
Beim READ Nr. 7 mit einem * statt einer Formatnummer dürfen die eingegebenen Werte durch Kommas getrennt werden. Beim READ Nr. 24
muß man sich strikt an das FORMAT Nr. 20 halten und die Anschläge
beim Eingeben mitzählen. Danach stellen die ersten 6 Anschläge (in der
zweiten ?-Zeile) den Wert -6.984 für die Variable I dar. Dann folgt
der Wert 0.7E-1 für die Variable J. Da die Werte dabei aneinander
"kleben" ist beim READ generell eine "listengesteuerte" Eingabe
mit dem * anstelle einer Formatnummer zu empfehlen. Hier sollen
die WRITE-Anweisungen Nr. 11, 31 und 51 das Abzählen bei den
nachfolgenden READ-Eingaben erleichtern. Werden bei der Eingabe
in den ?-Zeilen Fehler gemacht (z.B. Texte eingegeben, wo Zahlen
erwartet werden), so wird nach dem READ die Anweisung mit der
Nummer ausgeführt, die hinter dem "ERR=" angegeben ist.
Normalerweise sind in Variablen ganzzahlige (= INTEGER) Werte gespeichert, wenn ihre Namen mit einem der Buchstaben I,J,K,L,M oder n beginnen. Alle übrigen Variablen sind reell (REAL). Man kann jedoch
den Typ einer Variablen explizit festlegen. So sind hier die Variablen
I,J und K als REAL deklariert, während die normalerweise reellen Variablen X,Y,Z hier explizit als INTEGER deklariert wurden. Doppelt
genaue Größen (hier: F,G und H) speichern mehr als doppelt so viele
gültige Dezimalen als die reellen Größen. Der Bereich des Zehnerexpo-
nenten ändert sich nicht. Reelle Zahlen schreiben sich in der
Form: 12.98 oder $-476.632E-12$ (= $-476.632*10^{-12}$), während in doppelt
genauen Zahlen ein D für die Exponentangabe zu wählen ist:
$$55.667788990011223344D+52 \quad .$$

Es gibt nur zwei logische Werte: .TRUE. und .FALSE. .In dieser
Form treten sie in Anweisungen auf: L = .TRUE. .Bei der Ein-
und Ausgabe wird mit den Abkürzungen T und F gearbeitet, wie
man an den beiden letzten Zeilen des Dialogs erkennt.

Das Arbeiten mit komplexen Größen ist im Musterprogramm 1.5 a)
dargestellt. Jede komplexe Größe enthält einen Real- und einen

Imaginärteil. Beide Größen sind reelle Zahlen. Bei ihrer Ein- und Ausgabe
in den Anweisungen 32 und 37 sind für jede komplexe Größe zwei reelle
Zahlen einzugeben bzw. zu drucken. Bei der "listengesteuerten" Eingabe
von komlexen Zahlen sind die Zahlen mit Klammern einzugeben z.B.als
(-3.5E-02,0.478) , während bei der formatgesteuerten Eingabe eine komplexe
Zahl als zwei reelle Zahlen ohne Klammern eingegeben wird. Das Format
Nr. 41, von dem die WRITE-Anweisung Nr. 37 Gebrauch macht, enthält somit
jeweils zwei Formate des Typs E10.3 .
Allgemein bedeutet beim Ausdrucken:

2I4: Drucke 2 ganze Zahlen mit jeweils 4 Anschlägen einschließlich der
      Vorzeichen.
      Beispiel: ....
                428-399

2E10.3: Drucke 2 reelle Zahlen in Exponentdarstellung mit 3 Dezimalen in
      ein Feld, das insgesamt 10 Anschläge breit ist.
      Beispiel: ....
                0.297E+04-0.465E-12
      Wie man sieht müssen Dezimalpunkt, Vorzeichen und Exponent Platz
      finden in der angegebenen Feldbreite. Diese muß daher um mindestens
      7 Anschläge größer sein als die Anzahl der Dezimalen.

3F12.5: Drucke 3 reelle Zahlen mit 5 Dezimalen hinter dem Dezimalpunkt mit
      jeweils 12 Anschlägen insgesamt.
      Beispiel: ....
                -68843.29917   194.11742   -0.00229

D25.19: Drucke eine doppeltgenaue Zahl mit 19 Dezimalen in ein Feld, das
      25 Anschläge breit ist.
      Beispiel: ....
                0.1122334455667788990D-92

8X: Drucke 8 Leerschläge.

3A8: Drucke 3 Zeichenketten (Texte) mit jeweils 8 Zeichen. Hier ist
      es ratsam das Format 3A zu wählen. Dann ermittelt der Rechner die Län-
      ge der Zeichenkette selbst. Bei dem Einlesen von Texten im A-Format
      müssen die Zeichenketten ohne Apostroph eingegeben werden. Liest man
      die Texte "listengesteuert" ein (*), so müssen die Texte in Apostrophs
      eingegeben werden.

Die Formatangabe /// heißt: drucke 2 Leerzeilen. Allgemein werden mit n
Slashes (/) n-1 Leerzeilen gedruckt. In Zeile 26 erhält z den Wert $4y^2$ (=
$4*278^2$ =309136). Der Ausdruck von Z mit Hilfe von Format Nr.21 mißlingt, da
nur 5 Anschläge (I5) gedruckt werden sollen. In solchen Fällen erscheint im
Ausdruck: *****.
Das erste Zeichen einer Zeile wird niemals gedruckt. Es wird vom Drucker
als Steuerzeichen (Code) für die Steuerung des Papiervorschubs interpretiert. Dabei bedeutet ein Leerschlag: 1 Zeile Vorschub (ohne Leerzeile),
eine 1: Vorschub an den Kopf der nächsten Seite, eine 0 (Null): Vorschub
zur übernächsten Zeile (eine Leerzeile), ein - (minus): Vorschub in
die dritte Zeile (2 Leerzeilen) und ein + : Vorschubunterdrückung. Hier
enthalten die zum Drucken benutzten Formate Nr.21,41 und 61 als erstes
Druckzeichen immer einen Leerschlag, der entweder in der zu druckenden Zeichenkette enthalten ist oder durch die Angabe 1X erzeugt wird.

Man gebe folgendes Programm ein:

```
      PROGRAM TEST (INPUT, OUTPUT, TAPE5=INPUT, TAPE6=OUTPUT)
   C
   C      Programm zum Testen einer INTEGER-Eingabe
   C
    1  WRITE(6,*)          ' Bitte Daten in I5-FORMAT eingeben '
       READ(5,2,END=3,ERR=4) K
       WRITE(6,50) K
       GO TO 1
    4  WRITE(6,*)          ' Diese Daten sind fehlerhaft '
       GO TO 1
    2  FORMAT(I5)
   50  FORMAT(1X, 'K=',I5)
    3  STOP
       END
```

Man übersetze, binde, starte und teste das Programm mit folgenden Daten:

26789

37

371

4596

37

SUSI

998877

Als letzte Zeile gebe man das "Datenende"-Zeichen des jeweiligen Rechners.
Je nach Rechner kann die 1. Zeile (PROGRAM-Anweisung) entfallen oder eine
andere Form haben.

1.1 b) Ein- und Ausgabe von Namen und Geburtsdaten

Man schreibe ein Programm, das einen Vornamen VORNAM und einen
Namen NAME und das zugehörige Geburtsdatum ITAG, MONAT, JAHR einliest und in der Mitte des Ausdruckpapiers beispielsweise folgenden Ausdruck
erzeugt:

```
* * * * * * * * * * * * * * * * * * * * * * * * * * * * * * * * * *
* * * * * * * * * * * * * * * * * * * * * * * * * * * * * * * * * *
* *                                                             * *
* *    I C H   H E I S S E   O T T O   N A G E L   U N D     * *
* *    B I N   G E B O R E N   A M   1 6 . 1 0 . 5 2        * *
* *                                                             * *
* * * * * * * * * * * * * * * * * * * * * * * * * * * * * * * * * *
* * * * * * * * * * * * * * * * * * * * * * * * * * * * * * * * * *
```

Man steuere den Ausdruck durch <u>einen</u> WRITE-Befehl und <u>einen</u> FORMAT-Befehl.
<u>Variante:</u> Man steuere den Ausdruck durch mehrere WRITE-Befehle und mehrere FORMAT-Befehle.

1.1 c)   Ein- und Ausgabe von ganzen Zahlen

Man schreibe ein Programm, das vier ganze Zahlen I1,I2,I3,I4 einliest und daraus vier neue INTEGER-Größen mit Hilfe der vier Grundrechnungsarten und der FORTRAN-Funktionen IABS, MOD, MAX∅, ISIGN und IDIM berechnet. Die eingelesenen Zahlenwerte sollen zum Teil negativ sein. Sämtliche eingelesenen und berechneten Werte werden ausgedruckt. Man mache sich die Bedeutung der angegebenen Funktionen klar und teste sie sinnvoll. Beispielsweise sollte IABS auch mit negativem Argument aufgerufen werden. Im Programm sollten zusätzlich nicht eingelesene INTEGER-Konstante vorkommen.
Beispiel: M4=5 * MIN∅ (I1 ** 2, I2+5, I3-4)/2 .

1.1 d)   Ein- und Ausgabe von reellen Zahlen

Man arbeite wie in 1.1 c) und verwende die Funktionen AINT, AMIN1, SIN, SQRT. Der Ausdruck sollte F- und E-FORMAT-Beispiele enthalten. Als Funktionsargumente sollen arithmetische Ausdrücke auftreten und nicht simple Variable!
Die folgenden Aufgaben werden wie 1.1 c) und d) bearbeitet, jedoch mit den angegebenen Funktionen:

1.1 e)   ABS, AMOD, SIGN, EXP

1.1 f)   DIM, ATAN2, FLOAT, ALOG10

1.1 g)   COS, AMAX0, ATAN, ALOG

1.1 h) Ein- und Ausgabe von doppelt genauen Zahlen

Man lese vier und berechne vier doppelt genaue Zahlen, nachdem man sich vorher über die Rechengenauigkeit des Rechners erkundigt hat. Man überprüfe, ob der Rechner die Rechnung einschließlich der verwendeten Funktionen doppelt genau durchführt. Beispielsweise wird die Summe einer Zahl, deren Mantisse 20 Einsen enthält, und einer Zahl, deren Mantisse 20 Sechsen enthält, ein Ergebnis mit 20 Sieben liefern. Nach der Regel $(1+x)^{**}(1./2.) \simeq 1+x/2.$ für $x << 1$ wird: $1.00000\ 00000\ 00000\ 0006\ ^{**}(1./2.) \simeq 1.00000\ 00000\ 00000\ 0003$ sein.
Die Ein- und Ausgabe soll mit der vollen Länge der doppelt genauen Mantisse erfolgen. Man arbeite wie in Aufgabe 1.1 c) und d) mit den Funktionen: DABS, DLOG, DMAX1, DSIN.

1.1 i) DINT, DEXP, DMIN1, DCOS

1.1 j) DMOD, DSIGN, DCOS, DATAN2

1.1 k) DATAN, DSQRT, SNGL, DBLE

1.1 l) Ein- und Ausgabe von komplexen Zahlen

Man lese drei komplexe Zahlen ein und berechne drei neue komplexe Zahlen mit Hilfe der Funktionen CONJG, CEXP, CSQRT. Die vier Grundrechnungsarten sollen ebenfalls im Programm vorkommen. Im übrigen verfahre man wie in Aufgabe 1.1 d).

1.1 m) CMPLX, CSIN, CLOG

1.1 n) CCOS, REAL, AIMAG, CABS

1.1 o) Ein- und Ausgabe von logischen Zahlen

Bekanntlich sind .TRUE. und .FALSE. keine Variable vom Typ LOGICAL, sondern logische Zahlen (= Konstante). Bei ihrer Ein- und Ausgabe werden sie durch T und F abgekürzt. Man schreibe ein Programm, das vier logische Zahlen und drei reelle Zahlen einliest und vier neue logische Größen mit Hilfe arithmetischer Vergleiche der reellen Zahlen etwa in der Art:

$$L5 = X1^{**}2 - 5.8\ .GT.\ SIN(X2)$$

und mit Hilfe der logischen Operatoren .AND., .OR., .NOT. und falls vorhanden .EQV., .NEQV. (oder .XOR.) berechnet. Sämtliche Variable werden ausgedruckt.

1.1 p) Ein- und Ausgabe von Zeichenketten (FORTRAN 77)

Bei der Eingabe von Zeichenketten (CHARACTER strings) ist zu beachten, daß man den einzugebenden Text in Apostrophs setzen muß. Die Zeichen werden immer von links nach rechts numeriert. Ist die definierte Länge der Kettenvariablen länger als die Anzahl der beim Einlesen eingegebenen Zeichen, so werden die Zeichen in der Variablen linksbündig abgelegt. Werden mehr Zeichen eingegeben als die Variable aufnehmen kann, so werden nur die links stehenden Zeichen eingelesen. Der Rest geht verloren. Apostrophs in der Zeichenkette sind zu verdoppeln. Es sind im Programm auch Wertzuweisungen für Zeichenketten möglich:

```
KETVAR = 'RALPH'
TEILV = KETVAR (2:5) .
```

Hier werden die Zeichen ALPH in die Variable TEILV abgelegt. Durch Verkettung lassen sich aus kurzen Zeichenketten längere Ketten bilden:

```
VLANG = VKURZ//VMINI
VMACRO = 'JERU'//'SAL'//'EM' .
```

Man schreibe ein Programm, das 5 Zeichenketten unterschiedlicher Länge definiert. Je zwei Ketten erhalten ihre Werte durch Einlesen und durch Wertzuweisungen. Die 5. Kette soll ihren Inhalt durch eine Verkettungsoperation zugewiesen bekommen. Man drucke die fünf Ketten aus und prüfe bei der Eingabe auch den Fall, daß die Länge der eingegebenen Kette mit der Länge der Zielvariablen nicht übereinstimmt.

1.1 q)   Die Funktionen: CHAR, ICHAR, INDEX, LEN

Die Zeichen einer Kette werden im Rechner codiert als ganze Zahlen abgespeichert. Die Funktion ICHAR liefert den zugehörigen ganzzahligen Wert eines einzelnen Zeichens: K = ICHAR('Q') .
Längere Ketten sind nicht zulässig. Der Wert von K ist rechnerabhängig. Umgekehrt liefert die Funktion CHAR als Wert das Zeichen, das zu einer gegebenen ganzen Zahl gehört:

```
TEXTV = CHAR(5)
TEXT1 = CHAR(K+L-4) .
```

Die Funktion INDEX hat zwei Zeichenketten als Argumente. Sie prüft, ob das 2. Argument als Unterkette im 1. Argument enthalten ist. Ihr Funktionswert ist 0, wenn dies nicht der Fall ist, und gleich der Positionsnummer des linken Zeichens der übereinstimmenden Teilketten gezählt vom Anfang der 1. Kette. Wenn mehrere solche Teilketten im 1. Argument auftreten, wird die erste Kette (am weitesten links stehend) untersucht:

```
K = INDEX('ALBERT', 'ER') .
```

Hier erhält K den Wert 4.
Die Länge einer Zeichenkette kann mit der Funktion LEN bestimmt werden:

```
L = LEN('CEVAPCICI') .
```

Mit ihrer Hilfe können Unterprogramme z.B. die Länge von Ketten berechnen, die an sie als Argumente übergeben wurden. Die letzte Zuweisung liefert für L den Wert 9.
Man ermittle die Code-Zahlen folgender Zeichen: A,B,Z,+,/ und die Zeichen

folgender Code-Zahlen: 0,10,20,63 und prüfe, ob ICHAR(CHAR(30)) gleich 30 und CHAR(ICHAR('M')) gleich M ist, indem man diese Größen ausdrucken läßt.
Man lese eine Zeichenkette der Länge 25 und eine Teilkette ein, die zweimal darin vorkommt, und lasse mit INDEX ihre Position bestimmen. Liefert LEN für die erste Kette den Wert 25?

1.1 r)   Vermischte Aufgaben: α, β, • • •, ν

Oft reicht in den Programmierkursen die Zeit nicht aus, um von jedem Teilnehmer ein Programm für die Ein- und Ausgabe eines jeden Datentyps erstellen zu lassen. Es ist daher sinnvoll, mit <u>einem</u> Programm die Ein- und Ausgabe und das Rechnen mit mehreren Datentypen zu üben. Man gehe bei der Bearbeitung folgender Aufgabe wie in 1.1 d) und h) vor:

Aufg.		zu verwendende Funktionen		
α	SIN	DMOD	CSQRT	IABS
β	COS	DATAN	CMPLX	MOD
γ	EXP	DABS	*	AMAX0
δ	ATAN	DSIGN	/	MIN0
ε	ALOG	DMAX1	**	IDIM
η	AMAX1	DEXP	CONJG	INT
ζ	FLOAT	DSQRT	AIMAG	IDINT
θ	SQRT	DMIN1	REAL	MAX0
ι	AINT	DSIN	CABS	MIN1
ϰ	DIM	DCOS	CLOG	IFIX
λ	AMIN1	DLOG	CSIN	ISIGN
μ	AMOD	DATAN2	CCOS	FLOAT
ν	SIGN	DINT	CEXP	MAX1

1.2 VERZWEIGUNGEN/IF-SCHLEIFEN/ITERATIONEN

Es gibt verschiedene Verfahren, Programmabläufe darzustellen. Wir geben hier einige Sinnbilder der Norm DIN 66001 wieder:

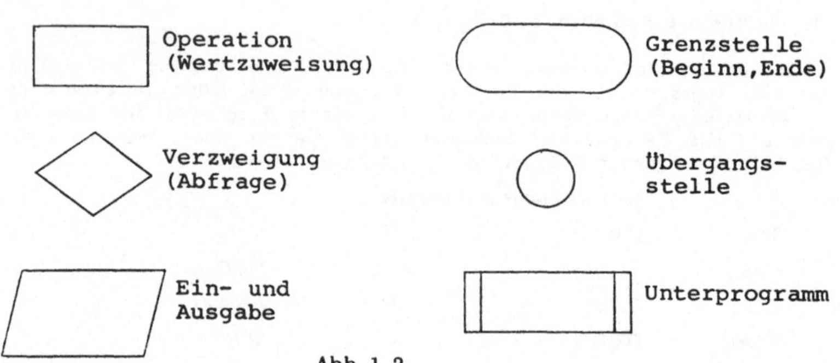

Abb.1.2

Eine andere Möglichkeit, den Ablauf von Programmen zu veranschaulichen, bieten die "Nassi-Shneiderman-Diagramme" (siehe [10], S. 65).
Zu den folgenden Aufgaben ist jeweils zunächst ein Ablaufplan (Flußdiagramm) zu erstellen, bevor das Programm in einer Programmiersprache formuliert wird. Der Anfänger wird bald merken, daß der größte Teil der Prgrammierarbeit geleistet ist, wenn das Flußdiagramm erstellt ist. Umgekehrt führt der Verzicht auf Flußdiagramme, d.h. das spontane "geniale" Formulieren eines Problems direkt in einer Programmiersprache normalerweise zu einer großen Zeitverschwendung bei der Fehlersuche.

1.2 a) Musterprogramm zur Lösung einer quadratischen Gleichung

Bei der Lösung der Gleichung: $ax^2 + bx + c = 0$ können abhängig von den Werten der Koeffizienten a, b, c verschiedene Fälle auftreten.

1)   Ist $a = b = c \neq 0$, so ist jedes reelle oder komplexe x eine Lösung.

2)   Ist $a = 0$ und $b \neq 0$, so lautet die Lösung: $x = -c/b$. In diesem Fall ist die Gleichung linear: $bx + c = 0$.

3)   Ist $a \neq 0$, so lassen sich die Lösungen schreiben als:

$$x_{1,2} = (-b \pm (b^2 - 4ac)^{1/2})/(2a) .$$

Die auftretende Wurzel ist imaginär, falls $b^2 - 4ac < 0$ ist. Wir geben hier ein Flußdiagramm an, das wiederholt einen Satz von Koeffizienten a, b, c und einen "Schalter" K einliest und ausdruckt. Nach dem Ausdruck der Lösung der quadratischen Gleichung wird abhängig vom Wert K ein neuer Satz eingelesen ($K = 0$) oder der Programmablauf beendet ($K \neq 0$).

Flußdiagramm 1.2 a)

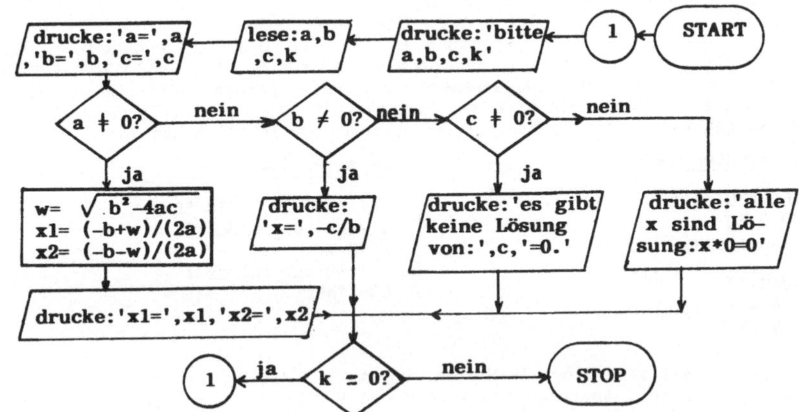


```
      PROGRAM QUADGL( INPUT,OUTPUT,TAPE5=INPUT,TAPE6=OUTPUT )
C     PROGRAMM ZUM LOESEN DER QUADRATISCHEN GLEICHUNG
C     A*X**2 + B*X + C = O
      COMPLEX X1,X2,W
   1  WRITE( 6,* ) ' BITTE A,B,C,K'
      READ( 5,*,ERR=1 ) A,B,C,K
      WRITE( 6,* ) ' A= ',A,' B= ',B,' C= ',C
      IF( A.NE.O. ) THEN
          W =CSQRT( CMPLX( B*B-4.*A*C, O. ))
          X1 = ( -B + W )/( 2.O*A )
          X2 = ( -B - W )/( 2.O*A )
          WRITE( 6,* )' X1= ',X1,' X2= ',X2
      ELSE IF( B .NE. O. ) THEN
          WRITE( 6,* ) ' X = ' , -C/B
      ELSE IF( C .NE. O. ) THEN
          WRITE( 6,* ) ' ES GIBT KEINE LOESUNG VON ',C,'=0.'
      ELSE
          WRITE( 6,* ) ' ALLE X SIND LOESUNG VON : X*0.=0.'
      END IF
C
   2  IF( K.EQ.O ) GOTO 1
      END
```

In FORTRAN IV gibt es das logische IF und das arithmetische IF. Mit
dem logischen IF läßt sich eine einzelne Anweisung in eine Anweisungsfolge
einschieben, wenn die Antwort auf die Frage .TRUE. ist:

```
X = SIN(3.*R)+4.
IF(Q**2 .GT. X-2.6) Q = Q+5.
Z = COS(Q)
```

Hier wird nach der Berechnung von   X
zunächst Q um 5. erhöht, falls $Q^2 > X-2.6$
ist, und dann wird Z berechnet. Für
$Q^2 \leq X - 2.6$ wird nach der X-Berechnung
direkt Z berechnet. Die Anweisung hinter dem IF(...) muß ausführbar   sein
(z.B. WRITE,GOTO,CALL SUB5 usw.).

Bei dem folgenden arithmetischen IF :

$$IF(Q+8.5 - S**2) \quad 10,50,30$$

erfolgt ein Sprung zur Anweisung Nr. 10 für Q+8.5 - S**2 < 0. , nach
Nr.50 für Q+8.5 - S**2 = 0. und nach Nr. 30 für Q+8.5 - S**2 > 0. . Es müssen immer drei Anweisungsnummern angegeben werden. Von ihnen dürfen
zwei übereinstimmen. Hinter einem logischen IF sollten niemals zwei GOTO-Anweisungen auftreten, da sie das Programm unübersichtlich machen:

schlechter Code:	besserer Code:
``	```

```
schlechter Code:                    besserer Code:

   IF( A.GT.B ) GOTO 50                IF( A.GT.B ) GOTO 50
   GOTO 60                             ..Anweisungsblock 2
50 ..Anweisungsblock 1                 GOTO 70
.....................              50 ..Anweisungsblock 1
   GOTO 70                         70 CONTINUE
60 ..Anweisungsblock 2
70 CONTINUE
```

In jedem Fall sind Block-IF-Strukturen, wie sie das Musterprogramm der letz-
ten Seite zeigt, vorzuziehen, sofern ein FORTRAN 77-Compiler zur Verfügung
steht. Die ELSE-IF-Blöcke oder der Else-Block können entfallen. Nach dem
Durchlaufen eines Blockes erfolgt automatisch ein Sprung zum END IF. Die
GOTO-Anweisungen entfallen.
Weitere Beispiele findet man in ([6],S.106).

1.2 b) Summe: $L^2 + (L + 1)^2 + ... + K^2$

Man schreibe ein Programm, das die ganzen Zahlen L und K einliest und die
Summe $J = L^2 + (L + 1)^2 + ... + K^2$ berechnet. Dabei setze man voraus,
daß beim Einlesen immer L < K ist.
Nachdem man das Programm hat "laufen" lassen, erweitere man es derart,
daß die Summe J für beliebige ganzzahlige Werte von L und K berechnet wird:

$$J = L^2 + (L + 1)^2 + ... + K^2 \quad \text{für } L < K$$

$$J = L^2 \qquad\qquad\qquad\qquad\qquad \text{für } L = 0$$

$$J = K^2 + (K + 1)^2 + ... + L^2 \quad \text{für } K < L$$

Es ist sinnvoll, dem Startwert und Endwert des Laufindexes Namen zu geben,
so daß die Summe nur einmal programmiert zu werden braucht.

1.2 c) Berechnung von n!

Man lese n ein und achte darauf, daß bei der Eingabe n nicht zu groß ist, so
daß n! nicht größer wird als die größte ganze Zahl, die der Rechner darstellen
kann. - Es sei $n \geq 0$ vorausgesetzt. Bekanntlich ist 0! = 1. Man berechne n!
und lasse n und den Wert von n! ausdrucken. Nach erfolgreichem Start des
Programms erweitere man es derart, daß n! als reeller Wert berechnet wird.
Man nähere sich durch das Einlesen von immer größeren n-Werten der oberen
Grenze der reellen Zahlen der Rechenanlage.

1.2 d) Kettenbruch: arctan (x)

Bezeichnet man den Kettenbruch

$$B = \cfrac{a_1}{b_1 + \cfrac{a_2}{b_2 + \cfrac{a_3}{b_3 + \;-----}}}$$

mit $\qquad B = \dfrac{a_1}{b_1 +} \; \dfrac{a_2}{b_2 +} \; \dfrac{a_3}{b_3 +} \; ----- \qquad$ (siehe [1] S. 19, S. 81),

so läßt sich die Funktion arctan (Z) darstellen als

$$\text{arctan } (Z) = \frac{Z}{1+} \; \frac{Z^2}{3+} \; \frac{4Z^2}{5+} \; \frac{9Z^2}{7+} \; \frac{16Z^2}{9+} \; ..... \; \frac{n^2 Z^2}{(2n+1)+} \; ..... \;.$$

Man lese Z ein und berechne nach dieser Formel arctan (Z), falls $|Z| \leqq 1$ ist.
Für $|Z| > 1$ berechne man den Kettenbruch für arctan $(\frac{1}{Z})$ und verwende die
Formel: arctan (Z) = sign (Z) $\cdot$ π/2 $-$ arctan (1/Z). Der Datenausdruck soll
die Werte des Argumentes Z, des Kettenbruchs und den exakten Wert von
arctan (Z) enthalten. Im Kettenbruch berücksichtige man 8 Glieder. Beim Einlesen von Z sollen auch negative Argumente gelesen werden.

1.2 e) Iteration beim freien Fall

Ein Kind läßt einen Stein in einen tiefen Brunnen fallen und hört den Auf-
schlag nach einer Zeit von t = 5 sec. Wie tief ist der Brunnen? Die Kinematik
liefert mit den Bezeichnungen s = Weg = Brunnentiefe, F = Fallzeit und Z =
Schallzeit die Gleichungen:

$s = 9.81 \cdot F^2/2$, $t = F + Z$, $s = W \cdot Z$, wobei W = 338 m/sec die Geschwindigkeit des Schalles auf dem Rückweg ist. Eliminiert man s und Z, so erhält
man die exakte Lösung aus einer quadratischen Gleichung:

$F = W \cdot (-1 + (1 + 2 \cdot 9.81 \cdot t/W)^{1/2})/9.81$. Für t = 5 sec ist:

$$s = 107.5184 \text{ m}$$
$$F = 4.681898 \text{ sec}$$
$$Z = 0.3181019 \text{ sec.}$$

Das Kind löste die Aufgabe folgendermaßen: Angenommen die gesamte Zeit t
stünde für den Fall zur Verfügung. Dann ist $Z_0 = 0$ und $F_0 = 5$ sec. Damit
erhält man als 0-Näherung für den Weg $s_0 = 122.625$ m. Hiermit läßt sich
eine bessere Näherung für Z finden: $Z_1 = s_0/W = 0.312057$ sec. Dies wiederum liefert mit $F_1 = t - Z_1 = 4.6372$ sec den besseren Wert für den Weg
$s_1 = 9.81 \cdot F_1^2/2 = 105.4754$ m. Wiederholt man die Berechnung von $Z = s/w$
$\longrightarrow F = t - Z \longrightarrow s = 9.81 \cdot F^2/2$ mehrfach, so nähern sich diese drei Werte
ihren exakten Lösungswerten. Man breche diese Iteration ab, wenn der rela-

tive Fehler von zwei aufeinanderfolgenden s-Werten s und $\underline{s}$ kleiner ist als $1/10^3$, d.h.

$$|s - \underline{s}| \leqq \underline{s} / 10^3 \ .$$

- Man stellt bald fest, daß dieses Programm "zusammenbricht", wenn zu große t-Werte eingegeben werden. - Dies ist typisch für viele Programme, auch für solche, die von Rechenzentren oder Computerfirmen angeboten werden. Man muß sich stets Klarheit über den Gültigkeitsbereich von fremden Programmen verschaffen. - Hier kann der Stein wegen Nichtberücksichtigung der Luftreibung Überschallgeschwindigkeit erreichen. Dann ist Z = 0 als 0-Näherung schlecht, da der Schall für den Rückweg länger braucht als der Stein für den Fall. Die Iteration oszilliert zwischen zwei Werten hin und her. - Man lasse auch den nach der exakten Formel berechneten Wert ausdrucken.

1.2 f)   Quotient: sin (1) /(sin(2)/(sin(3)/...../sin(n).....)

Man schreibe ein Programm das eine ganze Zahl n einliest und den Quotient y = sin(1)/(sin(2)/.../sin(n)...)   berechnet und ausdruckt. Die sin-Funktion darf mit reellem Argument, nicht aber mit ganzzahligem Argument gerufen werden.

1.2 g)   Dreiecksfläche nach Heron

Der griechische Physiker Heron bemerkte, daß die Fläche eines Dreiecks mit den Seiten a, b, c den Wert hat:

$$F = (s(s - a)(s - b)(s - c))^{1/2} \text{ mit } s = (a + b + c)/2 \ .$$

Man schreibe ein Programm, das wiederholt Dreiecke einliest (a, b, c) und den Flächeninhalt mit den Dreiecksseiten ausdruckt. Man lese jeweils zusätzlich eine ganze Zahl K (oder einen Buchstaben) ein und breche das Programm ab, wenn bei der Eingabe K = 0 (oder der Buchstabe = 'E') ist. Man erkundige sich nach dem Datenendzeichen der Rechenanlage und breche das Programm durch Eingabe dieses Zeichens ab, ohne die ERR- und END-Ausgänge des READ-Befehls zu programmieren. Um einen "Zusammenbruch" des Programms zu verhindern, überprüfe man vor der Berechnung von F, ob jede der Seiten größer ist als die Summe der beiden anderen Seiten (Dreiecksungleichung).
Durch entsprechende Dateneingabe teste man u.a. die drei Fälle:

$$a > b + c, \ b > a + c \text{ und } c > a + b \ .$$

1.2 h)   Grenzwert: SQRT (2 + SQRT(2 + SQRT(2 + SQRT(2 + ...)))

Man lese wiederholt einen Schalter K ein. Für K > 0 berechne man einen neuen Grenzwert GN aus dem alten Grenzwert GA nach der Methode: GN = SQRT(2 + GA) und drucke ihn aus. Für K = 0 breche man das Programm ab. Man starte mit GA = 1.41 .
Wie läßt sich einsehen, daß der Grenzwert gleich 2 ist?

1.2 i)   Neigungswinkel beim Kettenkarussell

Die Neigung der Kette eines Kettenkarussells stellt sich bekanntlich so ein, daß die Vektorsumme von Zentrifugalkraft Z und Gewichtskraft G in Richtung der Kette zeigt.

$\sin(\alpha) = (R - r)/L$ (oberes Dreieck)

$Z = m\,\omega^2\,R,\ G = m\,g$

$\sin(\alpha) = Z/\sqrt{Z^2 + G^2}$ (unteres Dreieck)

$\qquad = 1/\sqrt{1 + g^2/\omega^4\,R^2}$

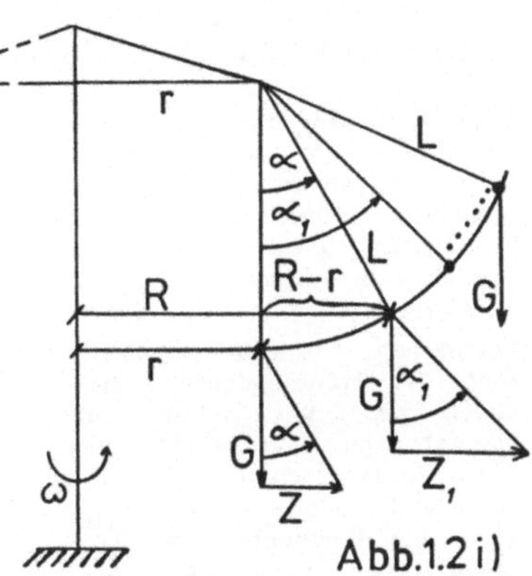

Offenbar führt das Gleichsetzen der beiden sin-Ausdrücke auf eine Gleichung 4. Grades für R. Wir lösen diese Gleichung durch Iteration und starten mit der Annahme, die Kette würde auch bei der Rotation senkrecht hängen. Die Schaukel rotiert dann mit dem Radius r. Also ist $Z = m\,\omega^2\,r$. Damit läßt sich ein erster Winkel α berechnen:

$$\sin(\alpha) = Z/\sqrt{Z^2 + m^2 g^2}\ .$$

Mit der anderen sin-Formel erhalten wir einen besseren Wert für den Radius $R = r + L \cdot \sin(\alpha)$. Dies liefert wieder ein besseres $Z = m\,\omega^2\,R$ u.s.w. Natürlich braucht α nicht berechnet zu werden, da nur $\sin(\alpha)$ benötigt wird. Wir brechen die Iteration ab, wenn die relative Genauigkeit klein genug ist: $|R_{alt} - R_{neu}| < R_{neu}/10^4$. Wie man sieht kürzt sich m bei der Berechnung von $\sin(\alpha)$ heraus. Es genügt also r, L und ω einzulesen. Die Erdbeschleunigung setzen wir g = 9.81 . Man wähle ω nicht zu groß, denn sonst "fliegt" die Schaukel mit waagerechter Kette und man erhält das triviale Ergebnis R = r + L.

1.2 j)   Iterative Wurzelberechnung

Die n.Wurzel von y läßt sich mit Hilfe der Newtonschen Näherung (siehe 2.3) als Nullstelle der Funktion $f(x) = x^n - y$ iterativ berechnen:

$$x_{K+1} = ((n - 1)x_K + y/x_K^{n-1})/n)\ ,$$

indem man den Wert der rechten Seite bestimmt und als neues x_K wieder in die rechte Seite einsetzt. Man starte mit $x_K = 1$ und breche die Iteration ab, wenn der neue Wert x_{K+1} nahe genug beim alten Wert x_K liegt:

$$|x_{K+1} - x_K < x_K/10^5 \,.$$

Man schreibe das Programm, das y und n einliest und die Näherungslösung x_K bestimmt und zusammen mit dem exakten Wert $\sqrt[n]{y}$ ausdruckt.

1.2 k) Transzendente Gleichung: ln x = 5 - x

Analytisch läßt sich die Gleichung ln x = 5 - x nicht nach x auflösen. Man kann jedoch die Gleichung künstlich in zwei Funktionen y = ln x und y = 5 - x aufspalten und den Schnittpunkt x_K beider Kurven bestimmen. Er stellt eine Lösung der transzendenten Gleichung dar. Wir wählen ein geometrisches Verfahren, das der Newton'schen Näherung entspricht, indem wir bei x_0 = 0.5 beginnend eine Tangente an y = ln x legen, ihren Schnittpunkt x_1 mit der Geraden y = 5 - x berechnen und bei x_1 mit einer neuen Tangentenberechnung fortfahren. Wie man aus dem Bild 1.2 k) erkennt, wird man nach mehrmaligem Wiederholen dieses Verfahrens bald den Schnittpunkt x_K erreichen. Man breche die Iteration ab, wenn

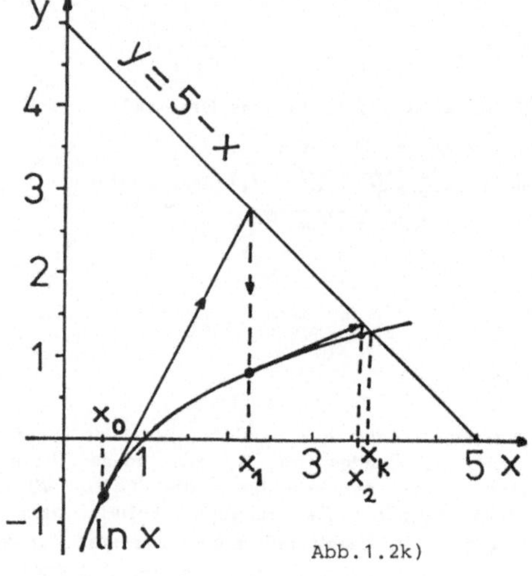

Abb.1.2k)

$|x_{i+1} - x_i| < x_i/10^4$ ist. Allgemein lautet die Gleichung einer Geraden durch den Punkt (x_i, y_i) mit der Steigung y_i':......$y = y_i+(x-x_i)\cdot y_i'$. Die Tangenten sind Geraden durch die Punkte $(x_i, \ln x_i)$ mit der Steigung $(\ln x_i)' = 1/x_i$. Also lautet ihre Gleichung: $y = y_i+(x-x_i)/x_i$. Ihr Schnittpunkt mit y = 5 - x ist:

$$x = x_i \,(6 - y_i)/(1 + x_i) \text{ mit } y_i = \ln x_i \,.$$

Diesen x-Wert setzt man als x_i immer wieder in die rechte Seite der letzten Gleichung ein. Es ist eindrucksvoll, zu sehen, wie schnell das Verfahren konvergiert, indem man in der Schleife den jeweiligen x-Wert ausdrucken läßt.

1.2 l) Euklidischer Algorithmus (GGT)

Man schreibe ein Programm, das zwei ganze Zahlen m und n einliest und ihren größten gemeinsamen Teiler (GGT) berechnet. Der von Euklid angegebene Algorithmus geht folgendermaßen vor:

    1. Teile m durch n und berechne den Rest r.

    2. Wenn r = 0, dann ist n der gesuchte GGT.

    3. Ersetze m durch n und anschließend n durch r
       und beginne wieder bei 1 .

Es läßt sich leicht einsehen, daß man immer wieder nur nach dem GGT des letzten Divisors n mit dem berechneten Rest r zu suchen braucht. Wenn nämlich die Division im 1. Schritt den Wert q ergibt, so ist:

$$m = q \cdot n + r, \quad \text{d.h. } m - q \cdot n = r .$$

Wenn m und n gemeinsame Teiler haben, kann man diese auf der linken Seite der letzten Gleichung ausklammern. Also muß auch r diese Teiler besitzen, und es genügt, die Suche nach Teilern an den kleineren Zahlen n und r fortzusetzen. Man mache sich klar, daß der Algorithmus auch zum Ziele führt, wenn m < n ist und prüfe das durch entsprechende Eingaben.

1.2 m) Kubische Gleichung

Man schreibe ein Programm, daß die Koeffizienten A, B, C, D der Gleichung

$$Ax^3 + Bx^2 + Cx + D = 0$$

einliest und die Nullstellen x_i berechnet.

1.   Wenn A = 0 ist, löse man die quadratische Gleichung $Bx^2+Cx+D=0$.
        Im Falle D = 0 ist x = 0 eine Lösung der kubischen Gleichung.
        Die beiden anderen Lösungen erhält man dann aus der quadratischen
        Gleichung: $Ax^2 + Bx + C = 0$.

2.   Durch Division mit A und Umbenennung der Koeffizienten:

$$a = B/A, \quad b = C/A, \quad c = D/A$$

erhält man bei A ≠ 0: $x^3 + ax^2 + bx + c = 0$.

Ersetzt man x durch x = y - a/3, so geht die Gleichung über in die Form

$$y^3 + py + q = 0$$

mit $p = b - a^2/3$ und $q = 2\,a^3/27 - ba/3 + c$.
Ihre Lösungen hängen ab von der Diskriminante

$$D = (q/2)^2 + (p/3)^3 .$$

Für D = 0 erhält man drei reelle Lösungen:

$$y_1 = 2w, \quad y_2 = y_3 = -w \quad \text{mit } w = (-q/2)^{1/3} .$$

Für D > 0 ergeben sich eine reelle und zwei konjungiert komplexe Lösungen:

$$y_1 = u + v, \quad y_2 = (-u - v + i\,\sqrt{3}\,(u - v))/2$$

$$y_3 = (-u - v - i \cdot \sqrt{3}\,(u - v))/2 .$$

Es ist $u = \sqrt[3]{-q/2 + \sqrt{D}},\ v = \sqrt[3]{-q/2 - \sqrt{D}}$ und $i = \sqrt{-1}$.

Für D < 0 wird zunächst der Winkel φ bestimmt aus:

$$\cos \varphi = -q/(2(|p|/3)^{3/2}) .$$

Mit ihm lassen sich drei reele Lösungen berechnen:

$$y_1 = 2 \sqrt{|p|/3} \ \cos(\varphi/3)$$
$$y_2 = -2 \sqrt{|p|/3} \ \cos((\varphi - \pi)/3)$$
$$y_3 = -2 \sqrt{|p|/3} \ \cos((\varphi + \pi)/3) \ .$$

Aus den y-Werten sind jeweils die zugehörigen x-Werte zu berechnen. Das Programm kontrolliere die Richtigkeit der Lösungen durch Berechnung der linken Seite der ursprünglichen Gleichung und drucke diesen Wert zusammen mit den Lösungen x und den Koeffizienten A, B, C, D aus.

Bemerkung: Da die kubische Gleichung immer mindestens eine reelle Lösung x_1 hat, kann diese auch mit Hilfe der "Regula falsi" (siehe Aufg. 1.7 s)) bestimmt werden. Die beiden anderen Lösungen erhält man aus der quadratischen Gleichung:

$$x^2 + dx + e = 0$$

mit
$$d = - (c/x_1 + b)/x_1, \ e = - c/x_1 \ .$$

1.3   DO-SCHLEIFEN

In FORTRAN IV haben DO-Schleifen beispielsweise folgende Form:

```
        DO 20 I= M1,KURT,J
        ...Anweisungen der Schleife...
  20    CONTINUE
        Z = Y -1.8
        ..............
```

Die Größen M1,KURT,J nennt man Schleifenparameter. Sie müssen vom Typ INTEGER sein. M1 ist der Startwert für den Laufindex I, KURT ist sein maximaler Endwert und J ist die Schrittweite. Diese Schleifenparameter müssen in FORTRAN IV positiv sein und es muß M1$\leq$ KURT sein. Alle Anweisungen bis zur Anweisung Nr.20 einschließlich werden in diesem Beispiel mehrfach durchlaufen und zwar für I=M1, dann für I=M1+J, für I=M1+2*J u.s.w.. Sobald I>KURT ist, wird die Schleife nicht mehr abgearbeitet, sondern es wird in diesem Falle bei Z=Y-1.8 weitergerechnet. Natürlich dürfen auch ganze, positive Zahlen als Parameter verwendet werden z.B.:

```
        DO 100 LISA = 10,80,7
```

In FORTRAN 77 dürfen Schleifenparameter negativ oder vom Typ REAL oder DOUBLE PRECISION sein. Auch darf man im Schleifenkopf arithmetische Ausdrücke als Parameter verwenden:

```
        DO 50 Q = SIN(P)+0.5D-1, EXP(P)-2.8D-1, -0.2D-1
        ... Anweisungen...
  50    WRITE(6,*) ' Q=',Q, ' Y=',Y
```

Die letzte Anweisung (in diesem Beispiel Nr. 50) wird bei jedem Schleifendurchlauf ausgeführt. Es ist hier angenommen, daß Q vom Typ DOUBLE PRECISION ist. Die Schrittweite wurde negativ gewählt. Liegt bei einer

Schachtelung von Scleifen eine Schleife ganz im Inneren einer anderen
Schleife, so wird die innere Schleife bei jedem Durchlauf der aüßeren
Schleife ganz abgearbeitet.

1.3 a) Schleife mit IF-Anweisungen

Geben Sie den Ausdruck des folgenden Programmes an (Leerschläge bitte mit b
kennzeichnen):

```
      DO 50 I=1,13,3
      IF(I-7)10,20,30
   10 K=I-2
      L=2*K+3
   20 M=L+K+I
   30 N=M-2*(I-2)
      WRITE(5,2)I,K,L,M,N
   50 CONTINUE
    2 FORMAT(1X,I2,2X,2I4/2I3)
      STOP
      END
```

1.3 b) DO-implizite Liste

Man schreibe ein Programm, das nur aus einer Schreib- und einer FORMAT-
Anweisung besteht. Letztere enthalte nur INTEGER-Feldspezifikationen.
Der erzeugte Ausdruck soll sein:

```
      12 14 16
      42 44 46
      72 74 76
```

1.3 c) INTEGER-Divisionen

Welchen Wert haben (bei impliziter Typenvereinbarung) die Variablen N und X
nach Durchlaufen des folgenden Programmteiles:

```
      X=0
      N=0
      DO 1 L = 5,29,10
      N=N+2
      K1=L/5
      DO 2 K=K1,4
      IF(K-3) 7,8,2
    7 N=N-5
    8 X=FLOAT((N+2)/3)+X
    2 N=N+K1
    1 CONTINUE
```

1.3 d) Alternierende Reihe

Schreiben Sie ein Programm, das auf 3 verschiedene Arten die Summe:

$$X = 1-1/2+1/3-1/4+.....+1/9999-1/10000$$

berechnet:

a)   von links nach rechts
b)   von rechts nach links
c)   getrennte Addition aller positiven und
        aller negativen Termine und danach Berechnung
        von X aus diesen beiden Einzelsummen.

Jeweils werde X mit einem entsprechenden Kommentar (z.B. "von links nach rechts") ausgedruckt. Unterscheiden sich die Ergebnisse?

1.3 e) Ausdruck eines Musters

Wie sieht der Ausdruck des folgenden Programmes aus:

```
        L=0
        DO 1 N=1,4
        M=5-N
      1 WRITE(6,2) L,(I,I=1,M)
      2 FORMAT(1X,5I2)
        WRITE(6,2)L
```

Bitte deuten Sie Leerschläge durch 'b' an.

1.3 f) Reihenentwicklung von π

Die Machin'sche Reihe

$$\pi = 16\left(\frac{1}{1\cdot5^1} - \frac{1}{3\cdot5^3} + \frac{1}{5\cdot5^5} - \frac{1}{7\cdot5^7} + \frac{1}{9\cdot5^9} - +.....\right)$$

$$-4\left(\frac{1}{239} - \frac{1}{3\cdot239^3} + \frac{1}{5\cdot239^5} - \frac{1}{7\cdot239^7} + -.....\right)$$

soll doppelt genau berechnet werden. Man wähle das n des letzten Gliedes $1/((2n+1)\cdot5^{**}(2n+1))$ der ersten Klammer ungefähr so groß, daß dieses Glied sich zum ersten Glied (1/5) verhält, wie sich die kleinste zur größten doppelt genauen Zahl mit gleichem Exponent verhält. Bei einem Rechner, dessen DOUBLE PRECISION-Zahlen eine Mantisse von 18 Dezimalen haben, würde dies bedeuten, daß $(2n+1)\cdot5^{**}(2n+1)/5=1.0D+18$ ist. Durch Abschätzen findet man in diesem Fall $n \approx 12$, das letzte Glied hat also den Nenner: $25\cdot5^{**}25$. In einer rückwärts laufenden DO-Schleife (Schrittweite -1) summiere man getrennt die positiven und die negativen Glieder der ersten und zweiten Klammer. Zusätzlich zum berechneten π-Wert drucke man auch den Wert von $4.0D0\cdot DATAN(1.0D0$ aus.

1.3 g) Polynomberechnung nach Horner

Man schreibe ein Programm, das x einliest und folgende Summe

$$y = 1 + \frac{1}{2}x + \frac{1}{3}x^2 + \frac{1}{4}x^3 + \ldots + \frac{1}{10}x^9$$

durch Ausklammern berechnet:

$$y = 1 + x(\frac{1}{2}+x(\frac{1}{3}+x(\frac{1}{4}+\ldots+x(\frac{1}{9}+x\cdot\frac{1}{10}))\ldots)) \;.$$

1.3 h) Schleife mit variabler Grenze

Wie groß ist der Wert von Y nach Durchlaufen des folgenden Programmes:

```
          Y=0.
          X=35.
          I1=3
          DO 1 I=2,12,I1
          N=MAX0(I,6)/3+1
          X=X+10.
          DO 2 K=2,N,2
        2 X=X+Y+FLOAT(I-2)**K
        1 Y=X-9.
```

1.3 i) Vertafeln einer Funktion

Schreiben Sie ein Programm, das die Variablen a und b und die Schrittweite Δx einliest und in dem Intervall $a \leq x \leq b$ die Funktion $f(x) = \sin(|x-1| \cdot \ln(x^2)$ mit der Schrittweite Δx vertafelt. Es sei $a > 0$.

1.3 j) Schleife mit Schrittweite >1

Schreiben Sie ein Programm, das nach Einlesen der natürlichen Zahlen N und M ($>$N) die Summe der Zahlen $N,N+2,N+4,\ldots,M$ bildet. Man lasse auch den Wert von $(L+1)(N+L)$ mit $L = (M-N)/2$ ausdrucken.

1.3 k) Verzinsung eines Kapitals

Ein Ausgangskapital k_0 werde mit dem Zinsfuß p verzinst. Nach n Jahren erreicht es den Wert:

$$k_n = k_0 (1+p/100)^n \qquad\qquad (\mathrm{I})$$

Man erhält das gleiche Ergebnis, wenn man jährlich den Anstieg des Kapitals und der Zinsen berechnet:

$$Z_i = k_i \cdot p/100 \text{ für } i=0,1,2,\ldots,n-1$$

$$\qquad\qquad (\mathrm{II})$$

$$k_i = k_{i-1} + Z_{i-1} \text{ für } i=1,2,3,\ldots,n \;.$$

Man lese k_0, n und p ein und berechne alle k_i und Z_i. Zur Kontrolle soll auch der Wert k_n nach Formel (I) ausgedruckt werden.

1.3 l)   Tilgung eines Darlehens

Ein Kunde erhält ein Darlehen A_o, das in N gleichbleibenden Monatsraten R zurückzahlt werden soll. Bei einem monatlichen Zinssatz p (p=0.005 entspricht 0.5 % pro Monat) erhält man:

$$R = \frac{A_o \, p}{1 - 1/(1+p)^N} \; .$$

Diese Rate enthält Zinsen und Tilgung. Die Zinsen für den k-ten Monat betragen: $Z_k = p \cdot A_{k-1}$, wobei A_{n-1} das aktuelle Darlehen, d.h. die Restschuld aus dem Vormonat darstellt. Nach Zahlung der Rate R verbleibt also als Restschuld nach k Monaten:

$$A_k = A_{k-1} - R + Z_k \; .$$

Man erstelle ein Programm, das für eingelesene Werte von A_o, p und N den Tilgungsplan mit den Werten A_k, Z_k und den Tilgungen $t_k = R - Z_k$ für k=1,2,.....,N zusammen mit der Monatsrate R und der Summe aller Zahlungen S=N·R ausdruckt.

1.3 m)   Punkte im Parabeltopf

Man schreibe ein Programm, das abzählt wieviel Gitterpunkte mit ganzzahligen x- und y-Koordinaten im Parabeltopf $y=ax^2$ oder auf seinem Rand liegen, der nach oben durch die Gerade y=b begrenzt ist. Man lese a >0 und b > 0   ein.

1.3 n)   KGV

Das kleinste gemeinsame Vielfache KGV(L,K) zweier natürlicher Zahlen L und K läßt sich mit Hilfe des größten gemeinsamen Teilers GGT(L,K) dieser Zahlen berechnen:

$$KGV(L,K) = L \cdot K / GGT(L,K) \; .$$

Man bestimme nach Einlesen von mindestens 20 Paaren L und K ihren GGT mit dem Algorithmus von Euklid (Aufg. 1.2 l)) und berechne daraus das KGV.

1.3 o)   Pythagoräische Tripel

Pythagoräische Tripel sind ganze Zahlen i,j,k, die die Gleichung $i^2 + j^2 = k^2$ erfüllen (z.B. ist: $3^2 + 4^2 = 5^2$). Schreiben Sie ein Programm, das sämtliche pythagoräischen Tripel mit $i,j \leqq 25$ berechnet.

1.3 p)   sin-Reihe

Die sin-Reihe

$$\sin(x) = x - \frac{x^3}{3!} + \frac{x^5}{5!} - \frac{x^7}{7!} + - \ldots\ldots$$

konvergiert sehr schnell, wenn $|x| < \pi/2$ ist. Da die sin-Funktion periodisch ist,

genügt es x auf das Intervall $-\pi/2 \leqq x \leqq +\pi/2$ zu reduzieren. Für ein einge-
lesenes x berechne man statt der Reihe sin(x) die Reihe sin(x). Dabei berechnet sich x aus dem Rest y der Division $x/(2\pi)$. Zunächst sei:

$$Z = y - 2\pi \cdot \text{sign}(y) \quad \text{für} \quad |y| > \pi$$

$$Z = y \qquad\qquad\quad \text{für} \quad |y| \leqq \pi .$$

Schließlich ist: $\qquad x = Z \qquad\qquad \text{für} \quad |Z| \leqq \pi/2$

und $\qquad\qquad x = \pi \cdot \text{sign}(Z) - Z \quad \text{für} \quad |Z| > \pi/2 .$

Man benutze bei der Berechnung eines neuen Gliedes der Reihe den Wert des
zuletzt berechneten Gliedes. Es soll zum Vergleich auch der Wert der vorhandenen FORTRAN-Funktion SIN(X) ausgedruckt werden.

1.3 q) π-Berechnung als Grenzwert

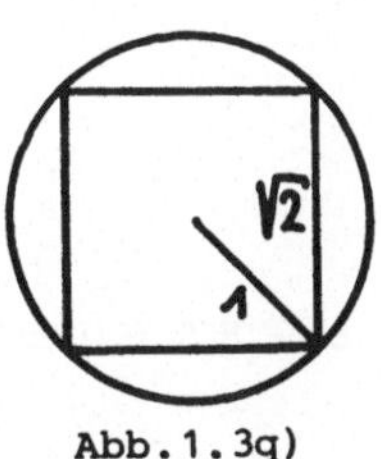

Abb.1.3q)

Ein Quadrat in einem Kreis mit dem Radius
r=1 hat den Flächeninhalt $A_4 = (\sqrt{2})^2 = 2$.
Sukzessiv werden die Flächeninhalte der regel-
mäßigen Vielecke berechnet, die man erhält
durch Verdoppelung der Anzahl der Ecken:
$A_4 \longrightarrow A_8 \longrightarrow A_{16} \longrightarrow A_{32}$ usw. Der Grenzwert dieser Folge muß gleich dem Flächenin-
halt des Kreises: $\pi r^2 = \pi \cdot 1^2 = \pi$ sein.
Der Übergang von A_m zu A_{2m} geschieht nach
der Formel:

$$A_{2m} = m(1-(1-(2A_m/m)^2)^{1/2})^{1/2}/1.4142135 .$$

Man schreibe ein Programm, das die Zahl π
auf 6 Stellen genau berechnet:

m	4	8	16	
A_m	2	2.8284	3.0614	usw.

1.3 r) Kettenbruch tan(Z)

Man lese mehrere große und kleine z-Werte ein $(z \neq \pi/2 \pm n\pi)$ und berechne
jeweils tan(z) als Kettenbruch (siehe Aufg. 1.2 d)):

$$\tan(z) = \frac{z}{1-} \; \frac{z^2}{3-} \; \frac{z^2}{5-} \; \frac{z^2}{7-} \cdots$$

von rechts nach links durch Auswertung von 10 Gliedern. Der Wert des Kettenbruchs und der Wert: t=sin(z)/cos(z) werden zusammen mit z ausgedruckt. Wegen
der Periodizität von tan(z) ist eine Reduktion $z \leftarrow z - \pi \cdot \text{IFIX}(z/\pi)$ sinnvoll.

1.3 s) Bernoullische Zahlen (Rekursionsformel)

Die häufig benötigten Bernoullischen Zahlen lassen sich mit der Rekursionsformel

$$B_{m+1} = -[\, 1 + \binom{m+2}{1} \cdot B_1 + \binom{m+2}{2} \cdot B_2 + \cdots + \binom{m+2}{m} \cdot B_m \,]/(m+2)$$

berechnen. Man berechne $B_1, B_2, \ldots, B_{30}$. Gegeben ist $B_1 = -0.5$. Man beachte, daß alle $B_{2n+1}=0$ für $n=1,2,3,\ldots$. Außerdem berücksichtige man, daß die neuen Glieder $\left(^{m+2}_{2j}\right)$ leicht aus den alten Glidern $\left(^{m+2}_{2j-2}\right)$ berechnet werden können.

1.4 FELDER

In der Mathematik bezeichnet man die Elemente einer Matrix A z.B. als A_{ik}, wobei k der Spalten- und i der Zeilenindex ist.In FORTRAN spricht man von Feldern (arrays) und ihren Elementen A(I,K). Die Indices I und K müssen vom Typ INTEGER sein: z.B. A(7,11). Fasch wäre die Schreiweise A(7.,11.). Man muß unterscheiden zwischen der Nummer (=Index) des Elementes und dem dort abgelegten Wert des Elementes. Man kann z.B. komplexe,logische oder doppelt genaue etc. Werte ablegen, die Position im Feld (= Index = Platznummer) bleibt immer ganzzahlig. Die Namen und Größen der Felder sind am Programmkopf zu deklarieren:

```
          DIMENSION V(100),A(20,20),C(2,8,3),IQ(4,7)
          COMPLEX Q(8,8)
          LOGICAL H(60),B(15,20)
          ... Einlesen von Werten für X,Y,K,L,I,J,N u.s.w.
          V(20) = X*SIN(Y)
          V(21) = COS( V(20)**2-8.4) + 3.5
          V(K) = V(L) + 0.75*A(I-1,K+2)
    C     "Short List" FUER DIE EINGABE DES FELDES Q
          READ(5,*) Q
    C DO-implizite LISTE  BEIM EINLSEN UND AUSDRUCKEN EINES TEILFELDES
          READ(5,*) ( H(M),M=1,N), C(2,7,1)
          WRITE(6,2) (H(M),M=1,N)
       2  FORMAT(10L2)
          ................
```

Hier ist V ein lineares Feld (=Vektor) mit den 100 Elementen V(1),V(2),.. ..V(100), A ein zweifach indiziertes Feld (= Matrix) mit 400 Elementen, die als Kette abgespeichert werden: A(1,1),A(2,1),...,A(20,1),A(1,2), A(2,2),...,A(20,2),...,A(19,20),A(20,20). Wie man sieht läuft der erste Index zuerst! Inder 2.Programmzeile wird Q als komplexe 8*8-Matrix deklariert. Jedes Element enthält einen Real- und einen Imaginärteil. Eine besondere DIMENSIONS-Anweisung für Q,H,B entfällt. Mit Feldelementen kann man arbeiten wie mit einzelnen Variablen. Man kann sie berechnen lassen (hier: V(20)=...) oder mit ihnen rechnen. Als Indices dürfen auch INTEGER-Variable auftreten (hier: L,I-1,K+2,M).
Wird in einer READ-Anweisung ein Feldname angegeben, so wird das ganze Feld eingelesen (hier:Q(1,1),Q(2,1),...,Q(7,8),Q(8,8), d.h. es wird spaltenweise eingelesen). Außer bei einer derartigen "Short List" müssen die Feldnamen immer mit Indices angegeben werden. Soll nur der Teil eines Feldes eingelesen werden, so verwendet man die "DO-implizite Liste", die einer DO-Schleife entspricht (hier werden eingelesen: H(1),H(2),...,H(N)). Während in FORTRAN IV der unterste Feldindex immer =1 ist, kann man in FORTRAN 77 die untere Grenze frei wählen:

```
          DOUBLE PRECISION Z(-5:6,8:18)
          CHARACTER* 20 ADRESS(25,4)
```

Durch diese Deklarationen werden Speicherplätze reserviert für $Z(-5,8)$, $Z(-4,8),\ldots,Z(6,8),Z(-5,9),\ldots,Z(6,9),\ldots,Z(5,18),Z(6,18)$ und im Feld ADRESS lassen sich $25*4=100$ Texte von je 20 Zeichen ablegen. Die Angabe ADRESS(23,4)(6:15) stellt eine Teilkette vom Zeichen Nr.6 bis Zeichen Nr. 15 des Elementes ADRESS(23,4) dar.
In FORTRAN IV sind Felder mit maximal 3 Kanten (Indices) erlaubt, während in FORTRAN 77 siebenfach indizierte Felder auftreten dürfen. In der Aufgabe 2.3 a) ist ein Programm für den zeilenweisen Matrixausdruck gegeben.

1.4 a)   Bearbeiten eines linearen Feldes

Schreiben Sie ein Programm, das die Feldgröße n und Zahlen a_i einliest ($n \leqq 200$) und abzählt, wieviele Zahlen a_i bertagsmäßig kleiner als 12.0 sind. Das Feld a_i und die gefundene Anzahl werden anschließend mit entsprechendem Text ausgedruckt.

1.4 b)   Skalarprodukt

Man schreibe ein Programm, das zwei Vektoren mit jeweils 30 Komponenten einliest und ihr Skalarprodukt berechnet:
$x \cdot y = x_1 y_1 + x_2 y_2 + \ldots + x_{30} y_{30}$. Anschließend werden die Vektoren mit 6 Komponenten pro Druckzeile und der Wert des Skalarproduktes ausgedruckt.

1.4 c)   Suchen in einem eindimensionalen Feld

Schreiben Sie ein Programm, das einen reellen Wert x und ein Feld von 100 reellen Zahlen $a_1 \ldots a_{100}$ einliest. Vor dem Eingeben wurden die Zahlen so sortiert, daß $a_1 \leqq a_2 \leqq a_3 \ldots a_{99} \leqq a_{100}$ ist. Das Programm stelle fest, ob $x < a_1$ oder $x > a_{100}$ ist oder, wenn das nicht der Fall ist, zwischen welchen Werten von a der Wert von x liegt und drucke (z.B.) aus:

X=231.8 LIEGT ZWISCHEN A(67)=210.9 UND A(68)=251.3 .

1.4 d)   Ausdruck eines linearen Feldes in umgekehrter Reihenfolge

Schreiben Sie ein Programm, das 30 Zahlen einliest und diese in umgekehrter Reihenfolge ausdruckt mit 2 Zeilen Zwischenraum, u.z. zuerst die ungeraden Zahlen: 29. Zahl, 27. Zahl, 25. Zahl usw bis zur 1. Zahl, dann die geraden Zahlen: 30. Zahl, 28. Zahl usw. bis zur 2. Zahl.

1.4 e)   Arbeiten mit einem "Kontroll-Feld"

Man schreibe ein Programm, das ein Feld 'X' von 20 reellen Zahlen und ein Feld 'STEUER' von 20 ganzen Zahlen einliest und die Summe der Elemente X_i bildet, für die $STEUER_i > 2$ ist. Die Felder und das Ergebnis werden ausgedruckt.

1.4 f)   Mittelwerte

Man schreibe ein Programm, das 5 Eingabezeilen einliest, mit denen jeweils 8 reelle Zahlen mit je 10 Anschlägen eingegeben werden. Zu jeder Zeile soll der Mittelwert berechnet und zusammen mit den Daten ausgedruckt werden.

1.4 g)   Indexgesteuerter Feldaufbau

Schreiben Sie ein Programm, das durch Einlesen eine Tabelle von maximal 100 Elementen X_i aufbaut. Es wird eingegeben:

in Spalte 1 bis 5:   der Index i des Elementes,
in Spalte 6 bis 16: der reelle Wert des i-ten Elementes.

Den Daten folgt eine Leerzeile zur Kennzeichnung, daß keine weiteren Zeilen folgen, falls $n < 100$ ist.
Anschließend werden die eingelesenen Werte X_i wieder ausgedruckt.

1.4 h)   Mischen zweier Vektoren

Schreiben Sie ein Programm, das nacheinander zwei Felder A und B von je 10 Elementen einliest und daraus ein Feld C von 20 Elementen durch Mischen aufbaut: die "ungeraden" Elemente von C sollen gleich den Elementen von A sein ($c_1 = a_1$, $c_3 = a_2$, $c_5 = a_3$, ..., $c_{19} = a_{10}$) und die "geraden" Elemente von C sollen gleich den Elementen von B sein ($c_2 = b_1$, $c_4 = b_2$, $c_6 = b_3$, ..., $c_{20} = b_{10}$). Anschließend sollen die drei Felder wieder ausgedruckt werden.

1.4 i)   Ausdruck mit DO-implizierterter Liste und Short List

In welcher Reihenfolge werden die Elemente der $(2 \cdot 3)$-Matrix X und der Matrix L ausgedruckt bei folgender Druckanweisung:

        WRITE(6,200) X, ((L(I,J,K), K = J,8,I), I = 2,J), J = 3,5)   ?

1.4 j)   "Stürzen" einer Matrix

Man schreibe ein Programm, das eine (20×20)-Matrix einliest und die 2., 4., 6. usw. ..... 20. Spalte "auf den Kopf stellt" (d.h. 1. Element der Spalte wird letztes Element, 2. Element wird vorletztes Element usw.). Anschließend werde die Matrix ausgedruckt.

1.4 k)   Übernahme von Vektorkomponenten in eine Matrix

Man schreibe ein Programm, das 2 Vektoren X und Y mit je 15 Elementen einliest und daraus eine $15 \cdot 15$-Matrix B aufbaut. Alle Spalten von B mit ungerader Nummer (1. Spalte, 3. Spalte usw.) sollen aus dem Vektor X bestehen und alle Spalten mit gerader Nummer aus dem Vektor Y. Anschließend werden X, Y und B ausgedruckt.

1.4 l) Serpentinenförmiges Eintragen eines Vektors in eine Matrix

Man schreibe ein Programm, das einen Vektor B mit 100 Elementen einliest
und daraus eine $(10 * 10)$-Matrix A berechnet.
Die Werte von A sollen folgendendermaßen berechnet werden:

$$a_{11} = b_1 \qquad a_{12} = b_{20} \qquad a_{13} = b_{21} \quad \cdots\cdots \quad a_{1,10} = b_{100}$$

$$a_{21} = b_2 \qquad a_{22} = b_{19} \qquad a_{23} = b_{22} \quad \cdots\cdots \quad a_{2,10} = b_{99}$$

$$a_{91} = b_9 \qquad a_{92} = b_{12} \qquad a_{93} = b_{29} \quad \cdots\cdots \quad a_{9,10} = b_{92}$$

$$a_{10,1} = b_{10} \quad a_{10,2} = b_{11} \quad a_{10,3} = b_{30} \quad \cdots\cdots \quad a_{10,10} = b_{91}$$

Anschließend werde B und A mit je 10 Elementen pro Zeile ausgedruckt.

1.4 m) Winkelförmiger Aufbau einer Matrix

Schreiben Sie ein Programm, das folgende $99*99$-Matrix berechnet und ausdruckt:

$$
\begin{array}{ccccccc}
1^2 & 1^2 & 1^2 & \cdots\cdots & 1^2 & 1^2 & 1^2 \\
1^2 & 2^2 & 2^2 & \cdots\cdots & 2^2 & 2^2 & 2^2 \\
1^2 & 2^2 & 3^2 & \cdots\cdots & 3^2 & 3^2 & 3^2 \\
\cdots & \cdots & \cdots & \cdots & \cdots & \cdots & \cdots \\
1^2 & 2^2 & 3^2 & \cdots\cdots & 97^2 & 97^2 & 97^2 \\
1^2 & 2^2 & 3^2 & \cdots\cdots & 97^2 & 98^2 & 98^2 \\
1^2 & 2^2 & 3^2 & \cdots\cdots & 97^2 & 98^2 & 99^2
\end{array}
$$

Man achte darauf, daß jede Quadratzahl nur einmal berechnet wird.

Wo findet man den Wert 9 $(= 3^2)$ in der Matrix?

1.4 n) "Faltung" einer Matrix

Man schreibe ein Programm, das eine $(8*8)$-Matrix A einliest und daraus eine
(8×4)-Matrix B durch "Faltung" berechnet: Die 1. Spalte von B ist gleich der
elementaren Summe von Spalte 1 und Spalte 8 der Matrix A. Die 2. Spalte von
B wird ebenso als Summe von Spalte 2 und Spalte 7 der Matrix A gebildet, usw.
Anschließend werden beide Matrizen ausgedruckt.

1.4 o)   Berechnung einer Matrix aus zwei linearen Feldern

Man schreibe ein Programm, das einen Vektor X mit 5 und einen Vektor Y mit 8 positven Elementen einliest und daraus eine (5·8)-Matrix A berechnet, nach der Formel:

$$a_{iK} = \sin(X_i - 0.38) \cdot \sqrt{Y_{9-K}/2.} \qquad \text{für } i = 1, \ldots, 5 \text{ und}$$
$$K = 1, \ldots, 8 \ .$$

Die Vektoren und die Matrix sind zeilenweise auszudrucken.
Erweiterung: Man wähle folgende Ausdrucksform:

X =＼ Y =	Y(8)	Y(7)	Y(6) . . . . . Y(1)
x(1)	A(1,1)	A(1,2)	A(1,3) . . . . A(1,8)
x(2)	A(2,1)	A(2,2)	A(2,3) . . . . A(2,8)
.	.	.	.
.	.	.	.
x(5)	A(5,1)	A(5,2)	A(5,3) . . . . A(5,8)

1.4 p)   Fußballtabelle

Man schreibe ein Programm, das eine vereinfachte, nicht sortierte Fußballtabelle erstellt, in der Form:

        1. MANNSCHAFT   20 : 12   PUNKTE
        2. MANNSCHAFT   29 : 3   PUNKTE
        3. MANNSCHAFT   4 : 28   PUNKTE

Die Tabelle enthalte 18 Mannschaften. Sie wird aufgebaut durch Einlesen von jeweils 9 Spielen. Die Eingabe 6 11 2 3 bedeutet:
Die 6. Mannschaft spielt gegen die 11. Mannschaft 2 : 3 . Nach der Eingabe von 9 Spielen wird die Tabelle ausgedruckt und ein "Schalter" K eingelesen. Für K = 0 werden 9 weitere Spiele eingelesen und für K ≠ 0 wird der Programmablauf beendet.
Erweiterungen: α) Man sortiere die Tabelle nach Plus- (oder Minus-)Punkten.
                 β) Man führe im Ausdruck auch die Mannschaftsnamen auf.

1.4 q)   Großes Einmaleins

Man schreibe ein Programm, das das große Einmaleins in einer INTEGER-Matrix ablegt: A(12, 11) = A(12, 11) = 11 · 12 usw.

Anschließend werde der entsprechende Quadrant der Matrix ausgedruckt in der Form:

	11	12	13	. . . . .	20
11	121	132	143	. . . . .	220
12	132	144	156	. . . . .	240
.	.	.	.		.
.	.	.	.		.
20	220	240	260		400

1.4 r) Pascalsches Dreieck

Das Pascalsche Dreieck werde als INTEGER-Matrix berechnet. Bekanntlich ist

$$A(I,K) = \binom{I-1}{K-1}$$

. Man kann jedoch das Auswerten dieser Binominalkoeffizienten umgehen, denn jedes Element läßt sich als Summe von zwei Elementen der darüber stehenden Zahl berechnen: des Elements das über dem zu berechenden Element steht und dessen linken Nachbarn, wenn zunächst die Ränder mit "1" aufgefüllt wurden. Man drucke das Dreieck in nebenstehender Form aus.

```
          1
         1 1
        1 2 1
       1 3 3 1
      1 4 6 4 1
     1 5 10 10 5 1
      . . . . . . .
```

<u>Abänderung:</u> Man drucke das Dreieck in A-Form (V-Form) aus.

1.4 s) "Spiegeln" einer Matrix an der Nebendiagonalen

Man lese eine (n*n)-Matrix A ein und drucke sie aus. Anschließend sollen die Elemente, die spiegelsymmetrisch zur Nebendiagonalen liegen (Diagonale von A(N,1) nach A(1,N)), miteinander vertauscht werden. Danach werde die Matrix nochmals ausgedruckt. - Mit welchem Element muß das allgemeine Element A(I,K) vertauscht werden? Was passiert, wenn man I und K unabhängig von 1 bis N laufen läßt?

1.4 t) Ausdruck eines Dreiecks

Man schreibe ein Programm, das 25 Zeilen ausdruckt. Die 1. Zeile enthalte 25 Einsen und 107 Leerschläge usw. ..., die letzte Zeile enthalte eine Eins und 131 Leerschläge.

1.4 u) Schwach besetzte Vektoren

Oft läßt der vorhandene Ausbau von Tischrechnern das Abspeichern "größerer" Felder nicht zu. Sind diese Felder zum größten Teil mit Nullen besetzt, so ist diese Abspeicherung auch nicht erforderlich. Nehmen wir einmal an, zwei Vektoren x(1), x(2), ..., x(30000) und y(1), y(2), ..., y(30000) enthielten jeweils maximal 1000 von Null verschiedene Elemente. Es genügt dann, beide Felder nur bis 1000 zu dimensionieren und in zwei Indexfeldern IX(1), IX(2), ..., IX(1000) und $IY(1)$, $IY(2)$, ..., $IY(1000)$ sich die Indices zu merken, unter denen die entsprechenden Feldkomponenten in den großen Feldern abzuspeichern wären:

$$IX(87) = 5321$$

bedeutet: das 87. Element des kompromitierten XX-Feldes steht im großen X-Feld auf Platz Nr. 5321. Im Skalarprodukt beider Vektoren wird dieses Element dann einen Beitrag liefern, wenn die Zahl 5321 auch irgendwo im Feld IY auftritt.

Man schreibe ein Programm, das die Felder XX, YY, IX, IY mit je 1000 Elementen deklariert und je NX-Werte in XX und IX und je NY-Werte in YY und IY einliest und daraus das Skalarprodukt, der an sich gemeinten, "großen" Felder berechnet:

$$SP = X(1) \cdot Y(1) + X(2) \cdot Y(2) + ... + Y(30000) \cdot Y(30000) .$$

Die Werte in den Feldern IX und IY sollen beim Einlesen schon monoton ansteigend sortiert sein.

Angenommen wir suchen den Multiplikationspartner für $XX(87)$ (s.o) und finden $IY(63) = 5321$, d.h. der Partner lautet $YY(63)$. Dann kann der Partner von $XX(88)$ im Feld YY nicht auf den ersten 63 Plätzen vorkommen, da IX und IY aufsteigende Werte enthalten. Es ist also vorteilhaft, sich den letzten Index von IY jeweils zu merken (hier: $K=63$) und dort mit der neuen Partnersuche im IY-Feld zu beginnen.

Umgekehrt kann man aus dem gleichen Grunde die Suche abbrechen, sobald $IY(K) > IX(88)$ ist. Zunächst rechne man folgenden Testfall:

K	1	2	3	5	6	7	8	9	11
IX	91	1730	2010	5700	16870	21055	27423	29000	
XX	0.5	-0.2	7.2	2.0	9.1	8.7	1.0	-4.4	
IY	80	932	1730	3900	4920	5700	16000	27423	29367
YY	2.5	-0.9	5.0	4.7	-6.8	-3.5	8.5	-2.0	-14.

Anschließend rechne man ein 2. Beispiel und lese in jedes Feld mindestens 20 Werte ein.

1.4 v) Kondensieren eines Feldes

Man schreibe ein Programm, das einen reellen Vektor mit 100 Komponenten definiert, diesen zunächst mit Nullen besetzt und dann 20 reelle Zahlen als Vektorkomponenten einliest. Mit der Eingabe einer jeden reellen Zahl werde auch der Index der Komponente eingegeben, in der die Zahl abzuspeichern ist. Nach dem Ausdruck des Vektors werde er so "kondensiert", daß die Nullen hochwandern und die reellen Zahlen nach unten auf die Plätze 1 bis 20 "rutschen". Anschließend werden die ersten 20 Komponenten nochmals ausgedruckt. Die Indices sollen beim Einlesen in ein Feld vom Typ INTEGER mit 20 Elementen abgelegt werden.

1.5 <u>RECHNEN MIT KOMPLEXEN UND LOGISCHEN GRÖSSEN</u>

Bekanntlich ist das Rechnen mit komplexen Zahlen "von Hand" recht mühsam. Schon eine simple Division: $Z = Z_1/Z_2 \equiv (a+ib)/(c+id)$ macht Mühe:

$$Z = (ac+bd)/(c^2+d^2) + i(bc-ad)/(c^2+d^2).$$

Hier stellt es eine große Erleichterung dar, daß FORTRAN die Grundrechnungs-arten, die Exponentiation (**) mit ganzzahligem Exponenten, einige Typumwand-lungsfunktionen (z.B.: Z = CMPLX (Q-2.8, SIN(Y)/2.)), die die Zusammenfassung von zwei reellen Größen (hier: Q-2.8 und SIN(Y)/2.) zu einer komplexen Größe sowie die Separation einer komplexen Größe in Real- und Imaginärteil erlauben, und einige komplexe Funktionen (z.B. CSQRT, CEXP, CSIN etc.) zur Verfügung stellt. Damit lassen sich komplexe Rechnungen in FORTRAN recht elegant lösen.

In FORTRAN IV sind für die Arbeit mit logischen Größen die drei Operatoren .NOT., .AND. und .OR. definiert, die in dieser Reihenfolge auch ausgewertet werden. In FORTRAN 77 sind ergänzend die Operatoren .EQV. und .NEQV. hinzugekommen, die es gestatten abzufragen, ob logische Größen gleich oder ungleich sind. Die "Wahrheitstafeln" dieser fünf Funktionen lauten:

A	B	.NOT.A	A.AND.B	A.OR.B	A.EQV.B	A.NEQV.B
T	T	F	T	T	T	F
T	F		F	T	F	T
F	T	T	F	T	F	T
F	F		F	F	T	F

Natürlich lassen sich für komplexe und logische Größen auch Felder und Funk-tionen deklarieren.

1.5 a) Musterprogramm zum Arbeiten mit komplexen Größen

In der Elektrotechnik lassen sich ohmsche, kapazitive und induktive Wider-stände, die parallel oder in Serie geschaltet sind, durch einen einzigen Wider-stand R ersetzen:

$$R = R_1 + R_2 + R_3 + \ldots \qquad \text{bei Serienschaltung,}$$

$$1/R = 1/R_1 + 1/R_2 + 1/R_3 + \ldots \qquad \text{bei Parallelschaltung.}$$

Dabei sind in Wechselstromnetzen mit der Kreisfrequenz $\omega (=2\pi f)$ die R_i kom-plexe Größen:

$R_\Omega = R$ (reell: Imaginärteil = Null) für ohmsche Widerstände

$R_L = i\omega L$ (rein imaginär: Realteil = Null) für induktive Widerstände

$R_C = -i/(\omega C)$ (rein imaginär: Realteil = Null) für kapazitive Widerstände.

Programm 1.5 a)

```
      PROGRAM WNETZ(INPUT,OUTPUT,TAPE5=INPUT,TAPE6=OUTPUT)
C   PROGRAMM ZUM BERECHNEN EINES WECHSELSTROMNETZES
C
      COMPLEX RGES,R(8),X
      REAL OHM(2),C(2),L(2)
 100  WRITE(6,*) ' BITTE OMEGA,2*OHM,2*C,2*L'
      READ(5,*,ERR=100) OMEGA,OHM,C,L
      WRITE(6,*) ' OMEGA=',OMEGA,' OHM=',OHM,' C=',C,' L=',L
C***************************************************************
C BERECHNEN DER KOMPLEXEN EINZELWIDERSTAENDE R(1),R(2):=OHM,
C  R(3),R(4):=L  ,R(5),R(6):=C(1),C(2)
C
      DO 1 K=1,2
      R(K) = CMPLX(OHM(K),0.0)
      R(K+2) = CMPLX(0.0,OMEGA*L(K))
 1    R(K+4) = CMPLX(0.0,-1.0/(OMEGA*C(K)) )
C***************************************************************
C BERECHNUNG DER ERSATZWIDERSTAENDE AUS PARALLELSCHALTUNGEN
C
      X = 1./R(3) + 1./R(1)
      R(7) = 1./X
      X = 1./R(2) + 1./R(4) + 1./R(5)
      R(8) = 1./X
C***************************************************************
C BERECHNUNG DES GESAMTWIDERSTANDES ALS SERIENSCHALTUNG
C
      RGES = R(7) + R(8) + R(6)
C***************************************************************
C BERECHNUNG VON AMPLITUDE UND PHASE VON RGES:
C
      AMP = CABS(RGES)
      PHASE = ATAN2(AIMAG(RGES) , REAL(RGES))
      WRITE(6,2) OMEGA,RGES,AMP,PHASE
 2    FORMAT(' OMEGA =',E15.8//' RGES =',2E15.8,' AMP =',E15.8
     1   ,' PHASE =',E15.8)
C
      STOP
      END
12.14.05.UCLP, AACLST14X,         0.130KLNS.


TCF-1.5D  ** END OF LISTIN
```

Man kann bei der Berechnung des Gesamtwiderstandes eines Netzes so vorge-
hen, daß man Teilstrukturen zu Ersatzwiderständen vereinfachend zusammenfaßt und dann die Ersatzwiderstände selbst wieder fortlaufend zusammenfaßt
bis als Endergebnis der komplexe Gesamtwiderstand R berechnet ist. Als
Beispiel sei ein Programm dargestellt, das den Gesamtwiderstand für folgendes
Netz berechnet:

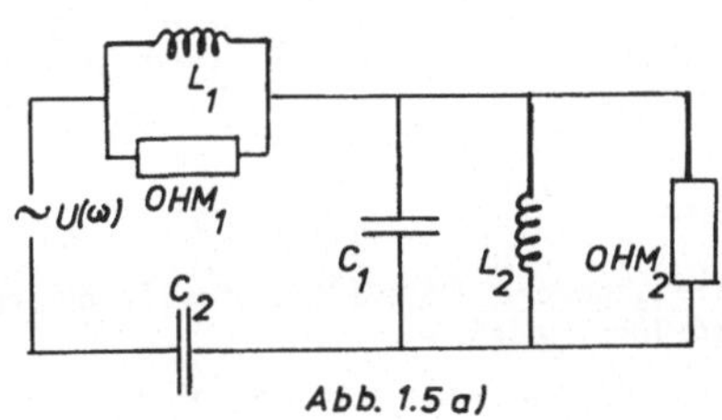

Abb. 1.5 a)

1.5 b) Produkt und Quotient komplexer Zahlen

Man schreibe ein Programm, das wiederholt zwei komplexe Zahlen Z_1 und Z_2
einliest, ihr Produkt $Z_3 = Z_1 Z_2$ und ihren Quotienten $Z_4 = Z_1/Z_2$ berechnet
und Z_1 bis Z_4 ausdruckt. Dann werden mit Hilfe der Funktionen REAL und
AIMAG die reellen Werte a, b, c, d in $Z_1 = a+ib$, $Z_2 = c+id$ berechnet und
die komplexe Rechnung kontrolliert:

$$x_3 = ac-bd, \quad y_3 = ad+bc, \quad x_4 = (ac+bd)/(c^2+d^2), \quad y_4 = (bc-ad)/(c^2+d^2) \ .$$

Die acht reellen Größen a, b, c, d, x_3, y_3, x_4, y_4 müssen mit den Zahlen
der ersten Druckzeile übereinstimmen und sollen als zweite Zeile spaltengerecht unter die erste Zeile gedruckt werden. Beiden Zeilen gemeinsam sei
eine erklärende Textzeile vorangestellt.

In der komplexen Ebene (Gaußsche Zahlenebene) lassen sich komplexe Zahlen
anstatt durch ihre kartesischen Koordinaten auch durch Polarkoordinaten angeben:

$$Z_1 = r_1\cos\varphi_1 + i \cdot r_1\sin\varphi_1 \ .$$

Sie lassen sich aus den kartesischen Koordinaten berechnen:

$$r_1 = \sqrt{x_1^2+y_1^2} \ , \quad \varphi_1 = \arctan(y_1/x_1) \ .$$

Wählt man diese Darstellung, so kann man im Produkt $Z_1 Z_2$ die Produkte der trigonometrischen Funktionen mit Hilfe der Additionstheoreme zusammenfassen:

$$Z_1 Z_2 = r_1 r_2 \, (\cos(\varphi_1 + \varphi_2) + i \, \sin(\varphi_1 + \varphi_2))$$

$$Z_1 / Z_2 = (r_1 / r_2)(\cos(\varphi_1 - \varphi_2) + i \, \sin(\varphi_1 - \varphi_2)) \ .$$

In einer dritten Zeile werde spaltengerecht ausgedruckt: r_1, φ_1, r_2, φ_2 und die Werte $r_3 = r_1 r_2$, $\varphi_3 = \varphi_1 + \varphi_2$, $r_4 = r_1 / r_2$, $\varphi_4 = \varphi_1 - \varphi_2$. Eine letzte Zeile schließlich enthalte die Werte $x_i = r_i \cos\varphi_i$, $y_i = r_i \sin\varphi_i$ für $i = 1, 2, 3, 4$. - Es ist ratsam, sich in der Gaußschen Ebene die Wirkung des Produktes (oder des Quotienten) als Addition der Winkel der Faktoren und Multiplikation ihrer Beträge zu veranschaulichen. -

1.5 c) Satz von de Moivre

Die in der letzten Aufgabe gegebene Darstellung des Produktes $Z_1 Z_2$ in Polar-koordinaten läßt sich verallgemeinern:

$$Z_1 Z_2 \ \ldots\ Z_n = r_1 r_2 \ \ldots\ r_n \ (\cos(\varphi_1 + \varphi_2 + \ \ldots\ + \varphi_n) + i \, \sin(\varphi_1 + \varphi_2 + \ \ldots\ + \varphi_n)) \ .$$

Man schreibe ein Programm, das n Beträge r_1, r_2, $\ldots$, r_n und n Winkel φ_1, φ_2, $\ldots$, φ_n einliest und die komplexen Zahlen

$$Z_K = r_K \cos\varphi_K + i \, r_K \sin\varphi_K \quad \text{für } K = 1, 2, \ldots, n$$

mit Hilfe der CMPLX-Funktion berechnet. Dann werden beide Seiten der obigen Gleichung getrennt ausgewertet und ausgedruckt. - Als Spezialfall erhält man hier bei n gleichen Zahlen $Z_1 = Z_2 = \ \ldots\ = Z_n$ den Satz von de Moivre:

$$Z^n = (r(\cos\varphi + i \, \sin\varphi))^n = r^n(\cos(n\varphi) + i \, \sin(n\varphi)) \ . -$$

Man erstelle eine komplexe Matrix mit n Zeilen und 4 Spalten, die als Element $a_{IK} = Z_I^K$ enthält und lasse sie nach einer spaltengerechten Überschrift: "$\ldots\ Z \ \ldots\ Z^2 \ \ldots\ Z^3 \ \ldots\ Z^4$" ausdrucken.

In FORTRAN sind INTEGER-Exponenten bei komplexer Basis erlaubt: Z**5, während Q = Z**1.5 normalerweise nicht zulässig ist. In diesem Fall ist folgende Form zu wählen:

$$Q = CEXP(1.5*CLOG(Z)) \ .$$

1.5 d) Wurzeln komplexer Zahlen/Einheitswurzeln

Als n-te Wurzel der komplexen Zahl Z bezeichnet man die Zahl w, für die gilt $w^n = Z$. Mit Hilfe des soeben angegebenen Satzes von de Moivre kann man zeigen, daß w für positive ganze Zahlen n die Form hat:

$$w = Z^{1/n} = r^{1/n} \left\{ \cos(\varphi + \frac{2k\pi}{n}) + i \, \sin(\varphi + \frac{2k\pi}{n}) \right\}, \quad k = 0, 1, 2, \ldots, n-1 \ .$$

Es gibt also für jedes $Z = r(\cos\varphi + i \cdot \sin\varphi)$ genau n verschiedene n-te Wurzeln, wenn $Z \neq (0., 0.)$ ist. Dies gilt auch für reelle Zahlen und speziell für $Z = (1.0, 0.0) = 1 \cdot (\cos 0 + i \cdot 0)$:

$$w_k = 1^{1/n} = \cos(\frac{2k\pi}{n}) + i\,\sin(\frac{2k\pi}{n}) = e^{2ki\pi/n}, \quad k = 0, 1, 2, \ldots, n-1 \; .$$

Diese Zahlen w_k heißen <u>n-te Einheitswurzeln.</u> Jede von ihnen hat den Betrag 1, d.h. sie liegen auf dem "Einheitskreis" mit dem Radius $r = 1$ um den Nullpunkt der komplexen Zahlenebene: $|w_K| = 1$ und bilden ein reguläres Polygon mit n Ecken. Sie lassen sich durch w_1 ausdrücken:

$$w_0 = 1, \quad w_k = w_1^k \text{ für } k = 2, 3, \ldots, n-1 \text{ mit } w_1 = \cos(2\pi/n) + i\,\sin(2\pi/n) \; .$$

Man schreibe ein Programm, das sechs Zeilen ausdruckt. Die 1. Zeile enthalte die Zahl $w_0 = (1.0, 0)$, die 2. Zeile enthalte die beiden 2-ten Einheitswurzeln, die 3. Zeile enthalte die drei dritten Einheitswurzeln w_0, w_1, w_2 mit $n = 3$, usw. Da die Einheitswurzeln ein reguläres Polygon mit dem Punkt $(0., 0.)$ als Mittelpunkt bilden, ist die Summe der Radien gleich Null, d.h.

$$\sum_{k=0}^{n-1} w_k(n) = 0 \text{ für } n = 2, 3, \ldots \; .$$

Die Zwischensummen

$$W_j(n) = \sum_{k=0}^{j} w_k(n), \quad j = 0, 1, 2, \ldots, n-1$$

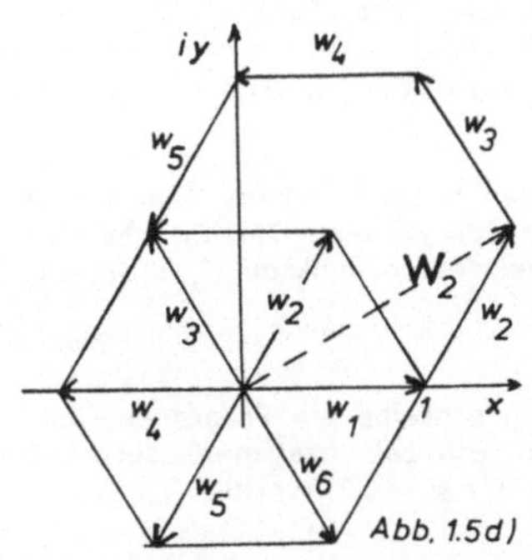

bilden daher auch Polygone, deren erste Ecke $W_0 = (1,0)$ ist und deren letzte Ecke $W_{n-1} = (0,0)$ im Nullpunkt liegt. Man lasse zeilenweise auch diese W_j ausdrucken, und zwar enthalte die 7. Zeile drei Zahlen: W_0, W_1, W_2 für $n = 3$, die 8. Zeile die 4 Zahlen W_0, W_1, W_2, W_3 für $n = 4$ usw. bis $n = 6$.

1.5 e) Eulersche Formel

Durch Vergleich der Koeffizienten der Reihen läßt sich zeigen, daß

$$e^{i\varphi} = \cos\varphi + i\,\sin\varphi \qquad \text{(Eulersche Formel)}$$

ist. In dieser Darstellung besagt der Satz von de Moivre, daß $(e^{i\varphi})^n = e^{in\varphi}$ ist. Wenn das Argument der e-Funktion nicht rein imaginär $(i\varphi)$ ist, sondern auch einen Realteil hat: $Z = x + iy$ erhält man:

$$e^Z = e^{x+iy} = e^x \cdot e^{iy} = e^x(\cos y + i\,\sin y) \; .$$

Es ist üblich bei Rechnungen in Polarkoordinaten eine komplexe Größe Z (nicht e^Z!) durch die e-Funktion darzustellen:

$$Z = r \cos\varphi + i\, r \sin\varphi = r(\cos\varphi + i \sin\varphi) = r\, e^{i\varphi} \; .$$

Durchläuft φ den Bereich $0 \leq \varphi \leq 2\pi$, so läuft Z auf einem Kreis mit dem Radius r. Ist bei dieser Bewegung die Geschwindigkeit und die Winkelgeschwindigkeit konstant, so wächst φ linear mit der Zeit t, d.h. $\varphi = \omega t$ und $Z = r\, e^{i\omega t}$. Die Addition zweier komplexer Zahlen, die jede für sich eine Kreisbewegung beschreiben, führt je nach dem Verhältnis von r/R und ω_1/ω_2 auf Epi- oder Hypozykloiden:

$$Z = r\, e^{i\omega_1 t} + R\, e^{i\omega_2 t} = x + iy \; .$$

Man lese per Programm r, R, ω_1, ω_2 ein und berechne ω_3 = Minimum (ω_1, ω_2). Dann lasse man spaltenweise eine Wertetafel im Bereich $0 \leq t \leq 2\pi/\omega_3$ ausdrucken mit Spalten für: t, $\omega_1 t$, $\omega_2 t$, x und y .

<u>Erweiterung</u>: Man lasse Z(t) plotten einschließlich der Achsen und des Kreises mit dem Radius R.

1.5 f) Die Funktion CABS/Cassini'sche Kurve

Der Wert $|Z| = |x+iy| = (x^2+y^2)^{1/2}$ gibt den Betrag von Z an, d.h. den Abstand des Punktes Z vom Ursprung (in FORTRAN heißt $|Z|$ einfach: CABS(Z)). Deutet man eine komplexe Zahl $Z-Z_0$ als Vektor von Z_0 nach Z, so stellt bei positivem r die Gleichung:

$$|Z-Z_0| = r$$

einen Kreis mit dem Radius r um den Punkt Z_0 dar.
Ähnlich ist eine Cassini'sche Kurve die Menge aller Punkte, deren Abstände von zwei festen Punkten $Z_1 = (e, 0)$, $Z_2 = (-e, 0)$ ein konstantes Produkt haben:

$$|Z-e| \cdot |Z+e| = a^2 \; .$$

Man schreibe ein Programm, daß für a=3.5 und e=3 die Fläche dieser "verbeulten Ellipse" bestimmt durch Abzählen der Gitterpunkte eines Rasters mit $\Delta x = \Delta y = 0.1$ für die

$$|Z-e| \cdot |Z+e| \leq a^2$$

ist. – Bei einer Lemniskate ist a=e und die Summe der Flächen in beiden Schleifen gleich $2a^2$ (siehe Aufg. 3.2 f)). Mit dieser Aussage läßt sich das Programm testen. –

1.5 g) Riemannsche ζ-Funktion

Die Riemannsche ζ-Funktion läßt sich für $\mathrm{Re}(Z)>1$ darstellen als

$$\zeta(Z) = \sum_{k=1}^{\infty} \frac{1}{k^Z} \; .$$

Man approximiere die Summe durch die ersten 100 Glieder und vertafele $\zeta(x+iy)$

in dem ebenen Bereich $5 \leq x \leq 6$ und $-1 \leq y \leq +1$ mit $\Delta x = \Delta y = 0.1$. Die in der Darstellung $k^{-Z} = e^{-Z \cdot \ln k}$ benötigten Logarithmen werden nur einmal berechnet.

1.5 h)　Die ganze lineare Transformation: $w = az + b$

Die Transformation $w = az$ mit $a = re^{i\vartheta}$, $z = Re^{i\varphi}$ und $a = 1$ stellt eine Drehstreckung dar, denn als $w = \rho e^{i\beta}$ erhält man: $\rho = rR$ und $\beta = \vartheta + \varphi$. Die Beträge R aller Größen z werden um den gleichen Betrag r gestreckt und zu den Argumenten φ aller Größen z addiert sich der konstante Winkel ϑ. Die Punkte $z_1 = 0$ und $z_2 = \infty$ sind Fixpunkte, denn die Bilder sind $w_1 = 0$ und $w_2 = \infty$. Bei dieser Drehstreckung gehen Kreise wieder in Kreise und Geraden der z-Ebene wieder in Geraden der w-Ebene über. Bei der ganzen, linearen Transformation $w = az + b$ mit $a = 1$, $b = 0$ kommt noch eine Parallelverschiebung um den Vektor b hinzu. Zusätzlich gibt es noch einen dritten Fixpunkt ($z_3 = az_3 + b$), der sich direkt angeben läßt: $z_3 = b/(1-a)$. Durch Umformen erhält man:

$$w - \frac{b}{1-a} = a\left(z - \frac{b}{1-a}\right) .$$

Führt man in beiden Ebenen neue Koordinaten W bzw. Z ein, die jeweils den Punkt $b/(1-a)$ als neuen Ursprung haben:

$$W = w - b/(1-a) \quad \text{und} \quad Z = z - b/(1-a) ,$$

so lautet die Transformation $W = aZ$. Es handelt sich also um eine Drehstreckung um den Punkt z_3.

Man lese in einem Programm die komplexen Größen a und b ein und drucke sie zusammen mit z_3 aus. Anschließend berechne man die Bilder w_i für die Punkte z_i, die einmal auf der Geraden $y_i = mx_i + n$ für $x_i = -4, -3, \ldots, 4$ und zum anderen Male auf einem Kreis $Z_i = Z_0 + 3e^{i\rho i}$ für $\rho_i = 0, 0.3, 0.6, \ldots, 6.28$ liegen. Die reellen Größen m und n und das komplexe Z_0 werden eingelesen und anschließend werden zwei Tabellen mit den Werten z_i und w_i ausgedruckt.

Man kann die freien, komplexen Konstanten a, b der Transformation auch festlegen durch die Vorgabe zweier Bilder w_1, w_2 für zwei beliebige Punkte z_1, z_2 . Man erhält aus $w_i = az_i + b$　$(i = 1,2)$ die Konstanten: $a = (w_2 - w_1)/(z_2 - z_1)$, $b = (w_1 z_2 - z_1 w_2)/(z_2 - z_1)$. Man steuere durch Eingabe eines Schalters k am Programmkopf, ob a und b direkt eingegeben werden (k=1) oder ob die Punkte z_1, z_2, w_1, w_2 zur Berechnung von a und b eingegeben werden (k=2).

1.5 i)　Bilineare Möbiustransformation

Die bilineare Möbiustransformation

$$w = \frac{az + b}{cz + d} \quad \text{mit komplexen a, b, c, d}$$

geht für $c = 0$ in eine ganze lineare Transformation über (siehe Aufg. 1.5 h)). Wir setzen daher voraus (und berücksichtigen dies beim Einlesen von c), daß c $\neq$ 0 ist. Die Transformation läßt sich auch darstellen als:

$$w = \frac{\beta}{z+\delta} + \alpha \quad \text{mit } \alpha = a/c, \ \beta = \frac{bc-ad}{c^2}, \ \delta = d/c \ .$$

Diese Form erspart Rechenzeit bei der Auswertung und zeigt die Abbildungs-
eigenschaften der Transformation: Nach einer Parallelverschiebung $Z = z + \delta$
folgt eine Spiegelung am Einheitskreis inklusive einer Spiegelung an der reellen
Achse: $W = 1/Z$, d.h. Punkte, die außerhalb des Einheitskreises liegen ($|Z|>1$)
gehen in Punkte im Einheitskreis über ($|W|<1$) und Punkte mit $\text{Im}(Z)>0$
liefern $\text{Im}(W)<0$. Anschließend folgt noch eine Drehstreckung mit β und eine
Translation um α, d.h. $w = \beta \cdot W + \alpha$. Bezeichnet man auch Geraden als "Kreise
mit unendlich großem Radius", so gehen bei der Möbiustransformation Kreise
wieder in Kreise über. Wegen $c \neq 0$ lassen sich Zähler und Nenner der Transformation durch c kürzen, und man sieht, daß in der Transformation nur drei
freie Konstanten a/c, b/c, d/c auftreten. Man kann sie bestimmen durch Vor-
gabe von 3 Punktepaaren: $z_1 \longrightarrow w_1$, $z_2 \longrightarrow w_2$, $z_3 \longrightarrow w_3$. Offenbar liefert
die Abbildung

$$\frac{(w-w_1)(w_2-w_3)}{(w-w_3)(w_2-w_1)} = \frac{(z-z_1)(z_2-z_3)}{(z-z_3)(z_2-z_1)}$$

das Gewünschte. Diese Brüche nennt man Doppelverhältnis der vier Zahlen
(Punkte) z, z_1, z_2, z_3 bzw. w, w_1, w_2, w_3 . Es ist genau dann reell, wenn die
4 Punkte auf einem Kreis liegen. Das Doppelverhältnis ist also bei der Möbiustransformation konstant. Man kann die letzte Gleichung nach w auflösen und
erhält dann als Konstante der Möbiustransformation:

$$a = w_1 - kw_3, \ b = kz_1w_3 - w_1z_3, \ c = 1-k, \ d = kz_1 - z_3 \quad \text{mit}$$

$$k = (z_2-z_3)(w_2-w_1)/((z_2-z_1)(w_2-w_3)) \ .$$

Damit lassen sich wieder α, β, δ bestimmen.
Man schreibe ein Programm, das ein Dreieck der z-Ebene z_1, z_2, z_3 und das
zugehörige, frei wählbare Bilddreieck w_1, w_2, w_3 der w-Ebene einliest und
diese Werte zusammen mit a, b, c, d, α, β, δ ausdruckt. Dann berechne man
die Bildpunkte $w(\lambda, \mu)$ zu folgenden Punkten des z-Dreiecks:

$$z(\lambda, \mu) = z_1 + \lambda(z_2 - z_1) + \mu(z_3 - z_1) \ ,$$

wobei λ und μ unabhängig die Werte $0 \leq \lambda \leq 1$ und $0 \leq \mu \leq 1$ mit der Ne-
benbedingung $\lambda + \mu \leq 1$ und der Schrittweite $\Delta\lambda = \Delta\mu = 0.1$ durchlaufen.
Man vertafele λ, μ, $z(\lambda, \mu)$, $w(\lambda, \mu)$. An den Ergebnissen erkennt man, daß
man die Möbiustransformation w(z) als Interpolationsfunktion im Komplexen
verwenden kann, wenn die Stützstellen z_i, w_i gegeben sind, so wie man im
Reellen durch drei Stützstellen (x_i, y_i) einen Kreis oder eine Parabel legen
kann. Man achte darauf, daß beide Dreiecke im gleichen Umlaufsinn durchnumeriert sind.

1.5 j) Feld mit komplexen Komponenten

Man schreibe ein Programm, das die beiden reellen Vektoren A und B mit
jeweils 10 Komponenten einliest und daraus folgendermaßen einen komplexen
Vektor berechnet:

$$z_1 = (a_1 + j \cdot b_1)$$

$$z_2 = z_1 + (a_2 + j \cdot b_2)$$

$$z_3 = z_2 + (a_3 + j \cdot b_3) \qquad \text{usw.}$$

Man drucke die 3 Vektoren zusammen mit den Beträgen $|z_1|$, $|z_2|$, ... usw.
aus (es ist $j = \sqrt{-1}$). Welche Lage haben die z_i in der komplexen Ebene?

1.5 k) Musterprogramm zum Rechnen mit logischen Größen

Für alle Kombinationen der Eingangssignale a_{11} und a_{21} sollen die Differenz D
und der Leihübertrag L eines Subtraktionsschaltgliedes ($D = a_{11} - a_{21}$) berechnet
werden $L = \bar{a}_{12} \ \& \ a_{21}$, $D = (\bar{a}_{12} \ \& \ a_{21}) v (a_{12} \ \& \ \bar{a}_{21})$.

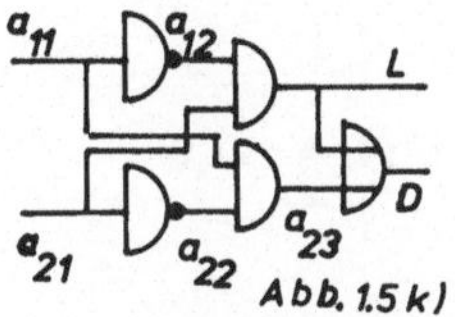

Abb. 1.5 k)

Wir führen eine Signalmatrix A ein,
die in Spalten und Zeilen dem
Schaltbild entspricht und leicht
auch für größere Schaltbilder aufge-
stellt werden kann. Das hier gewähl-
te Verfahren zum Variieren der Eingangssignale läßt sich bei wenigen
Eingangssignalen (ca. 4 bis 6) sinn-

voll verwenden und ist im Programm 1.5 k) auf der nächsten Seite angegeben.
In der Literatur findet man auch das folgende Verfahren:

```
        LOGICAL A(2,3 ) L,D
        DATA A/6*.FALSE./
        N=2
        WRITE(6,*) ' A11 A21    L    D '
100     A(1,2) = .NOT. A(1,1)
        A(2,2) = .NOT. A(2,1)
        A(2,3) = A(1,1) .AND. A(2,2)
        L = A(1,2) .AND. A(2,1)
        D = L .OR. A(2,3)
        WRITE(6,3) A(1,1),A(2,1),L,D
        DO 1 K = 1,N
        A(K,1) = .NOT. A(K,1)
        IF(A(K,1)) GOTO 100
1       CONTINUE
        END
```

Programm 1.5 k)

```
      C     Programm zum Berechnen einer logischen Schaltung
      C     ================================================
      C     Die Signale A(1,1) und A(2,1) werden bei jedem
      C     Schleifendurchlauf negiert und realisieren so
      C     alle T-F-Kombinationen.
      C
0001        LOGICAL L,D,A(2,3)
0002        DATA A/6*.TRUE./
      C
0003        DO 1 K1=1,2
0004        A(1,2) = A(1,1)
0005        A(1,1) =.NOT.A(1,1)
      C
0006        DO 1 K2=1,2
0007        A(2,2) = A(2,1)
0008        A(2,1) =.NOT.A(2,1)
      C
0009        L = A(1,2).AND.A(2,1)
0010        A(2,3) = A(1,1).AND.A(2,2)
0011        D = L.OR.A(2,3)
      C
0012        WRITE(6,2) A(1,1),A(2,1),L,D
0013    1   CONTINUE
      C
0014    2   FORMAT('    A(1,1) = ',L1,'    A(2,1) = ',L1,
       -  1             '   L = ',L1,'    D = ',L1)
0015        STOP
0016        END
```

```
      Ergebnisausdruck:   A(1,1) = F    A(2,1) = F    L = F    D = F
                          A(1,1) = F    A(2,1) = T    L = T    D = T
                          A(1,1) = T    A(2,1) = F    L = F    D = T
                          A(1,1) = T    A(2,1) = T    L = F    D = F
```

1.5 l)   Vollständige Variation logischer Signale

Soll das Ergebnis einer logischen Schaltung, in die n Eingangssignale A_i eingehen, für alle möglichen Kombinationen dieser Eingangssignale berechnet werden, so gibt es 2^n Möglichkeiten, denn man kann die Menge der Eingangssignale als Dualzahl mit n Stellen auffassen. Man schreibe ein Programm, das für n=5 alle Kombinationen der Signale ausdruckt, z.B. in der Form:

$$K=9 \qquad TFFTF \; .$$

Dabei verwende man folgenden Algorithmus:

Für K=0,1,2, ...,2^n-1 setze:

1) $J \longleftarrow K$ und

2)   Für L=1,2, ...,N setze:

$\{ A(L) \longleftarrow 1.EQ.MOD(J,2)$ und

$J \longleftarrow J/2 \; \} \; .$

Ist z.B K=29 und n=5, so erhält man:

      1) J=29

      2) A(1)= 1.EQ.MOD(29,2) = 1.EQ.1 = .TRUE. ,
         da 29 ungerade ist.

         J=29/2 = 14

         A(2)= 1.EQ.MOD(14,2) = 1.EQ.0 = .FALSE. ,
         da 14 gerade ist.

         J=14/2 = 7

         A(3)= 1.EQ.MOD(7,2) = 1.EQ.1 = .TRUE.

         J=7/2 = 3

         A(4)= 1.EQ.MOD(3,2)= 1.EQ.1 = .TRUE.

         J=3/2 = 1

         A(5)= 1.EQ.MOD(1,2)= 1.EQ.1 = .TRUE. .

Somit wird ausgedruckt:

      K=29   TFTTT .

An dieser TF-Kombination läßt sich die Dualzahl 29 ablesen:

$$\underline{1}\cdot 2^0 + \underline{0}\cdot 2^1 + \underline{1}\cdot 2^2 + \underline{1}\cdot 2^3 + \underline{1}\cdot 2^4 = 29 \ .$$

1.5 m) Blockübertragung im Walking-Kode

Beim Walking-Kode wird jeder Ziffer 0,1,2, ...,9 eine Pentade (Kodewort mit 5 bits) zugeordnet:

0 = F F F T T		5 = T F T F F
1 = F F T F T		6 = T T F F F
2 = F F T T F		7 = F T F F T
3 = F T F T F		8 = T F F F T
4 = F T T F F		9 = T F F T F

In jeder Pentade sind 2 bits gleich T, die anderen sind F. Überträgt ein Gerät Dezimalziffern zu einem anderen Gerät mit Hilfe dieses Kodes, so kann das Empfängergerät leicht feststellen, ob bei der Übertragung ein bit fehlerhaft übertragen wurde, denn dann würden in der Pentade drei T's oder nur ein T erscheinen.
Man schreibe ein Programm, das eine entsprechende logische (10*5)-Matrix 'WKODE' aufbaut und fortlaufend einzelne dezimale Ziffern einliest und zusammen mit der zugehörigen Pentade (= Zeile von 'WKODE') ausdruckt:

    7   F T F F T

    2   F F T T F

    usw.

<u>Erweiterung</u>: Nach jeweils sechs Zeilen wird ein Prüfwort ausgedruckt, das spaltenweise die Parity-Checks der zuletzt ausgegebenen sechs Zeilen enthält, d.h. das Prüfwort hat z.B. in Spalte 4 ein T, falls die Summe der T's in den Spalten 4 der letzten sechs Zeilen ungerade war und hat in Spalte 4 ein F, falls diese Summe gerade war:

4	F T T F F
6	T T F F F
3	F T F T F
1	F F T F T
9	T F F T F
1	F F T F T
PRUEFWORT:	F T T F F usw. .

Wird das Prüfwort bei Übertragungen vom Empfängergerät neu berechnet und mit dem übertragenen Prüfwort verglichen, so kann die Spalte festgestellt werden, in der ein Übertragungsfehler auftrat, d.h. einfache Fehler können korrigiert werden.

1.5 n)   Prioritätsschaltung

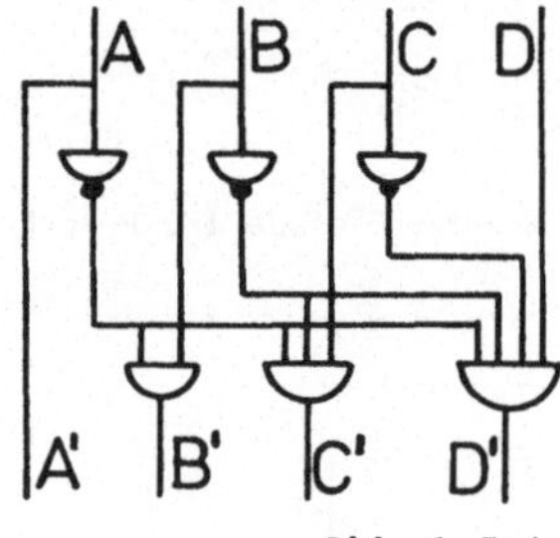

Abb.1.5n)

Kommen aus einem technischen Prozeß mehrere Unterbrechungssignale A,B,C,D, so können diese durch die in Abb. 1.5 m) gegebene Schaltung so ausgewählt werden, daß nur das wichtigste Signal an den Ausgängen A',B',C',D' erscheint.
Man schreibe ein Programm, das für alle möglichen Kombinationen der Eingangssignale A,B,C,D die Ausgangssignale A',B',C',D' berechnet und jeweils alle 8 Signale ausdruckt (vergleiche Aufg. 1.5 j) und k)).

1.5 o)   Prüfschaltung

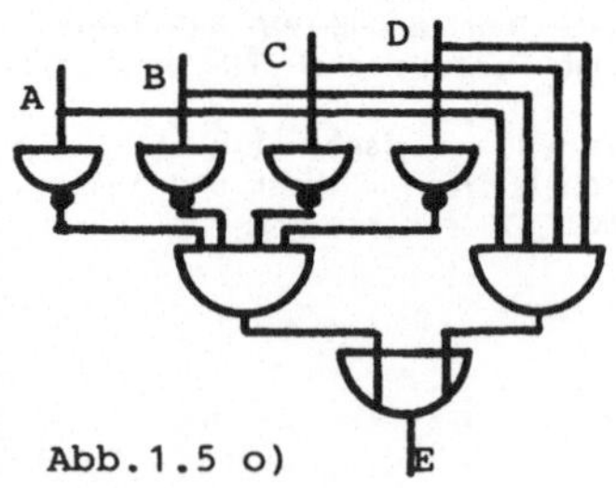

Abb.1.5 o)

Die Bedingung A=B=C=D ist offenbar genau dann erfüllt, wenn alle Signale .TRUE. sind oder wenn alle Signale .FALSE. sind. In beiden Fällen ist das Signal E der nebenstehenden Schaltung gesetzt (.TRUE.).
Man schreibe ein Programm, daß für alle Kombinationen von A,B,C,D das Signal E berechnet und ausdruckt. Zusätzlich werden auch unabhängig von der

Schaltung eine logische Größe G berechnet und ausgedruckt, die .TRUE. ist, wenn A=B=C=D ist.

Bemerkung: Des Operator .EQ. ist ausschließlich für arithmetische Vergleiche reserviert und darf nicht zum Vergleich logischer Größen benutzt werden. Bei solchen Vergleichen muß vom Operator .EQV. Gebrauch gemacht werden.

1.6 ANWEISUNGSFUNKTION

Anweisungsfunktionen sind am Kopf des Haupt- oder eines Unterprogrammes in Form einer einzelnen Anweisung zu definieren. Dies kann z.B. in folgender Form geschehen:

```
G(X,) = A*SQRT( X**2 +SIN(Y)**4 ) - 3.92
....Einlesen von A,Z,Z1,Q,P etc. .....
C = G(Z,Z1)/3. + 19.28
D = EXP( -2.*G( Q+0.5, 14.9 ) + P )
F = 0.5*G( 0.1*G(-2.3,5.4) , 18. )
R = G( SIN(F), TAN(D) + 7.6)
.............................
```

Hier wird in der 1.Zeile eine Anweisungsfunktion G mit den beiden formalen Argumenten X und Y definiert. Eine Variable, die nur auf der rechten Seite und nicht auf der linken Seite des Gleichheitszeichens auftritt - wie hier die Variable A), heißt Parameter der Anweisungsfunktion. Beim Aufruf treten an die Stelle der formalen Argumente die aktuellen Argumente wie hier: Z,Z1,Q+0.5,14.9,SIN(F) u.s.w. . Bei allen Aufrufen wird immer mit dem Wert von A gerechnet gerechnet, der zur Zeit des Aufrufs gerade in A gespeichert ist. Da hier bei der Definition die reellen Variablen X und Y als formale Argumente benutzt wurden, müssen die aktuellen Argumente reell sein. Als aktuelle Argumente dürfen Zahlen (hier: 14.9,-2.3 usw.), Variable (hier: Z,Z1) und arithmetische Ausdrücke (hier: Q+0.5, SIN(F) usw.) auftreten. Auch geschachtelte Aufrufe sind erlaubt wie hier: G(0.1*G(-2.3,5.4) , 18.). Dabei wird der innere Aufruf zuerst ausgewertet. Mit seinem Wert wird hier das 1.Argument für den äußeren Aufruf berechnet.
        Es gibt keine rekursive Definition einer Anweisungsfunktion, d.h. in der Definitionszeile von G(X,Y) darf G(..,..) auf der rechten Seite nicht auftreten. Werden jedoch zwei Anweisungsfunktionen definiert, so darf bei der Definition der 2.Funktion die erste als bekannt vorausgesetzt werden:

```
V(A) = 3.*A*(4.9*A - 5.8*(7.*A-6.1) +2.) -1.
W(B) = 0.5*SIN( 0.28*V(B +1.))
```

Für den Typ des Wertes einer Anweisungsfunktion und ihrer Argumente gilt die implizite Typfestlegung (I,J etc. sind INTEGER, X,Y etc. sind REAL). Man kann die Typen der Namen aber auch explizit deklarieren. Als Funktionswerte sind alle Typen außer dem Typ CHARACTER erlaubt:

```
DOUBLE PRECISION Q,Q1,Q2,Q3,QFU
LOGICAL U,V,W,W1,W2
COMPLEX S,S1,SIGI,SUSI,SAUS
QFU(Q) = 0.5D+01*DSIN( Q**2) -Q3
W(U,V) = .NOT.U.OR.V
SAUS(SIGI,SUSI) = CEXP( (0.8,-4.1)*SIGI) + 0.5*CCOS(SUSI)
.....Einlesen von Q1,W1,W2,S etc. .........
```

```
Q2 = 2.5D-01 + QFU(Q1)/3.
W1 = W2.AND.W(W1, W2.OR.U)
S1 = 4.0 - SAUS(S, (0.3,5.4))**3
. . . . . . . . . . . . . . . . . . . . . . . . . . . . . .
```

Die Liste der aktuellen Argumente muß in Anzahl, Typ und Reihenfolge mit
mit der Liste der formalen Argumente übereinstimmen. In der Definition
einer Anweisungsfunktion dürfen weder Felder noch Feldelemente auftreten.
Als aktuelle Argumente sind Feldelemente jedoch erlaubt,da sie lediglich
Zahlenwerte repräsentieren.

1.6 a) Vertafeln einer Funktion

Man schreibe eine Anweisungsfunktion zur Berechnung von

$$\frac{A-B}{2.8 + \sin(2x + B \cdot y)}$$

Dabei seien x und y Argumente und A und B Parameter der Anweisungsfunktion. Für A=0.5 und B=-2.1 vertafele man die Funktion im Bereich:
$-0.5 \leq x \leq 0.5$ und $0 \leq y \leq 1.0$ mit $\Delta x = \Delta y = 0.1$.
Der Ausdruck habe die Form einer Zahlenmatrix:

```
X=          -0.5      -0.4      -0.3 ....  0.5
***************************************....*******
                                      ....
y=0.0   *   1.328     1.248     1.163.... 0.714
y=0.1   *   1.395     1.331     1.253.... 0.741

...................................................
```

die zu jedem Funktionswert der Tafel den zugehörigen x-Wert (1. Zeile) und
y-Wert (1. Spalte) erkennen läßt.

1.6 b) Geschachtelte Aufrufe einer Anweisungsfunktion

Man schreibe eine Anweisungsfunktion mit Namen 'LISA' zur Berechnung von
$\arctan(a \cdot x^2 + b \cdot x + c)$ und berechne nach dem Einlesen von A,B,C,D,Z,X und
J die Größen:

$$U = \arctan(A/4 + B/2 + C)$$

$$V = 0.5 - \arctan(A + B + C)$$

$$W = \arctan(-X^4 + X^2 + C)$$

$$Q = \sin(\arctan(C \cdot B^2 - D \cdot B + Z) - 6.4)$$

$$P = SQRT(|\arctan(3(\cos^2 J - 1) - 5 \sin J + 17.9) - 4.3|)$$

$$R = \arctan(A \cdot \arctan^2(3 X^2 - 4 X + 5) + B \cdot \arctan(3 X^2 - 4 X + 5) + 2.11)$$

Sämtliche Größen werden ausgedruckt. Für welche Variable ist der Typ explizit
zu deklarieren?

1.6 c)   Äquivalenz-Funktion

In FORTRAN IV gibt es nicht den Operator .EQV., der in FORTRAN 77 vorhanden ist. Er läßt sich ersatzweise ausdrücken durch Kombination der Operatoren .NOT., .AND. und .OR. . Die Wertetafel enthält folgende Werte:

A	B	A.EQV.B
T	T	T
T	F	F
F	T	F
F	F	T

Man schreibe eine Anweisungsfunktion 'AEQUIV' mit den Argumenten A und B,
die diese Werte annimmt. Zusätzlich werden drei logische Vektoren U, V und W
mit je vier Komponenten deklariert, die die drei Spalten der Tabelle darstellen
sollen. Mit einer DATA-Anweisung werden U und V mit T, F-Werten versorgt
und anschließend W berechnet. Der Ausdruck enthalte die Tabelle einschließlich
der Überschriftszeile.

1.6 d)   Schaltbild

Man schreibe eine Anweisungsfunktion mit Namen SCHALT für folgendes Schaltbild:

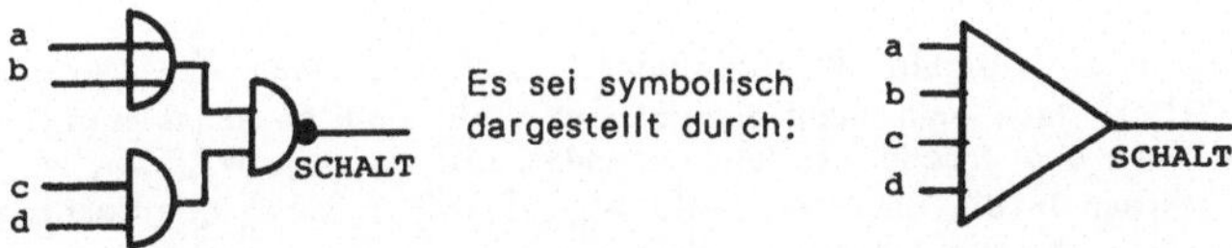

Anschließend lese man 10 Signale a_1, a_2, ..., a_{10} ein und berechne mit Hilfe
von SCHALT den Ausgang Z zu folgendem Schaltbild:

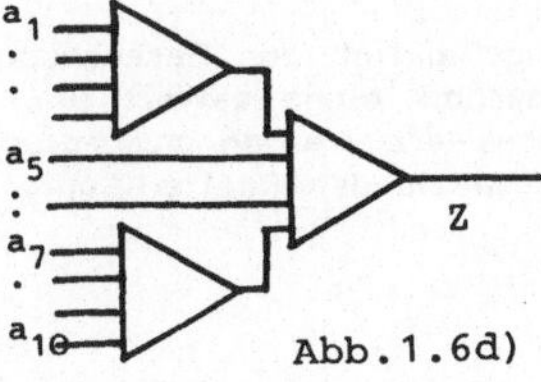

Abb.1.6d)

1.6 e)   Anweisungsfunktion: ARC(Z)

In FORTRAN gibt es zwar eine Funktion CABS für den Betrag einer komplexen
Zahl $|Z|$, aber keine Funktion für den Polarwinkel φ, genannt Arcus(Z), einer
komplexen Zahl in der komplexen (Gauß'schen) Zahlenebene.
Man schreibe eine Anweisungsfunktion ARC(Z) mit reellem Wert und komplexen
Argument zur Berechnung dieses Winkels:

$$arc(z) = arctan(Im(z)/Re(Z)) \ .$$

Dabei sei die komplexe Zahlenebene entlang der negativen, reellen Achse auf-
geschnitten: $-\pi \leq arc(z) \leq +\pi$. Diese Eigenschaft ergibt sich "automatisch" bei
der Verwendung der ATAN2-Funktion. Anschließend lese man 5 komplexe Zah-
lenpaare u, v ein und überprüfe die Gleichungen:

$$arc(u \cdot v) = arc(u) + arc(v)$$

$$arc(u/v) = arc(u) - arc(v)$$

durch getrennte Berechnung der rechten und linken Seiten. Man wähle die Lage
von u und v derart, daß die rechten Seiten $< \pi$ bzw. $> -\pi$ bleiben.

1.6 f)   Komplexe Wurzel

Mit Hilfe der Funktion arc(z) der letzten Aufgabe definiere man eine Anweisungsfunktion 'ROOT' zur Berechnung aller n-ten Wurzeln von z nach der Formel:

$$ROOT(z,k,n) = |Z|^{1/n} \cdot e^{i(arc(z) + 2\pi k)/n} \quad mit \ i = \sqrt{-1} \ .$$

Man erhält alle n-ten Wurzeln W_k für $k=0,1,2,\ldots,n-1$. Nach der Definition
von ARC und ROOT lese man mehrmals z und n ein und berechne sämtliche
n-ten Wurzeln von z und drucke sie nebeneinander aus: $w_0, w_1, w_2, \ldots, w_{n-1}$.
Zur Kontrolle werden in der nächsten Zeile $w_0^n, w_1^n, w_2^n, \ldots, w_{n-1}^n$ ausgedruckt.
Diese Werte müßten sämtlich gleich z sein.
<u>Beispiel:</u> z = 1.0, n=4 liefert die Werte:

$$w_1 = 1., \ w_2 = i, \ w_3 = -1., \ w_4 = -i \ .$$

$$w_1^4 = 1., \ w_2^4 = 1., \ w_3^4 = 1., \ w_4^4 = 1. \ .$$

1.6 g)   Vertafelung komplexer Werte

Man schreibe eine Anweisungsfunktion zur Berechnung des komplexen Wertes:
$z^2 - sin(z-1)$ und lese wiederholt einen z-Wert ein. Der eingelesene z-Wert,
und der berechnete Funktionswert werden ausgedruckt. Das Programm wird
nach dem Ausdruck beendet, sobald der Realteil von z den Wert 999.999 hat.

1.7 FUNCTION

Im Gegensatz zu Anweisungsfunktionen stellen FUNCTION's und SUBROUTINE's Unterprogramme (=Programmsegmente) dar, die wie Perlen auf einer Kette hinter dem END des Hautprogramms nacheinander aufgereiht werden. Sie werden unabhhängig voneinander übersetzt (=compiliert) und enden jeweils mit einem END. Als formale Argumente dürfen Variable, Felder oder Funktionen auftreten:

```
C 1.Beispiel:Einfache Variable
C als Argumente.  Hauptprogramm:
      A = -3.9*Y(6.2) -1.
      B = SIN(8.+Y(A-1.))/4.
      D = Y(Y(B-A)+5.)
      WRITE(6,*)' A,B,D=',A,B,D
      END
C FUNCTION-Unterprogramm *******
      FUNCTION Y(X)
      IF( X.LE.0.0 ) THEN
         Y = X
      ELSE
         Y = X*X
      END IF
      RETURN
      END
```

```
C 2.Beispiel: FUNCTION's verschie-
C    dener Datentypen
      LOGICAL P,PAUL
      COMPLEX S,T
      PAUL = P(-0.5,3.8)
      T = (2.6,-4.7)*S((0.2,-0.89)
     1    ,(1.3,7.5))
      WRITE(6,*)' PAUL,T=',PAUL,T
      END
      LOGICAL FUNCTION P(X,Y)
      P = X .LE. (Y-3.)**2
      RETURN
      END
      COMPLEX FUNCTION S(A,B)
      COMPLEX A,B
      S=2.*CCOS(A)-CEXP(B-1.)
      RETURN
      END
```

```
C 3.Beispiel: Felder als Argumente
      DIMENSION R(5,5),S(10,10)
      READ(5,*) R,S
      C = SUMA(R,5)**2
      J = 10
      G = COS(SUMA(S,J)/7. + 1.)
      WRITE(6,*)' C,G=',C,G
      WRITE(6,1) R,S
    1 FORMAT(5(5E15.6/),(10E13.5/))
      END
C *******************************
      FUNCTION SUMA(A,N)
      DIMENSION A(N,N)
      Q = 0.0
      DO 1 I = 1,N
      DO 1 K = 1,N
    1 Q = Q + A(K,I)
      SUMA = Q
      RETURN
      END
```

```
C 4.Beispiel: FUNCTION als Argu-
C ment einer anderen FUNCTION
      EXTERNAL H
      INTRINSIC SIN,EXP
      V = DFDX(SIN,15.9)
      U =-4.1*TAN(DFDX(H,6.3)/4.)
      W = DFDX(EXP,V-U) +1.22
      WRITE(6,*)' V,U,W=',V,U,W
      END
C FUNCTION zur Berechnung von
C F'(X)=(F(X2)-F(X1))/(X2-X1)
      FUNCTION DFDX(F,X)
      DFDX=(F(X+0.001)-F(X-0.001))
     1        /0.002
      RETURN
      END
      FUNTION H(Z)
      H = Z*Z*COS(Z-1.) + 0.82
      RETURN
      END
```

In jedem Unterprogramm muß mindestens ein RETURN auftreten. Der Name einer FUNCTION stellt einen Zahlenwert dar. Sein Typ unterliegt der impliziten Typvereinbarung: die hier angegebenen FUNCTION's Y,SUMA und DFDX sind REAL. Man kann wie im 2.Beispiel den Typ des Funktionswertes vor dem Wort FUNCTION explizit deklarieren. Die Typen der Argumente werden in der

FUNCTION deklariert wie im 2.Beispiel: COMPLEX A,B und im 3.Beispiel:
DIMENSION A(N,N) . Diese Deklarationen sind im rufenden Programm zu wieder-
holen. Dem Namen einer FUNCTION muß innerhalb der FUNCTION ein Wert zuge-
wiesen werden. In den obigen Beispielen: Y=... bzw. SUMA=... oder DFDX=...
         Treten Felder als formale Argumente auf, so sind sie in einer
DIMENSION-Anweisung im Unterprogramm zu deklarieren. Dabei dürfen ganze
Zahlen als feste Indexgrenzen oder integer Argumente als variable Index-
grenzen benutzt werden. Im letzteren Falle spricht man von halbdynamischen
Feldern (hier: A(N,N) im 3.Beispiel). Hier wird zunächst eine 5*5-Matrix
R, dann eine 10*10-Matrix S als aktuelles Argument übergeben.
         Im 4.Beispiel wrd DFDX als Ableitung einer "Phantom"-Funktion
F (=dummy) berechnet. Eine Funktion dieses Namens tritt im ganzen Pro-
gramm nicht auf. Das formale Argument F dient nur dazu, die Struktur von
DFDX festzulegen. Beim Ablauf von DFDX wird F jeweils durch das aktuelle
Argument SIN,H oder EXP ersetzt und es werden effektiv die Ableitungen
dieser Funktionen an den Stellen 15.9, 6.3 bzw. V-U berechnet. Die als
aktuelle Argumente übergebenen Funktionen sind im rufenden Programm in
einer EXTERNAL-Anweisung, falls sie vom Programmierer zugefügt wurden,
oder in einer INTRINSIC-Anweisung anzugeben, falls sie aus der FORTRAN-
Bibliothek stammen. Man muß unterscheiden zwischen der gerade geschilder-
ten Übergabe einer Funktion als variables Argument und dem Benutzen
einer Funktion durch eine andere. Hier rechnet die S-Funktion im 2.Bei-
spiel mit der CEXP-Funktion. Ebenso dürfte die S- mit der P-Funktion
rechnen, ohne daß dazu eine EXTERNAL- oder INTRINSIC-Anweisung erforderlich ist. Die Übergabe von Anweisungsfunktionen ist nicht erlaubt.
         Man sollte die formalen Argumente einer FUNCTION in der
FUNCTION nicht abändern: die Berechnung von SIN(X) sollte X unverändert
lassen! In Beispiel Nr.5 wird durch den Aufruf T2EXP(A) der Wert von A auf
14.0 erhöht. Daher ist unverhoffterweise C=15.0 . In einer SUBROUTINE
stellt die Berechnung von Argumenten dagegen den Normalfall dar.

```
C 5.Beispiel                        D = H(-1.,0.2) +7.
      A = 4.0                   ....Ausdruck von G,D etc. .....
      B = T2EXP(A)                  END
      C = A+1.0                     FUNCTION FU(S,T)
      WRITE(6,*) ' A,B,C=',A,B,C    COMPLEX A
      END                           COMMON //X,J,A(10)/BERT/L,Z,B(5,5)
      FUNCTION T2EXP(T)         ...Berechnen der Variablen Q aus den
      T2EXP = T**2*EXP(-T)      Feldern A,B und aus X,J,Z,S und T...
      T = T+10.                     FU = SIN(Q+5.)**3+4.
      RETURN                        RETURN
      END                           END
                                    FUNCTION H(W,U)
C 6.Beispiel: Gebrauch des COMMON's  COMMON /JONNY/Y,V(20)
      COMPLEX A                 ...Berechnen der lokalen Größe P aus
      COMMON //X,J,A(10)/BERT/L,Z  dem Feld V und aus Y,W und U ....
     1 ,B(5,5)/JONNY/Y,V(20)        H = 2.*EXP(P/5.)
      DATA V/10*0.5,10*-2.8/        RETURN
   ...Einlesen der Variablen X,J,L,Z,  END
  ..Y und der Felder A und B ........
      Q = 18.
      P = -5.
      G = FU(1.8 , 2.9)**3
```

Im 6.Beispiel haben die Variablen Q
des H.P. und des U.P. 'FU' verschiedene Speicherplätze (lokale Geltungsbe-
reiche). Man kann durch eine COMMON-Anweisung Variable und Felder deklarieren, die von verschieden Programmsegmenten gemeinsam (=common) benutzt wer-

den. Hier steht der namenlose (='blank') Block // mit den Größen X,J und
dem Feld A im H.P. und im U.P. 'FU' zur Verfügung, während auf den 'labeled'
Block namens /JONNY/   mit den Größen Y und V das H.P. und das U.P.'H'
                                                                zugreifen.

1.7 a)   Flächeninhalt eines n-Ecks

Der Flächeninhalt eines n-Ecks in der x-y-Ebene, gebildet aus den Ecken
(x_i, y_i) ist gegeben durch:

$$A = \frac{1}{2}((x_1-x_2)(y_1+y_2) + (x_2-x_3)(y_2+y_3) + \ldots + (x_{n-1}-x_n)(y_{n-1}+y_n) + (x_n-x_1)(y_n+y_1)).$$

Man schreibe eine Funktion mit Namen POLYGON, die die gleiche Anzahl N
und die Vektoren **x** und **y** als Argumente hat und deren Wert gleich A ist.
Es sei $N \leq 100$. Im H.P. lese man sechs Achtecke ein und drucke ihre Vektoren
zusammen mit ihren Flächen aus: 1. Zeile x-Vektor, 2. Zeile y-Vektor und
Wert des Flächeninhalts.

1.7 b)   Logische FUNCTION mit reellem Argument

Man schreibe eine FUNCTION SICO(X), die den Wert .TRUE. hat, wenn sin(x)
$+ \cos(x) \leq -1.2$ ist, und sonst den Wert .FALSE. annimmt.
In dem Hauptprogramm berechne man SICO an der Stelle x=230° und drucke
den Wert aus.

1.7 c)   Abstand eines Punktes von einer Kurve

Man schreibe eine FUNCTION mit
Namen 'Abstand' und den Argumenten
XO, YO, X1, DX, N und F, die als
den Wert den kleinsten Abstand des
Punktes (XO, YO) von den Kurven-
punkten $(x_1, f(x_1))$, $(x_2, f(x_2))$, $\ldots$,
$(x_n, f(x_n))$ berechnet. Allgemein sei
$x_K = x_1 + (K-1)\cdot DX$. Der Abstand
eines Kurvenpunktes vom Punkt
(XO, YO) ist:

$$ABSTAND = \sqrt{(x_o - x_K)^2 + (y_o - f(x_K))^2}$$

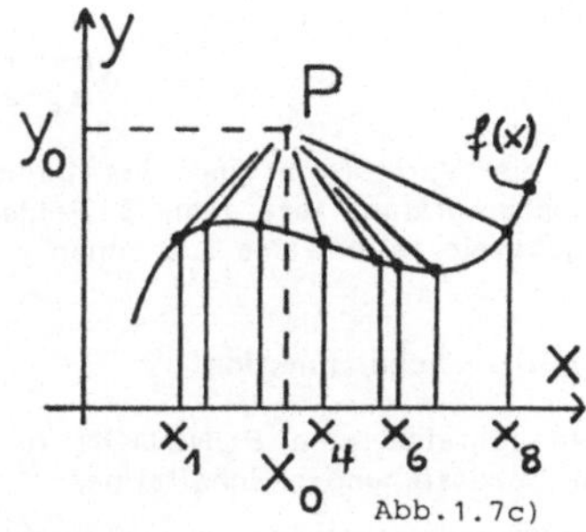

Abb.1.7c)

Im H.P. lasse man die Abstände des
Punktes (1.8, 2.2) von den Kurven
e^x und cosX berechnen und ausdrucken für $x_1 = 0.0$, DX = 0.2 und N = 30 .

1.7 d)   Maximum diskreter Funktionswerte

Man schreibe eine FUNCTION mit Namen MAXFU, die das Maximum einer
beliebigen Funktion f(x) an den Stellen x_1, x_2, $\ldots$, $x_n (n \leq 100)$ sucht, - d.h.
den größten der Werte $f(x_1)$, $f(x_2)$, $\ldots$, $f(x_n)$. Dazu übergebe man f, n und
den Vektor x als Argumente von MAXFU. Im Hauptprogramm berechne man
mit MAXFU das Maximum von $\sin(3\cdot\ln(x^2+1))$ an den Stellen $x_1=-0.6$, $x_2=-0.5$,
$\ldots$, $x_{15}= +0.8$.

1.7 e) Kettenbruch

Aufgabe: Man schreibe eine FUNCTION mit Namen KETBRU zur Abarbeitung eines Kettenbruches der Form:

$$KETBRU = \cfrac{y_1}{x_1 + \cfrac{y_2}{x_2 + \cfrac{y_3}{\ddots \cfrac{y_{n-1}}{x_{n-1} + \cfrac{y_n}{x_n}}}}}$$

Die Vektoren x, y, und die Anzahl n ($n \leq 100$) seien Argumente von KETBRU. Im Hauptprogramm lese man n und die Vektoren x und y ein, berechne mit KETBRU den entsprechenden Kettenbruch und drucke die Vektoren und das Ergebnis wieder aus.

1.7 f) Geometrisches Mittel

Man schreibe eine FUNCTION mit Namen GEOMIT zur Berechnung des geometrischen Mittelwertes

$$\bar{a} = \sqrt[n]{a_1 \cdot a_2 \cdot \ldots\ldots a_n} \, ,$$

die die Variable n und das halbdynamische Feld a als Argumente hat. Im Hauptprogramm lese man 5 Felder mit je 8 positiven Komponenten ein und drucke sie zeilenweise zusammen mit ihrem geometrischen Mittelwert aus.

1.7 g) Schaltfunktion

Man schreibe eine FUNCTION für den logischen Wert y des nebenstehenden Schaltbildes:

Sie haben den Vektor x als Argument. Im Hauptprogramm lese man sechsmal einen Vektor x ein und drucke ihn jeweils zusammen mit dem Funktionswert in einer Zeile aus.

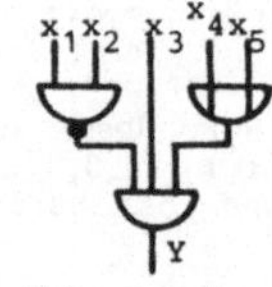

Abb. 1.7g)

1.7 h) Schwankungsbreite bei gegebenen Stützstellen

Man schreibe eine FUNCTION mit Namen MAXMIN, die für beliebige Funktion F und beliebige Vektoren $\mathbf{x} = (x_1, x_2, \ldots\ldots, x_n)$ das Maximum FMAX und das Minimum FMIN der Funktionswerte $F(x_1)$, $F(x_2)$, $F(x_3)$, $\ldots\ldots$, $F(x_n)$ auf-

sucht und den Wert von MAXMIN als: FMAX minus FMIN berechnet.
Im Hauptprogramm lese man einen Vektor x mit 20 Komponenten ein und
berechne MAXMIN sowohl für die Sinus- als auch für die Cosinus-Funktion.

1.7 i)   Abstand einer diskreten von einer kontinuierlichen Funktion

Man schreibe eine FUNCTION mit Namen
ABSTND und den Argumenten F, X, Y und N,
die den mittleren Abstand der kontinuier-
lichen Funktion $F(X)$ von der durch die Stützstellen Y_i an den Stellen X_i gegebenen dis-
kreten Funktion $Y(X)$ berechnet nach der,
Formel:

$$ABSTND = \frac{1}{N} \cdot \sum_{i=1}^{N} | F(X_i) - Y_i |$$

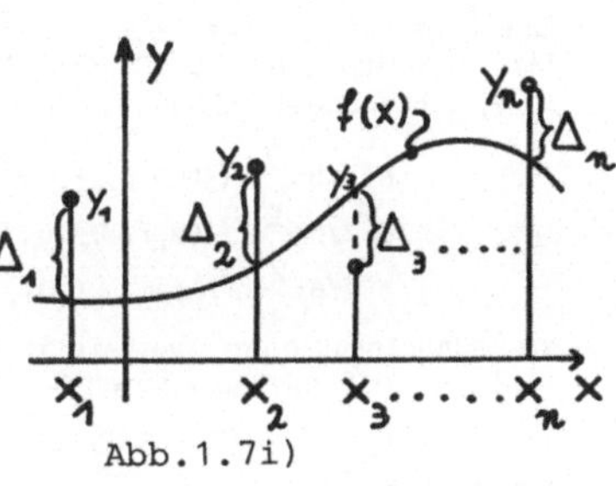

Im H.P. lese man N und die Vektoren X und
Y ein und berechne den mittleren Abstand
dieser Y-Werte zu den Funktionen e^{-x} und
$(2x^2 - 1) \cdot \sin x$.

1.7 j)   Inhalt einer Rotationsfläche

Man schreibe ein Programm, das die Oberfläche eines Rotationskörpers berechnet, der entsteht, wenn man die Kurve $y(x)$ im Bereich a bis b um die x-Achse
rotieren läßt. Man wähle als Kurve:

$$y(x) = e^{-x/2}$$

und für:

$$a = 1, \ b = 2.5$$

Man erhält die Rotationsfläche nach der
Formel:

$$O = 2\pi \int_a^b | y(x) | \cdot \sqrt{1 + y'(x)^2} \, dx \ .$$

Sie dürfen voraussetzen, daß bereits eine
FUNCTION FLAECH(A,B,F) existiert zur
Berechnung des Wertes des Integrals:

$$\int_a^b F(x)dx \quad \text{und}$$

daß die FUNCTION DFDX(F, X) zur Berechnung von $\frac{df}{dx}$ zur Verfügung steht.

1.7 k)   Laplace-Operator

Man schreibe eine Funktion für den Ausdruck:

$$F(x,\ y,\ z) = \sin(2z)e^{-x^2/4}\ /(3 + (y - 4)^2).$$

Auf solche differenzierbare Funktionen der Koordinaten x, y und z läßt sich der Laplace-Operator Δ anwenden:

$$G(x,y,z) = \Delta F = \partial^2 F/\partial x^2 + \partial^2 F/\partial y^2 + \partial^2 F/\partial z^2\ .$$

Das Ergebnis ist eine neue Funktion G im Raum.
Man schreibe eine FUNCTION G(X, Y, Z, F), die als Wert ΔF an der Stelle x, y, z berechnet mit Hilfe der Näherungsformeln:

$$\partial^2 f/\partial x^2 = (f(x + 0.01,y,z) - 2f(x,y,z) + f(x - 0.01,y,z))/0.0001$$
$$\partial^2 f/\partial y^2 = (f(x,y + 0.01,z) - 2f(x,y,z) + f(x,y - 0.01,z\ ))/0.0001$$
$$\partial^2 f/\partial z^2 = (f(x,y,z + 0.01) - 2f(x,y,z) + f(x,y,z - 0.01))/0.0001\ .$$

Im Hauptprogramm vertafele man G im Bereich: $-3 \leq x \leq +3$, $2 \leq y \leq 6$, $-1.2 \leq z \leq +1.2$ mit $\Delta x = \Delta y = 1.0$ und $\Delta z = 0.3$.

1.7 l)   Schnittwinkel zweier Ebenen

Man schreibe eine FUNCTION mit Namen 'WINKEL', die den Schnittwinkel der beiden Ebenen im Raum:

$$a_1 x + a_2 y + a_3 z + a_4 = 0 \qquad\qquad b_1 x + b_2 y + b_3 z + b_4 = 0$$

berechnet nach der Formel:

$$\text{Winkel} = \arccos((a_1 b_1 + a_3 b_3)/((a_1^2 + a_2^2 + a_3^2)(b_1^2 + b_2^2 + b_3^2))^{1/2})$$

unter der Voraussetzung, daß eine FUNCTION für ARCCOS geschrieben wurde ('ACOS', Aufg. 1.7 r)). Im Hauptprogramm lese man 10 Ebenen ein und berechne die Schnittwinkel zwischen den Ebenen 1 und 2, 3 und 4 usw. bis 9 und 10.

1.7 m)   Funktionsprodukt

Man schreibe eine FUNCTION mit dem Namen 'FGPROD' und den Argumenten f, g und x, die den Wert hat: $f(x) \cdot g^2(x)$. Im Hauptprogramm berechne man mit ihrer Hilfe die 6 Werte von FGPROD für:

$$x_1 = 0.6,\ x_2 = +1.8,\ x_3 = 2.1 \qquad \text{und}$$

erstens: $f_1(x) = \sin(x)$, $g_1(x) = 2x^2 \cos(x)/5.1$ und

zweitens: $f_2(x) = \tan(x)$, $g_2(x) = (x + 0.5)^{1/2} - 2.41$.

1.7 n)　　　Geometrische Reihe

Man schreibe eine FUNCTION zur Berechnung von

$$1 + x.f(y) + (x.f(y))^2 + (x.f(y))^3 + (x.f(y))^4 + \ldots + (x.f(y))^n$$

mit den Argumenten x, y, f und n . Sinnvollerweise wird dabei der Ausdruck x.f(y) nur einmal berechnet: a = x.f(y) und das Horner-Schema angewandt:

$$1 + a*(1 + a*(1 + a*(1 + \ldots + a*(1 + a))\ldots)$$

Zusätzlich schreibe man eine 2. FUNCTION für den Ausdruck $f(y) = \sin(y).\ln(y^3)$. Im Hauptprogramm lasse man erstens für sin(y) und zweitens dieses f(y) die obige Reihe an der Stelle x = 0.215 und y = 1. für die Fälle n = 4, 8 und 12 berechnen und ihren Wert mit n zusammen ausdrucken.

1.7 o)　　　(3 • 3)-Determinante

Man schreibe ein FUNCTION-Unterprogramm namens 'DET', das eine (3 • 3)-Matrix A als Argument hat und als Funktionswert den Wert der Determinante dieser Matrix berechnet. Im H.P. lese man 5 verschiedene (3 • 3)-Matrizen ein, berechne mit Hilfe von DET deren Determinante und drucke jeweils den Wert der Determinanten zusammen mit der jeweiligen Matrix aus.
Erweiterung: Man benutze DET zur Lösung eines linearen Gleichungssystems mit 3 Unbekannten mit Hilfe der Cramer'schen Regel.

1.7 p)　　　Gewichtete Summe von Funktionswerten

Schreiben Sie eine FUNCTION mit dem Namen 'FUPOL' und den Argumenten f, x und m, die den Wert des Ausdrucks $f(x) + f(3x)/3 + f(5x)/5 + \ldots + f(mx)/m$ annimmt. Berechnen Sie mit ihrer Hilfe für m = 9 und m = 13 die beiden Werte:

$$A = \sin(x) + \sin(3x)/3 + \sin(5x)/5 + \ldots + \sin(9x)/9 \text{ bzw. bis } \ldots + \sin(13x)/13$$

$$B = \ln(x) + \ln(3x)/3 + \ldots \ln(9x)/9 \text{ bzw. bis } \ldots + \ln(13x)/13$$

für x = 3.2 und drucke die beiden A-Werte und die beiden B-Werte aus.

1.7 q)　　　Summe mit variablen Gewichten

Man schreibe eine FUNCTION, die für beliebige Vektoren $\mathbf{a} = (a_1, a_2, \ldots, a_n)$ (mit beliebigen n) den Ausdruck

$$a_1 + a_2 \cdot f(1 \cdot x) + a_3 \cdot f(2x) + a_4 \cdot f(3x) + \ldots + a_n \cdot f((n-1).x)$$

für beliebige f(= FUNCTION) und beliebige x berechnet.
Im Hauptprogramm werde n($\leq$ 20), x und der Vektor $\mathbf{a}$ eingelesen und der Wert der Reihe einmal für f(x) = arctan(x) und danach für f(x) = cos(x) mit Hilfe der FUNCTION berechnet und ausgedruckt.

1.7 r)   Arcusfunktionen

Im Standard-FORTRAN IV ist nur die ATAN-Funktion implementiert.
Man schreibe FUNCTION'S für:

$$\arcsin(x) = \arctan(x/\sqrt{1 + x^2})$$

$$\arccos(x) = \pi/2 - \arcsin(x)$$

$$\arccot(x) = \arctan(1/x) \quad \text{für} \quad x > 0$$
$$= \arctan(1/x) + \pi \quad \text{für} \quad x < 0 \quad .$$

Im Hauptprogramm überprüfe man, ob die Funktionswerte dieser Funktionen, die
mehrdeutig sind, die Hauptwerte liefern:

$$-\pi/2 \leq \arcsin(x) \leq \pi/2 \qquad \text{für} \qquad -1 \leq x \leq +1$$

$$0 \leq \arccos(x) \leq \pi \qquad \text{für} \qquad -1 \leq x \leq +1$$

$$0 \leq \arccot(x) \leq \pi \qquad \text{für} \qquad -\infty \leq x \leq \infty,$$

indem man für $-1.0 \leq x \leq +1.0$ mit $\Delta x = 0.5$ die Arcuswerte berechnen und zusam-
men mit dem x-Werte ausdrucken läßt mit dem Zusatz: "HAUPTWERT" bzw.
"KEIN HAUPTWERT".
Erweiterung: Man arbeite mit doppelt genauen Argumenten und Funktionswerten.

1.7 s)   "Regula falsi" - Nullstellenbestimmung

Eine stetige Funktion $f(x)$ hat im Intervall $x_1 \leq x \leq x_2$ eine Nullstelle x_3 mit
$f(x_3) = 0$, wenn $f(x_1) \cdot f(x_2) < 0$ ist, d.h. wenn die Funktion an den Intervall-
enden verschiedenes Vorzeichen hat. Das Verfahren zur Berechnung von x_3 be-
ruht darauf, daß man als Näherung für den Schnittpunkt der Kurve $f(x)$ mit
der x-Achse den Schnittpunkt x_3 der Sehne durch die Punkte $f(x_1)$ und $f(x_2)$
mit der x-Achse wählt:

$$x_3 = (x_1 f(x_2) - f(x_1) \cdot x_2)/(f(x_2) - f(x_1)) \quad .$$

Anschließend wird x_3 als neue Intervallgrenze gewählt und zwar sei:

$$x_1 \leftarrow x_3, \text{ falls } \operatorname{sign}(f(x_1)) = \operatorname{sign}(f(x_3))$$

$$x_2 \leftarrow x_3, \text{ falls } \operatorname{sign}(f(x_2)) = \operatorname{sign}(f(x_3)) \quad .$$

Dann beginnt man wieder mit einer neuen x_3-Berechnung. Man wiederhole
diese Iteration insgesamt 100 Mal und breche vorher ab, wenn

$$|x_{3,neu} - x_{3,alt}| \leq 10^{-5} \cdot |x_{3,neu}| \quad \text{ist.}$$

Man schreibe eine FUNCTION 'XNULL' mit den Argumenten X1, X2 und F,
die als Wert die Nullstelle x_3 berechnet. Im Hauptprogramm lasse man die
Nullstellen für

$$f(x) = \tan(x) - 3x \text{ im Bereich } x_1 = 0.1, \ x_2 = 1.5$$

und für

$$g(x) = \sin(x) + (x + 1)/10 \text{ im Bereich } x_1 = -1.5, \ x_2 = 1.5$$

berechnen und ausdrucken.

1.8 SUBROUTINE

Die Argumentübergabe geschieht wie bei FUNCTION's (s.S.61f) .
SUBROUTINE-Musterprogramme sind auf Seite 96 gegeben.

1.8 a)   Umspeichern eines Vektors in eine Matrix

Man schreibe eine SUBROUTINE mit Namen 'AUFBAU', die aus einem Vektor V mit 20 Komponenten eine Matrix A mit 2·10 Elementen berechnet:

$$A = \begin{pmatrix} v_1 & v_3 & \cdots & v_{19} \\ v_2 & v_4 & \cdots & v_{20} \end{pmatrix} \; . \; \text{A und V seien Argumente von}$$

AUFBAU. Das H.P. lese V ein, rufe AUFBAU und drucke V und A aus.
<u>Bemerkung</u>: Werden beide Felder nicht gleichzeitig benutzt, so kann es sinnvoll sein, in solchen Fällen mit dem EQUIVALENCE-Befehl zu arbeiten.

1.8 b)   Produkt von Funktionswerten bei gegebenen Stützstellen

Man schreibe eine SUBROUTINE PROD zur Berechnung des Produktes

$$h = (1 + r(x_1)) \cdot (1 + r(x_2)) \cdot (1 + r(x_3)) \cdot \ldots \cdot (1 + r(x_n)) \; .$$

Der Vektor x werde im COMMON übergeben mit $n \leq 50$. Die Funktion r und n seien Argument von PROD. Das Hauptprogramm rechne für $n = 12$ mit $x_1 = 1$, $x_2 = 1/2$, $x_3 = 1/3$, ..., $x_{12} = 1/12$ in den beiden Fällen $r(x) = \sin(x)$ und $r(x) = \arctan(x)$ mit Hilfe von PROD jeweils den h-Wert aus und drucke ihn aus.

1.8 c)   Stern-Dreieckschaltung

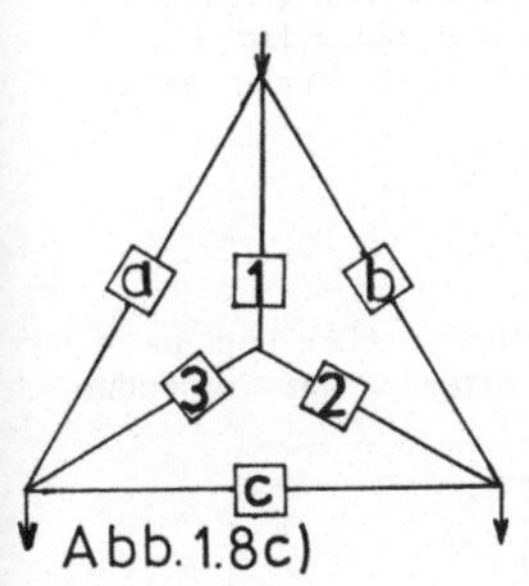

Abb.1.8c)

Man schreibe eine SUBROUTINE mit Namen 'WID', die zu einer gegebenen Dreiecksschaltung (R_a, R_b, R_c) die Widerstände der äquivalenten Sternschaltung berechnet nach den Formeln:

$$R_1 = R_a R_b / (R_a + R_b + R_c);$$

$$R_2 = R_b R_c / (R_a + R_b + R_c);$$

$$R_3 = R_a R_c / (R_a + R_b + R_c) \; .$$

Sämtliche Widerstände seien komplex. Das Hauptprogrammm lese R_a, R_b, R_c ein und berechne mit Hilfe von WID die Widerstände R_1, R_2, R_3 und drukke die 6 Widerstände aus.

1.8 d)   Vergleich zweier Matrizen

Man schreibe eine SUBROUTINE mit Namen 'ALICANTE' und den Argumenten A, B, N und L, die den Wert von L gleich .TRUE. setzt, wenn die beiden (N·N)-Matrizen A und B gleich sind. Andernfalls sei L gleich .FALSE. . - Zwei Matrizen sind gleich, wenn für sämtliche Indexkombinationen gilt: $a_{iK} = b_{iK}$.

1.8 e)   Symetrisierung einer Matrix: $B = A^T A$

Man schreibe eine SUBROUTINE mit Namen 'SYM', die für beliebige $(n \times n)$-Matrizen:

$$A = \begin{pmatrix} a_{11} \; a_{12} \cdots a_{1n} \\ a_{21} \; a_{22} \cdots a_{2n} \\ \cdots\cdots\cdots\cdots \\ a_{n1} \; a_{n2} \cdots a_{nn} \end{pmatrix} \quad \text{und ihre Transponierte} \quad A^T = \begin{pmatrix} a_{11} \; a_{21} \cdots a_{n1} \\ a_{12} \; a_{22} \cdots a_{n2} \\ \cdots\cdots\cdots\cdots \\ a_{1n} \; a_{2n} \cdots a_{nn} \end{pmatrix}$$

die symetrische $(n \times n)$-Matrix $B = A^T \cdot A$ berechnet nach der Formel:

$$b_{KL} = a_{1K} \, a_{1L} + a_{2K} \, a_{2L} + \cdots + a_{nK} \, a_{nL} \quad \text{mit } 1 \leq K \leq n \text{ und } 1 \leq L \leq n \, .$$

Es sei $n \leq 60$. Die Matrix B werde im COMMON übergeben, während n und die Matrix A Argumente von SYM sein sollen. Im Hauptprogramm lese man eine (5×5)-Matrix A ein, berechne B mit Hilfe von SYM und drucke beide Matrizen aus.

1.8 f)   Vertauschen zweier Zeilen einer Matrix

Man schreibe eine SUBROUTINE mit Namen 'AMIRR', die eine $(n + n)$-Matrix A und die Variablen N, K und L als Argumente hat und die Zeile K mit der Zeile L der Matrix A vertauscht. Im Hauptprogramm lese man eine $(5 * 5)$-Matrix B ein und drucke sie aus und lasse mit Hilfe von AMIRR die 2. und 5. Zeile von B vertauschen. Anschließend werde B nochmals ausgedruckt.

1.8 g)   Umrechnung von Zeiten

Man schreibe eine SUBROUTINE 'TIME' mit den Argumenten KSEC, LSTD, LMIN, LSEC, die aus den seit Mitternacht verstrichenen Sekunden (KSEC) die Uhrzeit in Form von Stunden (LSTD), Minuten (LMIN) und Sekunden (LSEC) berechnet. Im Hauptprogramm lese man fünfmal KSEC ein und drucke es zusammen mit den Ergebnissen von 'TIME' wieder aus.

1.8 h)   Lösung eines Gleichungssystems mit Dreiecksmatrix

Man schreibe eine SUBROUTINE, die für beliebige Funktionen $f(x)$ und beliebige Dreiecks-Matrizen A der Größe $N \times N$ den Lösungsvektor x des folgenden Gleichungssystems berechnet:

$$\begin{aligned} a_{11}x_1 & & & = f(0.5) \\ a_{21}x_1 + a_{22}x_2 & & & = f(x_1) \\ \vdots & & & \quad\; \vdots \\ a_{N1}x_1 + a_{N2}x_2 + \cdots + a_{NN}x_N &= f(x_{N-1}) \, . \end{aligned}$$

Es sei $N \leq 30$. Im H.P. lese man eine $(10 * 10)$-Matrix ein, berechne die Lösung x für die beiden Fälle $f(x) = x - \sin^2 x$ und $f(x) = \arctan(x)$ und drucke die

Matrix und die Lösung x aus. Es darf vorausgesetzt werden, daß die Diagonalelemente $a_{ii} \neq 0$ sind.

1.8 i)   Schnittpunkte zweier Geraden

Man schreibe eine SUBROUTINE, die den Schnittpunkt der beiden Geraden $a_1 x + a_2 y + a_3 = 0$ und $b_1 x + b_2 y + b_3 = 0$ berechnet nach der Formel:

$$x_o = \frac{a_2 b_3 - b_2 a_3}{a_1 b_2 - b_1 a_2}, \quad y_o = \frac{a_3 b_1 - b_3 a_1}{a_1 b_2 - b_1 a_2} \; .$$

Im Falle $a_1 b_2 = b_1 a_2$ drucke die SUBROUTINE den Text "Die Geraden sind parallel". Im Hauptprogramm lese man 5 Geradenpaare a, b ein und drucke sie zusammen mit ihren Schnittpunkten wieder aus. Die SUBROUTINE heiße 'SCHNIT'.

1.8 j)   Mittelwert einer Funktion f(x)

Man schreibe eine SUBROUTINE mit dem Namen 'MITTEL', die eine beliebige Funktion F, die Variablen X, DX, N und den zu berechnenden Mittelwert W als Argumente hat und den Funktionsmittelwert folgendermaßen berechnet:

$$W = (F(X) + F(x + DX) + F(x + 2 \cdot DX) + \ldots + F(X + N \cdot DX))/(N + 1).$$

Im H.P. berechne man den Mittelwert der Funktion $e^{-x} \cdot \arctan(x)$ für $x = 0.05$, $DX = 0.001$ und $N = 50$ und drucke diese Werte zusammen mit dem Mittelwert W aus.

1.8 k)   Mittelwerte der Spalten einer Matrix

Man schreibe eine SUBROUTINE mit den Argumenten A und MITT und N, die zu jeder Spalte der $(N \cdot N)$-Matrix A den Mittelwert berechnet und als entsprechende Komponente im reellen Vektor MITT einträgt. Es sei $N \leq 100$. Im H.P. lese man eine $(20 \cdot 20)$-Matrix B ein und drucke sie zusammen mit dem durch die SUBROUTINE berechneten Vektor MITB aus. Dabei soll unter jeder Spalte deren Mittelwert gedruckt werden.

1.8 l)   Aufbau eines Feldes aus seiner kondensierten Form

Man schreibe eine SUBROUTINE, die aus zwei Vektoren a und b einen neuen Vektor c berechnet. Wenn z.B. die Vektoren a und b folgende Informationen enthalten:

K	1	2	3	4	5	.....
a_K	3	5	12	1	4	.....
b_K	0.25	-1.8	9.4	6.0	17.	.....
c_K	0.25	0.25	0.25	-1.8	-1.8	.....

bedeutet dies, daß beginnend bei c_1 der Vektor c dreimal die Zahl 0.25, dann fünfmal die Zahl -1.8, zwölfmal die Zahl 9.4 usw. enthalten soll. Die erste Zahl 17. würde in c also im Element c_{22} auftreten $(3 + 5 + 12 + 1 = 21)$. Die Felder seien halbdynamisch bis n dimensioniert. Im Hauptprogramm lese man $n(\leq 100)$, a und b ein, rufe die SUBROUTINE zur Berechnung von c und drucke die drei Felder aus.

NUMERISCHE ÜBUNGEN

2.1	Interpolation und Approximation
2.2	Differentiation und Integration
2.3	Matrizen und Gleichungssysteme
2.4	Nullstellen
2.5	Differentialgleichungen
2.6	Pseudozufallszahlen und Sortierverfahren

2.1　　　　　INTERPOLATION UND APPROXIMATION

In der Praxis kommt es oft vor, daß Funktionen nicht analytisch bekannt sind, sondern als Wertetabellen $f(x_i)$, $i = 1, 2, \ldots.., n$ vorliegen. Für weitere Rechnungen benötigt man jedoch Werte an Zwischenstellen $x \neq x_i$. Da an den Zwischenstellen die Funktionswerte nicht bekannt sind (nicht gemessen wurden), kann man im Prinzip der Phantasie freien Lauf lassen. Man kann z.B. die Punkte $(x_i, f(x_i))$ durch Geraden oder Parabeln mit den Nachbarpunkten verbinden. Diese Geraden (Parabeln) ändern sich dann von Intervall zu Intervall. Ein anderes Verfahren besteht darin, daß man durch sämtliche gemessenen n Punkte ein Polynom vom Grade $n-1$ legt. Dies läßt sich sicher dann leicht angeben, wenn alle x_i verschieden sind. Der Vorteil ist, daß man dann im Gesamtintervall mit nur einer Interpolationsfunktion arbeiten kann. Der Nachteil besteht oft darin, daß dieses globale Interpolationspolynom zwischen den Meßpunkten Maxima oder Minima aufweist, die bei "nüchterner Betrachtung" der Meßwerte nicht vorhanden zu sein scheinen.
Völlig andere Verfahren wendet man an, wenn man von vorneherein darauf verzichtet, analytische Kurven zu finden, die exakt durch die Meßwerte gehen, da diese Meßwerte sowieso ungenau, d.h. mit Meßfehlern behaftet sind. Es genügt dann, mit einer "Ausgleichsrechnung" die Meßwerte durch relativ glatte Kurven zu "approximieren", die "in der Nähe" der Meßwerte verlaufen und deren mittlere Abweichung von den Meßwerten möglichst klein ist. Dieses Verfahren hat den Vorteil, daß der Grad der Approximationpolynome kleiner ist als der Grad der Interpolationspolynome. Der numerische Aufwand ist gerade bei einer großen Anzahl von Meßwerten erheblich geringer.
Sämtliche angegebene Verfahren lassen sich auch für Polarkoordinaten $r(d)$ verwenden.

2.1 a)   Interpolation nach Newton

Bei einer Messung seien die Werte y_i an den Stellen x_i ($i = 1, 2, \ldots, n$) gemessen worden. Durch diese Punkte (x_i, y_i) läßt sich eindeutig ein Polynom:

$$f(x) = a_0 + a_1\, x + a_2\, x^2 + \ldots + a_{n-1}\, x^{n-1}$$

legen, wenn sämtliche x_i verschieden sind. Es ist jedoch umständlich, die a_i aus dem Gl. System:

$$y_1 = f(x_1)$$
$$y_2 = f(x_2)$$
$$\cdots\cdots$$
$$\cdots\cdots$$
$$\cdots\cdots$$
$$y_n = f(x_n)$$

Abb.2.1 a)

Newtons

Interpolation

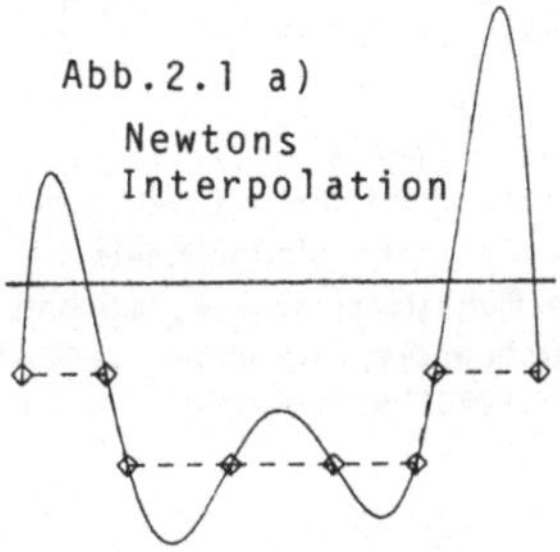

zu berechnen. Einfacher läßt sich das Polynom $(n-1)$-ten Grades:

$$g(x) = b_1 + b_2 \cdot (x - x_1) + b_3 \cdot (x - x_1)(x - x_2) + \ldots + b_n \cdot (x - x_1) \cdot (x - x_2) \cdot \ldots \cdot (x - x_{n-1})$$

berechnen, denn offenbar gilt für $x = x_1$, daß $y_1 = b_1$ ist. Für $x = x_2$ ist:

$$y_2 = b_1 + b_2 \cdot (x_2 - x_1), \text{ also } b_2 = (y_2 - y_1)/(x_2 - x_1) \text{ usw.}$$

Allgemein ist:

$$b_k = \sum_{l=1}^{k} \frac{y_l}{\prod_{m=1}^{k}{}'(x_l - x_m)} \quad .$$

Im Produkt des Nenners müssen die Terme mit $l = m$ entfallen $\left(\prod{}'\right)$.

Die Algebra zeigt, daß diese Darstellung auch für komplexe Variable $z_l = x_l + i \cdot y_l$ gilt und die abhängigen komplexen Werte $w_l = u_l + i \cdot v_l$ liefert mit:

$$\bar{b}_k = \sum_{l=1}^{k} \frac{w_l}{\prod_{m=1}^{k}{}' (z_l - z_m)} \qquad \text{im Polynom } w = g(z) \ .$$

Man schreibe ein Programm, das die Anzahl n und anschließend n Pärchen (x_i, y_i) einliest und daraus die Polynomkoeffizienten b_1, b_2, $\ldots$, b_n berechnet. Anschließend lasse man das Polynom an den Zwischenstellen:

$$\bar{x}_k = (x_k + x_{k-1})/2 \text{ für } k = 2, 3, \ldots, n$$

nach dem Horner-Schema:

$$y = b_1 + (x - x_1) \cdot (b_2 + (x - x_2) \cdot (b_3 + \ldots + (x - x_{n-2})(b_{n-2} + b_n(x - x_{n-1}))))$$

berechnen und ausdrucken. Der Ausdruck enthalte auch die eingelesenen Pärchen.

Man lasse $g(x)$ im Bereich x_1 bis x_n zeichnen und markiere die Punkte (x_i, y_i) mit zentrierten Symbolen. Man erkennt in Abbildung 2.1 a), daß bei Vorgabe von "eckigen" Funktionen $y_i(x_i)$ das Interpolationspolynom an den "Rampen" überschwingt, da sich Polynome schlecht zur Darstellung von Ecken eignen.

<u>Erweiterung:</u>

Man lese n Punkte z_i der komplexen z-Ebene ein (z.B. Punkte auf einer Spirale) und anschließend die zugehörigen komplexen Bildpunkte w_i (z.B. Punkte auf einer Parabel oder einem Kreis in der w-Ebene), berechne die Koeffizienten b_k und die Funktionswerte $\bar{w}_k$ an den Zwischenstellen $\bar{z}_k = (z_k + z_{k-1})/2$.

Man zeichne die Kurven der z-Ebene und der w-Ebene. Letztere nur, soweit sie in ein vorgegebenes Quadrat $u_0 \leqq u \leqq U$, $v_0 \leqq v \leqq V$ fällt, das die Bildpunkte w_i enthält.

2.1 b)   Interpolation nach Lagrange

Bekanntlich ist durch 2 Punkte eine Gerade, durch 3 Punkte eine Parabel und durch n Punkte ein Polynom vom Grade n-1 festgelegt. Gegeben seien die x_i, y_i für $i = 1, 2, 3, \ldots, n$. Gesucht ist das Polynom vom Grade n-1. Mit dem gesuchten Polynom $G(x)$ lassen sich y-Werte an beliebigen Stellen x berechnen, die zwischen den gegebenen Stellen x_i liegen.

Aus den gegebenen Werten von x und x_i mit $i = 1$ bis n berechne man:

$$g_1(x) = \frac{(x - x_2) \cdot (x - x_3) \cdot (x - x_4) \cdot \ldots \cdot (x - x_n)}{(x_1 - x_2) \cdot (x_1 - x_3) \cdot (x_1 - x_4) \cdot \ldots \cdot (x_1 - x_n)}$$

$$g_2(x) = \frac{(x - x_1) \cdot (x - x_3) \cdot (x - x_4) \cdot \ldots \cdot (x - x_n)}{(x_2 - x_1) \cdot (x_2 - x_3) \cdot (x_2 - x_4) \cdot \ldots \cdot (x_2 - x_n)}$$

$$\cdots\cdots\cdots\cdots\cdots\cdots\cdots\cdots\cdots\cdots\cdots$$

$$g_n(x) = \frac{(x - x_1) \cdot (x - x_2) \cdot (x - x_3) \cdot \ldots \cdot (x - x_{n-1})}{(x_n - x_1)(x_n - x_2) \cdot (x_n - x_3) \cdot \ldots \cdot (x_n - x_{n-1})}$$

<u>Hinweis:</u>

Im Zähler fehlt bei $g_1(x)$ der Faktor $x - x_1$,

               bei $g_2(x)$ der Faktor $x - x_2$,

    usw.   bei $g_n(x)$ der Faktor $x - x_n$.

Im Nenner fehlt bei $g_1(x)$ der Faktor $x_1 - x_1$ $(=0)$,
bei $g_2(x)$ der Faktor $x_2 - x_2$ $(=0)$
usw. bei $g_i(x)$ der Faktor $x_i - x_i$ $(=0)$,
bei $g_n(x)$ der Faktor $x_n - x_n$ $(=0)$.

Wie man sieht, sind dies Polynome vom Grade $n-1$. Für $x = x_1$ ist $g_1(x_1) = 1$ und alle anderen $g_i(x_1) = 0$ mit $i = 2, 3, \ldots, n$. Ebenso ist $g_2(x_2) = 1$ usw. Das gesuchte Polynom läßt sich aus den $g_i(x)$ zusammensetzen:

$$G(x) = y_1 \cdot g_1(x) + y_2 \cdot g_2(x) + \ldots + y_n \cdot g_n(x) \ .$$

Im Programm seien die x_i, y_i zwei Felder X, Y von maximal je 20 Werten. Die Stelle x heiße: XX. Die obigen $g_i(x)$ sollen als <u>eine</u> FUNCTION G(XX, X, I, N) programmiert werden. G(x) sei eine FUNCTION GPOLY(XX, X, Y, N). Man lese 8 Wertpaare x_i, y_i ein und berechne GPOLY an 10 verschiedenen Zwischenstellen XX.

2.1 c) Kubische Spline-Interpolation

Soll durch die Punkte (x_i, y_i), $i = 1, 2, \ldots, n$ eine glatte Kurve gelegt werden, so gibt es dazu verschiedene Verfahren. Man kann ein Polynom $(n-1)$. Grades wählen, das im gesamten Bereich von x_1 bis x_n benutzt wird oder man könnte in jedem Intervall andere Fitkurven wählen. Wählt man Geraden durch je zwei Nachbarpunkte, so erhält man einen Polygonzug. Legt man durch je 3 Punkte eine Parabel, so haben diese an den Intervallgrenzen andere Steigungen als die Nachbarparabeln; die Gesamtkurve hat also auch Ecken. Deshalb wählt man für die einzelnen Intervalle $x_k \leqq x \leqq x_{k+1}$ oft kubische Polynome:

$$f_k(X) = a_k(x - x_k)^3 + b_k(x - x_k)^2 + c_k(x - x_k) + d_k \quad \text{für } k = 1, 2, \ldots, n-1$$

und fordert zur Bestimmung der Unbekannten a_k, b_k, c_k, d_k, daß f, f' und f'' an den Intervallgrenzen stetig sind. Mit $\Delta x_k = x_{k+1} - x_k$ ist offenbar:

$$f_k(x_k) = y_k = d_k \tag{I}$$

$$f_k(x_{k+1}) = y_{k+1} = a_k \cdot \Delta x^3{}_k + b_k \cdot \Delta x^2{}_k + c_k \cdot \Delta x_k + d_k \tag{II}$$

$$f'_k(x_k) = y'_k = c_k \tag{III}$$

$$f'_k(x_{k+1}) = y'_{k+1} = 3a_k \Delta x^2{}_k + 2b_k \Delta x_k + c_k \tag{IV}$$

$$f''_k(x_k) = y''_k = 2b_k \tag{V}$$

$$f''_k(x_{k+1}) = y''_{k+1} = 6a_k \Delta x_k + 2b_k \ . \tag{VI}$$

Hieran sieht man, daß die Koeffizienten a_k, b_k, c_k, d_k auch umgekehrt durch die y, y', y"-Werte ausgedrückt werden können. Aus I, II, V, VI folgt mit $\Delta y_k = y_{k+1} - y_k$:

$$a_k = (y"_{k+1} - y"_k)/(6 \cdot \Delta x_k) \qquad\qquad b_k = y"_k/2$$

$$\text{(VII)}$$

$$c_k = \Delta y_k/\Delta x_k - \Delta x_k \cdot (y"_{k+1} + 2y"_k)/6 \ , \qquad d_k = y_k \ .$$

Man kann also die Stetigkeitsbedingungen $f'_{k-1}(x_k) = f'_k(x_k)$ für alle inneren Intervallgrenzen k = 2, 3, ..., n − 1 für die y, y', y"-Werte notieren, und das Gleichungssystem lösen und anschließend mit (VII) die Koeffizienten a_k, b_k, c_k, d_k berechnen. Die d_k-Berechnung erübrigt sich.
Setzt man jedoch (VII) in (III) und (IV) ein, so geht die Stetigkeitsbedingung $f'_{k-1}(x_k) = f'_k(x_k)$ der 1. Ableitungen:

$$c_k = 3a_{k-1} \Delta x^2_{k-1} + 2b_{k-1} \cdot \Delta x_{k-1} + c_{k-1}$$

über in Bestimmungsgleichungen für die $y"_k$:

$$\Delta x_{k-1} y"_{k-1} + 2(\Delta x_{k-1} + \Delta x_k)y"_k + \Delta x_k y"_{k+1} = 6\left(\frac{\Delta y_k}{\Delta x_k} - \frac{\Delta y_{k-1}}{\Delta x_{k-1}}\right)$$

für k = 2, 3, ..., n − 1 .

An den Stellen x_1 und x_n kann man $y"_1$ und $y"_n$ frei wählen, etwa $y"_1 = y"_n = 0$, was bedeutet, daß im Außenraum $x < x_1$, $x > x_n$ Geraden vorliegen (Spline = dünne Latte). Offensichtlich läßt sich dieses Gleichungssystem in Matrixschreibweise angeben:

$$\begin{pmatrix} u_1 & \Delta x_2 & 0 & \cdots\cdots & 0 \\ \Delta x_2 & u_2 & \Delta x_3 & \cdots\cdots & 0 \\ 0 & \Delta x_3 & u_3 & \cdots\cdots & 0 \\ & \cdots\cdots\cdots\cdots\cdots\cdots & & & \\ & \cdots\cdots\cdots\cdots\cdots\cdots & & & \\ 0 & 0 & \cdots\cdots & u_{n-3} & \Delta x_{n-2} \\ 0 & 0 & \cdots\cdots & \Delta x_{n-2} & u_{n-2} \end{pmatrix} \cdot \begin{pmatrix} y"_2 \\ y"_3 \\ y"_4 \\ \cdot \\ \cdot \\ y"_{n-2} \\ y"_{n-1} \end{pmatrix} = \begin{pmatrix} w_1 - q_1 \\ w_2 \\ w_3 \\ \cdot \\ \cdot \\ w_{n-3} \\ w_{n-2} - q_n \end{pmatrix}$$

mit $\quad u_j = 2(\Delta x_j + \Delta x_{j+1})$, $\quad w_j = 6(\Delta y_{j+1}/\Delta x_{j+1} - \Delta y_j/\Delta x_j)$, $\quad q_1 = y"_1 \Delta x_1 \quad$ und $q_n = y"_n \Delta x_{n-1}$.

Dieses tridiagonale System läßt sich mit dem Cholesky-Verfahren lösen (siehe Aufgabe 2.4)).
Man schreibe ein Unterprogramm mit den Vektoren X, Y, A, B, C und den Variablen N, DDY1 ($\Delta y''_n$), DDYN ($\Delta y''_n$) als Argumente, das die Vektoren A, B, C berechnet mit Hilfe eines Cholesky-Unterprogrammes. Damit sind die kubischen Polynome $f_k(x)$ für sämtliche Intervalle bekannt. Beispielsweise muß im Intervall $x_4 \leqq x \leqq x_5$ mit dem Polynom $f_4(x) = a_4(x - x_4)^3 + b_4(x - x_4)^2 + c_4(x - x_4) + d_4$ gearbeitet werden. Dann formuliere man eine Funktion F, die für die Argumente X, Y, A, B, C, N, XX prüft, in welches Intervall $X_k \leqq XX \leqq X_{k-1}$ der Wert XX fällt und als Funktionswert das zugehörige Polynom dieses Intervalls berechnet: $F = f_k(XX)$. Im H.P. lese man 10 Punkte x_i, y_i und plotte F im Bereich x_1 bis x_{10} . Die Punkte trage man als zentrierte Symbole ein.

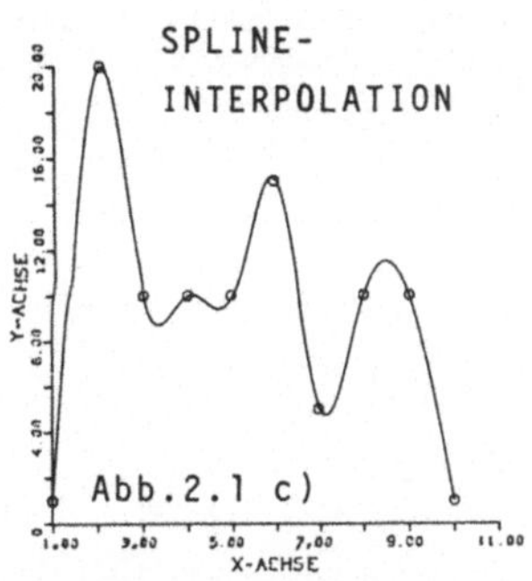

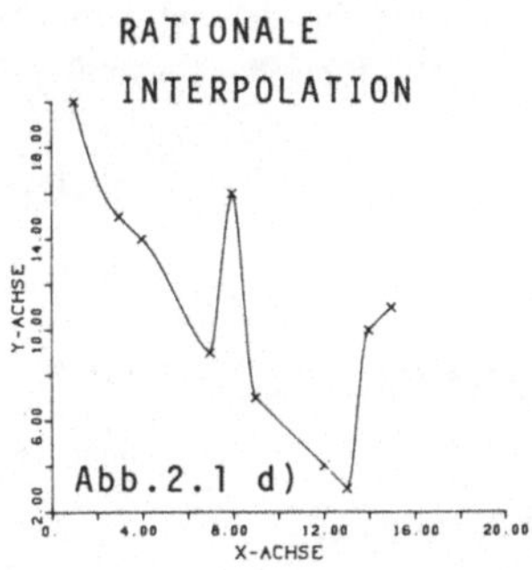

2.1 d)   Rationale Interpolation

Interpolationspolynome (auch Splines genannt) neigen dazu, an solchen Stellen "Berge" und "Täler" vorzutäuschen, wo die zu interpolierenden y_i-Werte lediglich "Böschungen" aufweisen bei einem ansonsten flachen Verlauf. Das hier angegebene Verfahren von A.C. Ahlin liefert auch an solchen Stellen eine "gutartige" Interpolation. Sie ist oft besser als eine Spline-Interpolation 5. Grades. Gegeben seien die Punkte x_i, y_i für i = 1, 2, ..., n und die Ableitungen y'_i . Sind die y'_i nicht direkt bekannt, so lassen sie sich an den Punkten näherungsweise berechnen. Die Punkte seien sortiert: $x_j < x_{j+1}$. Zur Berechnung von y an beliebiger Stelle x stellt man das Intervall i fest, in das x fällt: $x_i \leqq x \leqq x_{i+1}$ und berechnet die Steigung der Sehne: $s_i = (y_{i+1} - y_i)/(x_{i+1} - x_i)$.
Die weiterhin zu berechnenden Hilfsgrößen y_0, dy_i, dy_{i+1} sind x-abhängig und müssen für jedes x neu berechnet werden:

$$y_0 = y_i + s_i \cdot (x - x_i)$$

$$dy_i = (y'_i - s_i)(x - x_i) , \qquad\qquad dy_{i+1} = y'_{i+1} \cdot (x - x_{i+1}) + y_{i+1} - y_0$$

$$y(x) = y_0 + (2x - x_i - x_{i+1}) \cdot dy_i \cdot dy_{i+1}/((x_{i+1} - x_i)(dy_i - dy_{i+1})) \quad \text{für} \quad dy_i \cdot dy_{i+1} < 0$$

$$y(x) = y_0 \qquad \text{für } dy_i \cdot dy_{i+1} = 0$$

$$y(x) = y_0 + dy_i \cdot dy_{i+1}/(dy_i + dy_{i+1}) \qquad\qquad \text{für } dy_i \cdot dy_{i+1} > 0 \quad .$$

Diese Ausdrücke stellen rationale Funktionen für $y(x)$ dar. Im Inneren des Gesamtintervalls lassen sich die Steigungen y'_i für die Punkte $i = 2, 3, \ldots, n - 1$ dadurch berechnen, daß man im Punkte x_i, y_i ersatzweise die Steigung des Kreises wählt, der durch diesen Punkt und seine Nachbarpunkte x_{i-1}, y_{i-1} und x_{i+1}, y_{i+1} geht:

$$y'_i = ((y_i - y_{i-1}) \cdot r^2_{i,i+1} + (y_{i+1} - y_i) r^2_{i,i-1}) / ((x_i - x_{i-1}) \cdot r^2_{i,i+1} + (x_{i+1} - x_i) \cdot r^2_{i,i-1})$$

mit

$$r^2_{i,i+1} = (x_{i+1} - x_i)^2 + (y_{i+1} - y_i)^2 \quad \text{und} \quad r^2_{i,i-1} = (x_i - x_{i-1})^2 + (y_i - y_{i-1})^2 .$$

Die Steigungen an den Endpunkten $i = 1$ und $i = n$ erhält man aus Parabeln, die durch diese Punkte und ihre Nachbarpunkte x_2 bzw. x_{n-1} gehen und dort die Steigungen y'_2 bzw. y'_{n-1} haben:

$$y'_1 = 2s_1 - y'_2 \qquad \text{für } (s_1 > 0 \text{ und } s_1 > y'_2)$$

$$\text{oder } (s_1 < 0 \text{ und } s_1 < y'_2)$$

$$y'_n = 2s_{n-1} - y'_{n-1} \qquad \text{für } (s_{n-1} > 0 \text{ und } s_{n-1} > y'_{n-1})$$

$$\text{oder } (s_{n-1} < 0 \text{ und } s_{n-1} < y'_{n-1})$$

anderenfalls ist:

$$y'_1 = s_1 + (s_1 - y'_2) \cdot |s_1| / (|s_1| + |s_1 - y'_2|) \quad \text{bzw.}$$

$$y'_n = s_{n-1} + (s_{n-1} - y'_{n-1}) \cdot |s_{n-1}| / (|s_{n-1}| + |s_{n-1} - y'_{n-1}|) .$$

Man schreibe ein Hauptprogramm, das $n = 10$ Punkte x_i, y_i einliest und die y'_i entweder ebenfalls einliest oder als Feld nach den zuletzt gegebenen Formeln einmalig berechnet. Ebenso werden die s_i vom Hauptprogramm berechnet. Zusätzlich formuliere man ein Funktionsunterprogramm F mit den Feldern X, Y, S, YS ($\triangleq y'$) und den Variablen XX und N als Argumenten, das den Funktionswert F als Interpolationswert $y(XX)$ berechnet. Mit Hilfe von F vertafele man die Kurve im Bereich $x_1 \leqq x \leqq x_n$ an den 101 aequidistanten Stellen: x_1, $x_1 + h$, $x_1 + 2h, \ldots, x_1 + 100h = x_n$.

Aus der letzten Gleichung ergibt sich h. Man erkennt an Abbildung 2.1 d), daß diese rationale Interpolation auf "Böschungen" gutartig ohne großes Überschwingen reagiert.

Erweiterung:

Man lasse $F(X)$ und die Achsen plotten und markiere die n Stützstellen x_i, y_i mit zentrierten Symbolen.

2.1 e) Zweidimensionale Interpolation nach Lagrange

In der Praxis kann es vorkommen, daß eine Größe z gemessen wird, die von zwei unabhängigen Parametern x und y abhängt: $z = f(x, y)$. Angenommen die f_{ij}-Werte wurden gemessen für das Netz von $(m+1)(n+1)$ Punkten:
x_i, $i = 0, 1, \ldots, m$ und y_j, $j = 0, 1, \ldots, n$. Dann lassen sich zunächst folgende Hilfspolynome berechnen:

$$X_{m,\,i}(x) = \prod_{\substack{k=0 \\ k \neq i}}^{m} (x - x_k)/(x_i - x_k) \qquad \text{für } i = 0, 1, \ldots, m$$

$$Y_{n,\,j}(y) = \prod_{\substack{k=0 \\ k \neq j}}^{n} (y - y_k)/(y_j - y_k) \qquad \text{für } j = 0, 1, \ldots, n \ .$$

Hier sind x und y die Koordinaten des Punktes zwischen den Netzpunkten, an dem der Wert $z = f(x,y)$ durch Interpolation bestimmt werden soll. Als Interpolationspolynom vom Grade $n + m$ erhält man:

$$F_{m,\,n}(x, y) = \sum_{i=0}^{m} \sum_{j=0}^{n} X_{m,i}(x) \ Y_{n,j}(y) \ f(x_i, y_j) \ .$$

Natürlich ist $F_{m,\,n}(x_i, y_j) = f(x_i \ y_j) = f_{ij}$ für alle i und j, d.h. Fläche F wird durch die Meßpunkte f_{ij} aufgespannt.
Man schreibe ein Programm, das 5 x_i-Werte und 6 y_j-Werte sowie 30 f_{ij}-Werte einliest. In einem Funktionsunterprogramm, das die Felder x_i, y_j, f_{ii} und die Variablen n und m als Argumente hat, berechne man zunächst die m X-Werte und die n Y-Werte und anschließend den Funktionswert $F_{m,\,n}$. Im Hauptprogramm lese man die Nummern i, j eines speziellen Meßpunktes ein (etwa: $i = 2$, $j = 4$) und vertafele F innerhalb der Masche $x_i \leqq x \leqq x_{i+1}$, $y_j \leqq y \leqq y_{j+1}$ mit $\Delta x = (x_{i+1} - x_i)/10$ und $\Delta y = (y_{j+1} - y_j)/10$ einschließlich der gemessenen vier Eckpunkte der Masche.

2.1 f) Approximation durch ein Polynom

Nehmen wir einmal an, im Labor sei eine Funktion als Wertetabelle gemessen worden: (x_i, y_i), $i = 1, 2, \ldots, n$. Da im Normalfall sowohl die x_i- als auch die y_i-Werte mit Meßfehlern behaftet sind und n sehr groß sein kann, ist es nicht sinnvoll, ein Interpolationspolynom vom Grad $n-1$ zu bestimmen, das exakt die Werte y_i an den Stellen x_i annimmt. Vielmehr soll ein Approximationspolynom Y vom Grade m ($< n-1$) bestimmt werden:

$$Y = c_0 + c_1 x + c_2 x^2 + \ldots + c_m x^m \ ,$$

für das die Summe der Abweichungen (σ^2 = Streuung (Varianz), σ = Standardab-weichung) minimal ist:

$$\sigma^2{}_m = (\sum (Y(x_i) - y_i)^2)/(n - m - 1) \quad .$$

Die c-Koeffizienten hängen vom gewählten Grad m ab, d.h. die optimale Parabel: $Y = c_0{}^{(2)} + c_1{}^{(2)}x + c_2{}^{(2)}x^2$ hat nicht die gleichen c-Koeffizienten wie das optimale Polynom 3. Grades: $Y = c_0{}^{(3)} + c_1{}^{(3)}x + c_2{}^{(3)}x^2 + c_3{}^{(3)}x^3$.

Man muß daher fortlaufend für m = 1, 2, 3, ... die c-Koeffizienten und die Streuung $\sigma^2{}_m$ berechnen und stoppt die Rechnung, wenn $\sigma^2{}_m$ klein genug ist und sich nicht mehr verändert.

Die Forderung, daß $\sigma^2{}_m$ ein Minimum für gegebenes m sein soll, lautet:

$$\partial\sigma^2{}_m/\partial c_k = 0 \quad \text{für } k = 0, 1, ..., m \quad .$$

Dies liefert die Normalgleichungen zur Bestimmung der c_k:

$$a_{00} c_0 + a_{01} c_1 + ... + a_{0m} c_m = b_0$$

$$a_{10} c_0 + a_{11} c_1 + ... + a_{1m} c_m = b_1$$

$$\cdots\cdots\cdots\cdots\cdots\cdots\cdots \qquad (I)$$

$$a_{m0} c_m + a_{m1} c_1 + ... + a_{mm} c_m = b_m$$

mit $\quad a_{kj} = \sum x_i^{k+j}$ und $b_k = \sum y_i x_i^k \quad$ für k, j = 0, 1, ..., m .

- Sämtliche Summen (Σ) in dieser Aufgabe laufen von i = 1 bis n. -

Man lese n = 20 Paare (x_i, y_i) ein, berechne die Matrixelemente a_{kl} und die Vektorkomponenten b_k sowie die Lösungen c_i des Gleichungssystems (I) mit Hilfe des Gaußschen Algorithmus (Aufgabe 2.4 a)). Dann lasse man Y(x) im Bereich $x_1 \leqq x \leqq x_{20}$ zeichnen und lasse auch die Punkte y_i in der Zeichnung markieren. Die eingelesenen Werte, die Polynomkoeffizienten c_i und die Varianz σ^2 wird ausgedruckt. Die Rechnungen und die Zeichnung wiederhole man für m = 1, 2, ..., 5 . Die Abhängigkeit der Varianz $\sigma^2{}_m$ vom m läßt sich dadurch studieren, daß man die Paare (x_i, y_i) einmal bei der Eingabe in der Nähe einer Geraden oder in der Nähe einer kubischen Parabel wählt. Im ersten Fall müßte $\sigma^2{}_1$ klein sein und im letzten Fall müßte $\sigma^2{}_3$ klein sein.

Das System (I) ist oft schlecht konditioniert, so daß die Lösungen c_k ungenau sein können. Die Matrix ist symmetrisch: $a_{kl} = a_{lk}$.

Man lasse sie zusammen mit dem Vektor b in einem Unterprogramm berechnen. Dabei sollten die x_i-Potenzen nur einmal berechnet werden.

2.1 g)   Approximation durch orthogonale Polynome

Für einen Satz von n Meßwerten (x_j, y_j), $j = 1, 2, \ldots, n$ soll eine Funktion gefunden werden in der Form:

$$y = f(x) = a_0 \, g_0(x) + a_1 \, g_1(x) + \ldots + a_n \, g_n(x) \, , \tag{I}$$

die die Eigenschaft hat, daß ihre Varianz minimal ist (siehe Aufg. 2.1 f)).
Die Funktionen g_i sollen bezüglich der x_j-Werte orthogonal sein:

$$\sum g_i(x_j) g_k(x_j) = 0 \; \text{ für } i \neq k$$

und Polynome vom Grade i sein.

Wir wenden folgendes Verfahren [21] zur Berechnung der a_k und g_k an:

$$g_0(x) = 0.5, \quad g_{-1}(x) = 0. \quad , \quad b_{-1} = 0.$$

$$g_{k+1}(x) = (2x + d_k) \, g_k(x) + b_{k-1} \, g_{k-1}(x) \tag{II}$$

mit $\qquad d_k = -2(\sum x_j \, g_k^2(x_j)) / \sum g_k^2(x_j)$ und $b_{k-1} = -(\sum g_k^2(x_j)) / \sum g_{k-1}^2(x_j)$.

Die Koeffizienten von (I) erhält man aus:

$$a_i = (\sum (g_i(x_j) y_j) / \sum g_i^2(x_j) \; \text{ für } i = 0, 1, \ldots, n \quad .$$

Sämtliche Summen (Σ) laufen von $j = 1$ bis n .
Wie man sieht, hängen die orthogonalen Polynome nur von den x_j-Werten, nicht
aber von den y_j-Werten ab. Hat man mehrere y-Reihen bei gleichen x-Werten
gemessen, so ändern sich lediglich die a_i-Koeffizienten, nicht aber die Polynome
$g_i(x)$.
Ein weiterer Vorteil des Verfahrens liegt darin, daß man ohne die Lösung eines
Gleichungssystems auskommt und daß man bei einer gewünschten Verbesserung
der Approximation nur ein weiteres Polynom $g_{n+1}(x)$ zu berechnen braucht, einschließlich des Koeffizienten a_{n+1}, während die übrigen $a_i \, g_i$-Terme unverändert
bleiben.
Man lese $n = 20$ Paare (x_j, y_i) ein und berechne in einem Unterprogramm die
Koeffizienten q_{im} der Polynome $g_m(x)$ für $m = 0, 1, \ldots, 6$:

$$g_m(x) = q_{0m} + q_{1m} x + q_{2m} x^2 + \ldots + q_{mm} x^m \tag{III}$$

entsprechend der Rekursionsformel (II). Das Hauptprogramm berechne anschließend die a_i-Koeffizienten und zeichne f(x) mit 3, 4 bzw. 5 Gliedern. Die Punkte
(x_i, y_i) werden in der Zeichnung markiert.

Die Auswertung von (I) wird beschleunigt, wenn man in einem Unterprogramm die Koeffizienten des Polynoms

$$f(x) = c_0 + c_1 x + c_2 x^2 + \ldots + c_n x^n$$

berechnen läßt. Man erhält sie, wenn man die Polynome g_m nach (III) in (I) einsetzt und nach x-Potenzen sortiert:

$$c_j = \sum_{k=j}^{n} a_k q_{jk} \quad \text{für } j = 0, 1, \ldots, n \; .$$

2.1 h) Approximation durch eine Gerade bzw. Parabel

α) Ein Spezialfall der beiden letzten Aufgaben liegt dann vor, wenn die Meßpunkte (x_i, y_i), $i = 1, 2, \ldots, n$ ungefähr auf einer Geraden liegen: $y = a_0 + a_1 x$.
Nach der Methode der kleinsten Quadrate erhält man:

$$a_0 = \frac{(\sum y_i)(\sum x_i^2) - (\sum x_i)(\sum x_i y_i)}{n \sum x_i^2 - (\sum x_i)^2} \qquad a_1 = \frac{n \sum x_i y_i - (\sum x_i)(\sum y_i)}{n \sum x_i^2 - (\sum x_i)^2} \; .$$

Man schreibe ein Unterprogramm mit den Variablen r, a_0, a_1, n und den Feldern **x**, **y** als Argumente, das die Koeffizienten a_0 und a_1 berechnet. Das
Hauptprogramm lasse für $n = 30$ eingelesene Wertepaare (x_i, y_i), die Koeffizienten a_0, a_1 der Ausgleichsgeraden $y = a_0 + a_1 x$ und ebenso die Koeffizienten b_0,
b_1 der Ausgleichsgeraden $x = b_0 + b_1 y$ mit Hilfe eines doppelten Unterprogramm-
anrufs berechnen und ausdrucken. Liegen die Punkte (x_i, y_i) sämtlich in der
Nähe einer Geraden, so stimmen beide Ausgleichsgeraden gut überein.
Ein besseres Maß für die Linearität der Punktmenge ist der Korrelationskoeffi-
zient:

$$r = \frac{n \sum x_i y_i - (\sum x_i)(\sum y_i)}{\sqrt{(n \sum x_i^2 - (\sum x_i)^2)(n \sum y_i^2 - (\sum y_i)^2)}} \; .$$

Wie man sieht, ist $r = \pm 1$, wenn alle Punkte auf einer Geraden $y_i = c x_i$ liegen.
Dieser im Unterprogramm berechnete Koeffizient r wird ebenfalls ausgedruckt.
Die Punktmenge wird schlecht durch eine Gerade approximiert, wenn $r \approx 0$ ist.
Allgemein gilt: $r = a_1 b_1$ (siehe [22] , S. 245 ff).

β) Soll eine Punktmenge (x_i, y_i), $i = 1, 2, \ldots\ldots, n$ nach der Methode der kleinsten Quadrate durch eine Parabel $y = a_0 + a_1 x + a_2 x^2$ approximiert werden, so
berechnen sich die Koeffizienten a_0, a_1, a_2 aus den Normalgleichungen:

$$a_0\, n + a_1\, c_1 + a_2\, c_2 \quad = b_0$$

$$a_0\, c_1 + a_1\, c_2 + a_2\, c_3 \quad = b_1$$

$$a_0\, c_2 + a_1\, c_3 + a_2\, c_4 \quad = b_2$$

mit $b_j = \sum y_i\, x_i^{\,j}$, $j = 0, 1, 2$ und $c_j = \sum x_i^{\,j}$, $j = 1, 2, 3, 4$.

Das Gleichungssystem läßt sich von Hand auflösen:

$$a_2 = \frac{(c_1^2 - nc_2)(b_0\, c_2 - nb_2) + (c_1\, c_2 - nc_3)(b_1 n - b_0\, c_1)}{(nc_2 - c_1^2)(nc_4 - c_2^2) - (nc_3 - c_1\, c_2)^2}$$

$$a_1 = \frac{(b_1 n - b_0\, c_1) + a_2(c_1\, c_2 - nc_3)}{nc_2 - c_1^2}$$

$$a_0 = \frac{1}{n}\, (b_0 - a_1\, c_1 - a_2\, c_2) \quad .$$

Man schreibe ein Unterprogramm mit den Koeffizienten a_0, a_1, a_2, der Anzahl n
und den Feldern x_i, y_i, $i = 1, 2, \ldots\ldots, n$ als Argumente, das die Koeffizienten
a_0, a_1, a_2 der Parabel berechnet. Dem Hauptprogramm gebe man zum Test
Felder ein, die fast eine Parabel darstellen. Sie werden zusammen mit den
Koeffizienten ausgedruckt.
Das Unterprogramm läßt sich auch verwenden, um die Koeffizienten einer Parabel $x = b_0 + b_1 y + b_2 y^2$ zu bestimmen. Dazu sind beim Aufruf lediglich die Felder
zu vertauschen.

2.1 i)   Approximation durch eine Ebene

Sind n Raumpunkte $\mathbf{p}_i = (x_i, y_i, z_i)$ mit $i = 1, 2, \ldots\ldots, n$ gegeben, so kann es erforderlich sein, eine Ebene im Raum derart zu suchen, daß die Summe der Ab-
standsquadrate der Punkte $\mathbf{p}_i$ von der Ebene möglichst klein wird (= "Regres-
sionsebene"). Gesucht sind die Größen a_0, a_1, a_2 für die Ebenengleichung:

$$z = a_0 + a_1 x + a_2 y \quad . \tag{I}$$

Diese Koeffizienten a_0, a_1, a_2 erhält man als Lösung des linearen Gleichungssystems:

$$\sum z_i = a_0 \cdot n + a_1 \cdot \sum x_i + a_2 \cdot \sum y_i$$

$$\sum (x_i\, z_i) = a_0 \sum x_i + a_1 \cdot \sum (x_i^2) + a_2 \sum (x_i\, y_i)$$

$$\sum (y_i\, z_i) = a_0 \sum y_i + a_1 \sum (x_i\, y_i) + a_2 \sum (y_i^2) \quad .$$

Alle Summen laufen von 1 bis n und werden insgesamt mit nur <u>einer</u> DO-Schleife berechnet!

Man löse diese Normalgleichungen in allgemeiner Form "von Hand", indem man die 1. Gleichung nach a_0 auflöst, in die 2. und 3. Gleichung einsetzt, diese Gleichung nach a_1 und a_2 auflöst, und die Endformeln programmiert. Es ist dabei (und auch im Programm) sinnvoll, folgende Abkürzungen zu verwenden:

$$c_1 = a_0 \cdot n + a_1 \cdot b_1 + a_2 \cdot b_2$$

$$c_2 = a_0 \cdot b_1 + a_1 b_3 + a_2 b_4$$

$$c_3 = a_0 \cdot b_2 + a_1 b_4 + a_2 b_5 \quad .$$

Man schreibe ein Unterprogramm, das die Vektoren **x**, **y**, **z** und **a** sowie die Variablen n als Argumente enthält und den Vektor $\mathbf{a} = (a_0, a_1, a_2)$ berechnet.

Im Hauptprogramm lese man zunächst n ein (mit $n \leq 100$) und anschließend n Raumpunkte $\mathbf{p}_i$. Dann rufe man das Unterprogramm zur Berechnung von a_0, a_1, a_2 . Anschließend berechne man zu den eingelesenen x_i, y_i-Werten die Werte $Z_i = a_0 + a_1 x_i + a_2 y_i$ für $i = 1, 2, \ldots\ldots,$ n und drucke zeilenweise die Werte x_i, y_i, z_i, Z_i aus.

Diese x_i, y_i-Werte dürfen <u>nicht</u> auf einer Geraden $y(x)$ liegen. Als Test könnte man a_0, a_1, a_2, $(x_i, y_i, i = 1, 2, \ldots\ldots,$ n) vorgeben und die z_i etwa in der Nähe der Ebene (I) wählen. Dann müßte die Subroutine angenähert diese a_0, a_1, a_2 liefern.

2.1 j)   Fourieranalyse als Approximation periodischer Funktionen

Nehmen wir einmal an, im Labor sei eine Funktion gemessen worden, die periodisch ist, d.h. deren Werte sich nach einer Periode T wiederholen: $y(x + T) = y(x)$. In einem solchen Fall genügt es, die Meßpunkte x_i auf eine Periode zu beschränken: x_1, x_2, $\ldots\ldots$, $x_{n+1}(= x_1 + T)$. Es liegen also n Intervalle vor. Die x-Werte sollen sortiert sein: $x_i < x_j$ für $i < j$. Üblicherweise entwickelt man periodische Funktionen in eine Fourierreihe:

$$y(x) = \frac{a_0}{2} + \sum_{k=1}^{\infty} (a_k \cos(k\omega x) + b_k \sin(k\omega x)) \text{ mit } \omega = 2\pi /T \quad .$$

Die Koeffizienten erhält man bei einer analytisch bekannten Funktion $y(x)$ durch Integration:

$$a_k = \frac{2}{T} \int_0^T y(x)\cos(k\omega x)\,dx, \qquad b_k = \frac{2}{T} \int_0^T y(x)\sin(k\omega x)\,dx \quad .$$

In diesem Fall ist $y(x)$ nur als Meßreihe y_i bekannt. Wir ersetzen die Integration durch eine numerische Integration mit Hilfe der Trapezregel. Vorher muß jedoch die x-Achse so "verschoben" werden, daß $x_1 = 0$ ist ($=$untere Integrationsgrenze). Dazu ersetzen wir alle x_i durch $x_i - x_1$. Man erhält:

$$a_k = \frac{1}{T}\left[\, x_{n+1}\{y_n \cos(k\omega x_n) + y_{n+1}\cos(k\omega x_{n+1})\} + \sum_{j=2}^{n} x_j(y_{j-1}\cos(k\omega x_{j-1}) - y_{j+1}\cos(k\omega x_{j+1}))\right]$$

Ersetzt man hier die cos-Funktion durch die sin-Funktion, so erhält man b_k. Es ist nicht sinnvoll, mehr Koeffizienten berechnen zu lassen als Punkte gegeben sind: $k = 0, 1, 2, \ldots, n/2$.
Man lese in einem Hauptprogramm ca. 20 Wertepaare (x_i, y_i) ein, normiere die x-Werte $(x_i \leftarrow x_i - x_1)$ und lasse die Koeffizienten a_k, b_k als Felder in einem Unterprogramm berechnen. Damit ist $y(x)$ bekannt. Man definiere $y(x)$ als FUNCTION mit den Argumenten **a**, **b**, x, ω, k_{max}. In ihr laufe die Summe bis k_{max}, so daß beim Aufruf von $y(x)$ gewählt werden kann, wieviel Glieder der Reihenentwicklung berechnet werden sollen.
Man lasse $y(x)$ für $k_{max} = n/4$ und $k_{max} = n/2$ zeichnen und lasse die Punkte (x_i, y_i) markieren, damit man in der Zeichnung erkennen kann, wie gut die Approximation ist. Die Felder **x**, **y**, **a** und **b** werden ausgedruckt.

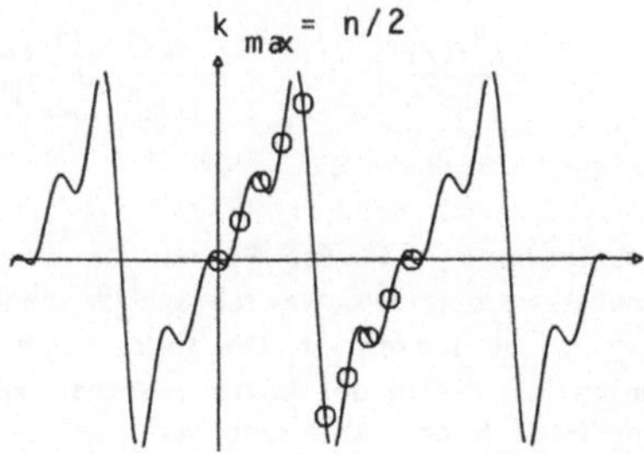

Abb.2.1 j)

2.2   DIFFERENTIATION UND INTEGRATION

Bei der numerischen Differentiation von Funktionen büßt man im Normalfall
Rechengenauigkeit ein: die Ableitungen sind ungenauer als die Funktionswerte.
Demgegenüber bleibt die Genauigkeit bei der Integration erhalten. Die einfach-
ste Form des numerischen Differenzierens ersetzt die Tangentensteigung durch
die Steigungen der Sekante zweier Nachbarpunkte x_1, x_2, d.h.
$y' = (y_2 - y_1)/ (x_2 - x_1)$.
So entsteht ein geometrischer Fehler, weil Sekante und Tangente normalerweise
verschiedene Steigung haben. Dieser Fehler wird umso kleiner je näher die
Punkte aneinanderrücken. Dabei wächst jedoch der Rundungsfehler, denn die
Werte y_1 und y_2 werden bei Nachbarpunkten fast gleich sein und ihre Differenz ist bei einer Berechnung mit endlicher Stellenzahl ungenauer als die Genauigkeit von y_1 und y_2 . Bei einem Rechner mit einer Genauigkeit von 6 Dezimalen würde beispielsweise für $y_1 = 1.56042$ und $y_2 = 1.56318$ die Differenz
$y_2 - y_1 = 0.00276$ nur noch 3 gültige Dezimalen aufweisen. Die Ableitung ist also
wesentlich ungenauer als der Wert der Funktionswerte.
Eine Verkleinerung des Abstandes $h = x_2 - x_1$ der Punkte senkt den geometrischen
Fehler und steigert den Rundungsfehler. Die optimale Schrittweite h läßt sich
nur schwer angeben. Meßwertfehler in den y-Werten erhöhen die Ungenauigkeit
der Ableitungen noch weiter.

2.2 a)   Berechnung von Ableitungen mit minimaler Stützstellenzahl

Bei der Berechnung der Ableitung unterscheidet man zwei Arten von Formeln
je nachdem , ob die Ableitungen $f^{(k)}(x_i)$ an den Stützstellen x_i berechnet werden, die hier generell als äquidistant ($x_{i+1} - x_i = h$) angenommen werden oder
ob die Ableitungen $f^{(k)}$ an einer Zwischenstelle $x_i < x < x_{i+1}$ auszuwerten sind.
Eine Fülle von Formeln ist in [1], S. 883 und S. 914 zusammengestellt.
Für die Werte der Ableitungen an den Stützstellen x_j gilt:

$$\left. \frac{d^k f(x)}{dx^k} \right|_{x = x_j} = \frac{k!}{m!h^k} \sum_{i=0}^{m} a_{ji}^{(m)} f(x_i) \quad . \tag{1}$$

Dies ist eine m-Punkte-Formel, in der die Stützstellen x_0, x_1, x_2, ..., x_m
benutzt werden. Die Gewichte $a_{ji}^{(m)}$ hängen von j ab, d.h. davon, wo die Ableitung zu berechnen ist. Die Felder sind am kleinsten, wenn x_j eine der Stützstellen ist, die in der Mitte zwischen x_0 und x_m liegt. Man kann bei gegebenem Grad k der Ableitung von Fall zu Fall mehr oder weniger Punkte m zur
Berechnung heranziehen. Es gibt jedoch eine Mindestzahl. So benötigt man mindestens 2 Punkte zur Bildung der 1. Ableitung ($f' = (y_1 - y_0)/(x_1 - x_0)$), mindestens 3 Punkte zur Berechnung der 2. Ableitung ($f'' = (y_0 - 2y_1 + y_2)/h^2$) und allgemein k + 1 Punkte (x_0, x_1, ..., $x_m = x_k$) zur Berechnung der k-ten Ableitung.

In diesen Fällen der minimalen Zahl der Stützstellen hängen die a_{ji} nicht von j ab, d.h. die Ableitung gilt für das gesamte Intervall:

	a_0	a_1	a_2	a_3	a_4	a_5	
f'	: -1	1					2 Punkte ($m = k = 1$)
f''	: 1	-2	1				3 Punkte ($m = k = 2$)
$f^{(3)}$	: -1	3	-3	1			4 Punkte ($m = k = 3$)
$f^{(4)}$	: 1	-4	6	-4	1		5 Punkte ($m = k = 4$)
$f^{(5)}$	: -1	5	-10	10	-5	1	6 Punkte ($m = k = 5$)

Man schreibe ein Programm, das jeweils mit minimaler Stützstellenzahl die 1. bis 5. Ableitung der Funktion $f(x) = (1 - 2x + x^2)e^x/4$ numerisch berechnet mit den Stützstellen $x_0 = -0.5$, $x_1 = 0.$, ..., $x_5 = 2.0$. Mit diesen 6 Stützstellen lassen sich 5 verschiedene 1. Ableitungen f' bilden: $(y_1 - y_0)/h$ bis $(y_5 - y_4)/h$, 4 verschiedene 2. Ableitungen bilden: $(y_0 - 2y_1 + y_2)/h^2$ bis $(y_3 - 2y_4 + y_5)/h^2$ usw., bis schließlich nur eine Ableitung 5. Grades zu berechnen bleibt.
Zusätzlich werden zum Vergleich die exakten Werte dieser Ableitungen an den beiden Rändern x_0 und x_k des Intervalls und in der Mitte des Intervalls $\overline{x} = (x_0 + x_k)/2$ ausgedruckt.

2.2 b)   Berechnung von f'' mit wachsender Zahl von Stützstellen

Man schreibe eine FUNCTION mit Namen D2FDX2, die entsprechend der Formel (I) der letzten Aufgabe die 2. Ableitung einer beliebigen Funktion $f(x)$ berechnet.
Die Argumente von D2FDX2 sind j, m, h, f und das Feld **x** mit den Stützstellen x_0, x_1, ..., x_m . Die Ableitung D2FDX2 ($= f''$) wird berechnet an der Stelle x_j mit der $(m+1)$-Punkte-Formel. Speziell verwende man für $m = 2$ die Formel $f''(x_j) = (f(x_0) - 2f(x_1) + f(x_2))/h^2$ für alle j . In den übrigen Fällen ($2 < m < 4$) rechne man mit folgenden Koeffizienten:

4-Punkte-Formel ($m = 3$)

j	a_{j0}	a_{j1}	a_{j2}	a_{j3}
0	6	-15	12	-3
1	3	-6	3	0
2	0	3	-6	3
3	-3	12	-15	6

5-Punkte-Formel ($m = 4$)

j	a_{j0}	a_{j1}	a_{j2}	a_{j3}	a_{j4}
0	35	-104	114	-56	11
1	11	-20	6	4	-1
2	-1	16	-30	16	-1
3	-1	4	6	-20	11
4	11	-56	114	-104	35

Im Hauptprogramm lege man folgendes Feld an: $x_0 = -0.5$, $x_1 = 0.0$, $x_2 = 0.5$, $x_3 = 1.0$, $x_4 = 1.5$ und berechne mit Hilfe von D2FDX2 die Ableitung f'' an den Stellen x_0 und x_2 für verschiedene Stützstellenzahlen: $m = 2$, 3 und 4 . Diese 6 Werte werden zusammen mit den exakten Werten der Ableitung $f''(x_0)$ und $f''(x_2)$ der Funktion $f(x) = (1 - 2x + x^2)e^x/4$ ausgedruckt. Im Ausdruck sollen jeweils der exakte Wert und die Näherungen für $m = 2$, 3, 4 nebeneinander in eine Zeile gedruckt werden.

2.2 c)   Berechnung von f' mit verschiedener Schrittweite h

Es sollen die Ergebnisse der beiden Formeln:

3-Punkte-Formel: $f'(x_1) = (-f(x_0) + f(x_2))/(2h)$

5-Punkte-Formel: $f'(x_2) = (2f(x_0) - 16f(x_1) + 16f(x_3) - 2f(x_4))/(4!h)$

für verschiedene Abstände h der Stützstellen berechnet werden.
Dazu formuliere man sechs Anweisungsfunktionen für:

$$F(x) = (1 - 2x + x^2)e^x/4$$

$$F3P(x, h) = (F(x + h) - F(x - h))/(2h)$$

$$F5P(x, h) = [\,F(x - 2h) - F(x + 2h) + 8(F(x + h) - F(x - h))\,]/(12h),$$

von denen die drei ersten Funktionen mit einfacher Genauigkeit arbeiten, während die letzten drei Funktionen doppelt genaue Argumente und doppelt genaue Funktionswerte haben, im übrigen aber die gleichen Formeln darstellen. Dann lasse man für $x = 0.5$ die exakte Ableitung $f'(x)$ und die vier Näherungswerte von $f'(x)$ berechnen und zusammen mit der Schrittweite h in einer Zeile ausdrucken. Mit den Zeilen variiert h von 3^0, 3^{-1}, 3^{-2}, ... bis 3^{-30} .
Anschließend drucke man noch zwei Zeilen der gleichen Art aus, jedoch mit speziell berechneten h-Werten. Ist k die Anzahl der Dezimalen des Rechners bei einfacher Genauigkeit, so berechne man $q = F3P(x, 10^{-k/2})$ und $h = 10^{-k/2} \cdot |f(x)/q|$ mit $x = 0.5$. Mit diesem h-Wert werden die vier Näherungen wie zuvor für $x = 0.5$ berechnet. Dann wird diese Rechnung wiederholt, wobei k gleich der Anzahl der Dezimalen ist, mit der der Rechner doppelt genaue Rechnungen durchführt.

2.2 d)   Ableitungen von Polynomen

Man schreibe eine FUNCTION mit den Argumenten x, k, a und n, die die k-te Ableitung $(0 \leqq k \leqq n)$ des Polynoms $p_n(x) = a_0 + a_1x + a_2x^2 + ... + a_nx^n$ berechnet. Für $k = 0$ werde das Polynom selbst berechnet mit Hilfe des Horner-Schemas:

$$p_n(x) = (((.....(a_nx + a_{n-1}) \cdot x + a_{n-2}) \cdot x + ... + a_1) \cdot x + a_0 .$$

Für $1 \leqq k \leqq n$ wird zur Berechnung der k-ten Ableitung $p_n^{(k)}(x)$ eine Matrix B berechnet. Die Matrix mit den Elementen B_{ij} hat $n + 2$ Spalten $(0 \leqq j \leqq n+1)$

und n+1 Zeilen $(0 \leq i \leq n)$, von denen die erste Spalte $(j=0)$ durch den Vektor **a** gegeben ist:

$$1) \quad B_{i,o} = a_i \qquad \text{für } i = 0, 1, \ldots, n$$

und die letzte Zeile konstant $(= a_n)$ ist:

$$2) \quad B_{n,j} = a_n \qquad \text{für } j = 1, 2, \ldots, n+1 \; .$$

Die übrigen Elemente von B berechnen sich jeweils aus den Elementen, die links neben und unterhalb des neu zu berechnenden Elementes stehen:

$$3) \quad B_{ij} = B_{i+1,j} \cdot x + B_{i,j-1} \qquad \text{für } j = 1, 2, \ldots, n$$

$$\text{und } i = n-1, n-2, \ldots, j. \; j-1 \; .$$

Aus den Nachbarelementen der Diagonalen erhält man dann sowohl das Polynom $(k=0)\, p_n(x)$ als auch seine Ableitungen $p_n^{(k)}(x)$:

$$4) \quad p_n^{(k)}(x) = k! \cdot B_{k,k+1} \qquad \text{für } k = 0, 1, \ldots, n \; .$$

Natürlich ist $p_n^{(k)}(x) = 0$ für $k > n$. –

Beispielsweise sei: $p_4(x) = 3x^4 - x^3 + 2x^2 + x - 5$ und $x = 2$. Man erhält B und daraus:

$$p_4(2) = 45; \; p_4'(2) = 93 \cdot 1! = 93; \; p_4''(2) = 68 \cdot 2! = 136;$$

$$p_4^{(3)} = 23 \cdot 3! = 138 \text{ und } p_4^{(4)} = 3 \cdot 4! = 72 \; .$$

B_{ij}	$j=0$	$j=1$	$j=2$	$j=3$	$j=4$	$j=5$
$i=0$	-5	45				
$i=1$	1	25	93			
$i=2$	2	12	34	68		
$i=3$	-1	5	11	17	23	
$i=4=n$	3	3	3	3	3	3

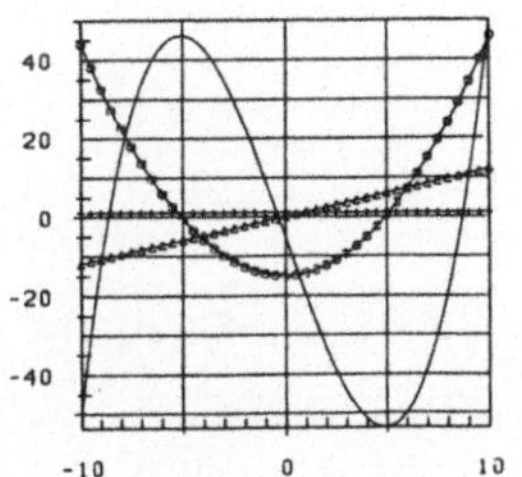

Abb.2.2 d)

Es ist nicht erforderlich, für jeden Anruf der FUNCTION die gesamte Matrix B berechnen zu lassen. In unserem Beispiel werden zur Berechnung der 2-te Ableitung nur folgende Elemente in dieser Reihenfolge benötigt: 5, 12, 11, 34, 17, 68 . Dabei wurde vorausgesetzt, daß entsprechend den Schritten 1) und 2) die Vektorkomponenten von **a** schon in die erste Spalte und letzte Zeile übertragen wurden.

Im Hauptprogramm lese man n (≤ 10) und anschließend einen Vektor **a** mit
n+1 Komponenten ein und vertafele das Polynom mit seinen Ableitungen im
Bereich $-10.0 \leq x \leq +10.0$ mit der Schrittweite $\Delta x = 0.5$. Die 1. Spalte des Ausdrucks enthalte den x-Wert, die folgenden Spalten nehmen die Werte auf von:

$$p_n(x), \; p_n'(x), \; p_n''(x), \; \ldots, \; p_n^{(n)}(x) \; .$$

<u>Erweiterung:</u>

Man lasse p_n und seine Ableitungen plotten und wähle für jede Ableitung eine
entsprechende Beschriftung und eine andere Farbe bzw. ein anderes Kurvensym-
bol. Man lasse auch die Achsen einzeichnen.

2.2 e)   Gauß-Legendre-Integration

Ein Integral läßt sich berechnen als Summe von Werten der zu integrierenden
Funktion $f(z_i)$, berechnet an bestimmten Stützstellen z_i mit den Gewichten w_i:

$$\int_a^b f(x)dx = c \cdot \sum_{i=0}^{n} w_i \cdot f(c \cdot z_i + d) \; .$$

Dabei berechnen sich die Konstanten c und d aus den Grenzen des Integrals:

$$c = \frac{b-a}{2}, \quad d = \frac{b+a}{2} \; .$$

Die Lösung ist exakt, wenn $f(x)$ ein Polynom vom Grade kleiner oder gleich
2n+1 ist. Für jedes n sind andere Stützstellen z_i und andere Gewichte w_i zu
wählen:

5-Punkte-Formel $n = 4$	
z_i	w_i
0.00000 00000 00000	0.56888 88888 88889
$\pm\,0.53846\ 93101\ 05683$	0.47862 86704 99366
$\pm\,0.90617\ 98459\ 38664$	0.23692 68850 56189

10-Punkte-Formel $n = 9$	
z_i	w_i
$\pm\,0.14887\ 43389\ 81631$	0.29552 42247 14753
$\pm\,0.43339\ 53941\ 29247$	0.26926 67193 09996
$\pm\,0.67940\ 95682\ 99024$	0.21908 63625 15982
$\pm\,0.86506\ 33666\ 88985$	0.14945 13491 50581
$\pm\,0.97390\ 65285\ 17172$	0.06667 13443 08688

15-Punkte-Formel $n = 14$	
z_i	w_i
0.00000 00000 00000	0.20257 82419 25561
$\pm\,0.20119\ 40939\ 97435$	0.19843 14853 27111
$\pm\,0.39415\ 13470\ 77563$	0.18616 10001 15562
$\pm\,0.57097\ 21726\ 08539$	0.16626 92058 16994
$\pm\,0.72441\ 77313\ 60170$	0.13957 06779 26154
$\pm\,0.84820\ 65834\ 10427$	0.10715 92204 67172
$\pm\,0.93727\ 33924\ 00706$	0.07036 60474 88108
$\pm\,0.98799\ 25180\ 20485$	0.03075 32419 96117

Man schreibe eine FUNCTION zur Berechnung des Integrals $\int_a^b f(x)dx$ nach Gauß-Legendre, das die Größe a, b, f und k als Argumente hat und für $K = 1$ die 5-Punkte-Formel, für $K = 2$ die 10-Punkte-Formel, $K = 3$ die 15-Punkte-Formel benutzt.

Im Hauptprogramm rufe man die FUNCTION namens "GLEINT" zur Berechnung

von $\int_1^2 \frac{dx}{x}$ und $\int_1^3 (x^3 + x^2 + x + 1)dx$. Der letzte Integrand ist als FUNCTION zu formulieren. Man lasse auch die exakten Werte der beiden Integrale doppelt genau ausdrucken. - Die Integrationsformeln sind exakt für Polynome bis zum Grade $2n + 1$. - Es ist sinnvoll, insgesamt nur einen w-Vektor und nur einen z-Vektor zu definieren und für gegebenes k sich Anfangs- und Endindex zu merken oder diese zu berechnen.

2.2 f)   Gauß-Laguerre-Integration

Ein Integral läßt sich berechnen als Summe von Werten der zu integrierenden Funktion an festen Stützstellen $z_i + a$ multipliziert mit Gewichten w_i:

$$\int_a^\infty e^{-x} f(x)dx = e^{-a} \cdot \sum_{i=0}^{n} w_i \cdot f(z_i + a) \ .$$

Diese Lösung ist exakt für Polynome als Funktion $f(x) \cdot$ vom Grad kleiner als $2n + 1$.

Die Werte w_i und z_i hängen von der Anzahl n der Stützstellen ab:

5-Punkte-Formel
n = 4

z_i	w_i
.26356 03197 18	.52175 56105 83
1.41340 30591 07	.39866 68110 83
3.59642 57710 41	.75942 44968 17 E-1
7.08581 00058 59	.36117 58679 92 E-2
12.64080 08442 76	.23369 97238 58 E-4

10-Punkte-Formel
n = 9

z_i	w_i
.13779 34705 40	.30844 11157 65
.72945 45495 03	.40111 99291 55
1.80834 29017 40	.21806 82876 12
3.40143 36978 55	.62087 45609 87 E-1
5.55249 61400 64	.95015 16975 18 E-2
8.33015 27467 64	.75300 83885 88 E-3
11.84378 58379 00	.28259 23349 60 E-4
16.27925 78313 78	.42493 13984 96 E-6
21.99658 58119 81	.18395 64823 98 E-8
29.92069 70122 74	.99118 27219 61 E-12

15-Punkte-Formel
n = 14

z_i	w_i
.09330 78120 17	.21823 48859 40
.49269 17403 02	.34221 01779 23
1.21559 54120 71	.26302 75779 42
2.26994 95262 04	.12642 58181 06
3.66762 27217 51	.40206 86492 10 E-1
5.42533 66274 14	.85638 77803 61 E-2
7.56591 62266 13	.12124 36147 21 E-2
10.12022 85680 19	.11167 43923 44 E-3
13.13028 24821 76	.64599 26762 02 E-5
16.65440 77083 30	.22263 16907 10 E-6
20.77647 88994 49	.42274 30384 98 E-8
25.62389 42267 29	.39218 97267 04 E-10
31.40751 91697 54	.14565 15264 07 E-12
38.53068 33064 86	.14830 27051 11 E-15
48.02608 55726 86	.16005 94906 21 E-19

- Fällt eine Funktion $g(x)$ stark genug ab, so daß $\int_a^\infty g(x)dx$ existiert, so kann man künstlich den Faktor e^{-x} abspalten: $\int_a^\infty g(x)dx = \int_a^\infty e^{-x} f(x)dx$ mit

$$f(x) = e^{+x} \cdot g(x)$$

und obige Formel verwenden.-

Man schreibe ein Unterprogramm (als FUNCTION) zur Berechnung eines Inte-

grals nach Gauß-Laguerre: $\int_a^\infty e^{-x} f(x)dx$ mit den Argumenten A, F und K, das

den Integralwert nach obiger Formel berechnet, und zwar

für K = 1 als 5-Punkte-Formel (n = 4)

für K = 2 als 10-Punkte-Formel (n = 9)

für K = 3 als 15-Punkte-Formel (n = 14).
Es ist sinnvoll, die w- und z-Werte als (nur) 2 Vektoren abzuspeichern und
sich die Anfangs- und Endindices der Summe für verschiedene K zu merken
oder zu berechnen: $L1 = (K \cdot (K-1)/2) \cdot 5 + 1$, $L2 = (K \cdot (K+1)/2) \cdot 5$.
Im H.P. berechne man mit Hilfe dieser FUNCTION "GLAINT" die Integrale:

$$\int_1^\infty e^{-x} \cdot x^2 dx, \quad \int_0^\infty e^{-x} \sin(4x)dx; \quad \int_3^\infty \frac{x \cdot e^{-x/2}}{(1 - x/2)^2} dx$$

und lasse ihre Werte zusammen mit den exakten Werten der Integrale ausdruk-
ken ([23], S. 144 ff.).
Man rechne in "GLAINT" doppelt genau und rufe sie mehrmals für verschiedene K-Werte auf.

2.2 g)   Simpsonsche Regel

Man schreibe eine FUNCTION mit Namen "SIMP" und den Argumenten A, B,
F und N, die das Integral über f(x) nach der Simpsonschen Regel:

$$\int_a^b f(x)dx = \frac{h}{3}\{f(a) + 4(f(x_1) + f(x_3) + f(x_5) + \ldots + f(x_{2n-1}))$$

$$+ 2(f(x_2) + f(x_4) + f(x_6) + \ldots + f(x_{2n})) - f(b)\}$$

berechnet. Hierin ist $h = (b-a)/(2n)$, $x_0 = a$, $x_{2n} = b$ und allgemein: $x_i = a + ih$.
In dieser Schreibweise hat die Summe über die ungeraden Stützstellen die
gleiche Anzahl Summanden wie die Summe über die geraden Stützstellen. Beide
Summen sollen in einer gemeinsamen DO-Schleife gebildet werden. Dieser
Simpsonschen Regel liegt eine Interpolation durch Parabeln für jeweils drei
benachbarte Punkte (x_i, y_i) zugrunde. Sie liefert also für Parabeln exakte Werte für das Integral. Eine genauere Betrachtung des Fehlers zeigt, daß sogar
beliebige Polynome bis zum 3. Grade exakt integriert werden.
Man formuliere auch zwei weitere FUNCTIONS für:

$$g(x) = 4x^3 - 3x^2 + 0.080x - 2. \qquad \text{und}$$

$$s(x) = \sqrt{x^2 - 2.5}\, e^{-2x + 6} \cos(rx - t/x^3) .$$

Die Parameter r und t werden im COMMON übergeben an s(x). Anschließend werden im Hauptprogramm die Integrale

$$\int_{-1}^{3} g(x)dx \quad \text{und} \quad \int_{2}^{5} s(x)dx$$

berechnet. Beim letzten Integral arbeite man mit $r = 3$ und $t = 0.5$. Man lasse auch den exakten Wert des ersten Integrals ausdrucken.

2.2 h)   Romberg'sche Integration

Man schreibe eine FUNCTION mit Namen "ROMBRG", die das Integral $\int_{a}^{b} f(x)dx$

auf acht Stellen genau berechnet. Dazu wird eine dreiecksförmige Matrix T aufgebaut und schrittweise vergrößert:

1) T_{01}·   2) T_{01} T_{02} 3) T_{01} T_{02} T_{03} ..... n) T_{01} T_{02} ..... T_{0n} $T_{0,n+1}$

$\qquad\qquad\quad\ T_{11}$ $\qquad\qquad\quad T_{11}$ T_{12} $\qquad\qquad\qquad\quad T_{11}$ T_{12} ..... T_{1n}

$\qquad\qquad\qquad\qquad\qquad\qquad\qquad\ T_{21}$

$\qquad\qquad\qquad\qquad\qquad\qquad\qquad\qquad\qquad\qquad\qquad\qquad\qquad T_{n-1,1}\ T_{n-1,2}$

$\qquad\qquad\qquad\qquad\qquad\qquad\qquad\qquad\qquad\qquad\qquad\qquad\qquad\ T_{n,1}$.

Der Aufbau wird abgebrochen, wenn für die drei Elemente in der oberen rechten Dreiecksecke gilt:

$$(\,|\,T_{0,n+1} - T_{0n}\,| + |\,T_{0n} - T_{1n}\,|\,)/|\,T_{1,n}\,| < 10^{-8} \ .$$

Zunächst berechne man: $T_{01} = (b - a)(f(a) + f(b))/2$. In jedem weiteren Schritt beginnt man mit der Dreiecksecke unten links

$$T_{n1} = \frac{1}{2}T_{n-1,1} + \frac{b-a}{m+1} \sum_{i=1,3,5\,...}^{m} f(a + i(b-a)/(m+1)) \quad \text{mit } m = 2^{n}-1$$

und berechnet die Elemente der neuen "Dreieckshypotenuse" bis zur Dreiecksecke $T_{0,n+1}$ oben rechts nach der Formel:

$$T_{n-k,\,k+1} = (4^{k} \cdot T_{n+1-k,\,k} - T_{n-k,\,k})/(4^{k} - 1) \quad \text{für } k = 1,\,2,\,.....,\,n \ .$$

Die äußere Schleife laufe maximal bis $n = 20$. Sie wird verlassen, wenn die Abbruchsbedingung erfüllt ist. Der Wert des Integrals ist gleich $T_{0,n+1}$.

Man kann zeigen, daß die Elemente in der ersten Spalte $(T_{01} \ldots T_{n1})$ einer Integralberechnung mit Hilfe der Trapezregel bei schrittweiser Halbierung der Schrittweise h entsprechen. Beispielsweise stellt T_{k1} eine Flächenberechnung mit 2^k Trapezen dar. Die Werte der zweiten Spalte $(T_{02} \ldots T_{n-1,2})$ entsprechen der Simpsonschen Regel mit fortlaufender Intervallhalbierung.
Während der Testphase ist es empfehlenswert, die Matrix T in der FUNCTION vor dem Rücksprung ausdrucken zu lassen.
Man schreibe ein Hauptprogramm, daß die Integrale

$$\int_0^4 (x^4 - 2x^3 + x - 1.5)dx \quad \text{und} \quad \int_0^5 e^{-x} \cos(15x^2 - 4x + 3)dx$$

berechnet. Die beiden Integranden sollen als eine FUNCTION mit einem zusätzlichen ENTRY definiert werden.

2.3 MATRIZEN UND GLEICHUNGSSYSTEME

In diesem Abschnitt sind Aufgaben zusammengestellt, mit denen das Rechnen mit Feldern, insbesondere die Übergabe von Feldern an Unterprogramme geübt werden soll. Im Normalfall arbeitet man mit halbdynamischen Feldern, d.h. auch die Feldgröße wird an das Unterprogramm übergeben. Soll das Gesamtprogramm von Fall zu Fall mit großen oder kleinen Feldern arbeiten, so werden die Felder im Hauptprogramm mit maximaler Größe dimensioniert und der effektive Arbeitsbereich wird eingelesen. Beim Aufruf des Unterprogrammes sind dann die maximale Größe und die effektive Größe getrennt zu übergeben.

Als Beispiel geben wir ein Programm an, das das Produkt einer $(k \times n)$-Matrix A mit einer $(n \times m)$-Matrix B berechnet:

$$C = A \cdot B , \quad c_{ij} = \sum_{l=1}^{n} a_{il} b_{lj} , \quad \begin{aligned} i &= 1, 2, \ldots, k \\ j &= 1, 2, \ldots, m \end{aligned}$$

Jedes Element der $(k * m)$-Matrix C muß als Summe berechnet werden.

```
      C   PROGRAM ZUM BERECHNEN EINER PRODUKTMATRIX
      C   MIT U.P. ZUM AUSDRUCK GROSSER MATRIZEN                  page 1
      C
      C   IN FORTRAN 77 KOENNEN DIE FELDGRENZEN ALS
      C   PARAMETER EINGEGEBEN WERDEN
      C
0001          DIMENSION A(50,40),B(40,60),C(50,50)
      C                  K  N     N  M     K  M
      C   VORGABE VON ERSATZWERTEN
      C
0002          DATA A,B/151*1.0,1698*2.0,151*-1.0,121*3.0,2158*4.0,121*-3.0/
0003          DATA KMAX,K,NMAX,N,MMAX,M/50,20,40,11,60,22/
0004      10  WRITE(5,*) ' BITTE EFFEKTIVE GROESSEN VON K,N,M'
0005          READ(5,*,ERR=10,END=11) K,N,M
0006      11  WRITE(5,*) ' K= ',K,' N= ',N,' M= ',M
0007          WRITE(5,*) ' BITTE',K*N,' WERTE FUER MATRIX A ZEILENWEISE'
0008          READ(5,*) ((A(I,J),J=1,N),I=1,K)
      C
0009          CALL DRUCK(A,KMAX,K,NMAX,N,'A')
      C
0010          WRITE(5,*) ' BITTE',N*M,' WERTE FUR B:ZEILENWEISE'
0011          READ(5,*) ((B(I,J),J=1,M),I=1,N)
      C
0012          CALL DRUCK(B,NMAX,N,MMAX,M,'B')
      C
      C   BERECHNUNG VON C
      C
0013          CALL PROD(C,A,B,KMAX,K,NMAX,N,MMAX,M)
      C
0014          CALL DRUCK(C,KMAX,K,MMAX,M,'C')
0015          END

      C==================================================================
      C        SUBROUTINE ZUM AUSDRUCK EINER MATRIX
0001           SUBROUTINE DRUCK(A,KMAX,K,NMAX,N,TEXT)              page 2
0002           CHARACTER TEXT
0003           DIMENSION A(KMAX,NMAX)
      C
      C         A WIRD GEDRUCKT IN L2 SREIFEN A 10 SPALTEN UND
      C         EINEM RESTSTREIFEN VON L1 SPALTEN
      C
0004           L1=MOD(N,10)
0005           L2 = N/10
0006           IF (N.GT.10) WRITE(6,'(''1'')')
      C
0007           IF(L2.EQ.0) GOTO 30
0008           DO 20 L=1,L2
0009           WRITE(6,100) TEXT,(J,J=10*(L2-1)+1, 10*L2)
0010      20   WRITE(6,200)( I,( A(I,J),J=10*(L2-1)+1,10*L2),I=1,K)
0011           WRITE(6,'(''1'')')
0012      30   WRITE(6,100) TEXT,(J,J=10*L2+1,N)
0013           DO 40 I= 1,K
0014      40   WRITE(6,200) I,( A(I,J),J=10*L2+1,N)
0015      100  FORMAT(1X,A,'(I,J) = ',10(:'    J = ',I2,3X))
0016      200  FORMAT(' I = ',I2,2X,1P10E12.5)
0017           RETURN
0018           END

      C==================================================================
      C        UNTERPROGRAMM ZUM BERECHNEN DES MATRIZENPRODUKTES   page 3
0001           SUBROUTINE PROD(C,A,B,KMAX,K,NMAX,N,MMAX,M)
0002           DIMENSION A(KMAX,NMAX),B(NMAX,NMAX),C(KMAX,MMAX)
0003           DO 1 I=1,K
0004           DO 1 J=1,M
0005           SUM = 0.
0006           DO 2 L =1,N
0007      2    SUM= SUM+ A(I,L)*B(L,J)
0008      1    C(I,J) = SUM
0009           RETURN
0010           END
```

page 4

A(I,J) =	J = 1	J = 2	J = 3	J = 4	J = 5	J = 6	J = 7	J = 8	J = 9	J = 10
I = 1	1.00000E+00	1.00000E+00	1.00000E+00	1.00000E+00	2.00000E+00	2.00000E+00	2.00000E+00	2.00000E+00	2.00000E+00	2.00000E+00
I = 2	1.00000E+00	1.00000E+00	1.00000E+00	2.00000E+00	2.00000E+00	2.00000E+00	2.00000E+00	2.00000E+00	2.00000E+00	2.00000E+00
I = 3	1.00000E+00	1.00000E+00	1.00000E+00	2.00000E+00	2.00000E+00	2.00000E+00	2.00000E+00	2.00000E+00	2.00000E+00	2.00000E+00
I = 4	1.00000E+00	1.00000E+00	1.00000E+00	2.00000E+00	2.00000E+00	2.00000E+00	2.00000E+00	2.00000E+00	2.00000E+00	2.00000E+00
I = 5	1.00000E+00	1.00000E+00	1.00000E+00	2.00000E+00	2.00000E+00	2.00000E+00	2.00000E+00	2.00000E+00	2.00000E+00	2.00000E+00
I = 6	1.00000E+00	1.00000E+00	1.00000E+00	2.00000E+00	2.00000E+00	2.00000E+00	2.00000E+00	2.00000E+00	2.00000E+00	2.00000E+00
I = 7	1.00000E+00	1.00000E+00	1.00000E+00	2.00000E+00	2.00000E+00	2.00000E+00	2.00000E+00	2.00000E+00	2.00000E+00	2.00000E+00
I = 8	1.00000E+00	1.00000E+00	1.00000E+00	2.00000E+00	2.00000E+00	2.00000E+00	2.00000E+00	2.00000E+00	2.00000E+00	2.00000E+00
I = 9	1.00000E+00	1.00000E+00	1.00000E+00	2.00000E+00	2.00000E+00	2.00000E+00	2.00000E+00	2.00000E+00	2.00000E+00	2.00000E+00
I = 10	1.00000E+00	1.00000E+00	1.00000E+00	2.00000E+00	2.00000E+00	2.00000E+00	2.00000E+00	2.00000E+00	2.00000E+00	2.00000E+00
I = 11	1.00000E+00	1.00000E+00	1.00000E+00	2.00000E+00	2.00000E+00	2.00000E+00	2.00000E+00	2.00000E+00	2.00000E+00	2.00000E+00
I = 12	1.00000E+00	1.00000E+00	1.00000E+00	2.00000E+00	2.00000E+00	2.00000E+00	2.00000E+00	2.00000E+00	2.00000E+00	2.00000E+00

A(I,J) =	J = 11	J = 12	J = 13	J = 14
I = 1	2.00000E+00	2.00000E+00	2.00000E+00	2.00000E+00
I = 2	2.00000E+00	2.00000E+00	2.00000E+00	2.00000E+00
I = 3	2.00000E+00	2.00000E+00	2.00000E+00	2.00000E+00
I = 4	2.00000E+00	2.00000E+00	2.00000E+00	2.00000E+00
I = 5	2.00000E+00	2.00000E+00	2.00000E+00	2.00000E+00
I = 6	2.00000E+00	2.00000E+00	2.00000E+00	2.00000E+00
I = 7	2.00000E+00	2.00000E+00	2.00000E+00	2.00000E+00
I = 8	2.00000E+00	2.00000E+00	2.00000E+00	2.00000E+00
I = 9	2.00000E+00	2.00000E+00	2.00000E+00	2.00000E+00
I = 10	2.00000E+00	2.00000E+00	2.00000E+00	2.00000E+00
I = 11	2.00000E+00	2.00000E+00	2.00000E+00	2.00000E+00
I = 12	2.00000E+00	2.00000E+00	2.00000E+00	2.00000E+00

page 5

page 6

B(I,J) =	J = 1	J = 2	J = 3	J = 4	J = 5	J = 6	J = 7	J = 8	J = 9	J = 10
I = 1	3.00000E+00	3.00000E+00	3.00000E+00	3.00000E+00	4.00000E+00	4.00000E+00	4.00000E+00	4.00000E+00	4.00000E+00	4.00000E+00
I = 2	3.00000E+00	3.00000E+00	3.00000E+00	4.00000E+00	4.00000E+00	4.00000E+00	4.00000E+00	4.00000E+00	4.00000E+00	4.00000E+00
I = 3	3.00000E+00	3.00000E+00	3.00000E+00	4.00000E+00	4.00000E+00	4.00000E+00	4.00000E+00	4.00000E+00	4.00000E+00	4.00000E+00
I = 4	3.00000E+00	3.00000E+00	3.00000E+00	4.00000E+00	4.00000E+00	4.00000E+00	4.00000E+00	4.00000E+00	4.00000E+00	4.00000E+00
I = 5	3.00000E+00	3.00000E+00	3.00000E+00	4.00000E+00	4.00000E+00	4.00000E+00	4.00000E+00	4.00000E+00	4.00000E+00	4.00000E+00
I = 6	3.00000E+00	3.00000E+00	3.00000E+00	4.00000E+00	4.00000E+00	4.00000E+00	4.00000E+00	4.00000E+00	4.00000E+00	4.00000E+00
I = 7	3.00000E+00	3.00000E+00	3.00000E+00	4.00000E+00	4.00000E+00	4.00000E+00	4.00000E+00	4.00000E+00	4.00000E+00	4.00000E+00
I = 8	3.00000E+00	3.00000E+00	3.00000E+00	4.00000E+00	4.00000E+00	4.00000E+00	4.00000E+00	4.00000E+00	4.00000E+00	4.00000E+00
I = 9	3.00000E+00	3.00000E+00	3.00000E+00	4.00000E+00	4.00000E+00	4.00000E+00	4.00000E+00	4.00000E+00	4.00000E+00	4.00000E+00
I = 10	3.00000E+00	3.00000E+00	3.00000E+00	4.00000E+00	4.00000E+00	4.00000E+00	4.00000E+00	4.00000E+00	4.00000E+00	4.00000E+00
I = 11	3.00000E+00	3.00000E+00	3.00000E+00	4.00000E+00	4.00000E+00	4.00000E+00	4.00000E+00	4.00000E+00	4.00000E+00	4.00000E+00
I = 12	3.00000E+00	3.00000E+00	3.00000E+00	4.00000E+00	4.00000E+00	4.00000E+00	4.00000E+00	4.00000E+00	4.00000E+00	4.00000E+00
I = 13	3.00000E+00	3.00000E+00	3.00000E+00	4.00000E+00	4.00000E+00	4.00000E+00	4.00000E+00	4.00000E+00	4.00000E+00	4.00000E+00
I = 14	3.00000E+00	3.00000E+00	3.00000E+00	4.00000E+00	4.00000E+00	4.00000E+00	4.00000E+00	4.00000E+00	4.00000E+00	4.00000E+00

page 7

B(I,J) =	J = 11	J = 12	J = 13	J = 14	J = 15
I = 1	4.00000E+00	4.00000E+00	4.00000E+00	4.00000E+00	4.00000E+00
I = 2	4.00000E+00	4.00000E+00	4.00000E+00	4.00000E+00	4.00000E+00
I = 3	4.00000E+00	4.00000E+00	4.00000E+00	4.00000E+00	4.00000E+00
I = 4	4.00000E+00	4.00000E+00	4.00000E+00	4.00000E+00	4.00000E+00
I = 5	4.00000E+00	4.00000E+00	4.00000E+00	4.00000E+00	4.00000E+00
I = 6	4.00000E+00	4.00000E+00	4.00000E+00	4.00000E+00	4.00000E+00
I = 7	4.00000E+00	4.00000E+00	4.00000E+00	4.00000E+00	4.00000E+00
I = 8	4.00000E+00	4.00000E+00	4.00000E+00	4.00000E+00	4.00000E+00
I = 9	4.00000E+00	4.00000E+00	4.00000E+00	4.00000E+00	4.00000E+00
I = 10	4.00000E+00	4.00000E+00	4.00000E+00	4.00000E+00	4.00000E+00
I = 11	4.00000E+00	4.00000E+00	4.00000E+00	4.00000E+00	4.00000E+00
I = 12	4.00000E+00	4.00000E+00	4.00000E+00	4.00000E+00	4.00000E+00
I = 13	4.00000E+00	4.00000E+00	4.00000E+00	4.00000E+00	4.00000E+00
I = 14	4.00000E+00	4.00000E+00	4.00000E+00	4.00000E+00	4.00000E+00

page 8

C(I,J) =	J = 1	J = 2	J = 3	J = 4	J = 5	J = 6	J = 7	J = 8	J = 9	J = 10
I = 1	7.20000E+01	7.20000E+01	7.20000E+01	9.50000E+01	9.60000E+01	9.60000E+01	[illegible]	[illegible]	[illegible]	9.60000E+01
I = 2	7.50000E+01	7.50000E+01	7.50000E+01	9.90000E+01	1.00000E+02	1.00000E+02	[illegible]	[illegible]	[illegible]	1.00000E+02
I = 3	7.50000E+01	7.50000E+01	7.50000E+01	9.90000E+01	1.00000E+02	1.00000E+02	[illegible]	[illegible]	[illegible]	1.00000E+02
I = 4	7.50000E+01	7.50000E+01	7.50000E+01	9.90000E+01	1.00000E+02	1.00000E+02	[illegible]	[illegible]	[illegible]	1.00000E+02
I = 5	7.50000E+01	7.50000E+01	7.50000E+01	9.90000E+01	1.00000E+02	1.00000E+02	[illegible]	[illegible]	[illegible]	1.00000E+02
I = 6	7.50000E+01	7.50000E+01	7.50000E+01	9.90000E+01	1.00000E+02	1.00000E+02	[illegible]	[illegible]	[illegible]	1.00000E+02
I = 7	7.50000E+01	7.50000E+01	7.50000E+01	9.90000E+01	1.00000E+02	1.00000E+02	[illegible]	[illegible]	[illegible]	1.00000E+02
I = 8	7.50000E+01	7.50000E+01	7.50000E+01	9.90000E+01	1.00000E+02	1.00000E+02	[illegible]	[illegible]	[illegible]	1.00000E+02
I = 9	7.50000E+01	7.50000E+01	7.50000E+01	9.90000E+01	1.00000E+02	1.00000E+02	[illegible]	[illegible]	[illegible]	1.00000E+02
I = 10	7.50000E+01	7.50000E+01	7.50000E+01	9.90000E+01	1.00000E+02	1.00000E+02	[illegible]	[illegible]	[illegible]	1.00000E+02
I = 11	7.50000E+01	7.50000E+01	7.50000E+01	9.90000E+01	1.00000E+02	1.00000E+02	[illegible]	[illegible]	[illegible]	1.00000E+02
I = 12	7.50000E+01	7.50000E+01	7.50000E+01	9.90000E+01	1.00000E+02	1.00000E+02	[illegible]	[illegible]	[illegible]	1.00000E+02

page 9

C(I,J) =	J = 11	J = 12	J = 13	J = 14	J = 15
I = 1	9.60000E+01	9.60000E+01	9.60000E+01	9.60000E+01	9.60000E+01
I = 2	1.00000E+02	1.00000E+02	1.00000E+02	1.00000E+02	1.00000E+02
I = 3	1.00000E+02	1.00000E+02	1.00000E+02	1.00000E+02	1.00000E+02
I = 4	1.00000E+02	1.00000E+02	1.00000E+02	1.00000E+02	1.00000E+02
I = 5	1.00000E+02	1.00000E+02	1.00000E+02	1.00000E+02	1.00000E+02
I = 6	1.00000E+02	1.00000E+02	1.00000E+02	1.00000E+02	1.00000E+02
I = 7	1.00000E+02	1.00000E+02	1.00000E+02	1.00000E+02	1.00000E+02
I = 8	1.00000E+02	1.00000E+02	1.00000E+02	1.00000E+02	1.00000E+02
I = 9	1.00000E+02	1.00000E+02	1.00000E+02	1.00000E+02	1.00000E+02
I = 10	1.00000E+02	1.00000E+02	1.00000E+02	1.00000E+02	1.00000E+02
I = 11	1.00000E+02	1.00000E+02	1.00000E+02	1.00000E+02	1.00000E+02
I = 12	1.00000E+02	1.00000E+02	1.00000E+02	1.00000E+02	1.00000E+02

2.3 a) Methode von Gauß-Seidel

Bei der Gauß-Seidel'schen Methode wird ein lineares Gleichungssystem $A \cdot x = b$, d.h.

$$
\begin{aligned}
a_{11}x_1 &+ a_{12}x_2 + \ldots + a_{1n}x_n = b_1 \\
a_{21}x_1 &+ a_{22}x_2 + \ldots + a_{2n}x_n = b_2 \\
&\cdots \cdots \cdots \\
a_{j1}x_1 &+ a_{j2}x_2 + \ldots + a_{jj}x_j + \ldots + a_{jn}x_n = b_j \\
&\cdots \cdots \cdots \\
a_{11}x_1 &+ a_{n2}x_2 + \ldots + a_{nn}x_n = b_n
\end{aligned}
\tag{I}
$$

iterativ gelöst. Dazu müssen zunächst die Unbekannten x_j so umbenannt werden, daß die größten Koeffizienten a_{jj} einer jeden Zeile in der Hauptdiagonalen stehen. Anschließend bringt man alle übrigen Terme auf die rechte Seite und erhält

$$
x_1 = (b_1 - \sum_{k \neq 1} a_{1k}x_k)/a_{11}
$$

$$
x_2 = (b_2 - \sum_{k \neq 2} a_{2k}x_k)/a_{22}
$$

$$
\cdots \cdots \cdots \tag{II}
$$

$$
x_j = (b_j - \sum_{k \neq j} a_{jk}x_k)/a_{jj}
$$

$$
\cdots \cdots \cdots
$$

$$
x_n = (b_n - \sum_{k \neq n} a_{nk}x_k)/a_{nn}
$$

Die Summen laufen von $k = 1$ bis $k = n$. In jeder Summe fehlt ein Term. Die Iteration startet mit der Annahme, daß $x_1 = x_2 = \ldots = x_n = 0.0$ ist. Mit diesen Werten werden die rechten Seiten des Systems (II) ausgerechnet. Damit ist eine bessere Lösung (linke Seiten) des Lösungsvektors x gefunden. Dieser wird wieder in die rechten Seiten eingesetzt und liefert eine nochmals verbesserte Lösung usw. Das Verfahren wird abgebrochen, wenn sich die x_j-Werte kaum noch ändern, d.h. wenn

$$
\sum_{j=1}^{n} |x_{j,\,alt} - x_{j,\,neu}| < \varepsilon \cdot \sum_{j=1}^{n} |x_{j,\,neu}|
\tag{III}
$$

ist. Man wähle $\varepsilon \approx 10^{-7}$.

Dieses Verfahren konvergiert sicher dann, wenn die Diagonalelemente a_{jj} betragsmäßig sehr viel größer sind als die übrigen Elemente der Zeile:

$$|a_{jj}| > \sum_{k \neq j} |a_{jk}| \quad . \qquad\qquad (IV)$$

Die Bedingung ist jedoch nicht notwendig. Man kann also auch in anderen Fällen "Glück haben" und mit dieser Methode eine Lösung finden.
Das bisher geschilderte Verfahren ist das Verfahren von Jacobi.
Verwendet man in der Summe der 2. Zeile schon das neue x_1 der 1. Zeile und verfährt man ebenso in alle übrigen Zeilen, so nennt man das Verfahren die Methode von Gauß-Seidel. Sie konvergiert im Normalfall viel besser als das Verfahren von Jacobi.
Man schreibe ein U.P. mit den Argumenten A, X, B, N, EPS, das die Lösung **x** berechnet. - Die Summation in (III) sollte in der äußeren Schleife von (II) miterledigt werden. - Im H.P. löse man das System

$$
\begin{aligned}
5x_1 - x_2 + 2x_3 + 0.5x_4 &= 3 \\
x_1 + 4x_2 - x_3 &= 0 \\
2_{x2} - 3x_3 - 0.4x_4 &= -2 \\
-x_1 + x_3 - 5x_4 &= 1
\end{aligned}
\qquad (V)
$$

mit einer Genauigkeit von $\varepsilon = 10^{-6}$. Anschließend werden die Lösungen in das System (IV) eingesetzt und die rechten und linken Seiten von (IV) ausgedruckt.

2.3 b)   Gauß-Jordan-Algorithmus

Soll das lineare Gleichungssystem

$$
\begin{aligned}
2\,x_1 - x_2 + 4\,x_3 - 3\,x_4 &= -3 \\
-4\,x_1 + 5\,x_2 - 2\,x_3 + x_4 &= -7 \\
0 + x_2 + 8\,x_3 + 3\,x_4 &= 34 \\
-2\,x_1 - 5\,x_2 + 6\,x_3 - 7\,x_4 &= -16
\end{aligned}
\qquad (I)
$$

- in Matrizenschreibweise: **A** · **x** = **b** - gelöst werden, so erzeugen wir zunächst eine Matrix **B**:

$$
\begin{pmatrix}
\boxed{2} & -1 & 4 & -3 & -3 & 1 & 0 & 0 & 0 \\
-4 & 5 & 2 & 1 & -7 & 0 & 1 & 0 & 0 \\
0 & 1 & 8 & 3 & 34 & 0 & 0 & 1 & 0 \\
-2 & -5 & 6 & -7 & -16 & 0 & 0 & 0 & 1
\end{pmatrix}
$$

indem wir an **A** den Vektor **b** und die Einheitsmatrix I anhängen. Der Algorithmus geht mit folgenden Schritten vor:

Normieren der 1. Zeile:

$$
\begin{array}{cccccccccc}
1 & -1/2 & 2 & -3/2 & & -3/2 & 1/2 & 0 & 0 & 0 \\
-4 & 5 & -2 & 1 & & -7 & 0 & 1 & 0 & 0
\end{array}
$$

indem wir ihre Elemente durch B_{11} ($= 2$) teilen.

Reduzieren der 1. Spalte:

$$
\begin{array}{cccccccccc}
1 & -1/2 & 2 & -3/2 & & -3/2 & 1/2 & 0 & 0 & 0 \\
0 & ③ & 6 & -5 & & -13 & 2 & 1 & 0 & 0 \\
0 & 1 & 8 & 3 & & 34 & 0 & 0 & 1 & 0 \\
0 & -6 & 10 & -10 & & -19 & 1 & 0 & 0 & 1
\end{array}
$$

indem die neue 1. Zeile B_{21} mal von der 2. Zeile, B_{31} mal von der 3. Zeile usw.
abgezogen wird.

Normieren der 2. Zeile:

$$
\begin{array}{cccccccccc}
1 & -1/2 & 2 & -3/2 & & -3/2 & 1/2 & 0 & 0 & 0 \\
0 & 1 & 2 & -5/3 & & -13/3 & 2/3 & 1/3 & 0 & 0 \\
0 & 1 & 8 & 3 & & 34 & 0 & 0 & 1 & 0
\end{array}
$$

indem wir alle Elemente durch das neue B_{22} ($= 3$) teilen.

Reduzieren der gesamten 2. Spalte:

$$
\begin{array}{cccccccccc}
1 & 0 & 3 & -7/3 & & -11/3 & 5/6 & 1/6 & 0 & 0 \\
0 & 1 & 2 & -5/3 & & -13/3 & 2/3 & 1/3 & 0 & 0 \\
0 & 0 & ⑥ & 14/3 & & 115/3 & -2/3 & -1/3 & 1 & 0 \\
0 & 0 & 22 & -20 & & -45 & 5 & 2 & 0 & 1 \; ,
\end{array}
$$

indem die neue 2. Zeile B_{12} mal ($= -1/2$) von der 1. Zeile subtrahiert wird,
B_{32} mal ($= 1$) von der 3. Zeile subtrahiert wird und B_{42} mal ($= -6$) von der
4. Zeile subtrahiert wird.
Dieser Wechsel von Normierungs- und Reduktionsschritten wird solange fortge-
setzt, bis an der Stelle der ursprünglichen Matrix **A** die Einheitsmatrix herge-
stellt ist. In diesem Fall erhält man schließlich:

$$\begin{pmatrix} 1 & 0 & 0 & 0 & 1/2 & 77/334 & -12/167 & -13/334 & -21/167 \\ 0 & 1 & 0 & 0 & -1 & 81/334 & 55/334 & -5/334 & -29/334 \\ 0 & 0 & 1 & 0 & 5/2 & 15/334 & 2/167 & 15/167 & 7/334 \\ 0 & 0 & 0 & 1 & 5 & -67/334 & -29/334 & 33/334 & -9/334 \end{pmatrix}$$

Damit ist die Lösung gefunden. Der Lösungsvektor erscheint in der Spalte hinter der Einheitsmatrix I: $x = (0.5, -1., 2.5, 5.)$. Die quadratische Matrix rechts vom Lösungsvektor ist gleich der Inversen A^{-1} . Man kann auf diesen Teil von B verzichten und somit Rechenzeit einsparen, wenn A^{-1} nicht benötigt. Es gilt:

$$A^{-1} A x = A^{-1} b, \quad \text{also} \quad x = A^{-1} b .$$

Mit A^{-1} lassen sich die Lösungen x für neue rechte Seiten b also direkt angeben.

Die mit Kreisen gekennzeichneten Matrixelemente, durch die bei der jeweiligen Normierung geteilt wird, heißen Pivot-Elemente. Ihr Produkt ist gleich der Determinente von A. In diesem Fall ist det $A = 2 \cdot 3 \cdot 6 \cdot (-334/9) = -1336$.
Bei der Rechnung schleichen sich leicht Rundungsfehler ein. Man sollte daher prüfen, ob die Lösung x das Gleichungssystem (I) erfüllt, d.h. man sollte sich den Restvektor $r = A \cdot x - b$ ausdrucken lassen. Bei einer exakten Lösung x müßte r der Nullvektor sein. Die Rundungsfehler verringern sich, wenn man die Zeilen (vorher) so sortiert, daß die größten Elemente in der Diagonalen stehen (Positionen der Pivotelemente).
Bei einer (n x n)-Matrix sind n Normierungsschritte und n Reduktionsschritte durchzuführen. Für $k = 1, 2, \dots, n$ (äußere Schleife) erledigt man jeweils:

eine Normierung: B_{kj} wird ersetzt durch B_{kj}/B_{kk} für $j = 2n+1, 2n, \dots, k$,

        d.h. man durchläuft die Zeile rückwärts. Die Elemente links von B_{kk} sind schon gleich Null.

eine Reduzierung: Für $i = 1, 2, \dots, n$, aber $i \neq k$ wird B_{ij} ersetzt durch

$$B_{ij} - B_{ik}B_{kj} \quad \text{für} \quad j = 2n+1, 2n, \dots, k .$$

Man schreibe für den Algorithmus von Gauß-Jordan ein Unterprogramm mit den Argumenten A, x, b und n, das den Lösungsvektor x berechnet.
Im Hauptprogramm lese man eine 6*6- und eine 8*8-Matrix A und entsprechende rechte Seiten b ein und lasse durch das U.P. die Lösung x berechnen. Sie wird zusammen mit dem Restvektor r ausgedruckt.

1. Variante:

Das U.P. enthalte auch die Matrix B und einen Schalter L als Argument. Für $L = 0$ wird nur x, aber nicht die Inverse A^{-1} berechnet. In diesem Fall werden nur (n+1)-Spalten von B bearbeitet.
Für $L = 1$ werden (2n+1)-Spalten von B ausgewertet, einschließlich der Inversen A^{-1} . Im H.P. prüfe man, ob $A^{-1} \cdot A = I$ ist, wobei I die Einheitsmatrix ist.

2. Variante:·

Man rechne im U.P. mit doppelt genauer Matrix **B**.
Das Verfahren läßt sich auch für komplexe Gleichungssysteme anwenden. Es kann sinnvoll sein, die (ungenaue) Lösung mit dem Verfahren von Gauß-Seidel zu verbessern.
Ein Verfahren, das nicht das Diagonalelement, sondern das größte Element der Spalte als Pivotelement auswählt, ist in [2], S. 282 beschrieben.

2.3 c)   Methode von Faddejev

Diese Methode dient zur Berechnung der Determinante $\det(\mathbf{A} - \lambda\,\mathbf{E})$ einer Matrix **A** (= charakteristisches Polynom) - nicht zur Bestimmung seiner Nullstellen λ_i -, der Adjungierten von **A** und von $\mathbf{A}^{-1}$. Unter der Spur einer Matrix $\mathrm{Sp}(\mathbf{A})$ versteht man die Summe der Elemente der Hauptdiagonalen

$$\mathrm{Sp}(\mathbf{A}) = a_{11} + a_{22} + \dots + a_{nn} \; .$$

Man berechne sukzessive die Matrizen $\mathbf{A}_j$, die Werte σ_j und die Matrizen $\mathbf{B}_j$ nach folgendem Verfahren:

$$\mathbf{A}_1 = \mathbf{A}, \qquad \sigma_1 = \mathrm{Sp}(\mathbf{A}_1) \qquad \mathbf{B}_1 = \sigma_1 \cdot \mathbf{E} - \mathbf{A}_1$$

$$\mathbf{A}_2 = \mathbf{A} \cdot \mathbf{B}_1, \qquad \sigma_2 = \frac{1}{2} \cdot \mathrm{Sp}(\mathbf{A}_2) \qquad \mathbf{B}_2 = \sigma_2 \cdot \mathbf{E} - \mathbf{A}_2$$

$$\dotfill$$

$$\mathbf{A}_j = \mathbf{A} \cdot \mathbf{B}_{j-1}, \qquad \sigma_j = \frac{1}{j} \cdot \mathrm{Sp}(\mathbf{A}_j) \qquad \mathbf{B}_j = \sigma_j \cdot \mathbf{E} - \mathbf{A}_j \qquad (1)$$

$$\dotfill$$

$$\mathbf{A}_n = \mathbf{A} \cdot \mathbf{B}_{n-1}, \qquad \sigma_n = \frac{1}{n} \cdot \mathrm{Sp}(\mathbf{A}_n) \qquad \mathbf{B}_n = \sigma_n \cdot \mathbf{E} - \mathbf{A}_n = 0 \; .$$

Hierbei ist **E** die Einheitsmatrix:
$$\begin{pmatrix} 1 & 0 & 0 & & \\ 0 & 1 & 0 & & \\ 0 & 0 & 1 & & 0 \\ & & & \ddots & \\ & 0 & & & 1 \end{pmatrix}$$

Damit hat man folgendes erreicht:

a) $\mathrm{adj}(\mathbf{A}) = (-1)^{n-1} \cdot \mathrm{adj}(-\mathbf{A}) = \mathbf{B}_{n-1}$

und $\mathbf{A} \cdot \mathrm{adj}(\mathbf{A}) = \det(\mathbf{A}) \cdot \mathbf{E} = \begin{pmatrix} \det A & 0 & \dots\dots & 0 \\ 0 & \det A & & 0 \\ \dots & & \ddots & \vdots \\ 0 & 0 & & \cdot\det A \end{pmatrix}$

b) $\mathbf{A}^{-1} = \sigma_n^{-1} \cdot \mathrm{adj}(\mathbf{A}) = \sigma_n^{-1} \cdot \mathbf{B}_{n-1}$ (II)

c) Das charakteristische Polynom ist:

$\det(\mathbf{A} - \lambda \mathbf{E}) = (-1)^n [\lambda^n - \sigma_1 \lambda^{n-1} + \sigma_2 \lambda^{n-2} + \ldots + (-1)^n \sigma_n]$.   (III)

Die Nullstellen (λ_i) dieses Polynoms (= Eigenwerte von $\mathbf{A}$) müssen getrennt berechnet werden nach einem anderem Verfahren:

$$\det(\mathbf{A} - \lambda \mathbf{E}) = 0 \quad \to \quad \lambda_1, \lambda_2, \ldots, \lambda_n$$

$$\det\mathbf{A} = \lambda_1 \cdot \lambda_2 \cdot \ldots \cdot \lambda_n, \quad \mathrm{Sp}(\mathbf{A}) = \lambda_1 + \lambda_2 + \ldots + \lambda_n .$$

d) Als Eigenvektoren $\mathbf{u}$ bezeichnet man die Lösungen des Gleichungssystems $(\mathbf{A} - \lambda_i \mathbf{E}) \cdot \mathbf{u}_i = \mathbf{0}$. Aus den in (I) nur einmal berechneten Matrizen $\mathbf{B}_j$ und den im Anschluß an c) berechneten Eigenwerten λ_i lassen sich neue Matrizen $\mathbf{Q}$ berechnen:

$$\mathbf{Q}(\lambda_i) = \lambda_i^{n-1} \cdot \mathbf{E} - \mathbf{B}_1 \lambda_i^{n-2} + \mathbf{B}_2 \lambda_i^{n-3} - + \ldots + (-1)^{n-1} \cdot \mathbf{B}_{n-1} .$$ (IV)

Die Spalten dieser Matrizen $\mathbf{Q}$ sind zueinander proportional. Jede läßt sich als Eigenvektor verwenden. Es genügt daher, nur die 1. Spalte von $\mathbf{Q}$ zu berechnen für jedes λ_i.

Man berechne nach Faddejev zur Matrix

$$\mathbf{A} = \begin{pmatrix} 17 & -1 & -27 & -6 \\ 6 & -14 & -54 & -24 \\ 1 & 1 & -29 & -4 \\ -9 & -19 & 51 & 6 \end{pmatrix}$$

die Matrizen $\mathbf{A}_j$, $\mathbf{B}_j$ und die Werte σ_j für $1 \leq j \leq n$. Zusätzlich berechne und drucke man $\mathbf{A}^{-1}$ und $\mathbf{A}^{-1} \cdot \mathbf{A}$.

Die Eigenwerte des charakteristischen Polynoms sind:

$$\lambda_1 = -30, \lambda_2 = -20, \lambda_3 = 10, \lambda_4 = 20 .$$

Man berechne zu jedem Eigenwert einen Eigenvektor und drucke für λ_1 die Matrix $\mathbf{Q}(\lambda_1)$ aus.

Mit der Berechnung von $\mathbf{A}^{-1}$ sind natürlich die Unbekannten $\mathbf{x}$ eines Gleichungssystems $\mathbf{A} \cdot \mathbf{x} - \mathbf{c} = 0$ leicht angebbar: $\mathbf{x} = \mathbf{A}^{-1} \cdot \mathbf{c}$.

Berechnen Sie die Lösung des Gleichungssystems $\mathbf{A} \cdot \mathbf{x} - \mathbf{c} = \mathbf{0}$ mit obiger Matrix A und der "rechten Seite":

$$\mathbf{c} = \begin{pmatrix} 1 \\ 0 \\ -2 \\ 3 \end{pmatrix}$$

und berechnen Sie den Restvektor $\mathbf{r} = \mathbf{A} \cdot \mathbf{x} - \mathbf{c}$, der bis auf Rundungsfehler gleich dem Nullvektor sein müßte. - Im Normalfall ist es nicht erforderlich, die Matrizen $\mathbf{A}_j$ getrennt abzuspeichern. Zur Berechnung der Eigenvektoren benötigt man nur die 1. Spalte der $\mathbf{B}_j$-Matrizen; auch die $\mathbf{B}_j$-Matrizen brauchen also nicht abgespeichert zu werden. Lediglich $\mathbf{B}_{n-1}$ wird zur Berechnung von $\mathbf{A}^{-1}$ benötigt. -

2.3 d) Cholesky-Verfahren zur Lösung eines tridiagonalen Gleichunssystems

Soll das Gleichungssystem $\mathbf{A} \cdot \mathbf{x} + \mathbf{b}$ gelöst werden, so läßt sich für den Fall, daß $\mathbf{A}$ tridiagonal ist, d.h.

$$\mathbf{A} = \begin{pmatrix} a_{11} & a_{12} & 0 & 0 & 0 \\ a_{21} & a_{22} & a_{23} & 0 & \\ 0 & a_{32} & a_{33} & & \\ 0 & 0 & & & 0 \\ \cdot & & & & \\ \cdot & & & a_{n-1,n-1} & a_{n-1,n} \\ 0 & 0 & 0 & a_{n,n-1} & a_{n,n} \end{pmatrix}$$

und daß $\mathbf{A}$ "diagonal dominant" ist, d.h. $|a_{ii}| \geqq |a_{i,i+1}|$ für alle Zeilen - dabei muß wenigstens in einer Zeile das $>$ Zeichen gelten -, die Lösung $\mathbf{x}$ über die Berechnung einer Hilfsmatrix $\mathbf{R}$ und eines Hilfsvektors $\mathbf{y}$ angeben:

1) $R_{11} = \sqrt{a_{11}}, \quad y_1 = -b/R_{11}$

---

2) $R_{i-1,i} = a_{i-1,i}/R_{i-1,i-1}, \quad R_{ii} = \sqrt{a_{ii} - R_{i-1,i}^2}$

$y_i = -(b_i + R_{i-1,i} \cdot y_{i-1})/R_{ii}$ für $i = 2, 3, \ldots, n$

---

3) $x_n = y_n/R_{nn}$

---

4) $x_i = (y_i - R_{i,i+1} \cdot x_{i+1})/R_{ii}$ für $i = n-1, n-2, \ldots, 2, 1$.

- Die R_{iK} hängen nur von a_{iK} ab und brauchen daher bei Änderung des Vektors **b** nicht neu berechnet zu werden. -
Man schreibe ein U.P., das für beliebige tridiagonale, diagonal dominate Matrizen **A** und beliebigen Vektor **b** die Lösung **x** berechnet. Man teste es mit:

$$\begin{pmatrix} 2 & -1 & 0 & 0 \\ -1 & 2 & -1 & 0 \\ 0 & -1 & 2 & -1 \\ 0 & 0 & -1 & 2 \end{pmatrix} \cdot \begin{pmatrix} x_1 \\ x_2 \\ x_3 \\ x_4 \end{pmatrix} + \begin{pmatrix} -1 \\ 0 \\ 0 \\ -1 \end{pmatrix} = 0$$

und lasse im H.P. zur Kontrolle auch $z = \mathbf{A} \cdot \mathbf{x} + \mathbf{b}$ ausdrucken. Ebenso löse man das System: $n = 7$, $b_i = (-1)^i \cdot i - 3$; $a_{ii} = 4$; $a_{i,i-1} = a_{i,i+1} = 1$ und drucke **x** und **z** aus.

2.3 e)   Lösung eines linearen Gleichungssystems nach der Methode der konjugierten Gradienten

Soll ein Gleichungssystem:

$$b_{11} x_1 + b_{12} x_2 + \ldots + b_{1n} x_n = t_1$$
$$\overline{\phantom{b_{11} x_1 + b_{12} x_2 + \ldots + b_{1n} x_n = t_1}}$$
$$b_{n1} x_1 + b_{n2} x_2 + \ldots + b_{nn} x_n = t_n$$

mit unsymmetrischer Matrix **B** gelöst werden, so erzeugt man

zunächst ein symmetrisches Gleichungssystem durch Multiplikation des alten Systems $\mathbf{B} \cdot \mathbf{x} = \mathbf{t}$ mit der Transponierten $\mathbf{B}^T$: $(\mathbf{B}^T \cdot \mathbf{B}) \cdot \mathbf{x} = \mathbf{B}^T \cdot \mathbf{t}$. Das so erhaltene neue System bezeichnen wir mit: $\mathbf{A} \cdot \mathbf{x} = -\mathbf{b}$. Bei dieser Operation hat sich **x** nicht geändert. Lösen wir das neue System, so haben wir auch die Lösung des alten Systems gefunden. - $\mathbf{B}^T$ erhält man aus **B** durch Vertauschen der zur Hauptdiagonale spiegelsymmetrischen Elemente $b_{iK}^T = b_{Ki}$.-

Rechnerverfahren:

1) Man wähle $\mathbf{v} = (0, 0, \ldots, 0)$ als Startvektor und setze:

$$\mathbf{r}_{alt} = \mathbf{b}; \qquad \mathbf{p}_{alt} = -\mathbf{r};$$

$$q_1 = \frac{\mathbf{r}^2}{(\mathbf{A} \cdot \mathbf{p}) \cdot \mathbf{p}} \ (= \text{Zahl}); \quad \mathbf{v} \leftarrow \mathbf{v} + q_1 \cdot \mathbf{p}; \ \mathbf{r}_{neu} \leftarrow \mathbf{r}_{alt} + q_1 \cdot (\mathbf{A} \cdot \mathbf{p}_{alt}) \ .$$

Für $k = 2, 3, \ldots, n, n+1, n+2$ wiederhole man:

$$e_{k-1} = \frac{r^2_{neu}}{r^2_{alt}} \; ; \qquad p_{neu} \leftarrow -r_{neu} + e_{k-1} \cdot p_{alt} ; \qquad q_k = \frac{r^2_{neu}}{(A \cdot p_{neu}) \cdot p_{neu}}$$

$$v \leftarrow v + q_k \cdot p_{neu} ; \qquad r_{neu} \leftarrow r_{alt} + q_k \cdot (A \cdot p_{neu}) \; .$$

Man breche die Schleife ab, wenn $r^2_{neu} < \varepsilon$ ($\approx 10^{-5}$) ist. v entspricht dem Lösungsvektor x, d.h. $A \cdot v + b = r = 0$. – Man kommt mit nur einem Vektor p und einem Vektor r im Programm aus, speichere aber den Wert r^2_{alt} zwischen. Das Verfahren arbeitet sicher für positiv definierte Matrizen (große positive Diagonalelemente), z.B.

$$|a_{ii}| > \sum_{K=1}^{n} |a_{iK}| \qquad \text{für } i = 1, 2, \ldots, n$$

oder $\qquad a^2_{iK} < a_{ii}\, a_{KK} \qquad\qquad \text{für } i \neq K \; .$

([4]   Satz 1.2/1.3/1.4 und 2.4.3).
Aber auch bei anderen symmetrischen Matrizen <u>kann</u> das Verfahren konvergieren.
Man schreibe ein Unterprogramm mit den Argumenten B, A und n, das zu einer beliebigen (nxn)-Matrix B die symmetrische Matrix $A = B^T \cdot B$ berechnet. Dann schreibe man ein Unterprogramm, das den Vektor $d = A \cdot p$ berechnet. Zusätzlich schreibe man ein Funktionsunterprogramm, das den Zahlenwert des Skalarproduktes zweier Vektoren berechnet.
Im Hauptprogramm lese man B und die rechte Seite t ein, berechne A und $b = -B^T \cdot t$ und rufe ein weiteres Unterprogramm, in dem mit dem gegebenen Rechenverfahren der Lösungsvektor v und die beiden Vektoren e und q berechnet werden. Man wähle:

$$B = \begin{pmatrix} 2 & -1 & 0 & 0 \\ -1 & 3 & -1 & 0 \\ 0 & -1 & 3 & -1 \\ 0 & 0 & -1 & 2 \end{pmatrix} \; ; \quad t = \begin{pmatrix} -1 \\ 4 \\ 7 \\ 0 \end{pmatrix}$$

und drucke die Matrizen B und A sowie die Vektoren t, b, v, e und q und den Vektor: $B \cdot v - t$ aus. Letzterer müßte gleich dem Nullvektor sein, falls die Lösung gefunden wurde.

2.3 f)   Gauß-Seidel-Methode für nichtlineare Systeme

Diese in Aufg. 2.3 a) beschriebene Methode läßt sich auch für nichtlineare
Systeme der Form:

$$f_1(x_1, x_2, \ldots\ldots, x_n) = 0$$

$$f_2(x_1, x_2, \ldots\ldots, x_n) = 0 \tag{I}$$

$$\text{---------------------}$$

$$f_n(x_1, x_2, \ldots\ldots, x_n) = 0$$

anwenden. Bezeichnen wir den Satz der Unbekannten mit $\mathbf{x} = (x_1, x_2, \ldots\ldots, x_n)$
und addieren wir auf beiden Seiten der 1. Gleichung die Unbekannten x_1, der
2. Gleichung die Unbekannte x_2 usw., so erhalten wir das System:

$$x_1 = F_1(\mathbf{x}), \qquad x_2 = F_2(\mathbf{x}), \ldots\ldots, \qquad x_n = F_n(\mathbf{x}), \tag{II}$$

mit $F_1(\mathbf{x}) = f_1(\mathbf{x}) + x_1$ usw. Setzt man hier einen geschätzten Vektor $\mathbf{x}_0$ in die
rechten Seiten ein, so erhält man als linke Seiten einen neuen Vektor $\mathbf{x}$ als
bessere Näherung, die wieder in die rechten Seiten eingesetzt wird. Dieses Verfahren wird solange wiederholt, bis

$$\sum_{i=1}^{n} \left| x_{i,neu} - x_{i,alt} \right| < \varepsilon \cdot \sum_{i=1}^{n} \left| x_{i,neu} \right|$$

ist. Man wähle etwa $\varepsilon = 10^{-6}$. Das Verfahren konvergiert sicher gegen die Lösung $\mathbf{X}$, wenn es im n-dimensionalen Lösungsraum in der Umgebung von $\mathbf{X}$ ein
Gebiet gibt mit

$$\sum_{j=1}^{n} \left| \partial F_i(\mathbf{x})/\partial x_j \right| \leqq \delta < 1$$

für alle i und wenn der Startvektor $\mathbf{x}_0$ in diesem Gebiet liegt.
Auch hier heißt die bisher beschriebene Methode "Verfahren von Jacobi".
Verwendet man beim Einsetzen von $\mathbf{x}$ in der 2. Gleichung von (II) für x_1 die
gerade aus der 1. Gleichung erhaltene neue Näherung, und verfährt man in den
folgenden Gleichungen entsprechend, dann heißt das Verfahren die Methode von
Gauß-Seidel. Sie konvergiert besser als das Verfahren von Jacobi.
Man löse das Gleichungssystem:

$$x_2 + e^{-2.5x_2} - 1/e - 1/x_1 = 0$$

$$4\arctan(x_1 x_2) + 5x_2 - x_1 + 0.5 - \mathbf{x} = 0 \tag{III}$$

und starte mit $\mathbf{x}_0 = (1.0,\ 1.0)$. Dazu definiere man F_1, F_2, $\ldots\ldots$, F_n als eine
FUNCTION mit n-1 ENTRY's, mit dem halbdynamischen Feld X und n als Argu-

mente. Die Iteration wird in einem Unterprogramm "SEIDEL" durchgeführt, das die gleichen Argumente hat. Beim Aufruf von "SEIDEL" übergibt man im Feld X die Werte des Startvektors x_0. Als Lösung erhält man im Feld X die Lösung **X** zurück.
- Das obige Gleichungssystem ist ein Beispiel dafür, daß die Iteration konvergiert, obwohl die Konvergenzbedingung nicht erfüllt ist, denn für die Lösung **x** ist:

$$\partial F_2(\mathbf{x})/\partial x_2 = 10 \quad . -$$

2.3 g)   Das Newton'sche Verfahren zur Lösung nichtlinearer Systeme

Zum nichtlinearen Gleichungssystem (I) der letzten Aufgabe berechnen wir folgende Funktionalmatrix:

$$\mathbf{A} = \frac{\partial f_i(\mathbf{x})}{\partial x_k} = \begin{pmatrix} \dfrac{\partial f_1(\mathbf{x})}{\partial x_1} & \cdots\cdots & \dfrac{\partial f_1(\mathbf{x})}{\partial x_n} \\ \text{-----------------------} \\ \dfrac{\partial f_n(\mathbf{x})}{\partial x_1} & \cdots\cdots & \dfrac{\partial f_n(\mathbf{x})}{\partial x_n} \end{pmatrix} .$$

Die Iterationsvorschrift lautet nun:

$$\mathbf{x} \leftarrow \mathbf{x} - \mathbf{A}^{-1}(\mathbf{x}) \cdot \mathbf{f}(\mathbf{x}) \qquad \text{mit} \quad \mathbf{f}(\mathbf{x}) = (f_1(\mathbf{x}), f_2(\mathbf{x}), \ldots, f_n(\mathbf{x}))^T .$$

Sie konvergiert gegen den Lösungsvektor **X**, falls $\mathbf{A}^{-1}(\mathbf{X})$ existiert, d.h. falls $\det\mathbf{A}(\mathbf{X}) \neq 0$ ist, und der Startvektor x_0 so nahe bei der Lösung **X** liegt, daß für ihn ebenfalls $\det\mathbf{A}(x_0) \neq 0$ ist. Mit diesem Verfahren ist die Lösung eines <u>nicht-linearen</u> Systems auf die Lösung des <u>linearen</u> Systems: $\mathbf{A}(\mathbf{x}) \cdot \mathbf{v} = \mathbf{f}(\mathbf{x})$ zurückgeführt, denn mit $\mathbf{v}(\mathbf{x}) = \mathbf{A}^{-1} \cdot \mathbf{f}$ läßt sich die Iterationsvorschrift schreiben:

$$\mathbf{x} \leftarrow \mathbf{x} - \mathbf{v}(\mathbf{x}) .$$

Man startet mit einem Startvektor x_0, berechnet die Matrix **A**, löst das Gleichungssystem $\mathbf{A}\mathbf{v} = \mathbf{f}$ und erhält einen neuen Vektor **x**. Dies wird solange wiederholt, bis

$$\sum_{i=1}^{n} |x_{i,neu} - x_{i,alt}| < \varepsilon \quad \text{ist, mit } \varepsilon \approx 10^{-6} .$$

Das Verfahren läßt sich oft dadurch beschleunigen, daß man mehrmals mit gleichem $\mathbf{A}^{-1}$ die Korrekturen **v** berechnet, bevor man wieder das lineare Gleichungssystem löst, d.h. bevor man $\mathbf{A}^{-1}$ neu berechnet.

Will man einen Genauigkeitsverlust bei der Berechnung von **A** vermeiden, so berechnet man die darin auftretenden partiellen Ableitungen analytisch (n^2 FUNCTION's) und löst **A** · **v** = **f** eventuell iterativ.

Für ein nichtlineares System mit nur 2 Unbekannten vereinfacht sich das System **A** · **v** = **f** zu:

$$\frac{\partial f_1}{\partial x_1} v_1 \;+\; \frac{\partial f_1}{\partial x_2} v_2 = f_1 \qquad\qquad v_1 = (f_1 \frac{\partial f_2}{\partial x_2} - f_2 \frac{\partial f_1}{\partial x_2})/D$$

mit den Lösungen

$$\frac{\partial f_2}{\partial x_1} v_1 \;+\; \frac{\partial f_2}{\partial x_2} v_2 = f_2 \qquad\qquad v_2 = (f_2 \frac{\partial f_1}{\partial x_1} - f_1 \frac{\partial f_2}{\partial x_1})/D$$

und der Determinante $D = \dfrac{\partial f_1}{\partial x_1} \cdot \dfrac{\partial f_2}{\partial x_2} - \dfrac{\partial f_1}{\partial x_2} \cdot \dfrac{\partial f_2}{\partial x_1}$.

Man wende das Verfahren auf das Gleichungssystem (III) der letzten Aufgabe an und starte wieder mit $x_1 = x_2 = 1$. Ein Vergleich beider Verfahren zeigt, daß bei dieser Aufgabe das Newton'sche Verfahren viel schneller konvergiert und schon nach vier Iterationen die Lösungen findet.

2.3 h)   Bestimmung des größten und kleinsten Eigenwertes

In Naturwissenschaft und Technik tritt ab und zu das Problem auf, die Eigenvektoren u_i und die Eigenwerte λ_i einer Matrix **A** zu berechnen. - Dies ist zum Beispiel bei der Bestimmung der Hauptträgheitsachsen eines Körpers der Fall. - Eigenwerte und Eigenvektoren sind definiert als Lösung des Gleichungssystems:

$$\mathbf{A}\mathbf{u}_i = \lambda_i \mathbf{u}_i, \qquad \text{bzw.} \qquad (\mathbf{A} - \lambda_i \mathbf{E})\mathbf{u}_i = 0 \ . \tag{I}$$

Dieses homogene System ist nur lösbar, wenn die Determinante verschwindet:

$$\det(\mathbf{A} - \lambda_i \mathbf{E}) = 0, \ \text{d.h.}$$

$$\begin{vmatrix} a_{11} - \lambda_i & a_{12} & \cdots\cdots & a_{1n} \\ a_{21} & a_{22} - \lambda_i & \cdots\cdots & a_{2n} \\ \cdots\cdots\cdots\cdots\cdots\cdots\cdots\cdots \\ a_{n1} & a_{n2} & \cdots\cdots & a_{nn} - \lambda_i \end{vmatrix} = 0 \ . \tag{II}$$

Die (mühsame) Auswertung dieser Determinante liefert ein Polynom $P_n(\lambda)$ n-ten Grades in λ. Gleichung (II) stellt daher eine algebraische Gleichung n-ten Grades dar, deren n Nullstellen gesucht sind: λ_1, λ_2, ..., λ_n. Einige dieser Eigenwerte können öfters auftreten. Sind die λ_i-Werte gefunden, dann kann (I) als lineares Gleichungssystem gelöst werden.
Von Mises gab ein iteratives Verfahren an für die Berechnung des betragsmäßig größten Eigenwertes

$$|\lambda_1| \quad (> |\lambda_2| > |\lambda_3| ..... \quad > |\lambda_n|) \qquad \text{von (I)} .$$

Man beginnt mit einem nahezu beliebigen Vektor $\mathbf{w}_0$, berechnet $\mathbf{v}_0 = \mathbf{A} \cdot \mathbf{w}_0$ und erhält aus $\mathbf{v}_0$ durch Normierung ein neues

$$\mathbf{w}_1 = \mathbf{v}_0 / |\mathbf{v}_0| = \mathbf{v}_0 / \sqrt{v_{01}^2 + v_{02}^2 + ... + v_{0n}^2} .$$

Mit diesem neuen Vektor $\mathbf{w}_1$ läßt sich ein verbessertes $\mathbf{v}_1$ berechnen usw. Von Mises hat gezeigt, daß:

$$\lim_{i \to \infty} \mathbf{w}_i = \mathbf{u}_1, \qquad \lim_{i \to \infty} |\mathbf{v}_i| = |\lambda_1| \qquad\qquad\text{(III)}$$

ist. Tritt der betragsmäßig größte Eigenwert $|\lambda_1|$ mehrfach auf, d.h. ist λ_1 eine (k-fache) Nullstelle von $P_n(\lambda) = 0$, so gehören zu λ_1 k linear unabhängige Eigenvektoren $\mathbf{u}_{1,1}$, $\mathbf{u}_{1,2}$ ....., $\mathbf{u}_{1,k}$. Man findet sie, indem man das System $\mathbf{A}\mathbf{u} = \lambda_1 \mathbf{u}$ löst oder indem man die Iteration mit verschiedenen Startvektoren $\mathbf{w}_0$ wiederholt.
Zur Bestimmung des kleinsten Eigenwertes von (I) formt man (I) um:

$$\mathbf{u}_i / \lambda_i = \mathbf{A}^{-1} \mathbf{u}_i .$$

Die Eigenwerte γ_i von $\mathbf{A}^{-1}$ sind also reziprok zu den Eigenwerten von $\mathbf{A}$: $\gamma_i = 1/\lambda_i$. Bestimmt man also γ_n nach dem Verfahren von v. Mises als größten Eigenwert von $\mathbf{A}^{-1}$, so hat man den kleinsten Eigenwert $\lambda_n = 1/\gamma_n$ von $\mathbf{A}$ gefunden. Die Gleichung (III) liefert nur den Betrag von λ_1. Daher muß das Vorzeichen von λ_1 durch Einsetzen von $\mathbf{u}_1$ in (I) bestimmt werden. Entsprechend verfahre man mit λ_n.
Man schreibe eine SUBROUTINE "EWMAX" mit den Argumenten A, W, EIWERT, N, die zu gegebener (N*N)-Matrix $\mathbf{A}$ und zu gegebenem Startvektor W den betragsmäßig größten Eigenwert EIWERT der Matrix A berechnet. Im Feld W wird der zugehörige Eigenvektor zurückgegeben. Im Hauptprogramm lese man eine (4*4)-Matrix ein und bestimme mit "EWMAX" ihren größten Eigenwert und ihren Eigenvektor. Anschließend berechne das H.P. zur Kontrolle die beiden Vektoren $\mathbf{A} \cdot \mathbf{w}$ und $|\lambda_1| \mathbf{w}$. Diese Vektoren werden zusammen mit der Matrix $\mathbf{A}$, dem Wert $|\lambda_1|$ und dem Eigenvektor $\mathbf{w}$ ausgedruckt.
Erweiterung: Man lasse mit Hilfe des Gauß'schen Algorithmus (Aufg. 2.3 b)) die Matrix $\mathbf{A}^{-1}$ berechnen und rufe nochmals "EWMAX" zur Berechnung von $|\lambda_n|$.

2.3 i)   Gauß'scher Algorithmus für tridiagonale Matrizen

Der in Aufgabe 2.3 b) formulierte Gauß'sche Algorithmus wird besonders einfach bei tridiagonalen Matrizen. Während das in Aufgabe 2.3 d) angegebene
Cholesky-Verfahren nur bei diagonal dominanten Matrizen mit Sicherheit arbeitet, läßt sich der Gauß'sche Algorithmus bei 'beliebigen' Matrizen anwenden.
Zu lösen sei das System:

$$a_{11}x_1 \; + \; a_{12}x_2 \hspace{6cm} = \; b_1$$

$$a_{21}x_1 \; + \; a_{22}x_2 \; + \; a_{23}x_3 \hspace{4cm} = \; b_2$$

$$a_{32}x_2 \; + \; a_{33}x_3 \; + \; a_{34}x_4 \; = \; b_3$$

$$- -$$

$$a_{j,j-1}x_{j-1} + a_{jj}x_j + a_{j,j+1}x_{j+1} \; = \; b_j$$

$$- -$$

$$a_{n-1,n}x_{n-1} + a_{nn}x_n \approx \; b_n$$

Man bringt mit Hilfe der ersten Gleichung den ersten Term $(a_{21}x_1)$ der 2.
Zeile zum Verschwinden und erhält als neue 2. Zeile:

$$R_2x_2 + a_{23}x_2 = B_2 \quad .$$

Mit dieser neuen 2. Zeile bringt man den 1. Term $(a_{32}x_2)$ der 3. Zeile zum
Verschwinden und erhält:

$$R_3x_3 + a_{34}x_4 = B_3$$

usw. bis zur letzten Zeile: $R_nx_n = B_n$. Also ist $x_n = B_n/R_n$. Dies setzt man in
die vorletzte Zeile ein und erhält x_{n-1} usw. Allgemein ist mit

$$R_1 = a_{11}, \quad B_1 = b_1 \hspace{2cm} \text{und}$$

$$\left\{ R_j = a_{jj} - a_{j,j-1}a_{j-1,j}/R_{j-1} \quad \text{und} \quad B_j = b_j - a_{j,j-1}B_{j-1}/R_{j-1} \quad \text{für } j = 2,3,\ldots\ldots,n \right\}$$

die Lösung gegeben als:

$$x_n = B_n/R_n$$

$$\left\{ x_j = (B_j - a_{j,j+1}x_{j+1})/R_j \quad \text{für} \quad j = n-1,\, n-2,\, \ldots\ldots,\, 2,\, 1 \right\} \quad .$$

Man lese eine tridiagonale Matrix **A** und eine rechte Seite **b** ein und löse das
Gleichungssystem **Ax** = **b** in einem Unterprogramm: TRIGAU(A,B,X,N) .
Das Hauptprogramm berechne und drucke auch den Restvektor: **r** = **Ax** - **b** zusam-
men mit der Matrix **A** und den Vektoren **b** und **x** aus.

2.4   NULLSTELLEN

In diesem Abschnitt sollen einige Methoden zur Bestimmung der Lösung von algebraischen und transzendenten Gleichungen formuliert werden. Einige Verfahren wurden bereits im Kapitel 1 als Aufgaben formuliert (Aufgaben 1.2 k), m), 1.7 s) und 2.3 g), f)). Wir setzen voraus, daß die Funktion f, deren Nullstelle x gesucht ist, stetig und stetig differenzierbar ist: $f(x) = 0$.

2.4 a)   Größte und kleinste Nullstelle eines Polynoms

Das in der vorletzten Aufgabe angegebene v. Mises'sche Verfahren kann dazu benutzt werden, die betragsmäßig größte oder kleinste Nullstelle eines Polynoms zu bestimmen:

$$P(x) = d_n + d_{n-1}x + d_{n-2}x^2 + \ldots + d_1 x^{n-1} + x^n = 0 \quad . \tag{I}$$

Es läßt sich nämlich leicht eine Matrix **A** angeben, die dieses Polynom als charakteristische Polynome besitzt:

$$\mathbf{A} = \begin{pmatrix} -d_1 & -d_2 & -d_3 & \cdots\cdots & -d_{n-1} & -d_n \\ 1 & 0 & 0 & \cdots\cdots & 0 & 0 \\ 0 & 1 & 0 & \cdots\cdots & 0 & 0 \\ 0 & 0 & 1 & \cdots\cdots & 0 & 0 \\ \hline 0 & 0 & 0 & \cdots\cdots & 1 & 0 \end{pmatrix} \tag{II}$$

In der Determinante $|\mathbf{A} - x\mathbf{E}| = 0$ kann man beginnend mit der 2. Spalte die Größen x in der Diagonale zum Verschwinden bringen, indem man ein vielfaches der linken Nachbarspalte addiert. So liefert $|\mathbf{A} - x\mathbf{E}| = 0$ die Gleichung (I). Die Gleichungen für die Berechnung von **v** vereinfachen sich, da hier Matrix **A** eine besonders einfache Form hat:

$$v_1 = -\sum_{i=1}^{n} d_i w_i, \quad v_k = w_{k-1} \qquad \text{für } k = 2, 3, \ldots, n \quad .$$

Man schreibe eine FUNCTION mit Namen "XNULL" und den Argumenten N und D. Dabei sei D ein lineares Feld mit den Komponenten d_1, d_2, ..., d_n. Als Funktionswert werde der Betrag der größten Nullstelle von $P(x) = 0$ berechnet. Im Hauptprogramm lese man den Grad n des Polynomes und die Vektorkomponenten d_1 bis d_n ein, berechne XNULL und lasse zur Kontrolle das Polynom mit diesem x-Wert nach Horner berechnen und diesen Polynomwert zusammen mit XNULL und dem Vektor D ausdrucken.

Zur Matrix **A** läßt sich leicht die Inverse $\mathbf{A}^{-1}$ angeben:

$$
\mathbf{B} = \mathbf{A}^{-1} =
\begin{pmatrix}
0 & 1 & 0 & \cdots\cdots & 0 \\
0 & 0 & 1 & \cdots\cdots & 0 \\
\hline
0 & 0 & 0 & \cdots\cdots & 1 \\
\dfrac{1}{d_n} & \dfrac{d_1}{d_n} & \dfrac{d_2}{d_n} & \cdots\cdots & \dfrac{d_{n-1}}{d_n}
\end{pmatrix}
\tag{III}
$$

Wendet man das Verfahren auf **B** an, so erhält man den betragsmäßig kleinsten Eigenwert von $|\mathbf{A}-x\mathbf{E}| = 0$, d.h. die betragsmäßig kleinste Nullstelle von $P(x) = 0$.

Man schreibe eine FUNCTION mit Namen "XMIN" und dem Vektor **d** und der Variablen n als Argumente. In ihr berechne man den Vektor **v** entsprechend der einfachen Form von (III) als:

$$
v_k = w_{k+1} \quad \text{für } k = 1, 2, \ldots, n-1 \quad \text{und} \quad v_n = -\left(w_1 + \sum_{k=1}^{n-1} d_k\, w_{k+1}\right)/d_n \ .
$$

Man erweitere das Hauptprogramm und berechne mit Hilfe von XMIN den kleinsten Eigenwert y des Polynoms $P(x) = 0$ und lasse zur Kontrolle $P(y)$ nach Horner berechnen und zusammen mit y ausdrucken.

Statt im H.P. die Richtigkeit der Lösungen von XNULL und XMIN durch Einsetzen in das Polynom zu überprüfen, kann man leicht Polynome mit bekannten Nullstellen vorgeben. Beispielsweise hat $P(x) = (x+1)(x-2)(x-6)$ die Nullstellen $x_1 = -1$, $x_2 = 2$, $x_3 = 6$. Durch Ausmultiplizieren findet man die einzulesenden Koeffizienten d_i . Hier müßte XNULL den Wert 6 und XMIN den Wert 1 liefern. Das Vorzeichen ist immer gesondert am Polynom zu bestimmen.

2.4 b)   Abdividieren von Nullstellen eines Polynoms

Die Algebra zeigt, daß ein Polynom

$$
P_n(x) = a_0 + a_1 x + a_2 x^2 + \ldots + a_{n-1} x^{n-1} + x^n
\tag{I}
$$

dargestellt werden kann durch seine Nullstellen x_i:

$$
P_n(x) = (x - x_1)(x - x_2) \ldots (x - x_n) \ .
\tag{II}
$$

An dieser Form erkennt man, daß $P_n(x_i) = 0$ ist und daß $P_n(x)/(x - x_i)$ ein Polynom vom Grade n-1 ist:

$$
P_{n-1}(x) = P_n(x)/(x - x_i) = b_0 + b_1 x + b_2 x^2 + \ldots + b_{n-2} x^{n-2} + x^{n-1} \ .
\tag{III}
$$

$P_{n-1}(x)$ besitzt die gleichen Nullstellen wie $P_n(x)$ außer der Nullstelle x_i . Hat man mit der Methode der letzten Aufgabe eine Nullstelle von $P_n(x)$ gefunden, so kann man diese Nullstelle abdividieren, d.h. die Koeffizienten b_j berechnen und dann das Verfahren der letzten Aufgabe erneut auf $P_{n-1}(x)$ anwenden. So erhält man sukzessive sämtliche Nullstellen des Polynoms. Da sich bei diesem Verfahren Rundungsfehler aufschaukeln, sollte man generell doppelt genau rechnen.

Multipliziert man Gleichung (III) mit $x - x_i$ und vergleicht die Koeffizienten, so erhält man die Koeffizienten b_j in Form eines Horner-Schemas in umgekehrter Reihenfolge:

$$
\begin{aligned}
b_{n-1} &= 1 \\[1em]
b_{n-2} &= b_{n-1}x_1 + a_{n-1} \\[1em]
b_{n-3} &= b_{n-2}x_1 + a_{n-2} \\
&\text{------------------------} \\
b_j &= b_{j+1}x_1 + a_{j+1} \\
&\text{------------------------} \\
b_0 &= b_1 x_1 + a_1 \quad .
\end{aligned}
\qquad (IV)
$$

Man schreibe eine SUBROUTINE mit Namen "REDUCE" und den Argumenten A, B, X1 und N, die aus einem doppelt genauen Vektor A zum doppelt genauen Wert x_1 der Nullstelle den doppelt genauen Vektor B mit den Komponenten b_0, b_1, ..., b_{n-1} berechnet. Beide Vektoren werden halbdynamisch bis N dimensioniert. Im Hauptprogramm dividiere man nacheinander sämtliche Nullstellen des Polynoms:

$$
P_4(x) = x^4 - 7.1x^3 + 6.3x^2 + 32.6x - 32.8
$$

heraus, indem man "REDUCE" mehrmals mit kleiner werdendem N (=4, 3, 2) aufruft:

$$
\begin{aligned}
P_4(x) &= (x - 4.1)(x^3 - 3x^2 - 6x + 8) \\[0.5em]
&= (x - 4.1)(x - 4)(x^2 + x - 2) \\[0.5em]
&= (x - 4.1)(x - 4)(x - 1)(x + 2) \quad .
\end{aligned}
\qquad (V)
$$

Die immer kürzer werdenden B-Vektoren in (V) werden ausgedruckt. Die x_i-Werte entnimmt man der letzten Zeile von (V) .

2.4 c)   Sämtliche Nullstellen in einem Intervall

Man schreibe eine SUBROUTINE 'ALLNUL' mit den Argumenten EPS, X1, X2, DX, XN, N, F, die das Intervall x_1 bis x_2 mit der Schrittweite dx nach Nullstellen der Funktion f(x) durchsucht. Es werden nur solche Nullstellen x_i betrachtet, in denen die Funktion f(x) das Vorzeichen wechselt:

$$f(x_i - dx) \cdot f(x_i + dx) < 0 \ .$$

Die Lage der Nullstellen x_i und ihre Anzahl n werden im linearen Feld XN und im vorletzten Argument N an das rufende Programm übergeben: x_1, x_2, ..., x_n. Beim Durchmustern des Gesamtintervalls sucht man zunächst Nachbarstellen x und x + dx, in denen f(x) unterschiedliches Vorzeichen hat. Ist ein solches Teilintervall gefunden, so wird in ihm durch wiederholtes Anwenden der "Regula falsi" die Nullstelle mit einer Genauigkeit ε bestimmt (Aufg. 1.7 s)) und in das Feld XN eingetragen.
Im Hauptprogramm rufe man 'ALLNUL' zur Berechnung der Nullstellen der FUNCTION: $2\sin(5x) - 0.8$ im Intervall $x_1 = 1$ bis $x_2 = 5$.

2.4 d)   QD-Algorithmus

H. Rutishauser hat einen Algorithmus angegeben, der es mit Hilfe der Berechnung von Quotienten und Differenzen erlaubt, sämtliche Nullstellen eines Polynoms

$$P_n(x) = a_0 + a_1 x + a_2 x^2 + \ldots + a_n x^n = 0 \quad \text{mit} \quad a_j \neq 0 \text{ für alle } j$$

zu bestimmen. - Ist ein Koeffizient $a_k = 0$, so ist $P_n(x)$ an einer geeigneten Stelle x_0 zu entwickeln (Horner-Schema): $P_n(x) = \bar{P}_n(x - x_0) = \bar{P}_n(w)$ und man erhält die gesuchten Nullstellen x_i aus den Nullstellen w_i: $x_i = w_i + x_0$. - Die n-Nullstellen x_1, x_2, ..., x_n der Gleichung $P_n(x) = 0$ werden näherungsweise iterativ berechnet.
Man startet mit den Werten:

$$x_1 = -a_{n-1}/a_n \ , \qquad x_2 = x_3 = \ldots = x_n = 0$$

$$e_j = a_{n-j-1}/a_{n-j} \text{ für } j = 1, 2, \ldots, n-1 \quad \text{und} \quad e_n = 0 \ .$$

In der Iteration werden der $\mathbf{x}$-Vektor und der $\mathbf{e}$-Vektor immer wieder neu berechnet:

$$x_1 \leftarrow x_1 + e_1 \quad \text{und} \quad \{x_j \leftarrow x_j + e_j - e_{j-1} \ , \quad e_{j-1} \leftarrow e_{j-1} x_j / x_{j-1} \text{ für } j = 2,3,\ldots,n\}$$

Die Komponenten von $\mathbf{x}$ konvergieren gegen die Nullstellen des Polynoms, während sämtliche Komonenten von $\mathbf{e}$ gegen Null streben.
Man bricht die Iteration ab, wenn sich alle Komponenten des neu berechneten $\mathbf{x}$-Vektors hinreichend wenig von den entsprechenden Komponenten des alten $\mathbf{x}$-Vektors unterscheiden, den wir hier mit $\mathbf{x}'$ bezeichnen:

$$|x_j - x'_j| < \varepsilon > 0 \quad \text{und} \quad |e_j| < \varepsilon_1 > 0 \quad \text{für alle } j \ .$$

Diese einfache Form der Konvergenz trifft nur zu, wenn sich alle Nullstellen betragsmäßig unterscheiden. Man erhält dann als Ergebnis:

$$|x_1| > |x_2| > \ldots > |x_n| > 0 \ .$$

Sind zwei Nullstellen betragsmäßig gleich, so treten sie in benachbarten Komponenten auf: $|x_j| = |x_{j+1}|$. Dabei gibt es drei Möglichkeiten:

$$\text{a) } x_j = x_{j+1} \ , \qquad \text{b) } x_j = -x_{j+1} \ , \qquad \text{c) } x_j = a_j + ib_j \quad \text{und} \quad x_{j+1} = a_j - ib_j$$

mit reellen a_j und b_j und $i = \sqrt{-1}$. Im Falle a) konvergieren x_j und x_{j+1} schlecht, und im Falle b) und c) konvergieren beide Komponenten gar nicht. Ebenso konvergiert die Komponente e_j in diesen Fällen nicht gegen Null. Statt dessen konvergieren die beiden Lösungen X_1 und X_2 der quadratischen Gleichung:

$$X^2 - (x_j + x_{j+1}) X + x_{j+1} x_j' = 0$$

gegen die beiden gesuchten betragsgleichen Nullstellen.

Man schreibe eine SUBROUTINE 'QDALG' mit den Argumenten A, X, N, EPS, EPS1, K, die zu gegebenem Koeffizientenfeld A mit den Komponenten a_0, a_1, $\ldots$, a_n alle $a_i \neq 0$ die Nullstellen x_1, x_2, $\ldots$, x_n des Polynoms $P_n(x)$ in 40 Iterationsschritten mit der Genauigkeit ε bzw. ε_1 berechnet. Wird dabei die geforderte Genauigkeit nicht erreicht, so wird $K = 1$ gesetzt und nur dann erfolgt in der SUBROUTINE der Ausdruck der Felder **x** und **x'** .
Anderenfalls ist $K = 0$ zu setzen.
Im Hauptprogramm bestimme man mit 'QDALG' die Nullstellen der Polynome:

$$P_5(x) = 336 + 302x - 603x^2 - 254x^3 - 39x^4 + 2x^5$$

$$P_6(x) = -168 + 185x + 603{,}5x^2 - 703x^3 + 273{,}5x^4 - 40x^5 + 2x^6$$

$$P_7(x) = 3528 - 4389x - 12118{,}5x^2 + 17140{,}5x^3 - 7933{,}5x^4 + 1660{,}5x^5 - 162x^6 + 6x^7 \ .$$

2.5   DIFFERENTIALGLEICHUNGEN

Wir nehmen an, es sei eine Differentialgleichung (DGl.) erster Ordnung in expliziter Form gegeben: $y' = f(x,y)$.

Gesucht ist eine Funktion $y(x)$, die diese Gleichung erfüllt und durch einen vorgegebenen Punkt (x_0, y_0) geht, d.h. für die gilt: $y(x_0) = y_0$. Auch bei stetiger Funktion $f(x,y)$ kann es viele Lösungen $y(x)$ der DGl. geben, die die Forderung $y(x_0) = y_0$ - genannt "Anfangsbedingung" - erfüllen. Nur wenn $f(x,y)$ die Eigenschaft hat, daß $|\partial f/\partial y| = L$ $(=|\partial y'/\partial y|)$ nicht beliebig groß wird oder daß wenigstens $|f(x,y_1) - f(x,y_2)|/|y_1 - y_2| = L$ $(=$ Lipschitz-Konstante) nicht beliebig groß wird, gibt es genau eine Lösungskurve $y(x)$, die durch den Anfangspunkt (x_0, y_0) geht. Wir setzen voraus, daß das Maximum L von $|\partial f/\partial y|$ in dem Gebiet der (x,y)-Ebene bestimmt wurde, in dem die DGl. gelöst werden soll.

Die DGl. liefert für jeden Punkt (x,y) den Wert $y' = f(x,y)$ der Ableitung der gesuchten Kurven $y(x)$. Das Eulersche Verfahren ersetzt stückweise die Kurve $y(x)$ durch ihre Tangente. Als y-Wert an der Stelle $x + dx$ erhält man also $y(x + dx) = y(x) + y' \cdot dx = y(x) + f(x,y) \cdot dx$. In dem so berechneten neuen Punkt $(x + dx, y(x + dx))$ berechnet man wieder als Steigung den f-Wert und ermittelt nach dem gleichen Verfahren auf der neuen Tangente den y-Wert im Punkte $x + 2dx$ usw. So erhält man eine Näherungslösung für $y(x)$.

Bei ihrer Berechnung entsteht dadurch ein Fehler, daß im Intervall von x bis $x + dx$ mit der Steigung des bekannten, linken Randpunktes x gerechnet wird. Es wäre sinnvoller, in diesem Intervall mit einem Mittelwert aus der Steigung des linken Randpunktes und des unbekannten, rechten Randpunktes zu arbeiten. Nach diesem Prinzip arbeiten die Praediktor-Korrektur-Verfahren. Sie benutzen den nach Euler ermittelten Wert von $y(x + dx)$ um die Steigung $f(x + dx, y(x + dx))$ im rechten Randpunkt zu berechnen. Anschließend wird die Berechnung von $y(x + dx)$ mit einem Mittelwert aus den Steigungen des rechten und linken Randes wiederholt (korrigiert). Die nach diesem Verfahren ermittelten Lösungen $y(x)$ sind bessere Näherungslösungen der exakten Lösungen als die Eulerschen Näherungen.

Die Güte der Näherungen ist von der Schrittweite dx abhängig. Bei zu großem dx wächst der geometrische Fehler, während bei zu kleinem dx Rundungsfehler auftreten.

Man wähle dx derart, daß $0.05 \leq dx \cdot L \leq 0.2$ ist.

2.5 a)   Das Praediktor-Korrektor-Verfahren von Heun

Das Verfahren von Heun arbeitet mit dem Mittelwert der Steigungen in den Punkten x_i und $x_{i+1} = x_i + dx$. Die Berechnung von y_{i+1} erfolgt in mehreren Schritten. Zunächst berechnet man den

$$\text{Praediktor:} \quad y_{i+1} = y_i + f(x_i, y_i) \cdot dx \ .$$

Dieser Wert y_{i+1} dient als Startwert zur iterativen Berechnung des

$$\text{Korrektors:} \quad y_{i+1} \leftarrow y_i + (f(x_{i+1}, y_{i+1})) \, dx/2 \ .$$

Im Normalfall $(dx < 0.2/L)$ genügen zwei Iterationsschritte bei der Korrektorberechnung. Bei der Iteration wird der Wert der linken Seite wieder in die rechte Seite eingesetzt.

Man schreibe eine SUBROUTINE 'HEUN' mit den Argumenten x_0, y, dx, n und f, die die Werte y_1, y_2, ..., y_n des y-Feldes berechnet. Beim Aufruf enthält die y_0-Komponente bereits den Anfangswert des Startpunktes.

Man löse mit 'HEUN' die Differentialgleichung eines elektrischen Stromkreises, der aus dem Ohm'schen Widerstand R und der Induktivität L' besteht:

$$L' \cdot di/dt + Ri = U_0 \sin(\omega t) \quad .$$

Er wird angeregt durch die äußere Spannung $U_0 \sin(\omega t)$. Hier entspricht i dem y und t dem x der DGl. $y' = f(x,y)$.

Man wähle als Anfangsbedingung $t_0 = 0$ ($= x_0$) und $i_0 = 3$ A ($= y_0$) und als Konstanten L' = 1,5 mH, R = 10 Ω, U_0 = 40 V und ω = 7 kHz.

Man lasse i(t) näherungsweise berechnen im Bereich $0 \leqq t \leqq 1$ msec und drucke zusätzlich die exakte Lösung aus:

$$I = e^{-Rt/L'}(i_0 + \frac{\omega L' U_0}{R^2 + \omega^2 L'^2}) + \frac{U_0}{\sqrt{R^2 + \omega^2 L'^2}}) \sin(\omega t - a) \quad \text{mit } a = \arctan(\omega L'/R) \quad .$$

2.5 b)   Das Runge-Kutta-Verfahren

Das Runge-Kutta-Verfahren wertet die Ableitungsfunktion f(x,y) der DGl. $y' = f(x,y)$ nicht nur an den Rändern x_i und $x_i + h$ eines Teilintervalles mit $h = dx = x_{i+1} - x_i$ aus, sondern auch in der Intervallmitte $x_i + h/2$. Man kann die Größe k_1 als Praediktor und die Größen k_2, k_3, k_4 als Korrektoren für den Zuwachs $y_{i+1} - y_i$ betrachten. Daraus wird ein gewichteter Mittelwert k_i gebildet:

$$k_1 = h\,f(x_i, y_i) \qquad\qquad k_2 = h\,f(x_i + h/2,\ y_i + k_1/2)$$

$$k_3 = h\,f(x_i + h/2,\ y_i + k_2/2) \ , \qquad\qquad k_4 = h\,f(x_i + h,\ y_i + k_3)$$

$$k_i = (k_1 + 2k_2 + 2k_3 + k_4)/6,$$

$$y_{i+1} = y_i + k_i, \qquad\qquad x_{i+1} = x_i + h \quad .$$

Die Verfahren von Gill, Nyström, Butcher und Fehlberg sind dem Runge-Kutta-Verfahren sehr ähnlich. Sie sind in [24], S. 215 zusammengestellt.

Man schreibe eine SUBROUTINE 'RUNKUT' mit den Argumenten x, y, h, n und f, die die beiden Felder x_0, x_1, ..., x_n und y_0, y_1, ..., y_n nach dem Runge-Kutta-Verfahren berechnet. Beim Aufruf ist der Startpunkt (x_0, y_0) bereits in den ersten Komponenten abgelegt.

Mit Hilfe von 'RUNKUT' soll eine Schwingungsdifferentialgleichung gelöst werden, in der die Reibungskraft nicht der Geschwindigkeit $\dot{x} = v$, sondern derem Quadrat proportional ist: $m\ddot{x} + b\dot{x}^2 + Dx = 0$. Hier tritt die Zeit t, die unabhängige Variable, nicht explizit auf. In solchen Fällen läßt sich die Ordnung der DGl. reduzieren, indem man setzt:

$$\ddot{x} = \dot{v} = \frac{dv}{dx} \cdot \frac{dx}{dt} = \frac{dv}{dx}v = v'v \quad .$$

Man erhält als neue DGl.: $mv'v + bv^2 + Dx = 0$. Sie läßt sich weiter vereinfachen durch Einführen der Variablen $y = v^2/2$ mit der Ableitung: $y' = dy/dx = vv'$. Setzen wir noch $b' = b/m$ und $D' = D/m$, so hat die DGl. die Form:

$$y' + 2b'y + D'x = 0$$

Ihre exakte Lösung lautet:

$$y = ce^{-2b'x} + D'(1 - 2b'x)/(4b'^2) \ .$$

Die freie Konstante c bestimmt man an der Forderung, daß die Masse m bei $x_0 = 0$ mit der Geschwindigkeit v_0 gestartet wird: $y_0 = v_0^2/2$. Damit ist

$$c = v_0^2/2 - D'/(4b'^2) \ .$$

Für die übrigen Konstanten wähle man $m = 1$, $b = 0.5$, $D = 3$, $v_0 = 5$, $h = 0.05$. Man drucke die exakten Werte von $v(x)$ und die mit 'RUNKUT' berechneten Werte von $v(x)$ zusammen mit den x_i-Werten aus im Bereich $0 \leqq x \leqq 1.5$. Ebenso drucke man die beiden Lösungen $v(x)$ aus für die Startbedingung $x_0 = 2$, $v_0 = 0$. Dies bedeutet ein Loslassen der ruhenden Masse im Punkt $x_0 = 2$. Sie wird dann von der elastischen Feder D beschleunigt. Hier ist im Intervall $2 \geqq x \geqq 0$ mit $h = -0.05$ zu rechnen.

2.5 c) Differentialgleichungen höherer Ordnung und Systeme von Differentialgleichungen

Eine DGl. n-ter Ordnung
$$y^{(n)}(x) = f(x,y,y',y'',\ldots\ldots,y^{(n-1)}) \ , \tag{I}$$

läßt sich in ein System von DGln. überführen, indem man die Ableitungen $y^{(k)}(x)$ als unabhängige, unbekannte Funktionen $y_{k+1}(x)$ behandelt. Setzt man zunächst $y(x) = y_1(x)$, so erhält man durch Differenzieren das folgende System von DGln. erster Ordnung:

$$y'_1 = y_2 \ , \ y'_2 = y_3, \ \ldots\ldots, \ y'_{n-1} = y_n, \quad y'_n = f(x, \ y_1, y_2, \ldots\ldots, y_n) \ . \tag{II}$$

Die letzte Gleichung entspricht der DGl., denn $y'_n(x)$ entspricht der Ableitung $y^{(n)}(x)$ in der ursprünglichen Form (I) .
Durch jeden Punkt (x,y) gehen im Normalfall viele Lösungen von (I). Man wählt eine bestimmte Lösung aus dieser Mannigfaltigkeit aus, indem man zusätzlich die Ableitungen $y',y'',\ldots\ldots,y^{(n-1)}$ im Startpunkt (x_0,y_0) festlegt. Interpretiert man (I) als System von DGln. (II), so ist auch diese Anfangsbedingungen neu zu formulieren. Vorzugeben sind dann:

$$y_1(x_0) = y_{1,0}, \quad y_2(x_0) = y_{2,0}, \quad \ldots\ldots, \ y_n(x_0) = y_{n,0} \ . \tag{III}$$

Setzt man diese Werte in die DGl. (I) ein, so erhält man $y^{(n)}(x_0)$.

Auf solche Systeme von DGln. 1.Ordnung läßt sich wieder das Runge-Kutta-Verfahren der letzten Aufgabe anwenden. Man startet mit x_0 und den Anfangswerten (III) und durchläuft mit der Schrittweite $h = dx$ ein vorgegebenes Intervall $x_0 \leqq x_i \leqq x_N$ mit $x_i = x_0 + ih$. Für jedes neue $x_{i+1} = x_i + h$ ist ein Satz von y-Werten zu berechnen:

$$\mathbf{y}_{i+1} = (y_{1,\,i+1},\ y_{2,\,i+1},\ \ldots\ldots,\ y_{n,\,i+1}) \ .$$

Dies geschieht über die Berechnung einer Matrix $\mathbf{K}$ mit 4 Zeilen und n Spalten und einem Vektor $\mathbf{k}$ mit n Komponenten. Wir geben $\mathbf{K}$ und $\mathbf{k}$ hier nicht für den aus (I) abgeleiteten Spezialfall (II) eines Systems von DGln., sondern zunächst für den allgemeinen Fall eines Systems von DGln. 1. Ordnung:

$$y_j' = f_j(x, y_1, y_2, \ldots\ldots, y_n) \quad \text{mit den Anfangsbedingungen}$$
$$y_j(x_0) = y_{j0} \qquad \text{für} \qquad j = 1, 2, \ldots\ldots, n \tag{IV}$$

an:

$$K_{1m} = h\, f_m(x_i, \mathbf{y})$$

$$K_{2,m} = h\, f_m(x_i + h/2,\ y_1 + K_{11}/2,\ y_2 + K_{12}/2,\ \ldots\ldots,\ y_n + K_{1n}/2)$$

$$K_{3,m} = h\, f_m(x_i + h/2,\ y_1 + K_{21}/2,\ \text{-------------},\ y_n + K_{2n}/2) \tag{V}$$

$$K_{4,m} = h\, f_m(x_i + h,\ y_1 + K_{31},\ \text{-----------------},\ y_n + K_{3n})$$

$$k_m = (K_{1m} + 2K_{2m} + 2K_{3m} + K_{4m})/6 \ .$$

Damit erhält man als y-Werte im Nachbarpunkt x_{i+1} den Satz:

$$\mathbf{y}_{i+1} = \mathbf{y}_i + \mathbf{k} = (y_{1i} + k_1,\ y_{2i} + k_2,\ \ldots\ldots,\ y_{ni} + k_n) \ .$$

In den letzten Zeilen läuft m jeweils von 1 bis n . - Die Zeilen 2 bis 4 der Matrix $\mathbf{K}$ berechnen sich ersichtlicherweise jeweils aus den unmittelbar darüber stehenden Zeilen. Im Vektor $\mathbf{k}$ werden gewichtete Spaltenmittelwerte der Matrix $\mathbf{K}$ gebildet.
Im Normalfall genügt es, für jedes x den Vektor $\mathbf{y}$ auszudrucken. Dann braucht man $\mathbf{y}$ nicht als Matrix abzuspeichern. -
Im Spezialfall (II) sind die Funktionen f_m bis auf die letzte besonders einfach, verglichen mit (IV). Entsprechend vereinfacht sich (V) für m = 1 bis n - 1 zu:

$$K_{1,m} = h y_{m+1}\ , \qquad\qquad K_{2,m} = h(y_{m+1} + K_{1,m+1}/2)\ ,$$
$$K_{3,m} = h(y_{m+1} + K_{2,m+1}/2)\ , \quad K_{4,m} = h(y_{m+1} + K_{3,m+1}) \ . \tag{VIa}$$

Lediglich in der letzten Spalte der Matrix $\mathbf{K}$ muß die Funktion f der DGl. (I) berechnet werden:

$$K_{1,n} = h\, f(x_i, y_1 y_2, \ldots\ldots, y_n) = h\, f(x_i, \mathbf{y}_i)$$
$$K_{2,n} = h\, f(x_i + h/2,\ y_1 + K_{11}/2,\ y_2 + K_{12}/2,\ \ldots\ldots,\ y_n + K_{1n}/2) \tag{VIb}$$

usw. entsprechend (V). Auch hier muß die Matrix $\mathbf{K}$ jedoch zeilenweise berechnet werden, beginnend mit K_{11} bis K_{1n} .

Man schreibe eine SUBROUTINE 'DIFNOR' mit einem zusätzlichen ENTRY 'SYSNDI' . 'DIFNOR' löse eine DGl. n-ter Ordnung in der Form (II) nach dem Verfahren (VI). Der allgemeine Fall eines Systems von DGln. (IV) wird durch 'SYSNDI' gelöst nach dem Verfahren (V). Beide Teile haben die Argumente x, h, **y**, f und n und berechnen einen neuen Vektor **y** an der Stelle x + h . Beim Aufruf enthält der Vektor **y** die Werte $(y_1, y_2, \ldots, y_n)$ an der Stelle x. In 'DIFNOR' wird f aufgerufen mit drei Argumenten: x, **y** und n, da es in diesem Fall nur eine Funktion f gibt, während in 'SYSNDI' die Funktion f entsprechend (IV) zusätzlich j als Argument enthält: F(J,X,Y,N).
Man teste 'DIFNOR' mit der DGl.

$$y'' = 4xy' + (2 - 4x^2)y \qquad\qquad\qquad (VII)$$

mit den Anfangsbedingungen $x_0 = -1$, $y_0 = 2$, $y_0' = 0$ und berechne die Lösung im Bereich: $-1 \leqq x \leqq +2$ mit der Schrittweite $h = 0.05$. Dazu wird (VII) als System von DGln. interpretiert. Mit $y_1 = y$ erhält man:

$$y_1' = y_2 \ , \quad y_2' = 4xy_2 + (2 - 4x^2)y_1 \ \equiv \ f(x,y_1,y_2) \ .$$

Dies entspricht den Gleichungen (II) . Man lasse auch die exakte Lösung ausdrucken ([25], S. 416):

$$y(x) = (c + qx)e^{x^2} \ .$$

Hier werden c und q durch die Anfangsbedingungen festgelegt: $c = 6/e$, $q = 4/e$, $e = 2.718281828$.
Zum Testen des Teiles 'SYSNDI' wähle man folgendes System von zwei DGln. ([25], S. 623):

$$y_1' \ = \ \frac{-xy_1 + y_2}{1 + x^2} \ , \qquad\qquad y_2' \ = \ \frac{-y_1 - xy_2}{1 + x^2}$$

mit den exakten Lösungen $y_1 = (c + qx)/(1 + x^2)$, $y_2 = (q - cx)/(1 + x^2)$, deren Koeffizienten durch die Anfangsbedingungen $x_0 = -1$, $y_1 = 2$, $y_2 = -1$ die Werte $c = 1$ und $q = -3$ erhalten.
Man wähle wieder das Intervall $-1 \leqq x \leqq 2$.

2.5 d)   Partielle Differentialgleichung

In den Naturwissenschaften und in der Technik treten häufig partielle DGln. auf, die im allgemeinen Fall als unabhängige Variable die Raumkoordinaten x, y, z und die Zeit t enthalten. Wir beschränken uns auf den Fall, daß nur zwei unabhängige Variable auftreten, die wir mit x und y bezeichnen, und daß die DGl. linear und von zweiter Ordnung ist:

$$a_1 \frac{\partial^2 f}{\partial x^2} + a_2 \frac{\partial^2 f}{\partial x \partial y} + a_3 \frac{\partial^2 f}{\partial y^2} + a_4 \frac{\partial f}{\partial x} + a_5 \frac{\partial f}{\partial y} + a_5 f + a_7 = 0 \ . \qquad (I)$$

Hierin sind die Koeffizienten a_i im allgemeinen Fall Funktionen der unabhängigen Koordinaten x und y . Die Gleichung (I) heißt elliptisch, wenn $a_2^2 - 4a_1 a_3 < 0$,

parabolisch, wenn $a_2^2 - 4a_1 a_3 = 0$ und hyperbolisch, wenn $a_2^2 - 4a_1 a_3 > 0$ ist. Beispielsweise sind die Laplace-Gleichung: $\partial^2 f/\partial x^2 + \partial^2 f/\partial y^2 = 0$ elliptisch, die
Wärmeleitungs- und Diffusionsgleichung: $\partial^2 f/\partial x^2 = \partial f/\partial t$ parabolisch und die
Wellengleichung: $\partial^2 f/\partial x^2 - \partial^2 f/\partial t^2 = 0$ hyperbolisch.
Gesucht sind die Lösungen $f(x,y)$ von (I) in einem Gebiet $G(x,y)$ der x-y-Ebene,
die auf dem Rand $R(x,y)$ des Gebietes G bestimmte, vorgegebene Werte haben,
d.h. die gewisse 'Randbedingungen' erfüllen. Durch Vorgabe der Randbedingungen werden aus den mehrfach unendlich vielen Lösungen von (I) diejenigen aus-
gesucht, die zum konkreten physikalischen Problem passen. - Eine leicht ver-
ständliche Einführung in die Lösungsmethoden wurde von G.D. Smith gegeben
[27]. -
Normalerweise legt man über das Gebiet $G(x,y)$ ein Netz von Linien $x_i = $ const,
$y_j = $ const, gibt auf den Randpunkten die Funktionswerte $f(x_i, y_j) = f_{ij}$ vor und
sucht die Lösungswerte f_{ij} im Inneren des Gebietes. Dazu ersetzt man in (I)
die Ableitungen durch die entsprechenden Differenzenquotienten. Zum Beispiel
bieten sich für die 1. Ableitung folgende Formeln an:

$$\partial f/\partial x = (f(x_i + h,\ y_j) - f(x_i, y_j))/h = (f_{i+1,j} - f_{i,j})/h \tag{IIa}$$

$$\partial f/\partial y = (f(x_i,\ y_j + k) - f(x_i, y_j))/k = (f_{i,j+1} - f_{i,j})/k \ . \tag{IIb}$$

Entsprechend kann man die 2. Ableitungen ersetzen durch

$$\partial^2 f/\partial x^2 = (f_{i+1,j} - 2f_{i,j} + f_{i-1,j})/h^2 \tag{IIc}$$

$$\partial^2 f/\partial y^2 = (f_{i,j+1} - 2f_{i,j} + f_{i,j-1})/k^2 \tag{IId}$$

Hier ist jeweils

$$x_{i+1} - x_i = h \qquad \text{und} \qquad y_{j+1} - y_j = k \ .$$

Die DGl. (I) gilt als Naturgesetz in jedem Gitterpunkt des Netzes. Man hat
also soviele <u>Differenzengleichungen</u> wie Unbekannte $f_{i,j}$. In der Praxis sind
dies oft mehrere Tausend Unbekannte. Da die $f_{i,j}$-Werte in den Ableitungen
linear vorkommen, muß ein entsprechend großes System von linearen Gleichungen gelöst werden. Glücklicherweise kommen beim Ersetzen der Ableitungen
durch die Differenzquotienten nur wenige Funktionswerte $f_{i,j}$ einiger Nachbarpunkte vor, so daß in dem großen Gleichungssystem in jeder Zeile nur wenige
Terme auftreten: man erhält "Bandmatrizen", die im Normalfall mit <u>Relaxa-</u>
<u>tionsmethoden</u> diagonalisiert werden.

α) Wir wählen als erstes Beispiel die Wärmeleitung in einem dünnen Stab. Sie
gehorcht der Wärmeleitungsgleichung:

$$\frac{\partial T'}{\partial t'} = \varkappa \, \frac{\partial^2 T'}{\partial x'^2} \ . \tag{III}$$

Die Temperaturleitzahl $\varkappa$ hängt mit der Wärmeleitzahl λ, der spezifischen
Wärme c und der Dichte ρ des Stabmaterials zusammen: $\varkappa = \lambda/(c\rho)$. Für
Kupfer ist $\varkappa = 1.1\mathrm{E}-4$ m²/sec . Hier ist x' die Koordinate in Richtung der
Stabachse. Es ist in (III) angenommen, daß der Stab in radialer Richtung

wärmeisoliert ist: $\partial^2 T'/\partial y'^2 = \partial^2 T'/\partial Z'^2 = 0$. T' ist die Temperatur des Stabmaterials. Sie hängt von der Zeit t' und der Position im Stab x' ab, der die Länge L haben soll: $0 \leqq x' \leqq L$.
Die Lösung von (III) kann man auch für andere Probleme verwenden, wenn man (III) dimensionslos schreibt. Es sei: $x = x'/L$. Dann haben die Stabenden die dimensionslosen Koordinaten $x = 0$ und $x = 1$. Ebenso sei $T = T'/T_0$, wobei T_0 eine wählbare Höchst- oder Tiefsttemperatur des Experimentes ist.
Beim Einsetzen dieser Größen erhält man:

$$\frac{\partial T'}{\partial x'} = \frac{\partial T'}{\partial x} \cdot \frac{\partial x}{\partial x'} = \frac{\partial T'}{\partial x} \cdot \frac{1}{L} \quad \text{und} \quad \frac{\partial^2 T'}{\partial x'^2} = \frac{1}{L^2} \frac{\partial^2 T'}{\partial x^2} \; .$$

Für (II) bedeutet dies:

$$\frac{\partial(TT_0)}{\partial t'} = \frac{x}{L^2} \frac{\partial^2(TT_0)}{\partial x^2} , \qquad \text{bzw.} \qquad \frac{L^2}{x} \cdot \frac{\partial T}{\partial t'} = \frac{\partial^2 T}{\partial x^2} \; .$$

Wird eine dimensionslose "Zeit" t eingeführt: $t = t'/(x/L^2) = t'/t_0'$, so geht (III) schließlich in die dimensionslose Form:

$$\frac{\partial T}{\partial t} = \frac{\partial^2 T}{\partial \dot{x}^2} \tag{IV}$$

über. Als Anfangsbedingung geben wir eine Temperaturverteilung im Stab zur Zeit $t = 0$ vor:

$$T(x,0.) = 4x/3 + \sin(2\pi x) \; . \tag{V}$$

Die Stabenden haben also die Anfangstemperatur $T(0.,0.) = 0.$ und $T(1.,0.) = 1.333$. Sie sollen durch äußeren Eingriff (Kühlung bzw. Erwärmung) während des ganzen Versuches auf diesen konstanten Temperaturen gehalten werden: $T(0.,t) = 0$ und $T(1.,t) = 1.333$ für alle $t \geqq 0$. Das Problem besteht nur darin, die Temperaturverteilung $T(x,t)$ für beliebige Zeiten t zu berechnen.
Wir wählen als Gitterpunkte in der x-t-Ebene: $x_i = i \cdot h$ für $i = 0,1,2,\ldots\ldots,20$; $h = 0.05$ und $t_j = j \cdot k$ für $k = 0.001$; $j = 0,1,2,\ldots\ldots,60$. Setzt man die Formeln (II) in (IV) ein, so erhält man als Differenzenapproximation:

$$\frac{T_{i,j+1} - T_{i,j}}{k} = \frac{T_{i+1,j} - 2T_{i,j} + T_{i-1,j}}{h^2} \quad \text{bzw.}$$

$$T_{i,j+1} = T_{i,j} + q \cdot (T_{i+1,j} - 2T_{i,j} + T_{i-1,j}) \tag{VI}$$

mit $q = k/h^2$. Sind sämtliche Temperaturen zur Zeit $T_{i,j}$ mit $j = 0$ bekannt, so lassen sich sämtliche Temperaturen $T_{i,1}$ zur Zeit $t_1 = 1 \cdot k = k$ explizit zu berechnen. Anschließend kann man aus den Temperaturen $T_{i,1}$ die Temperaturen $T_{i,2}$ zur Zeit $t_2 = 2k$ berechnen usw.

Man schreibe ein Programm, das die Temperaturen nach einer Überschriftszeile in folgender Form vertafelt:

```
T(I,J)   x = 0.05   0.10   0.15   ----   ----   ----   0.95   1.00

t = 0.        0.376  0.721  1.009  ----   ----   ----   0.958  1.333

t = 0.001  ----     ----   ----                         ----   ----

t = 0.002  ----     ----   ----                         ----   ----
-----------------------------------------------------------------------
```

Bei der Berechnung nach (VI) erkennt man, daß sich in dieser Tafel jede
Temperatur $T_{i,j}$ aus den drei darüberstehenden Werten ergibt.
Man vertafele auch die exakte Lösung in gleicher Druckform:

$$T(x,t) = 4x/3 + \sin(2\pi x)e^{-4\pi^2 t} \ .$$

Es sei hier noch angemerkt, daß dieses explizite Lösungsverfahren nur für
$0 < q \leqq 0.5$ konvergiert. Ein zu großes $k(=\Delta t)$ oder zu kleines $h(=\Delta x)$ führt
zu fehlerhaften Näherungen. Dies läßt sich an den Ergebnissen $T_{i,j}$ ablesen,
wenn man einmal ein Netz mit $q = 0.48$ und dann ein Netz mit $q = 0.90$ an-
legt und die entsprechenden Tafeln berechnet.

β) Als weiteres Beispiel soll die elliptische Laplace-Gleichung

$$\partial^2 V'/\partial x'^2 + \partial^2 V'/\partial y'^2 = 0$$

gelöst werden. Sie läßt sich dimensionslos formulieren durch Einführen der
Koordinaten $x = x'/L$, $y = y'/L$, $V = V'/L^2$. Man erhält: $\partial^2 V/\partial x^2 + \partial^2 V/\partial y^2 = 0$.
Die Randbedingungen werden durch gewinkelte Bleche realisiert, die auf
konstanter elektrischer Spannung V gehalten werden mit $V_{39} = +10$, $V_{37} = 0$
und $V_{38} = -10$. Wir wählen folgendes Netz:

```
                            39 37  37 37  37 37 37 37

   1. T                     39                      37

                            39                      37

                        A   39                      37

          39 39 39 39 39 35                         37

          37 32 33 34 35 36 30                      38

          37 26 27 28 29 30 31 24            38

          37 19 20 21 22 23 24 25 18 38

          37 12 13 14 15 16 17 18 38

      +   37  6  7  8  9 10 11 38       B
      h
   y  +   37  1  2  3  4  5 38

  0.  ⊥   37 37 37 37 37 38
                  + h +

          ├ x                              ┤
          0.                               1.
```

Hier sind die Unbekannten $V(x_i, y_j)$ nicht doppelt indiziert, sondern durchnumeriert von V_1 bis V_{36}. Da die Potentiale der Randbleche spiegelsymmetrisch sind zur Diagonalen AB, müssen auch die Lösungen im Innenraum zur Linie AB spiegelsymmetrisch sein. Aus diesem Grunde sind die Werte V_{18}, V_{24}, V_{30} und V_{35} doppelt entlang der Diagonalen doppelt eingetragen. Wir wählen gleiche Maschenweite in x- und y-Richtung: $k = h$.

Aus Symmetriegründen erhält man die V-Werte rechts oberhalb der Diagonalen durch Spiegelung an der Diagonalen.

Als Differenzengleichung geschrieben hat die Laplace-Gleichung die Form:

$$(V_{i+1,j} - 2V_{i,j} + V_{i-1,j})/h^2 + (V_{i,j+1} - 2V_{i,j} + V_{i,j-1})/h^2 = 0 \ .$$

Dies ergibt:

$$4V_{i,j} - V_{i+1,j} - V_{i-1,j} - V_{i,j+1} - V_{i,j-1} = 0$$

als Bestimmungsgleichungen für die $V_{i,j}$. Insgesamt gibt es 36 derartige Bestimmungsgleichungen, in denen nicht immer alle 5 V-Werte unbekannt sind. Vielmehr sind die V-Werte der Randpunkte vorgegeben.

Beispielsweise entnimmt man aus dem geometrischen Schema die beiden ersten Gleichungen bei einfacher Indizierung:

$$4V_1 - V_2 - 0 \cdot V_3 - 0 \cdot V_4 - 0 \cdot V_5 - V_6 - 2V_{37} = 0$$

$$-V_1 + 4V_2 - V_3 - 0 \cdot V_4 - 0 \cdot V_5 - 0 \cdot V_6 - V_7 - V_{37} = 0 \quad .$$

Hier sind die Randwerte V_{37} bekannt $(= 0)$. Man erkennt, daß alle Diagonalelemente des Gleichungssystems $\mathbf{A} \cdot \mathbf{V} = \mathbf{b}$ den Wert +4 haben.

Die rechten Seiten $\mathbf{b}$ bestehen aus vorgegebenen Werten der Elemente V_{37}, V_{38} und V_{39} . In jeder Zeile treten maximal 5 Terme auf. Es bleibt dem Programmierer nicht erspart, sich das ganze Gleichungssystem einmal aufzuschreiben. Daran lassen sich die 36 b-Werte der rechten Seiten ablesen. In der Matrix A treten nicht nur die Elemente +4 und -1, sondern entlang der geometrischen Linie AB aus Symmetriegründen auch die Werte -2 auf. Beispielsweise ist:

$$-2V_{18} - 0 - 0 - 0 - 0 - 0 - 2V_{24} + 4V_{25} = 0 \quad .$$

Man löse das Gleichungssystem nach der Methode von Gauß-Seidel und drucke die Lösungen V_i in Form der geometrischen Anordnung aus. - Es ist nicht erforderlich, die komplette $(36 \cdot 36)$-Matrix A einzugeben, vielmehr genügt es, sich in einer $(4 \cdot 36)$-Indexmatrix 'INDEX' zu merken, welche Indizes die 4 Elemente einer jeden Zeile haben, die zusätzlich zum Diagonalelement ungleich Null sind. Treten nur 3 Elemente zusätzlich auf, so läßt sich die 37 als 4. Index wählen, da $V_{37} = 0$ ist und zum Ergebnis nichts beiträgt. Als Startwerte der Gauß-Seidel-Iteration kann man grob zwischen den Randwerten V_{37}, V_{38} und V_{39} interpolierte Schätzwerte V_i vorgeben.

2.6 PSEUDOZUFALLSZAHLEN UND SORTIERVERFAHREN

2.6 a) Gleichwertige Pseudozufallszahlen

Zufallszahlen im eigentlichen Sinne kommen nur in der Natur vor. Beispielsweise sind die Lottozahlen und die Anzahl der sekündlichen Zerfälle eines radioaktiven Präparats Zufallszahlen. Während bei mehreren Messungen die Anzahl der Zerfälle um einen Mittelwert streut und eine Verteilungsfunktion darstellt, kommen beim Lottospiel alle Zahlen zwischen 1 und 49 gleich oft vor. Man spricht dann von gleichverteilten Zufallszahlen ([26], S. 21 ff.). Will man zufällige Ereignisse auf einem Rechner simulieren, so benötigt man Algorithmen, mit denen sich Folgen von Zufallszahlen berechnen lassen. Durch sie wird festgelegt, wie man eine neue Zufallszahl aus einer oder mehreren vorher berechneten Zufallszahlen ermittelt. Wegen dieser Festlegung sind solche Zahlenfolgen nicht wirklich zufällig. Man nennt sie daher Pseudozufallszahlen.
Üblicherweise werden sie mit Hilfe der Modulfunktion definiert, die den Rest bei einer Division berechnet: MOD(26,10) liefert den Wert 6, AMOD(5.7,2.1) liefert den Wert 1.5 . Der Wert der Modulfunktion ist natürlich immer kleiner als ihr 2. Argument.
In der Mathematik formuliert man in diesen Fällen 26 mod 10 bzw. 5.7 mod 2.1 und spricht "26 modulo 10".
Übliche Verfahren benutzen heute multiplikative Generatoren. Man startet mit einem beliebigen x_0 und berechnet fortlaufend:

$$x_{n+1} = (ax_n) \bmod M \quad . \tag{1}$$

Wegen der endlichen Wortlänge der Rechner wird für großes n (spätestens für n = M) wieder die ursprüngliche Zahl x_0 erreicht. Von dort an wiederholen sich die Zahlen. Die Folge x_n hat also eine Periode.
Man wählt $M = 2^k$ bei binär rechnenden Computern und $M = 10^k$ bei dezimal rechnenden Computern. Der Exponent k sollte möglichst groß gewählt werden, um eine große Periode M zu erreichen. Wegen der Restbildung sind die Zufallszahlen immer kleiner als M.
Die Firma IBM benutzte früher in der RANDU-Funktion den Generator:

$$I_{n+1} = (65539 \cdot I_n) \bmod 2^{31}$$

und heute in der RANNEW-Funktion das Verfahren:

$$I_{n+1} = (16807 \cdot I_n) \bmod (2^{31} - 1) \quad .$$

Hierbei ist $65539 = 2^{16} + 3$ und $16807 = 7^5$. Dividiert man die Werte I_{n+1} durch M, so erhält man Zufallszahlen im Bereich $0 < x_{n+1} < 1$.
Die Zahl 2^{31} soll im ganzen Programm nur einmal berechnet werden.
Man arbeite bei der Modulfunktion und der Multiplikation doppelt genau und beginne z.B. mit $I_0 = 4.0D15 * DATAN(1 \cdot 0D\emptyset)$. Dazu schreibe man zwei doppelt genaue Funktionen XOLD(X) und XNEW(X) mit doppeltgenauem Argument X, die als Funktionswert die auf X folgende neue Zufallszahl nach dem RANDU- bzw. RANNEW-Verfahren berechnen.

Im Hauptprogramm teile man das Intervall $0 < x < 1$ in 1000 gleiche Teile und zähle getrennt für die RANDU- und RANNEW-Funktion ab, wieviel x-Werte in die Teilintervalle fallen (Häufigkeitstest), wenn man 10000 aufeinanderfolgende Werte berechnen läßt.

Man zähle gleichzeitig mit, wie oft $x_{j+1} > x_j$ und wie oft $x_{j+1} < x_j$ ist (Reihentest). Diese beiden Anzahlen müßten etwa gleich sein. Interpretiert man x_{j+1} als X- und x_j als Y-Koordinate eines kartesischen Systems, so stellt jedes Pärchen einen Punkt dar, der auf einem Rastergrafik-Bildschirm dargestellt werden kann. Man erkennt dann anschaulich, ob die Verteilung gleichmäßig ist.

Steht ein solcher Bildschirm nicht zu Verfügung, so deklariere man eine $50 \cdot 50$-Matrix 'KANZ' und zähle in ihren Elementen, wie oft ein Matrixelement mit den Indices $I = x_{j+1} \cdot 50 + 1$ und $L = x_j \cdot 50 + 1$ "getroffen" wird. Bei 10000 Pärchen müßten die Werte der 2500 Matrixelemente im Mittel gleich 4 sein.

Aus 'KANZ' berechne man eine CHARACTER-Matrix 'KGRAU', die die Werte von 'KANZ' in Graustufen umwandelt:

KANZ =	0	1	2	3	4	5	6	≥ 7
KGRAU =	blank	.	:	+	Y	•	R	M .

und drucke die Zeichen von 'KGRAU' mit einem Leerschlag zwischen benachbarten Zeichen aus.

Man führe auch den Intervalltest durch, indem man für jedes der oben erwähnten 1000 Teilintervalle abzählt, wie viele aufeinanderfolgende Zufallszahlen ein bestimmtes Intervall auslassen. Dazu werden drei Vektoren 'INDEX', 'MAX' und 'MIN' mitgeführt, die jeweils 1000 Komponenten haben. Fällt z.B. die 4970ste Zufallszahl x_{4970} in das Intervall Nr. 630, so wird die Zahl 4970 abgelegt in INDEX(630). Der Wert von $INDEX_I$ gibt also an, wann das i-te Intervall zuletzt getroffen wurde. Zuvor jedoch wird "nachgesehen", was zuletzt in INDEX(630) stand. Steht dort der Wert 2510, so traf x_{2510} als letzte Zahl ins Intervall Nr. 630. Damit läßt sich ermitteln, wie oft das Intervall 630 nicht getroffen wurde: $4970 - 2510 = 2460$ Mal. Ist dieser Wert größer als MAX(630), so wird MAX(630) durch ihn ersetzt. Entsprechendes geschieht mit MIN(630), falls $2460 < MIN(630)$ ist. Zu Beginn sind alle 'INDEX'-Werte gleich Null und alle 'MAX'- und 'MIN'-Werte gleich 1000 zu setzen, da im Mittel jedes Teilintervall nach 1000 Zufallszahlen wieder getroffen wird. 'MAX' und 'MIN' werden nicht berechnet, wenn ein Teilintervall zum ersten Mal getroffen wird, d.h. wenn sein 'INDEX' noch Null ist.

2.6 b)   Monte-Carlo-Methode

Monte-Carlo-Methoden versuchen mathematische Probleme nicht analytisch, sondern durch Einsatz von Zufallszahlen zu berechnen. Oft kommt man so schnell zu groben Abschätzungen einer Lösung oder überhaupt zu einer Näherungslösung, die analytisch sonst nicht zu gewinnen wäre.

Man schätze den Wert des Integrals

$$A = \int_0^5 e^{-x} \cos^2(x^3 - 2x + 6)\, dx$$

mit Hilfe von Zufallszahlen ab, die mit der 'RANNEW'-Funktion der letzten Aufgabe berechnet werden. Der Integrand ist stets positiv und kleiner als eins. Wir lassen also Pärchen von Zufallszahlen $x_{j+1} \cong X$ und $x_j \cong Y$ in ein Gebiet $0 < X < 5$ und $0 < Y < 1$ fallen, indem wir setzen $X = x_{j+1} \cdot 5$ und $Y = x_j$. Die Gesamtfläche dieses Gebietes ist $B = 5 \cdot 1$. Zählt man bei 1000 Pärchen X, Y ab, wie oft

$$Y \leqq e^{-X} \cos^2(x^3 - 2x + 6)$$

ist, so verhält sich diese Anzahl K zu 1000 wie A zu B. Die gesuchte Fläche ist: $A = B \cdot K/1000$. Eine Romberg-Integration liefert $A = 0.4135$.

2.6 c)   Verrauschen einer Funktion

Man verrausche eine Funktion f(x) dadurch, daß man bei jedem Aufruf eine Zufallszahl zu ihrem Funktionswert addiert. Dazu schreibe man eine FUNCTION 'RAUSCH' mit den Argumenten F, X und A, die als Funktionswert 'RAUSCH' die Summe aus dem Funktionswert F(X) und einer Zufallszahl y_{j+1} berechnet. Die Zufallszahl falle in den Bereich: $-A < y_{j+1} < +A$. Man erhält die y_{j+1}-Werte aus der Funktion 'RANNEW' der vorletzten Aufgabe: $y_{j+1} = (x_{j+1} - 0.5) \cdot 2A$. Statt 'RANNEW' zu rufen kann man auch den Zufallszahlengenerator direkt in 'RAUSCH' implementieren.
Man stelle die FUNCTION $f(x) = 2\sin(2x)$ im Bereich $-0.5 \leqq x \leqq +3.5$ als Graph in zwei verschiedenen Bildern dar. Im ersten Graphen trage man zusätzlich die FUNCTION 'RAUSCH'(F,X,1.5) und im zweiten Graphen das Bild von 'RAUSCH' (F,X,3.0) ein. Bei der Darstellung der Kurven wähle man als Schrittweite $dx = 0.05$.

2.6 d)   Analyse eines verrauschten Signals durch Autokorrelation

Bei der Analyse dynamischer Prozeßmodelle arbeitet man u.a. mit Autokorrelationsfunktionen $R(\tau)$, die als Integrale über Prozeßsignalfunktionen f(x) definiert sind ([29], S. 305, 624):

$$R(\tau) = \lim_{T \to \infty} \frac{1}{2T} \int_{-T}^{T} f(x)f(x + \tau)dx \ .$$

Man kann aus $R(\tau)$ Rückschlüsse ziehen auf den Mittelwert $\bar{f}$ von f(x) und auf das Frequenzspektrum von f(x). Für $\tau = 0$ hat $R(\tau)$ ein Maximum A, denn der Integrand ist in diesem Falle für alle x positiv: $f^2(x)$.
Nehmen wir einmal an, f(x) sei ein periodisches Signal $f(x) = \sin(\omega x)$. Dann hat $R(\tau)$ ein Maximum gleicher Höhe A an der Stelle $\tau = 2\pi/\omega$, denn

$$f(x)f(x + \tau) = \sin(\omega x)\sin(\omega x + \omega \, 2\pi/\omega) = \sin(\omega x)\sin(\omega x + 2\pi) = \sin^2(\omega x) = f^2(x) \ .$$

Für dieses τ und für alle weiteren $\tau = k \cdot 2\pi/\omega$ werden also gleiche sin-Werte verschiedener sin-Wellen miteinander multipliziert. Ebenso erkennt man, daß $f(x)f(x + \pi/\omega) = -f^2(x)$ ist: liegt f(x) auf dem Berg einer sin-Welle, so liegt $f(x + \pi/\omega)$ im Tal einer sin-Welle. Also ist $R(\pi/\omega) = -A$. Man kann daher an $R(\tau)$ die Periode ω von f(x) erkennen. Diese Eigenschaft bleibt auch erhalten, wenn f(x) durch äußere Störungen verrauscht ist, da sich bei einem großen In-

tegrationsbereich $T \to \infty$ die Störungen herausheben.
Man berechne $R(\tau)$ mit Hilfe der Trapezregel nach der abgeänderten Formel:

$$R(\tau) = \frac{1}{T} \int_0^T f(x)f(x+\tau)dx = \frac{1}{n+1} \sum_{i=0}^{n} f(x+ih)f(x+\tau+ih)$$

mit $h = T/n$, $n = 200$, $T = 10$ bzw. $T = 20$ im Bereich: $0 \leqq \tau \leqq 10$ mit der Schrittweite $\Delta\tau = 0.5$. Als Funktion $f(x)$ nehme man die Funktion 'RAUSCH'(F,X,3.0) der letzten Aufgabe, d.h. eine Funktion, die dadurch entsteht, daß die Funktion $2\sin(2x)$ durch ein Störsignal der Amplitude 3.0 verrauscht wird. Sowohl an der mit $T = 10$ als auch an der mit $T = 20$ berechneten Funktion $R(\tau)$ erkennt man, daß das verrauschte Signal die Periode $\omega = 2$ hat.

2.6 e)   Sortieren durch Auswählen

Eines der einfachsten Verfahren zum Sortieren von Zahlen ist das Sortieren durch Auswählen.
Man sucht in einem 1. Durchlauf das größte Element eines Feldes A und bringt es durch Austausch auf Platz 1 . Im 2. Durchlauf wird das zweitgrößte Element unter den restlichen, noch nicht sortierten Elementen a_2 bis a_n gesucht und auf Platz 2 gebracht usw. Der letzte $(n-1)$-te Durchlauf sortiert die Elemente a_{n-1} und a_n .
Allgemein greifen Rechner schneller auf eine Variable x zu als auf ein Feldelement a_j . Daher speichert man im k-ten Durchlauf zunächst den Wert von a_k in eine Variable x und durchmustert dann das Feld für $j = k+1$ bis n . Ist $a_j > x$, so holt man den Wert von a_j nach x und merkt sich den Wert von j in einer Variablen m . Anderenfalls geht man zum nächsten j . Nach dieser j-Schleife steht in x das größte Element des Teilfeldes a_k bis a_n und in m wurde seine Position gemerkt. Es muß im k-ten Durchlauf also lediglich noch a_k nach a_m und anschließend x nach a_k gespeichert werden.
Das Verfahren soll an einem Zahlenbeispiel nochmals veranschaulicht werden:

j =	1	2	3	4	5	6
a_j =	2.	-1.	7.	0.5	9.	4.3

<u>Nach</u> den angegebenen Durchläufen hat das Feld jeweils folgende Form:

1. Durchlauf:	9.	I -1.	7.	0.5	2.	4.3
2. Durchlauf:	9.	7.	I -1.	0.5	2.	4.3
3. Durchlauf:	9.	7.	4.3	I 0.5	2.	-1.
4. Durchlauf:	9.	7.	4.3	2.	I 0.5	-1.
5. Durchlauf:	9.	7.	4.3	2.	0.5	-1. I .

Man schreibe ein Unterprogramm 'SELECT' mit den Argumenten A und N, das das Feld A nach diesem Verfahren sortiert und teste es mit einem Feld von 30 reellen Zahlen. Das unsortierte und das sortierte Feld werden ausgedruckt.

2.6 f)   Sortieren durch Vertauschen von Nachbarelementen

Beim sogenannten "BUBBLESORT" wird das Feld ebenfalls mehrmals durchlaufen. Jeder Durchlauf beginnt mit dem Vergleich der Elemente a_1 und a_2 .
Man vertauscht sie, falls a_1 das kleinere Element ist. Im nächsten Schritt vergleicht man a_2 mit a_3 und vertauscht beide Elemente, falls a_2 das kleinere Element ist. Dies setzt man fort, bis zum Vergleich der Elemente a_{n-1} und a_n . Nach ihrem eventuell erforderlichen Vertauschen hat das kleinste Element den Platz a_n erreicht. Es ist wie eine Blase (englisch: bubble) aufgestiegen.
Beim nächsten Durchgang beginnt man wieder mit den Elementen a_1 und a_2 und endet mit den Elementen a_{n-2} und a_{n-1} . Er bringt das zweitkleinste Element in Position a_{n-1} usw. Allgemein endet der K-te Durchlauf mit dem Vergleich der Elemente a_{n-K} und a_{n+1-K} .
Man schreibe ein Unterprogramm "BUBBLE", das ein Feld A mit N Elementen nach diesem Verfahren sortiert.
Im Hauptprogramm drucke man das unsortierte und das sortierte Feld A aus. Man stoppe mit Hilfe der 'SECNDS'-Funktion die Zeit, die zum Sortieren benötigt wurde, und drucke sie aus. -
Die 'SECNDS'-FUNCTION liefert als Wert die Uhrzeit in Sekunden minus den Wert des Argumentes.
Im folgenden Beispiel steht in T2 der Wert der für den Programmteil "Test" benötigten Zeit:

```
T1  =   SECNDS(0.0)

.......Programmteil "Test".......

.................................................

T2  =   SECNDS(T1)
```

2.6 g)   Sortieren durch Einfügen

Nehmen wir einmal an, die Elemente a_1, a_2, ..., a_k eines Feldes seien bereits sortiert: $a_1 > a_2 > .....> a_k$ und die restlichen Elemente a_{k+1}, a_{k+2}, ..., a_n müßten noch sortiert werden. Dann kopieren wir den Wert von a_{k+1} nach x und durchlaufen die sortierten Elemente rückwärts beginnend mit $j = k$ und endend bei $j = 1$.
Das Element x wird <u>wie beim Kartenspielen</u> an der passenden Stelle m einsortiert und alle übrigen Elemente a_{m+1} bis a_k werden um einen Platz nach oben verschoben.
Im Schritt Nr. j gibt es also nur die beiden Alternativen:

1)   Setze a_{j+1} gleich a_j (hochschieben), falls $x > a_j$ ist und

2)   setze a_{j+1} gleich x (einfügen), falls $x \leqq a_j$ ist und beende in diesem Fall die j-Schleife.

3) Falls die j-Schleife ganz durchlaufen wurde, setze a_1 gleich x.
Damit ist a_{k+1} einsortiert, und man kann zum Einsortieren von a_{k+2} übergehen.

Man formuliere das Sortieren als Unterprogramm 'INSERT' und teste es an einem Feld mit 30 reellen Zahlen, die zum Teil auch negativ sein sollen. Das Feld wird vor und nach dem Sortieren ausgedruckt.

2.6 h)   Sortieren mit abnehmender Schrittweite: Shell Sort

Dieses von D.L. Shell vorgeschlagene Sortierverfahren soll an einem Beispiel gezeigt werden.
Nehmen wir einmal an, es sollen 67 Elemente sortiert werden, so sortieren wir im 1. Durchlauf alle Teilmengen, die die Schrittweite 13 haben:

1. Teilmenge: a_1 , a_{14} , a_{27} , a_{40} , a_{53} , a_{66}

2. Teilmenge: a_2 , a_{15} , a_{28} , a_{41} , a_{54} , a_{67}

3. Teilmenge: a_3 , a_{16} , a_{29} , a_{42} , a_{55}

----

13. Teilmenge: a_{13}, a_{26} , a_{39} , a_{52} , a_{65} .

Nach diesem Durchlauf ist jede Teilmenge sortiert: $a_1 > a_{14} > a_{27}$ ..... und $a_2 > a_{15} > a_{28}$ ..... usw. Im nächsten Durchlauf werden die Teilmengen mit der Schrittweite 4 sortiert und man erhält:

1. Teilmenge: $a_1 > a_5 > a_9 > ..... > a_{65}$

2. Teilmenge: $a_2 > a_6 > a_{10} > ..... > a_{66}$

3. Teilmenge: $a_3 > a_7 > a_{11} > ..... > a_{67}$

4. Teilmenge: $a_4 > a_8 > a_{12} > ..... > a_{64}$.

Es folgt noch ein Durchlauf mit der Schrittweite 1 . Dann ist das Feld sortiert: $a_1 > a_2 > ..... > a_{67}$. Will man vermeiden, daß der letzte Durchlauf die ganze Arbeit leistet, so muß man beim Sortieren der Teilmengen ein Sortierverfahren verwenden, das schnell arbeitet, wenn die Elemente schon "fast" sortiert sind.
Man wähle das Sortieren durch Einfügen (Aufg. 2.6 g)).
Im Hauptprogramm wird zunächst die Folge der abnehmenden Schrittweiten festgelegt. Sie ergibt sich aus den Teilsummen bei der Addition der 3er Potenzen. Das ganzzahlige Feld 'STEP'erhält die Werte:
88573, 29524, 9841, 3280, 1093, 364, 121, 40, 13, 4, 1 .
Anschließend wird das zu sortierende Feld A mit n Elementen eingelesen. Man beginnt mit der ersten Schrittweite STEP(I), die kleiner ist als n/3 . Bei n = 500 ist also I = 7 und STEP(I) = 121 die Schrittweite des 1. Durchlaufs.
Mit jedem Durchlauf wird I um 1 erhöht, bis schließlich I = 11 mit STEP(11) = 1 beim letzten Durchlauf erreicht wird.
In einer SUBROUTINE 'SHELL', mit den Argumenten A, N, ISTEP, wird ein Durchlauf für das Sortieren von ISTEP Teilmengen, die sämtlich die Schritt-

weite ISTEP haben, durchgeführt. Zum Sortieren einer einzelnen Teilmenge ruft 'SHELL' eine weitere SUBROUTINE 'INSERT' mit den Argumenten A, N, ISTART, ISTEP, die eine Teilmenge durch Einfügen sortiert, die mit A(ISTART) beginnt und deren Elemente voneinander den Abstand 'ISTEP' haben.
Vor und nach dem Sortieren wird das Feld ausgedruckt.

KAPITEL 3

GRAPHISCHE ÜBUNGEN

3.1   GRAPHISCHE STANDARD-SOFTWARE

Es hat sich in den letzten 20 Jahren ein Satz von Standardprogrammen herausgebildet - häufig als CALOMP-Grundsoftware bezeichnet -, der sowohl auf Groß- als auch auf Minirechnern "läuft", falls entsprechende graphische Geräte vorhanden sind. Diese Unterprogramme sind zwar nicht so komfortabel wie die in jüngster Zeit entstandenen graphischen Programmsysteme, dafür vermitteln sie dem Anfänger aber ein Gefühl dafür, wie der Plot-Vorgang abläuft, d.h. welche Probleme beim Erstellen von Zeichnungen auftreten. Nach einem Musterprogramm, das die wesentlichen Aufrufe enthält, werden die einzelnen Unterprogramme besprochen. Man achte bei den CALL's auf Anzahl und Typ der Argumente.

3.1 a)   **Musterprogramm: Graph der Funktion** $y = 3\sin^2 (x)$
                     (siehe nächste Seite)

3.1 b)   **Starten und Beenden der Zeichenarbeit: PLOTS**

Bevor man die Plot-Software benutzen kann, muß man dem Rechner durch einige Kommandos an das Betriebssystem mitteilen, daß diese Programmbibliothek zum Anwenderprogramm dazu zu binden ist. Diese Kommandos sind rechnerabhängig.   Auch das Starten des Plotters ist nicht auf allen Rechnern einheitlich festgelegt, oft sogar überflüssig. Häufig genügt ein Aufruf der Subroutine PLOTS in der Form:

                     CALL PLOTS(0, 0, 4)

oder die Angabe der reservierenden Papiergröße in x-Richtung in Zentimetern (oder inches):

                     CALL PLOTS(30.0)

Eine ältere Form dieses Aufrufs ist (z.B.):

                     DIMENSION IBUF (1000)

                     CALL PLOTS (IBUF, 1000, PLDEV) ,

wobei IBUF ein Datenpuffer für die Plotter-Steuersignale und PLDEV die logische Nummer der Ausgabeeinheit (Plotter) ist.

```
      PROGRAM AB31A(INPUT,OUTPUT,TAPE5=INPUT,TAPE6=OUTPUT,GRAFIK=0)
C  PROGRAMM ZUM ZEICHNEN DER FUNKTION Y=3*SIN(X)**2
C  ZUNAECHST WIRD DER NULLPUNKT VERSCHOBEN NACH (1.,1.)
C  UND EIN NETZ GEZEICHNET
C
      CALL PLOT(1.0,1.0,-3)
      CALL FACTOR(3.0)
      DO 1 K=0,10
      Y=0.3*FLOAT(K)
      X=0.31415*FLOAT(K)
      CALL PLOT(X,0.,3)
      CALL PLOT(X,3.0,2)
      CALL PLOT(0.0,Y,3)
    1 CALL PLOT(3.1415,Y,2)
C********************************
C ZEICHNEN DER FUNKTION
C
      GRAD=3.1415926/180.
      CALL PLOT(0.,0.,3)
      DO 2 K=0,180,2
      X=GRAD*FLOAT(K)
      Y=3.0*SIN(X)**2
    2 CALL PLOT(X,Y,2)
C*****************************
C FREIGABE DES PLOTTERS
C
      CALL PLOT(0.,0.,999)
      STOP
      END
```

Abb.3.1 a)

Programm 3.1 a)

Arbeitet man z.B. mit einem Printronix-Printer/Plotter auf einem PDP-11-Rech-
ner mit der PLXY-11-Software, so wird kein Zeichenstift auf dem Papier bewegt, sondern die Zeichnung wird zeilenweise in Form von Punktgraphik ausgegeben und dazu vorher in diese Punktzeilen umgerechnet. In diesem Fall wird
ein Anwenderprogramm mit Namen 'PROG12' den Printer/Plotter folgendermaßen starten:

      CALL NEWDEV(, 'PROG12.VEC', 10)

      CALL PLOTST(, 'CM', 1) .

Unabhängig von der Form des Anstoßes des Plotters ist es immer notwendig,
diesen CALL an den Kopf des Anwenderprogrammes zu setzen, bevor ein Zei-
chenkommando an den Plotter geht.
Nach dem Starten des Plotters steht definitionsgemäß die Nadel im Punkt
(0.0, 0.0), d.h. dem Ursprung des Koordinatensystems. Die X-Achse dieses
Systems liegt auf dem Papierrand und zeigt in Richtung des Papierbandes, wenn
man bei einem Trommelplotter das Papier als ein langes, aufgerolltes Band betrachtet. Senkrecht zur X-Achse verläuft die Y-Achse, d.h. die Y-Achse liegt

parallel zur Trommelachse. So wird verständlich, daß Zeichnungen sich in
X-Richtungen relativ weit erstrecken können (mehrere Meter), während sie in
Y-Richtung durch die Papierbreite beschränkt sind (12 Zoll, 36 Zoll etc.). Die
Zeichenfläche stellt somit den 1. Quadranten des X-Y-Systems dar. Die übrigen
Quadranten sind nicht ansteuerbar, da sie entweder außerhalb der Papierfläche
liegen (Y < 0) oder die Zeichnungen des Vorgängers enthalten (X < 0). Erfordert
die gewünschte Zeichnung jedoch eine Darstellung in allen vier Quadranten, so
muß der Ursprung vor dem Beginn der Zeichnung entsprechend verschoben werden, z.B. nach X = 12 cm, Y = 15 cm durch den Aufruf:

$$\text{CALL PLOT (12.0, 15.0, -3) ,}$$

der in Abschnitt 3.1 c) beschrieben wird.

Nach dem Anfertigen der Zeichnung muß der Plotter für den nachfolgenden
Benutzer wieder freigegeben werden:

$$\text{CALL PLOT(0.0, 0.0, 999) .}$$

Zusätzlich wird hierdurch der Zeichenstift mit abgehobener Nadel in den Punkt
(0.0, 0.0) bewegt. Außerdem bewirkt dieser Aufruf zunächst die Ausgabe des
Restes der Zeichnung, falls noch Steuerkommandos im Puffer des Plotters gespeichert waren, die noch nicht abgearbeitet waren. Beim Arbeiten mit der
PLXY-11-Software wird die Arbeit statt dessen mit

$$\text{CALL PLOTND}$$

beendet. Vergißt ein Benutzer die entsprechende Freigabe-Anweisung, so bleibt
der Plotter blockiert, und der Versuch eines nachfolgenden Programmes eines
Kollegen, zu plotten, "kommt nicht durch". Das Programm und eventuell der
Rechner werden blockiert.

3.1 c)   Bewegung des Zeichenstiftes: PLOT

Wie man am Musterprogramm (3.1 a)) sieht, wird eine Kurve dadurch gezeichnet, daß in einer Schleife die X- und Y-Werte der Kurvenpunkte nacheinander
berechnet werden und der abgesenkte Stift jeweils zu diesen Punkten hinbewegt
wird:

$$\text{CALL PLOT(X, Y, 2) .}$$

Die beiden ersten reellen Argumente dieses Aufrufs stellen immer X-Y-Koordinaten dar, während das letzte ganzzahlige Argument - hier IPEN genannt -
gewisse Steuerfunktionen übernimmt:

IPEN = 2   Der Punkt (X,Y) wird mit abgenktem
              Zeichenstift angesteuert: es wird ge-
              zeichnet.

IPEN = 3   Der Punkt (X,Y) wird mit gehobenem
              Stift angesteuert: es wird nicht gezeichnet.

IPEN = -2   Der Punkt (X,Y) wird als neuer Ursprung
              (0.0, 0.0) definiert, auf den sich alle wei-
              teren Aufrufe beziehen. Zusätzliche An-
              steuerungen des Punktes wie bei IPEN = 2
              und Abarbeiten des Puffers.

IPEN = -3   Ansteuerung wie bei IPEN = 3, jedoch wird der
              Punkt (X,Y) zum neuen Ursprung (0.0,0.0).
              Außerdem werden noch im Puffer vorhandene
              Steuersignale abgearbeitet.

IPEN = 999   Freigabe des Plotters (siehe 3.1 b)) und An-
               steuerung des Punktes (X,Y) mit angehobe-
               ner Nadel.

Die Abbildung 3.1 c) kann beispielsweise durch folgende Anweisungen erzeugt werden:

```
C ZEICHNEN EINIGER GERADEN
C234567
C
      CALL PLOT(2.0,2.0,-3)
      CALL FACTOR(2.0)
      CALL PLOT(1.5,1.0,2)
C*********************************
C ZEICHNEN EINES NETZES DX=1CM
C
      DO 1 K=0,5
      Z=K
      CALL PLOT(Z,0.0,3)
      CALL PLOT(Z,5.0,2)
      CALL PLOT(0.0,Z,3)
    1 CALL PLOT(5.0,Z,2)
      CALL PLOT(0.0,0.0,3)
      CALL PLOT(2.5,0.5,2)
      CALL PLOT(2.5,1.0,3)
      CALL PLOT(4.0,1.0,2)
C*************************************
C   DEFINIEREN EINES NEUEN URSPRUNGS
C
      CALL PLOT(2.0,2.0,-3)
      CALL FACTOR(0.5)
      CALL PLOT(3.0,3.0,2)
C*************************************
C BEENDEN DES PLOTTENS
      CALL PLOT(6.0,-4.0,999)
      STOP
      END
```

Abb.3.1 c)

                    Programm 3.1 c)

Der Aufruf CALL FACTOR(0.5) bewirkt eine Verkleinerung aller nachfolgenden
Zeichenbewegungen um den Faktor 0.5 . Bezogen auf den neuen Ursprung P_5
wird der Stift also nicht um 3 cm in X- und gleichzeitig 3 cm in Y-Richtung
bewegt, sondern nur um jeweils 1.5 cm, so daß Punkt P_6 nur einen vertikalen
und horizontalen Abstand von 1.5 cm vom Punkt P_5 hat. Entsprechend wird der
Stift beim Beenden des Plottens durch: CALL PLOT(6.0, -4.0, 999) in die untere
rechte Ecke des Quadrats bewegt.

3.1 d) Beschriften der Zeichnung: SYMBOL, NUMBER

Mit dem Unterprogramm SYMBOL lassen sich beliebige Texte in die Zeichnung übertragen. Die Subroutine NUMBER dient dazu, die Werte von FORTRAN-Variablen in das Bild einzusetzen.
Der Aufruf von Symbol mit reellen Parametern X, Y, H, GRAD und den ganzzahligen Argumenten I und N hat die Form:

$$\text{CALL SYMBOL(X, Y, H, I, GRAD, N)} \; .$$

Die beiden ersten Argumente X und Y stellen die Koordinaten des unteren linken Eckpunktes des ersten Zeichens dar, das zu zeichnen ist. Ist $X = 999.0$ oder $Y = 999.0$, so werden als Koordinaten des erstens Zeichens die X- bzw. Y-Koordinaten (oder beide) des Punktes genommen, an dem der Stift gerade steht. So kann man fortlaufende Texte eintragen, ohne jeweils die Stiftposition berechnen zu müssen. H legt die Schrifthöhe in cm fest. Normalerweise ist die Breite eines Zeichens einschließlich des Zwischenraumes so groß wie seine Höhe. – GRAD gibt den Winkel (in Winkelgraden) an, den der Text mit der X-Achse bildet. Beispielsweise wird der Text für $GRAD = 90.0$ in Y-Richtung geschrieben. Man muß bei dem SYMBOL-Unterprogramm zwei Aufrufarten unterscheiden. Ist N positiv oder $N = 0$, so wird der Text geplottet, der in der Variablen (oder dem Feld) I gespeichert ist. Ist N dagegen negativ, so wird ein zentriertes, geometrisches Symbol gezeichnet, das die Nummer I hat mit $0 \leq I \leq 13$:

$$\text{I} = \quad 0 \quad 1 \quad 2 \quad 3 \quad 4 \quad 5 \quad 6 \quad 7 \quad 8 \quad 9 \quad 10 \quad 11 \quad 12 \quad 13$$

Für $N = -1$ wird die Nadel in abgehobenem Zustand zur Position X, Y des Symbol bewegt. Ist $N = -2$ (oder kleiner), so fährt der Zeichenstift diesen Punkt in absenktem Zustand an.
Im ersteren Falle (N positiv) gibt N die Anzahl der Textzeichen der Variablen I an, die zu zeichnen sind. Sie müssen in I linksbündig abgelegt sein, während für $N = 0$ genau ein Zeichen geplottet wird, das in der ersten Speicherstelle von I rechtsbündig steht.
Wie bei jeder SUBROUTINE dürfen als aktuelle Argumente arithmetische Ausdrücke auftreten (Anweisung 6). Man darf Koordinaten und Texte als Felder vorgeben oder die Texte direkt in den Aufruf eintragen (z.B. 'EMIL.....' in Anweisung 20).
In diesem Beispiel wurde auch von dem Unterprogramm NUMBER Gebrauch gemacht, um Zahlenwerte des reellen Feldes Z ausdrucken zu lassen.

```
      PROGRAM AB31D(INPUT,OUTPUT,GRAFIK=O,TAPE5=INPUT,TAPE6=OUTPUT)
C MUSTERPROGRAMM ZUM GEBRAUCH VON SYMBOL UND NUMBER
      DIMENSION X(5),Y(5),Z(5),GRAD(5)
      CHARACTER TEXT(8)*10
      DATA X/1.0,1.0,2.0,2.0,0.0/,Y/2.,3.,4.,5.,0./
      DATA TEXT/'BEISPIEL ','EINER.....','BESCHRIFTU','NG=..,,..*',
     1 'DRUCK =...','KONRAD....','EMIL...,,,','ANNE...,,,'/
     2 ,Z/2.2E-3,15.28,4.4,6.6,7890./
     3 ,GRAD/10.,20.,30.,40.,90./
      READ(5,*)YY
      CALL FACTOR(0.8)
      CALL PLOT(2.0,YY,-3)
      DO 1 K=1,5
6     CALL SYMBOL(X(K),Y(K)-1.6,0.5,TEXT(K),GRAD(K),10)
1     CALL NUMBER(999.0,999.0,0.5,Z(K),GRAD(K),3-K)
      CALL SYMBOL(6.,0.,0.6,TEXT(6),0.0,10)
20    CALL SYMBOL(999.0,0.9,0.6,'EMIL      ',120.,10)
      CALL SYMBOL(999.0,999.0,0.4,TEXT(8),140.,5)
C ***************************************************************
C     FREIGEBEN DES PLOTTERS:
C
      CALL PLOT(0.0,0.0,999)
      STOP
      END
```

    Programm 3.1 d)

                    Abb.3.1 d)

Der typische Aufruf:

$$\text{CALL NUMBER}(X,\ Y,\ H,\ Q,\ GRAD,\ N)$$

zeichnet den Zahlenwert der Variablen Q beginnend an dem Punkt $(X,\ Y)$ mit der Schrifthöhe H (in cm) unter einem Winkel von GRAD (in Winkelgraden). Der Parameter N steuert die Anzahl der zu zeichnenden Dezimalen von Q:

$N \geqq 0$	Es werden N Dezimalen rechts vom Dezimalpunkt gezeichnet. Ist z.B. $Q = -0.54381E+3$, so wird für $N = 2$ die Zahl -543.81 und für $N = 0$ der Wert -544. gezeichnet.
$N < 0$	Es werden $|N|-1$ Stellen vom ganzzahligen Teil von Q beim Zeichnen weggelassen. So würde obiges Q für $N = -1$ z.B. als -544 (ohne Dezimalpunkt) und für $N = -3$ als -5 in der Zeichnung erscheinen.

Auch in NUMBER dienen die Werte $X = 999.0$ oder $Y = 999.0$ (oder beides) zum Weiterschreiben bei der augenblicklichen Stiftposition wie bei der Prozedur SYMBOL.

3.1 e)   Skalieren von Achsen: SCALE

An das Unterprogramm SCALE werden eine Wertetabelle (z.B. X_i mit $i = 1$, 2, ..., N), eine gewünschte Achsenlänge AXLAENGE, die Feldgröße N und ein Steuerparameter I übergeben:

$$\text{CALL SCALE(X, AXLAENGE, N, I) .}$$

SCALE ermittelt das Maximum und Minimum der X-Werte, berechnet wieviele X-Einheiten (z.B. Millibar) auf 1 cm Achsenlänge entfallen ($= \text{DELTAX}$), rundet diesen Wert ab auf 1, 2, 4, 5 oder $8 \cdot 10^K$ und legt einen Wert XLINKS als als Vielfaches von DELTAX fest, der als erste Markierung auf den linken Rand der X-Skala einzuzeichnen ist. XLINKS wird wegen der Rundung von DELTAX meist nicht exakt mit dem Minimum der X-Werte übereinstimmen, aber sicher in seiner Nähe liegen. – Das Unterprogramm AXIS kann mit Hilfe dieser beiden Werte eine X-Achse zeichnen und richtig skalieren. –
Angenommen ein X-Feld enthält fünf Temperaturen (in Celsiusgraden):

$$X_1 = 53., \quad X_2 = -37.6, \quad X_3 = 130., \quad X_4 = -74.5, \quad X_5 = 15.2$$

und die X-Skala soll eine Länge von 6 cm haben, dann wird SCALE in folgender Form abgerufen:

$$\text{CALL SCALE(X, 6.0, 5, 1)}$$

In SCALE werden $X_{MIN} = -74.5$ und $X_{MAX} = 130.0$ ermittelt. Es entfallen somit:

$$\text{DELTAX} = (130.0 - (-74.5))/6.0 = 34.08 ,$$

aufgerundet zu DELTAX = 40.0 Celsiusgrade auf 1 cm. XLINKS wird als Vielfaches von DELTAX berechnet als XLINKS = -80.0 . Das Unterprogramm AXIS würde dazu folgende Skala zeichnen:

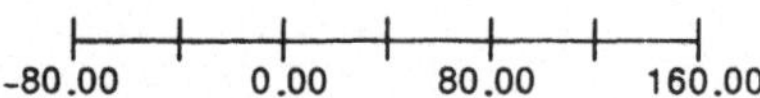

Der geometrische Abstand zweier Marken beträgt 1 cm. Jede 2. Marke wird beschriftet.
In der Praxis kommt es auch vor, daß eine Achse mit nach rechts fallenden Skalenwerten zu beschriften ist. Dann würde man im letzten Beispiel XLINKS = 160.0 und DELTAX = -40.0 erhalten:

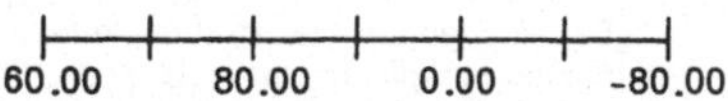

Man steuert dies durch das letzte Argument I des Aufrufs:

$$\text{CALL SCALE (X, AXLAENGE, N, I) .}$$

Das Feld X hat N-Werte und muß mindestens mit $N + 2$ dimensioniert sein, da SCALE die Werte X_{N+1} ($= \text{XLINKS}$) und X_{N+2} ($= \text{DELTAX}$) berechnet. Für $I = +1$ steigen die Skalenwerte an ($\text{DELTAX} > 0$) und für $I = -1$ fallen sie ab. – SCALE verarbeitet auch Felder, bei denen zwei (oder mehr) Tabellen in einem Vektor X wechselweise abgespeichert wurden (beispielsweise: abwechselnd Druck- und Temperaturwerte). Dann würde für (z.B.) $I = \pm 2$ nur jeder 2. X-Wert von SCALE durchmustert und als Ergebnis würde XLINKS nach $X_{N \cdot |I| + 1}$ und DELTAX nach $X_{(N+1) \cdot |I| + 1}$ gespeichert. Es würden also in diesem Beispiel nur die Temperaturwerte ausgewertet. Hierbei ist auf eine entsprechend große Dimensionierung von X zu achten. - Abgesehen von solchen Spezialfällen wird normalerweise $I = 1$ sein, so daß eine Skaleneinteilung für 90 X-Werte bei 15 cm Achsenlänge durch den Aufruf:

$$\text{CALL SCALE } (X, \ 15.0, \ 90, \ 1)$$

berechnet würde.

3.1 f)   Zeichnen einer Achse: AXIS

Das Unterprogramm AXIS kann eine Achse unter beliebigem Winkel GRAD von beliebiger Länge AXLAENGE zeichnen, skalieren und mit TEXT beschriften:

   CALL AXIS (X, Y, TEXT, KT, AXLAENGE, GRAD, XLINKS, DELTAX) .

Der Punkt X, Y der Zeichenebene ist der linke Anfangspunkt der Achse.

In der Variablen TEXT sind Zeichen abgelegt, von denen die Anzahl KT als Achsenbeschriftung gezeichnet wird. AXLAENGE ist die Länge der Achse in cm. Sie wird unter dem Winkel GRAD (in Winkelgraden) relativ zur X-Achse der Zeichenebene gezeichnet: Für die X-Achse selbst ist GRAD = 0.0, und für die Y-Achse ist GRAD = 90.0 zu wählen. XLINKS ist der Zahlenwert, der an die linke, erste Marke der Achse eingezeichnet wird. Er kann z.B. durch SCALE berechnet werden. DELTAX gibt an, um wieviel X-Einheiten die X-Werte auf 1 cm Achsenlänge anwachsen (oder abfallen), z.B. 40 bar/cm. Jeder Zentimeter der Achse erhält eine Marke, jede 2. Marke ist beschriftet mit maximal 6 Ziffern: An die linke Marke wird also der Wert von XLINKS eingetragen, an die 3. Marke (2 cm vom linken Rand entfernt) der Wert von XLINKS + 2 * DELTAX usw. Die Zifferngröße ist 0.27 cm. Um mit 6 Ziffern auch bei großen oder kleinen Skaleneinheiten auszukommen, wird DELTAX auf den Bereich 0.01 bis 100. reduziert und der Umrechnungsfaktor in der Form: $* 10^{i}$ zusammen mit TEXT eingezeichnet. Für KT > 0 wird der Text und die Skalierung links neben die Achse gezeichnet (z.B. bei der Y-Achse). Um beides eintragen zu können, muß die Achse mindestens 1,3 cm vom Papierrand etnfernt sein, d.h der Punkt X, Y ist entsprechend zu wählen.
Wurde z.B. in SCALE berechnet: $Y(N + 1) = 100.0$ und $Y(N + 2) = 0.02$, dann liefern die Aufrufe:

   CALL AXIS(2.0, 3.0, 'SECONDS', -7, 9.0, 0.0, - 2000.0, 400.0)

   CALL AXIS(2.0, 3.0, 'MILLIBAR', 8, 6.0, 90.0, Y(N + 1), Y(N + 2))

folgendes Bild (siehe nächste Seite).
Der Schnittpunkt beider Achsen befindet sich in Punkt (2.0, 3.0) des Koordinatensystems der Zeichenebene.
Der Text 'SECONDS' steht rechts von der x-Achse, da KT = -7 < 0 ist, während 'MILLIBAR' links neben die y-Achse geschrieben wird, weil KT = +8 > 0 ist.

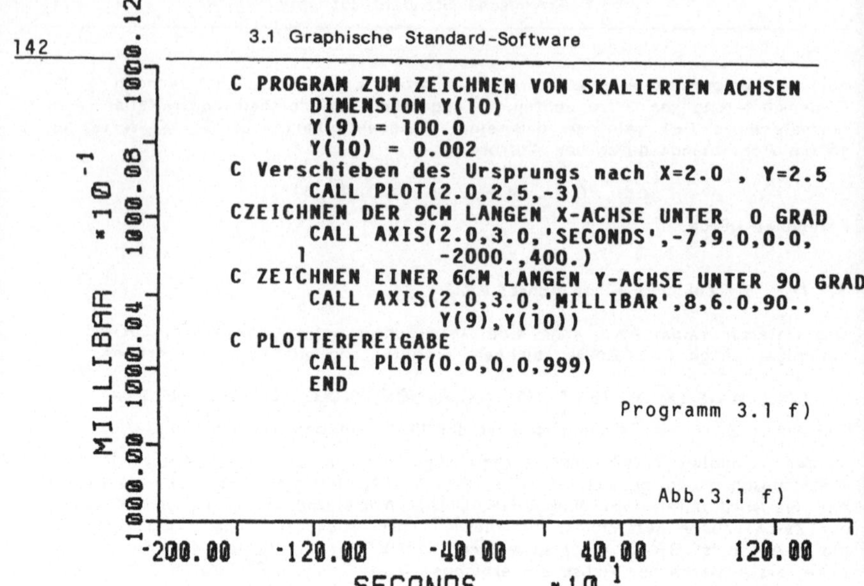


```
C PROGRAM ZUM ZEICHNEN VON SKALIERTEN ACHSEN
      DIMENSION Y(10)
      Y(9) = 100.0
      Y(10) = 0.002
C Verschieben des Ursprungs nach X=2.0 , Y=2.5
      CALL PLOT(2.0,2.5,-3)
CZEICHNEN DER 9CM LANGEN X-ACHSE UNTER  O GRAD
      CALL AXIS(2.0,3.0,'SECONDS',-7,9.0,0.0,
     1              -2000.,400.)
C ZEICHNEN EINER 6CM LANGEN Y-ACHSE UNTER 90 GRAD
      CALL AXIS(2.0,3.0,'MILLIBAR',8,6.0,90.,
                Y(9),Y(10))
C PLOTTERFREIGABE
      CALL PLOT(0.0,0.0,999)
      END
```

Programm 3.1 f)

Abb.3.1 f)

3.1 g)   Zeichnen einer Kurve durch vorgegebene Punkte: LINE

Mit dem Unterprogramm LINE lassen sich die Graphen von Funktionen zeichnen, die als Wertetabellen vorliegen: (X_i, Y_i), $i = 1,2,\ldots,N$. In diesen beiden Feldern müssen auch die Maßstabsangaben enthalten sein:

$$X(N+1) = XLINKS, \qquad X(N+2) = DELTAX,$$

$$Y(N+1) = YLINKS, \qquad Y(N+2) = DELTAY, \text{ (siehe 3.1 e)) .}$$

Der Aufruf von LINE hat die Form:

        CALL LINE(X, Y, N, I, LINTYP, ISYMB) .

Der Parameter N gibt die Anzahl der Koordinatenpunkte (X_i, Y_i) an, die in den beiden Feldern gespeichert sind. - Die Maßstabsangaben sind dabei nicht mitgezählt. - Das Argument I teilt LINE mit, ob jeder Koordinatenpunkt (I = 1) oder jeder zweite Punkt (I = 2) usw. beim Graph berücksichtigt werden (siehe 3.1 e)), entsprechend wird die Kurve mehr oder weniger glatt verlaufen. Über LINTYP steuert man die Art der Kurve, die durch die Punkte gelegt wird:

LINTYP = 0   Es wird eine durchgezogene Kurve gezeichnet ohne die Kennzeichnung besonderer Punkte.

LINTYP > 0   Es wird eine durchgezogene Kurve gezeichnet, doch wird z.B. für LINTYP = 4 jeder 4. Punkt durch ein Symbol gekennzeichnet, dessen Nummer 'ISYMB' ist.

LINTYP < 0   Es wird keine durchgezogene Kurve gezeichnet,
vielmehr werden nur einzelne Punkte durch Symbole
markiert (wie bei LINTYP> 0) .

Die beiden letzten Fälle (LINTYP $\neq$ 0) sind sinnvoll, wenn mehrere Kurven in der gleichen Darstellung (durch mehrere Aufrufe von LINE) übereinander gezeichnet werden. Der letzte Parameter ISYMB gibt die Nummer des zu verwendenden zentrierten Symbols an (siehe 3.1 d)) .

Für die Ausgabe des folgenden Bildes wurden 30 X-Werte im Bereich $x_1 = 0.3$, $x_2 = 0.35$, ..., $x_{30} = 1.75$ mit der Schrittweite von 0.05 im Feld X und die zugehörigen Funktionswerte von SIN(X) im Feld U, von COS(X) im Feld V und von (LN(X) + 1.0)/2.0 im Feld W abgespeichert. Da die Funktionswerte von U, V und W sich auf die gleiche Skala beziehen sollen, werden ULINKS (= U(31)) und DELTA U(= U(32)) auch für V und W als Skalierung genommen. Bei der U-Kurve wird jeder Punkt angesteuert, aber nur jeder 6. Punkt mit einem Symbol markiert. In der V-Kurve werden keine Symbole gesetzt und nur jeder 5. Punkt wird angesteuert: diese Kurve hat Ecken. Schließlich wird die W-Kurve nur durch das 2. Symbol dargestellt (LINTYP<0, ISYMB=2) und dieses wird auch nur in jedem 4. Punkt gesetzt.

```
AB31G
      PROGRAM AB31G(INPUT,OUTPUT,GRAFIK=0,TAPE5=INPUT,TAPE6=OUTPUT)
C  KURVENZEICHNEN MIT HILFE VON LINE UND SCALE
C
      DIMENSION X(32),U(32),V(32),W(32)
      CALL PLOT(3.0,3.0,-3)
      DO 10 K=1,30
      X(K)=0.25 + 0.05*FLOAT(K)
      U(K)=SIN(X(K))
      V(K)=COS(X(K))+0.5
 10   W(K)=(ALOG(4.*X(K)+1.))/2.0 -0.4
      CALL SCALE(X,9.0,30,1)
      CALL SCALE(U,6.0,30,1)
C****************************************
C UEBERNAHME DER U-SKALA AUCH FUER
C V-UND W-KURVE
C
      DO 20 K=31,32
      V(K)=U(K)
 20   W(K)=U(K)
      CALL LINE(X,U,30,1,6,1)
      CALL LINE(X,V,30,1,0,11)
      CALL LINE(X,W,30,1,-4,2)
C****************************************
C ZEICHNEN VON UNBESCHRIFTETEN ACHSEN
      CALL PLOT(-0.2,0.0,3)
      CALL PLOT(9.,0.,2)
      CALL PLOT(0.,-0.2,3)
      CALL PLOT(0.,6.0,2)
      CALL PLOT(0.0,0.0,999)
      STOP
      END
```

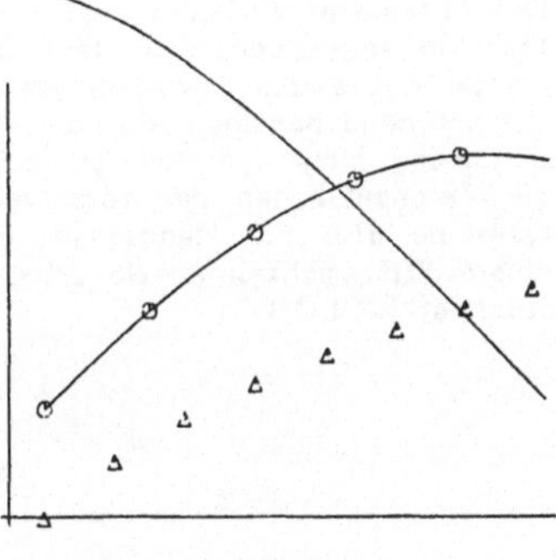

Abb. 3.1g)

3.1 h)   Die Unterprogramme: FACTOR, NEWPEN, WHERE

Mit dem Unterprogramm FACTOR läßt sich die Größe einer Zeichnung einschließlich ihrer Beschriftung ändern. Im Aufruf:

CALL FACTOR(Q)

ist Q der Quotient von der neuen zur alten Zeichnungsgröße, z.B. wird durch
$Q = 3.0$ eine Zeichnung einschließlich der Beschriftung dreimal so groß dargestellt
als es die darauf folgende Zeichenbefehle angeben, während $Q = 0.5$ eine Zeichnung um den Faktor 2.0 verkleinert. Man kann im Programm durch:

CALL FACTOR(1.0)

wieder auf die normale Größe umschalten. Im Teststadium eines Programms
spart man viel Rechner- und Plotterzeit, wenn man nach dem Plotter-Start eine
Anweisung (z.B.) CALL FACTOR(0.2) gibt, die man später wieder entfernt.

Wird in einem Programm in Abhängigkeit von Zwischenergebnissen verzweigt,
und wird in den danach zu durchlaufenden Pfaden geplottet, so kann es vorkommen, daß in einem Pfad viel und in einem anderen Pfad wenig oder gar nicht
geplottet wird. In einem solchen Fall kann es nach dem Zusammenführen der
Pfade erforderlich sein, festzustellen, wo sich der Zeichenstift befindet:

CALL WHERE(X, Y, Q) .

Dieser Aufruf liefert die augenblickliche Position des Zeichenstiftes X, Y und
einen eventuell zur Zeit gültigen Maßstabsfaktor Q, der vorher durch den Aufruf
von FACTOR festgelegt wurde. - Es ist $Q = 1.0$, falls FACTOR noch nicht gerufen wurde. -

Es gibt Plotter mit mehreren, verschiedenfarbigen Zeichenstiften, bei denen man
durch Aufruf des Unterprogramms NEWPEN den Stift wechseln kann:

CALL NEWPEN(ICOLOR) .

Der Parameter ICOLOR gibt die Nummer des Farbstiftes an. Der neue Stift
fährt in angehobenem Zustand an die Position des alten Stiftes. Arbeitet der
Plotter mit einem Stiftschlitten mit mehreren Stiften, so wird sich der Schlitten
entsprechend bewegen. Es kann dann vorkommen, daß dies in den Randzonen der
Zeichnung nicht möglich ist (z.B. Stiftabstände $= 15{,}24$ mm in Y-Richtung), da
die Zeichenflächen der verschiedenen Stifte nicht völlig identisch sind. Man
vermeide also die Randzonen. Bei Plottern mit nur einer Stifthalterung und
einem Stiftwechselmagazin tritt dieses Problem nicht auf. Nach dem Plotter-
start ist $ICOLOR = 1$.

3.2 ZEICHNEN VON KURVEN UND DIAGRAMMEN

In den meisten Fällen ist es sinnvoller, Funktionen durch ihre Graphen darzustellen als durch Formeln oder Wertetafeln. Daher werden hier Aufgaben zusammengestellt, in denen aus der Geometrie bekannte Funktionen und Kurven zu
zeichnen sind. Es bleibt in den meisten Fällen dem Studenten überlassen, ob er
von den Unterprogrammen SCALE, LINE und AXIS Gebrauch macht oder ob er
sich auf PLOT beschränkt. Oft wird die Zeichnung "schöner", wenn die Achsen
nicht beschriftet sind, sondern nur als Geraden erscheinen. In einigen Fällen
sind ähnliche Aufgaben zu einer Aufgabe mit mehreren Teilen zusammengefaßt.
In diesen Beispielen braucht vom Studenten immer nur ein Teil bearbeitet zu
werden. Man sollte generell "wiederverwendbare Software" schreiben, d.h. die
Zeichnung in einem Unterprogramm erstellen lassen, und im Hauptprogramm den
Plotter starten und am Schluß wieder freigeben. Als Beispiel soll hier ein Mu-
ster-Unterprogramm KREIS angegeben werden, das einen Kreis vom Radius R
um den Mittelpunkt XO, YO zeichnen nach der Formel:

$$X = X_O + R \cdot \cos(\varphi), \qquad Y = Y_O + R \cdot \sin(\varphi) \ .$$

```
      PROGRAM AB32(INPUT,OUTPUT,GRAFIK=0,TAPE5=INPUT,TAPE6=OUTPUT)
C ZEICHNEN MEHRERER KREISE MIT DEM U.P. KREIS(X,Y,R)
C********************************
C VERSCHIEBEN DES URSPRUNGS
      CALL PLOT(6.0,6.0,-3)
C********************************
C ZEICHNEN EINES FADENKREUZES
      CALL PLOT(-4.0,0.0,3)
      CALL PLOT(4.0,0.0,2)
      CALL PLOT(0.0,-4.,3)
      CALL PLOT(0. ,4., 2)
C********************************
C ZEICHNEN DER KREISE
      CALL KREIS(0., 0., 2.0)
      CALL KREIS(2.0,1.5 ,1.0)
      CALL KREIS(-1. ,-2. ,2.5)
C********************************
C BEENDEN DER ZEICHENARBEIT
      CALL PLOT(0.,0.,999)
      STOP
      END
C********************************
      SUBROUTINE KREIS(X,Y,R)
      DIMENSION SI(181),CO(181)
      DATA CO(1)/0.0/
C********************************
C EINMALIGES BERECHNEN DER SIN-,
C COS-WERTE ALS LOKALE FELDER
C
      IF(CO(1).GT.0.0) GOTO 1
      GRAD = 2.*(3.141592654/180.)
      DO 2 K = 1,181
      SI(K) = SIN(GRAD*FLOAT(K-1))
    2 CO(K) = COS(GRAD*FLOAT(K-1))
C********************************
C ZEICHNEN DES KREISES. DER 1.PUNKT
C DES KREISES WIRD MIT ANGEHOBENEM
C STIFT ANGESTEUERT: I=3
C
    1 I=3
      DO 3 K = 1,181
      CALL PLOT(X+R*CO(K),Y+R*SI(K),I)
    3 I = 2
      RETURN
      END
```

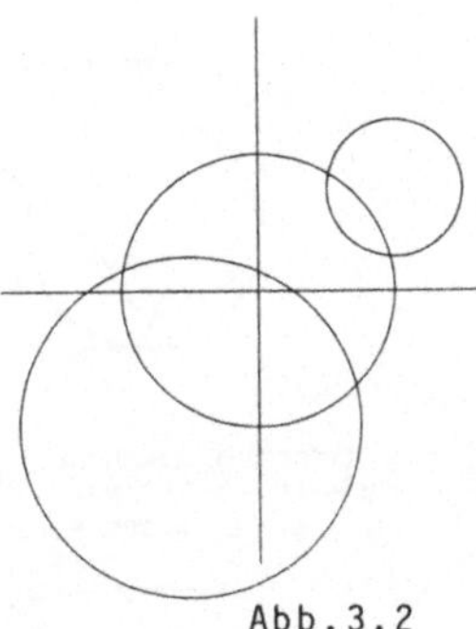

Abb. 3.2

3.2 a)   Gespitzte Zykloide

Man schreibe ein U.P. 'ZYKLOI', das eine gespitzte Zykloide im Bereich $t_1 \leqq t \leqq t_2$ plottet einschließlich der Achsen, einschließlich der Kreise mit dem Radius a um die Punkte (o.o, a) und (2a, a) sowie der beiden Radien vom Mittelpunkt (2a, a) nach (2a, o) und nach (2a - a sin 2 , a - a cos 2) und der Beschriftung:

"Gewöhnliche Zykloide: x = a(t-sin t), y = a(1 - cos t)
mit dem Rollkreisradius: a = 4 cm ."

Der a-Wert ist jeweils aus dem aktuellen Argument zu entnehmen. Die Argumente von ZYKLOI sollen sein: A, T1, T2 und die Schrittweite DT. Das H.P. rufe ZYKLOI mit den Werten: A = 4.0, T1 = -1.0, T2 = +7.0 und DT = 0.05 .

3.2 b)   Verschlungene und gestreckte Zykloide

Man schreibe ein U.P. 'TROCHO', das eine verschlungene oder gestreckte Zykloide (auch Trochoide genannt) zeichnet einschließlich ihrer Achsen und der Kreise mit den Radien a um die Punkte (0.0, a) und (4a, a). Zum letzteren Kreis werden auch die Radien gezeichnet vom Mittelpunkt (4a, a) zu den Punkten (4a, 0) und (4a - c · sin 4, a - c · cos 4). Das Bild soll beschriftet werden mit:

'Verschlungene Zykloide: x = at-c · sin t,   y = a-c · cos t
Rollkreisradius: a = 3 cm
Radius des Zykloidenpunktes: c = 4,5 cm .'

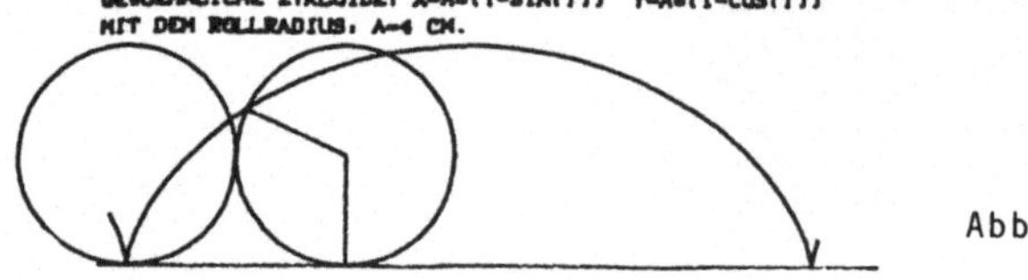

Abb.3.2 a)

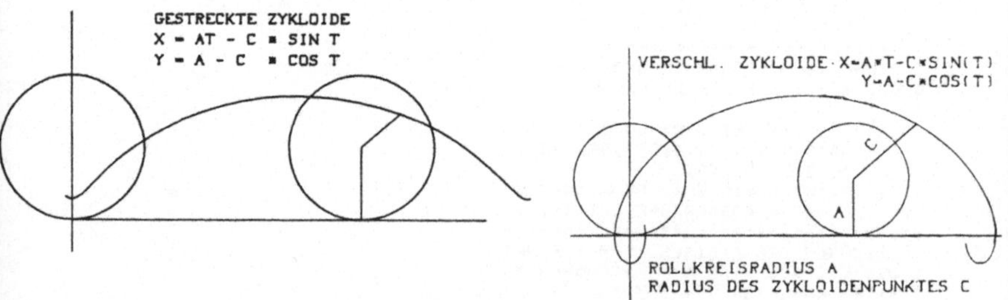

Abb.3.2 b)

Die Werte von a und c werden dazu vom aktuellen Parameter übernommen. Für c>a erhält man eine verschlungene Zykloide, für c<a eine gestreckte Zykloide. Die Zykloide wird gezeichnet im Bereich $t_1 \leq t \leq t_2$ mit der Schrittweite DT. Entsprechend halte die Argumentliste des U.P. die Parameter: A, C, T1, T2, DT. Im H.P. rufe man TROCHO mit a = 3., c = 4.5, t_1 = -1., t_2 = 7., DT = 0.05 . Anschließend verschiebe man den Ursprung des Koordinatensystems nach (0.0, 12.0) und rufe TROCHO nochmals mit abgeändertem c-Parameter: c = 2.0 .

3.2 c)   Epizykloiden und Kardioide

Epizykloiden (auch Epitrochoiden genannt) erhält man beim Abrollen eines Krei-ses mit dem Rollkreisradius b auf einem Basiskreis mit dem Basiskreisradius a. Verhalten sich b und a zueinander wie ganze Zahlen n und m (a/b = n/m), dann schließt sich die Epizykloide nach einer endlichen Zahl von Umläufen. - Auf diese Weise lassen sich schöne geometrische Muster erzeugen (Aufg. 3.6 e)). Man schreibe ein U.P. namens EPIZYK, das eine Epizykloide plottet einschließ-lich ihrer Achsen, ihres Basiskreises mit dem Radius a um den Punkt (0,0), ihres Rollkreises mit dem Radius b am Punkt (a+b,0)   und um den Punkt P_1 = ((a+b) cos 1, (a+b) sin 1) mit den Strahlen von (0,0) nach P_1 und von P_1 nach P_2 = ((a+b) cos 1 - b·cos((a+b)/b), (a+b) sin 1 - b·sin((a+b)/b)) und ein-schließlich der Beschriftung:

"Gewöhnliche Epizykloide: $x = (a+b) \cos (p) - b \cdot \cos((a+b)p/b)$
                                 $y = (a+b) \sin (p) - b \cdot \sin((a+b)p/b)$

mit dem Basisradius: $a = 3.$ cm
und dem Rollkreisradius: $b = 1.732$ cm" .

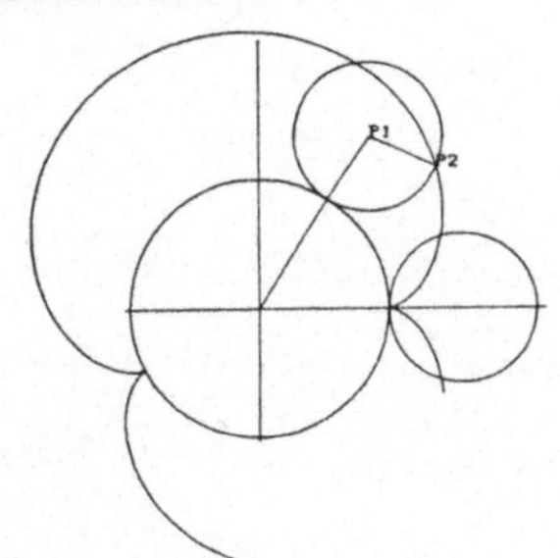

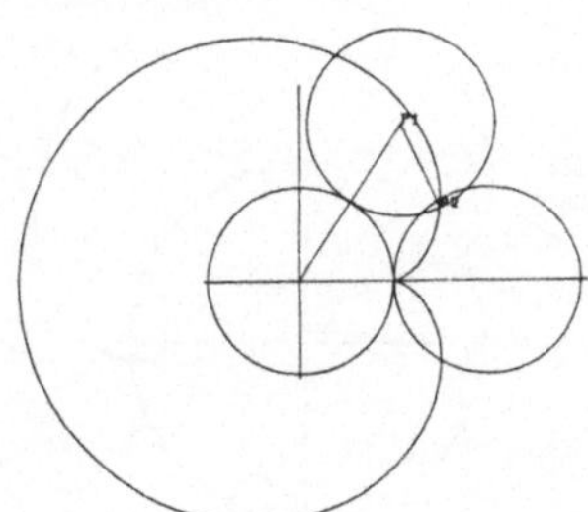

Abb.3.2 c)

Die Größe: $q = (a+b)/b$ soll im U.P nur einmal be-rechnet werden. Mit ihr lassen sich die Koordinaten einfacher darstellen:
$$x = b \cdot (q \cdot \cos p - \cos(p \cdot q))$$
$$y = b \cdot (q \cdot \sin p - \sin(p \cdot q)) .$$

Die Kurve wird geplottet im Bereich PHI1 < p <PHI2 mit der Schrittweite DPHI.
Die Kreise lasse man durch den dreifachen Aufruf eines entsprechenden U.P.'s
zeichnen. Das H.P. rufe EPIZYK mit den Argumenten A = 3.0, B = 1.732,
PHI1 = 0.8, PHI2 = 5.0, DPHI = 0.04 . Nach einer Nullpunktsverschiebung zeichne
man eine Herzkurve (Kardioide), bei der die beiden Kreise gleiche Radien haben: A = B = 2.5, im Intervall $0 \leqq p \leqq 2\pi$.
Bei den obigen Formeln liegt die Spitze der Herzkurve immer auf der x-Achse
(p = 0., y = 0.). Wegen a = b ist q = 2 . Man erhält ein schönes Muster, wenn man
die Spitze der Herzkurve zu einem anderen Winkel p_o dreht:

$$x = b \cdot (2\cos(p - p_o) - \cos(2p - p_o))$$

$$y = b \cdot (2\sin(p - p_o) - \sin(2p - p_o))$$

und die Darstellung der Rollkreise und der Beschriftung unterdrückt und im
H.P. das U.P. in einer p_o-Schleife öfters aufruft:

$$p_o = o, \ s, \ 2s, \ 3s, \ \ldots\ldots\ldots, \ 11s, \ \text{mit } s = \pi/6 \ .$$

3.2 d)   Verschlungene und gestreckte Epizykloide/Wankelmotor

Rollt ein Kreis (Radius = b) auf einem anderen Basiskreis (Radius = a) ab
und betrachtet man dabei nicht die Bewegung eines Punktes, der auf dem Rollkreis liegt, sondern der sich im Innern des Rollkreises im Abstand c<b von dessen Mittelpunkt befindet, so erhält man eine gestreckte Epizykloide (auch. Epi-
trochoide genannt). Ist der Punkt mit dem Rollkreis fest verbunden, doch liegt
er in dessen Außenraum c>b, so erhält man eine verschlungene Epizykloide:

$$x = (a + b)\cos(t) - c \cdot \cos((a + b)t/b)$$

$$y = (a + b)\sin(t) - c \cdot \sin((a + b)t/b) \ .$$

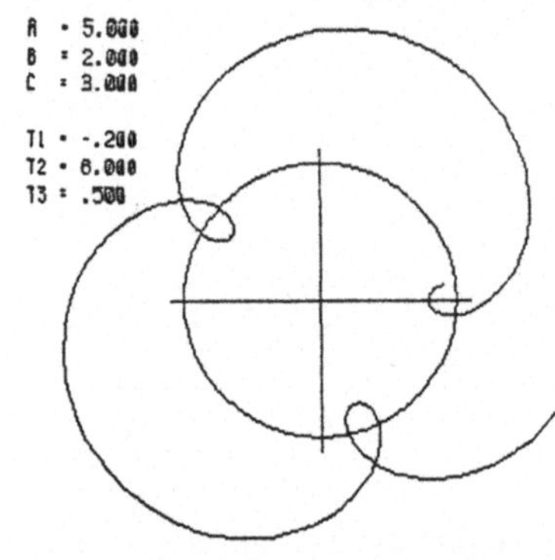

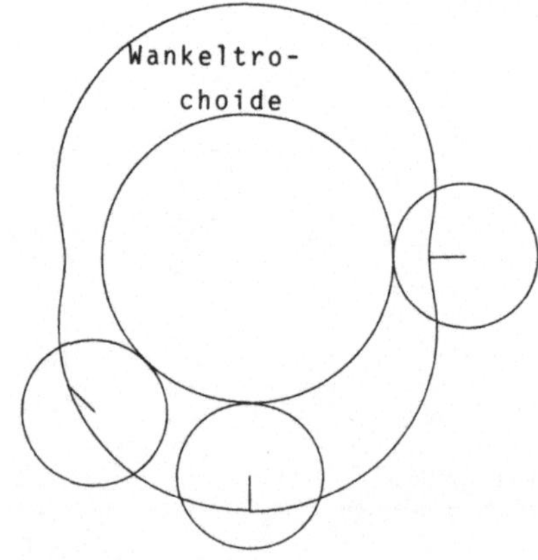

Abb.3.2 d)

Man schreibe ein U.P. mit dem Namen EPITRO und den Argumenten A, B, C, T1, T2, DT, T3 und K, das nur eine Epizykloide im Bereich $t_1 \leqq t \leqq t_2$ mit der Schrittweite DT zeichnet für den Fall, daß K = 0 ist. Für K = 1 wird auch der Basiskreis mit dem Radius a gezeichnet, und für K = 2 wird zusätzlich noch der Rollkreis um den Punkt $P_3 = ((a+b)\cos t_3, (a+b)\sin t_3)$ gezeichnet mit den Geraden von diesem Punkt P_3 nach (0., 0.) und von P_3 zum Zykloidenpunkt $x(t_3)$, $y(t_3)$. Im H.P. trage man unskalierte Achsen und eine entsprechende Beschriftung mit der Angabe der $x(t)$- und $y(t)$-Formeln in die Zeichnung ein und rufe EPITRO mit A = 5.0, B = 2.0, C = 3.0, T1 = 0.2, T2 = 6.0, DT = 0.02 und K = 1. Nach einer Nullpunktverschiebung wähle man die Parameter A = 4.0, B = 2.0, C = 1.0, T1 = 0., T2 = 6.28, DT = 0.04, T3 = 0.5 und K = 2. Damit erhält man die Schnittkurve durch den <u>Zylindermantel eines Wankelmotors</u>, da die "Wankelbedingung" a/b/c = 4/2/1 erfüllt ist.

3.2 e)   Hypozykloiden, Astroide und Ellipse

Eine <u>Hypozykloide</u> wird erzeugt durch das Abrollen eines Rollkreises (Radius b) auf der <u>Innenseite</u> eines Basiskreises (Radius a > b). Verhalten sich die Radien wie ganze Zahlen a/b = m/n, so ist diese Kurve nach einer endlichen Anzahl von Umläufen geschlossen. Betrachtet man die Bewegung eines Punktes, der mit dem Rollkreis fest verbunden ist und sich im Abstand c von dessen Mittelpunkt befindet, so erhält man für c = b Hypozykloiden mit Spitzen, die auf dem Basiskreis liegen, für c > b erhält man gestreckte Hypozykloiden (auch Hypotrochoiden genannt), die mit ihren Schlaufen über dem Basiskreis hinausragen:

$$x = (a-b)\cos\varphi + c\,\cos(\varphi\cdot(a-b)/b)$$

$$y = (a-b)\sin\varphi - c\,\sin(\varphi\cdot(a-b)/b) \ .$$

Für b = a/2 ist (a-b)/b = 1 und man erhält eine <u>Ellipse</u>: $x = (a-b+c)\cos\varphi$, $y = (a-b-c)\sin\varphi$ mit den Halbachsen $a-b+c$ und $a-b-c$, die für b = c = a/2 in eine Gerade übergehen, da die 2. Halbachse dann verschwindet $a-b-c = 0$.

Ein zweiter Spezialfall ist: c = b = a/4 . Dann rollt der Rollkreis bei einem Umlauf viermal im Basiskreis ab, und man erhält eine <u>Sternkurve (Astroide)</u> mit 4 Spitzen. Auch in diesem Fall lassen sich die Formeln mit Hilfe der Additionstheoreme der Winkelfunktionen vereinfachen:

$$x = a\cos^3(\varphi/4), \qquad y = a\sin^3(\varphi/4) \qquad \text{oder nach Eli-}$$

mination von φ : $x^{2/3} + y^{2/3} = a$

Man schreibe ein U.P. genannt HYPOZY, das eine Hypozykloide zeichnet, mit den Argumenten A, B, C, PHI1, PHI2, DPHI, K. – Die Ausdrucke s = a-b und q = (a-b)/b sollen in HYPOZY nur einmal berechnet werden. – Man definiere $x(\varphi)$ und $y(\varphi)$ als lokale Anweisungsfunktionen. Der Schalter K habe die Wirkung wie in Aufgabe 3.2 d) wobei wir $t_3 = \varphi_3 = 0.70$ (≙ 40 Grad) wählen:

$$P_3 = ((a-b)\cos 0.70, (a-b)\sin 0.70) \ .$$

Im H.P. lasse man im Wechsel mit entsprechenden Nullpunktsverschiebungen folgende Hypozykloiden zeichnen mit $\varphi_1 = 0$, $\varphi_2 = 2\pi$.

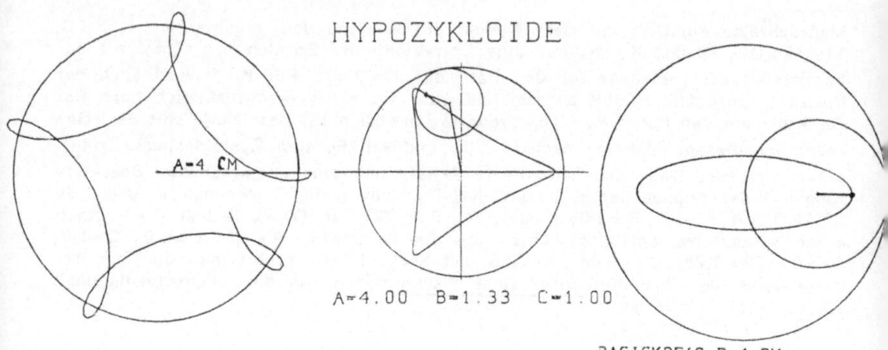

Abb. 3.2 e)

a	b	c	K
4.0	1.3333	1.0	0
4.0	0.9	1.3	1
4.0	2.0	1.0	2 Ellipse
4.0	1.0	1.0	1 Astroide

Man führe im H.P. einen Dialog mit dem Anwender, ob und wie das Bild zu beschriften ist.

3.2 f)   Cassinische Kurve und Lemniskate

Eine Cassinische Kurve ist definiert als Menge aller Punkte, deren Entfernungen
von zwei festen Punkten ein konstantes Produkt a/2 haben. Denken wir uns das
kartesische Achsensystem so gelegt, daß die x-Achse durch beide Punkte verläuft mit den Koordinaten $F_1 = (e, o)$, $F_2 = (-e, o)$ und $F_1 F_2 = 2e$, so lautet die
Kurvengleichung in Polarkoordinaten:

$$r^2 = e^2 \cos 2\varphi \pm \sqrt{e^4 \cos^2 2\varphi + a^4 - e^4} \ . \tag{1}$$

Bei festem e hängt die Kurvenform von der Wahl des Parameters a ab:

1) $2e^2 < a^2$ Ellipsenähnliche Kurve mit "Brennpunkten" F_1 und F_2 und den

         "Halbachsen" $r(0°) = \sqrt{a^2 + e^2} > e\sqrt{3}$

            und

            $r(90°) = \sqrt{a^2 - e^2} > e$.

2) $e^2 < a^2 < 2e^2$ "Ellipse", die aus Richtung der positiven und negativen y-Achse
         eingequetscht ist.

3) $e^2 = a^2$ Achtförmige Schleifenkurve (Lemniskate), bei der die "Einquetschun-
gen" sich bei $y = 0$ berühren:

$$r^2 = 2a^2 \cos 2\varphi \ .$$

Die zwei Schleifenhälften umfassen jeweils einen "Brennpunkt".

4) $a^2 < e^2$ Kurve mit zwei getrennten eiförmigen Teilen, die die "Brennpunkte" einzeln umschließen.

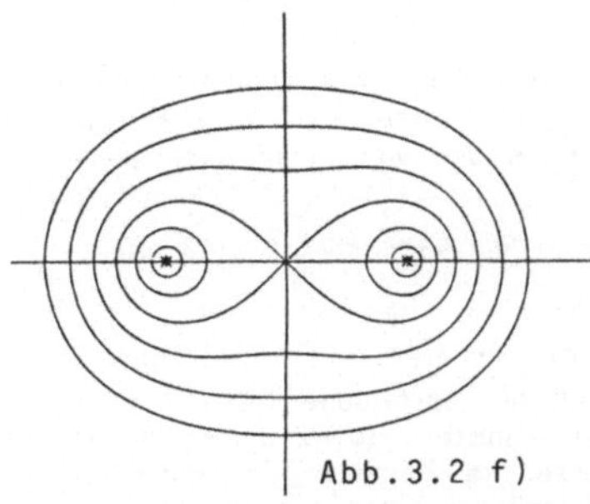

Abb. 3.2 f)

In den Fällen 1), 2), 3) gilt das obere Vorzeichen der Wurzel in (I). Bei der
Schleifenkurve (Fall 3)) schneidet sich die achtförmige Kurve im Nullpunkt unter
90° mit den Tangenten $y = x$ und $y = -x$, so daß man nur die Winkelbereiche
$-\pi/4 \leqq \varphi \leqq +\pi/4$ und $3\pi/4 \leqq \varphi \leqq 5\pi/4$ darzustellen hat. Im Fall 4)) ist der Radikant
in der Gleichung von r^2 für kleinere Winkel (z.B. $\varphi = 0$) sicher positiv. Es gibt
jedoch einen Grenzwinkel φ_0, bei dem der Radikant verschwindet: $\cos 2\varphi_0 =
1 - a^4/e^4$. Daraus bestimmt man φ_0 und plottet die beiden "Eier" in den Be-
reichen:

$$-\varphi_0 \leqq \varphi \leqq +\varphi_0 \quad \text{und} \quad \pi -\varphi_0 \leqq \varphi \leqq \pi +\varphi_0 \ .$$

Jedes Vorzeichen in (I) liefert eine "Eihälfte".
Man schreibe ein U.P. 'CASINI', das eine Cassinische Kurve mit den Parametern a und e zeichnet. Den Wertbereich des Polarwinkels φ lege das U.P. fest
entsprechend dem Verhältnis der Parameter zueinander. Im H.P. zeichne man
unskalierte Achsen und in den Brennpunkten jeweils das zentrierte Symbol
Nr. 11 (s. 3.1 d)). 'CASINI' werde gerufen mit $e = 4.0$ für die Fälle $a = 1.0$,
2.0, ..., 7.0 . Man beschrifte die Zeichnung.

3.2 g)   Spiralen

Die Archimedische Spirale: $r = a\varphi$ ist zu zeichnen im Bereich $0 < \varphi < 4.6\,\pi$ mit dem einzulesenden Parameter $a = 0.3$ cm. Im Winkelbereich $0 < \varphi < 2\pi$ sind auch die Radien zu zeichnen. Um ein Klecksen im Ursprung zu verhindern verbinde man dazu die Kurvenpunkte

$$x = r\cos(\varphi) = a\varphi\,\cos(\varphi) \qquad y = r\sin(\varphi) = a\varphi\,\sin(\varphi)$$

nicht mit dem Ursprung, sondern mit dem Punkt

$$x_1 = x/(5r) = x/(5\,a\varphi), \qquad y_1 = y/(5r) = y/(5\,a\varphi),$$

der in der gleichen Richtung liegt wie der Kurvenpunkt x, y und einen Abstand von 2 mm vom Ursprung hat. Um Plotterzeit zu sparen werden die Radien wechselweise von außen nach innen und von innen nach außen gezeichnet. Man beschrifte die Zeichnung mit:

$$\text{'Archimedische Spirale: R = A PHI mit A = 0.3 cm'}$$

und zeichne die x- und y-Achse.

Man zeichne eine Hyperbolische Spirale: $r = a/\varphi$ im Bereich $\pi/4 < \varphi < 5\pi$ für $a = 5.0$. Die Punkte $r(\varphi)$ des äußeren Spiralbogens ($\pi/2 < \varphi < 5\pi/2$) verbinde man in Abständen von 10° mit den Punkten $r(\varphi + 2\pi)$ des nächsten, weiter innen liegenden Bogens. Man beschrifte die Zeichnung, zeichne die Achsen ein und die asymptotische Tangente $y = \text{const} = a$ von $x_1 = -a/2$ bis $x_2 = 5a/4$.

Eine logarithmische Spirale: $r(\varphi) = ae^{k(\varphi - \varphi_0)}$ hängt stark vom gewählten Exponentialfaktor k ab. Man wähle $k = 0.5$ und $a = 2.0$ cm und zeichne mehrere dieser Spiralen:

Parameter φ_0	Bereich
0	$-\pi < \varphi < \pi/2$
$\pi/2$	$-\pi/2 < \varphi < \pi$
π	$0 \leqq \varphi < 3\pi/2$
$3\pi/2$	$\pi/2 < \varphi < 2\pi$,

indem man jeweils die kartesischen Koordinaten berechnet:

$$x = r\cos\varphi \;,\; y = r\sin\varphi \;.$$

Diese Spirale schneidet alle Radien unter konstantem Winkel $\alpha = \text{arccot}\,k = \arctan(1/k)$. Um dies zu verdeutlichen, zeichne man für den Fall $\varphi_0 = 0$ im 1. Quadranten die Radien vom Ursprung zu den Punkten $P_1 = 1.2\,r(0.5)\,(\cos 0.5, \sin 0.5) \equiv (x_1, y_1)$ und $P_2 = 1.2 \cdot r(1.0\cos 1.0, \sin 1.0) \equiv (x_2, y_2)$ und die Tangenten an diese Punkte. Dazu verbinde man P_1 mit $P_3 = (x_1 + \cos q, y_1 + \sin q)$ und P_2 mit $P_4 = (x_2 + \cos s, y_2 + \sin s)$ mit $q = 0.5 + \arctan(1/k) = \varphi_1 + \alpha$ und $s = 1.0 + \arctan(1/k) = \varphi_2 + \alpha$.

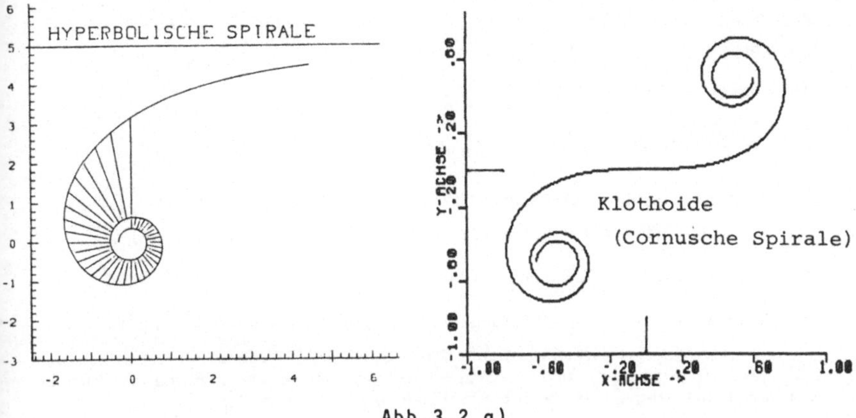

Abb.3.2 g)

Die CORNU'sche Spirale - auch Klothoide genannt - $x = a \sqrt{\pi}\ C(u)$,

$$y = a \sqrt{\pi}\ S(u)$$

ist symmetrisch zum Nullpunkt (0., 0.) und hat zwei asymptotische Windungspunkte bei $P_1 = (q,\ q)$ und $P_2 = (-q,\ -q)$ mit $q = a \sqrt{\pi}/2$, die für $u \to \infty$ bzw. für $u \to -\infty$ erreicht werden. Vom Nullpunkt aus gemessen hat die Bogenlänge bis zum Punkt $(x(u),\ y(u))$ den Wert: $b = 2qu$. In diesem Punkt ist der Krümmungsradius: $r = 2q/(\pi u)$. Man wählt z.B. die Klothoide als Kurve der Autobahnabfahrten, da auf ihr die Radialbeschleunigung a_r bei konstanter Fahrgeschwindigkeit nicht ruckartig zunimmt wie bei der Einfahrt in einen Kreis, sondern allmählich ansteigt proprotional der Fahrzeit t:

$$a_r = v^2/r = v^2 \cdot \pi \cdot u/(2q) = v^2 \cdot \pi \cdot b/(2q)^2 = v^3 \cdot t/a^2\ ,$$

da bei konstanter Geschwindigkeit die Bogenlänge $b = v\ t$ ist. Die auftretenden Funktionen $C(u)$ und $S(u)$ sind die Fresnelschen Integrale:

$$C(U) = \int_o^u \cos\ (\pi \cdot t^2/2)dt \quad \text{und} \quad S(u) = \int_o^u \sin\ (\pi \cdot t^2/2)\ dt.$$

Ihre numerische Integration ist unangenehm, da die Integranden für wachsende Werte von t immer schneller oszillieren. Man müßte mit wachsender Integrationsgrenze u die Schrittweite ständig verfeinern. Wir wählen folgende Näherungen (s. [1]):

$$C(u) = u - \pi^2 \cdot u^5/40 \qquad\qquad \text{für } 0 \leqq u < 0.5$$

$$C(u) = 0.5 + f(u) \cdot \sin(\pi u^2/2) - g(u) \cdot \cos(\pi u^2/2) \qquad \text{für } 0.5 \leqq u \leqq 2.4$$

$$C(u) = 0.5 + (0.3183099 - \frac{0.0968}{u^4})\ \frac{1}{u} \cdot \sin(\frac{\pi}{2} u^2)$$

$$\qquad\qquad - (0.10132 - \frac{0.154}{u^4})\ \frac{1}{u^3}\ \cos\ (\frac{\pi}{2}\ u^2) \qquad\qquad \text{für } 2.4 < u$$

$$S(u) = \pi\, u^3 (1 - \pi^2 u^4/56)/6 \qquad\qquad \text{für } 0 \leqq u < 0.5$$

$$S(u) = 0.5 - f(u) \cdot \cos(\pi u^2/2) - g(u)\, \sin(\pi u^2/2) \qquad \text{für } 0.5 \leqq u \leqq 2.4$$

$$S(u) = 0.5 - (0.3183099 - \frac{0.0968}{u^4})\frac{1}{u}\; \cos(\frac{\pi}{2}u^2)$$

$$- (0.10132 - \frac{0.154}{u^4})\frac{1}{u^3}\; \sin(\frac{\pi}{2}u^2) \qquad\qquad \text{für } 2.4 < u$$

mit $f(x) = (0.8925336 + 1.1408095\, x)/(2. + 1.393809 \cdot x + 3.8708958 \cdot x^2)$

und $g(x) = 1./(0.6584138 + 10.2050109 \cdot x - 5.3490435 \cdot x^2 + 10.682350 \cdot x^3)$.

Für $u < 0$ ist $C(u) = -C(|u|)$ und $S(u) = -S(|u|)$.

Der relative Fehler dieser Näherungen für C und S ist kleiner als 0.001 .

An der Integralform erkennt man: $C(0) = S(0) = 0$. Außerdem ist ersichtlich $f(u) = g(u) = 0$ für $u \to \infty$ und $C(u) = S(u) = 0.5$ für $u \to \infty$. Beide Funktionen oszillieren mit kleiner werdender Amplitude um den Wert 0.5 .

Man schreibe zwei Funktionsunterprogramme für C und S oder ein U.P. für C mit zusätzlichem ENTRY für S, in denen man die Näherungen benutzt. Das H.P. lese den Parameter a ein (etwa a = 3.0) und zeichne die CORNU'sche Spirale im Bereich $-3 \leqq u \leqq +3$ mit $\Delta u = 0.02$. In den Punkten mit u = -3, -2.5, -2.0, ..., +2.5, +3.0 werden zusätzlich zentrierte Symbole in die Kurven eingezeichnet.

3.2 h)   Kettenlinie

Wird eine Kette der Länge L in den Punkten $P_1 = (x_1, y_1)$ und $P_2 = (x_2, y_2)$ befestigt mit der Spannweite $x_2 - x_1 = l$ und dem Höhenunterschied $y_2 - y_1 = h$, so hängt die Kette durch in der Form einer Kettenlinie:

$$y = a\, \cosh(x/a) .$$

Normalerweise sind hierbei nicht die Koordinaten der Aufhängepunkte x_i, y_i gegeben, sondern die Werte L, l, h. Aus ihnen werden zunächst der Kurvenparameter a und dann die Koordinaten x_i, y_i ermittelt. Der Wert von a ergibt sich aus der Lösung $z = l/(2a)$ der transzendenten Gleichung:

$$\sinh(z) = z\, \sqrt{L^2 - h^2}/l .$$

Mit diesem a ergeben sich als Koordinaten:

$$x_1 = (-l + a\, \ln((L + h)/(L - h)))/2; \qquad y_1 = y(x_1)$$

$$x_2 = x_1 + l; \qquad\qquad\qquad\qquad y_2 = y(x_2) = y_1 + h .$$

Man schreibe ein Programm, das mehrmals die Werte L, h, l einliest und diese als Argument an ein zu startendes U.P. 'KETLIN' übergibt, das die zugehörige Kettenlinie zeichnet. Bei der Eingabe halte man h = 6 cm und l = 8 cm fest und variiere die Kettenlänge: L = 11, 12, 13, 14, 15 cm. Bei raumfesten Aufhänge-

punkten unterschiedlicher Höhe ändert sich mit der Kettenlänge die x-Koordinate des tiefsten Kettenpunktes (Kurvenminimum) und damit auch jeweils die
Lage der y-Achse, so daß man in 'KETLIN' den Ursprung des PLOT-Koordina-
tensystems zunächst nach $(|x_1|, 0.)$ verschieben muß und ihn nach dem Zeich-
nen der Kurve wieder nach $(x_1, 0.)$ zurückverlegt. x_1 ist stets < 0 . 'KETLIN'
selbst macht Gebrauch von einem Funktionsunterprogramm mit den Argumenten
L, h und I, das den Funktionswert z als Lösung der transzendenten Gleichung
bestimmt:

Offenbar ist $z = 0$ eine triviale Lösung. Gesucht ist also der 2. Schnittpunkt $z > 0$

der Kurve $t = \sinh(z)$ mit der Geraden $t = z\sqrt{L^2 - h^2}/I$. Die Steigung dieser
Geraden ist größer als 1, denn die Kette ist länger als der Abstand der Befe-
stigungspunkte:

$$L^2 > h^2 + I^2, \text{ also } \sqrt{L^2 - h^2} > I .$$

Zur Bestimmung der Nullstelle der Funktion:

$$f(z) = \sinh(z) - z \cdot q$$

mit

$$q = \sqrt{L^2 - h^2}/I$$

nach der Methode von Newton (s. Kap. 2.):

$$z_{i+1} = z_i - f(z_i)/f'(z_i)$$

braucht man lediglich einen Startwert z_0 . Als z_0 wählen wir das z aus der
Folge $z = 1, 2, 3, \ldots,$ für das zum ersten Mal $f(z) > 0$ ist. Die Iteration brechen
wir ab, wenn $|z_{i+1} - z_i|/z_i < 10^{-4}$ ist. Damit ist die Nullstelle ($=$ Funktionswert$=$
Wert von z_i) gefunden.
Man prüfe, ob der Compiler der benutzten Rechenanlage die Hyperbelfunktionen
zur Verfügung stellt. Anderenfalls arbeite man mit:

$$\sinh(z) = (e^z - e^{-z})/2 \quad \text{und} \quad (\sinh(z))' = \cosh(z) = (e^z + e^{-z})/2 .$$

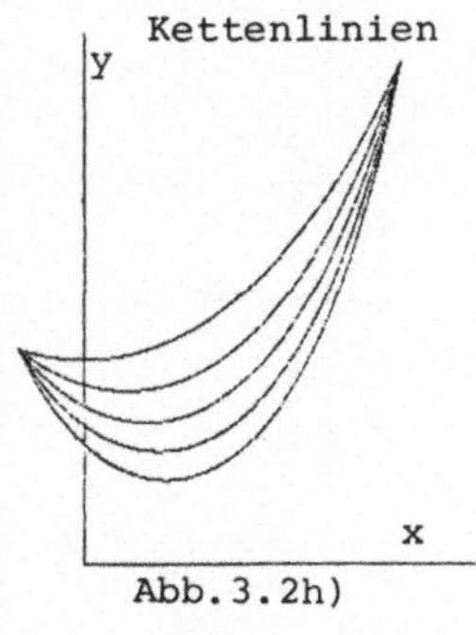

Abb.3.2h)

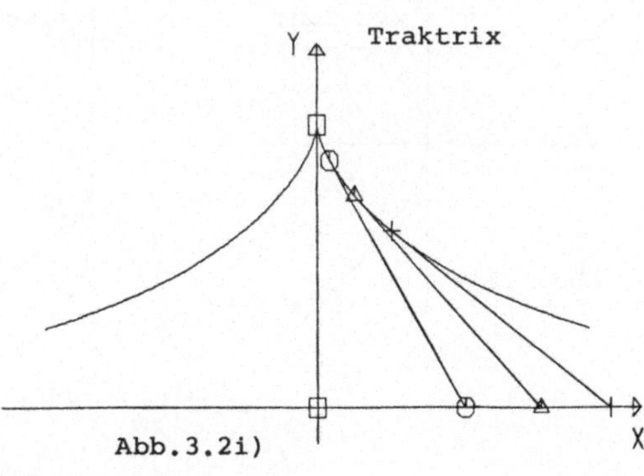

Abb.3.2i)

3.2 i)   Traktrix

Denkt man sich einen nicht dehnbaren Faden der Länge a auf die y-Achse gelegt, so daß das erste Ende sich in y = o und das zweite Ende sich in y = a befindet, und bewegt man dann das erste Ende entlang der x-Achse, so beschreibt
das zweite Ende eine Schleppkurve (Traktrix):

$$x = a\ \ln((a \pm \sqrt{a^2 - y^2})/y) \mp \sqrt{a^2 - y^2}$$

unter der Voraussetzung, daß der Faden ständig als Gerade gespannt bleibt,
etwa infolge großer Reibung am 2. Ende. Der Faden stellt immer die Tangente
an die Traktrix dar. Diese Kurve hat also in jedem Punkt eine konstante Tan-
gentenlänge vom Kurvenpunkt (x, y) bis zum Schnittpunkt der Tangente mit der
x-Achse.
Man plotte eine Traktrix für a = 4 cm im Bereich $1 \leqq y \leqq 4$ für Bewegungen des
1. Fadenendes in positiver und negativer Richtung entsprechend den beiden oberen bzw. unteren Vorzeichen der Formel. Um den Schleppvorgang zu verdeutlichen, zeichne man auch den Faden ein, indem man für die Werte $y_2 = 3.8, 3.4,$
3.0, 3.6 die zugehörigen x_2-Werte des Kurvenpunktes berechnet und damit jeweils die Lage x_1 des 1. Fadenendes auf der x-Achse bestimmt:

$$(x_1 - x_2)^2 + y_2^2 = a^2 \ .$$

3.2 j)   Kartesisches Blatt

In der Gleichung des Kartesischen Blattes: $x^3 + y^3 - 3axy = 0$ dürfen offenbar
nicht beide Koordinaten negativ sein. Die Kurve hat also keine Punkte im 3.
Quadranten, sondern verläuft ganz in den anderen drei Quadranten und schmiegt
sich asymptotisch an die Gerade $y = -x - a$ an. Man zeichne ein Kartesisches
Blatt mit Hilfe der Darstellung in Polarkoordinaten:

$$r = 3a\ \sin\varphi\ \cos\varphi\ /(\sin^3\varphi + \cos^3\varphi)\ .$$

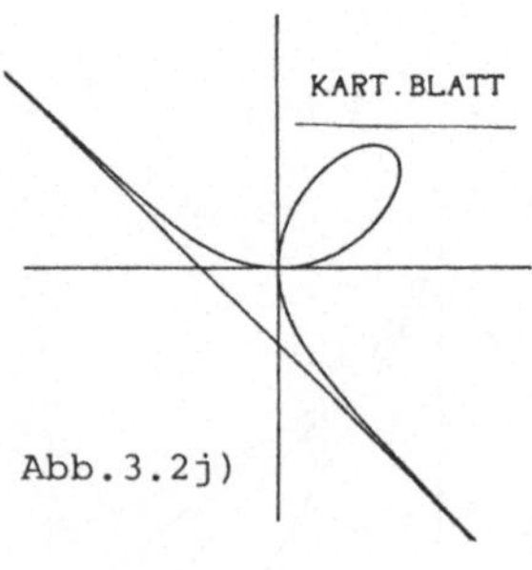

Abb.3.2j)

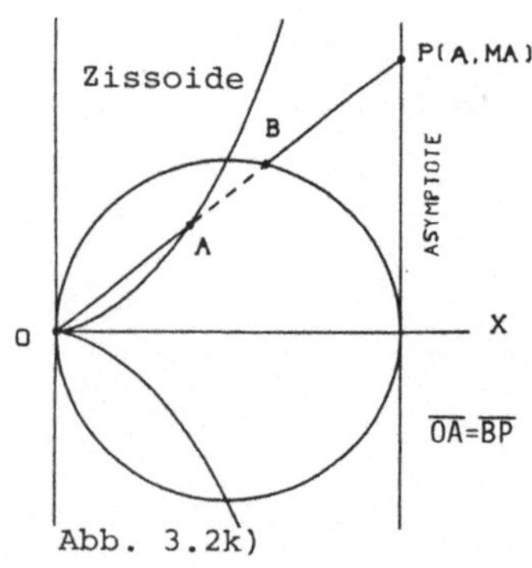

Abb. 3.2k)

3.2 k)   Zissoide

Die Efeukurve, auch Zissoide genannt:

$$y = \pm\, x\ (x/(a-x))^{1/2}, \text{ bzw. } r = a\ \sin\varphi\ \tan\varphi$$

verläuft zwischen der Geraden $x = a$ und der y-Achse. Sie schneidet den Kreis mit $R = a/2$ um den Punkt $(a/2, 0.)$ in seinem Scheitelpunkt, denn für $x = a/2$ ist $y = \pm\, a/2$. Man zeichne diesen Kreis, die Asymptote $x = a = \text{const} = 6$ cm, beide Äste der Zissoide im Bereich $0.\leqq x \leqq 0.8$ a, die y-Achse im Bereich -1.6 a bis $+1.6$ a, die positive x-Achse bis $x = 1.2$ a und eine gestrichelte Gerade $y = mx$ mit $m = 0.8$ vom Ursprung zum Punkt (a, ma) auf der Asymptote. Die Efeukurve hat die Eigenschaft, daß auf solchen Geraden die Abschnitte vom Ursprung bis zum Kurvenpunkt (q, mq) mit $q = am^2/(1 + m^2)$ und vom Kreisschnittpunkt $(q/m^2, q/m)$ bis zum Punkt auf der Asymptote gleich sind. Diese Abschnitte zeichne man daher entweder als durchgezogene Linie oder mit anderer Farbe.

3.2 l)   Strophoide

Die Wendekurve, auch Strophoide genannt, hat in ihrer Form und ihrer Gleichung

$$(a - x)y^2 = (a + x)x^2$$

eine Ähnlichkeit mit dem Kartesischen Blatt. Denn dreht man letzteres (s. 3.2j)) um 135°, so erhält man die Gleichung:

$$(b - 3x)y^2 = (b + x)x^2 \text{ mit } b = 3a/\sqrt{2}$$

und eine Kurve, die der Wendekurve sehr ähnlich ist. Die Asymptote der Strophoide liegt bei $x = \text{const} = a$. Wie bei der Zissoide gibt es auch hier zwei gleiche Streckenabschnitte auf jeder Geraden $y = m(x + a)$ durch den Scheitelpunkt $(-a, 0.)$. Diese Geraden schneiden die Strophoide in den Punkten

$$x_1 = qa,\ y_1 = +qa\ \sqrt{(1 + q)/(1 - q)} \text{ und } x_2 = -qa,\ y_2 = +qa\ \sqrt{(1 - q)/(1 + q)}$$

$$q = m/(1 + m) .$$

Der Mittelpunkt P_3 der Strecke P_1P_2 liegt auf der y-Achse und hat die Koordinate $y_3 = \overline{P_1P_2}/2$. Die geometrische Konstruktion mit Zirkel und Lineal läßt sich daher einfach durchführen: Man zeichnet durch $(-a, 0.0)$ eine Gerade. Diese schneidet die y-Achse in Punkte $(0.0, y_3)$. Dann schlägt man um diesen Punkt einen Kreis mit dem Radius y_3 und erhält als Schnittpunkte auf der Geraden die Strophoidenpunkte P_1 und P_2 .
Man zeichne eine Strophoide für $a = 5$ cm im Bereich $-a \leqq x \leqq 3a/4$ mit ihren beiden symmetrischen Teilen $y > 0$ und $y < 0$, die Achsen, ihre Asymptote und die Strecken P_1P_2 für $m = 0.1, 0.2, \ldots, 1.0$.

Die Darstellung der Wendekurve in Polarkoordinaten lautet:

$$r = -a\ \cos(2\varphi)/\cos\varphi \text{ mit } 0 \leqq \varphi \leqq \pi .$$

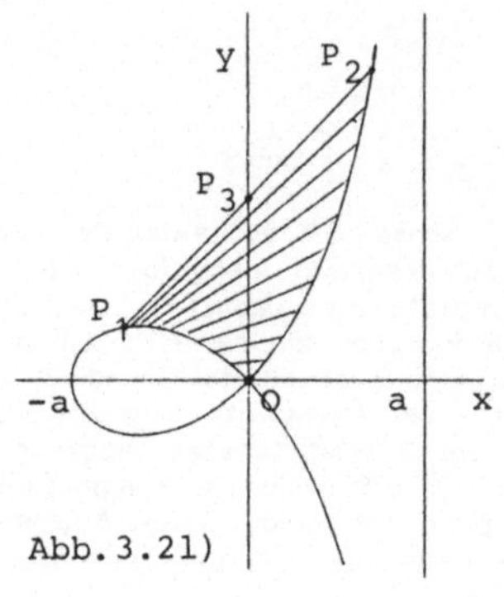

Abb.3.21)

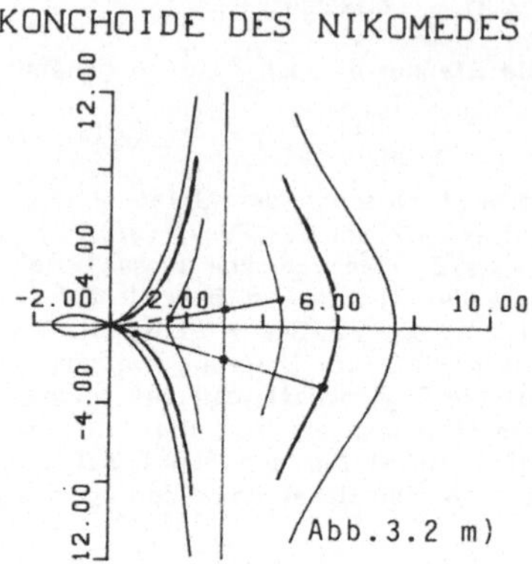

Abb.3.2 m)

3.2 m) Konchoide des Nikomedes

Auch die Muschelkurve (Konchoide des Nikomedes) ist eine Kurve höheren Grades:

$$(x - a)^2 (x^2 + y^2) = b^2 x^2 \quad \text{bzw.} \quad r = a/\cos \varphi \pm b \ .$$

Betrachten wir den Fall $b = 0$, so lautet die Kurvengleichung $a = r \cos\varphi$. In Polarkoordinaten hat ein Punkt r, φ die x-Koordinate $x = r \cos\varphi$. Also ist für $b = 0$ die Muschelkurve eine Gerade: $x = a = \text{const}$. Für $b > 0$ erhält man offenbar für jeden Winkel zwei Kurvenpunkte, wenn man den Radius über den Schnittpunkt mit der Geraden $x = a$ hinaus um den Wert b verlängert oder verkürzt. Die Konchoide besteht also aus zwei Teilen, die von ihrer gemeinsamen Asymptote $x = a$ getrennt werden. Für $b > a$ gibt es Winkelbereiche, in denen der Radiuswert des linken Kurventeils negativ wird: $r = a/\cos\varphi - b \leqq 0$, also $\cos\varphi \leqq a/b$. Dann bildet die Kurve eine Schleife im Raum $x < 0$ und ähnelt der Strophoide. Man schreibe ein U.P. mit den Argumenten A und B, das die beiden Teile einer Muschelkurve zeichnet. Damit sich beide Teile etwa bis $y = \pm (a + 2b)$ erstrecken, muß der äußere Kurventeil $r = a/\cos\varphi + b$ im Bereich

$$\varphi_1 = -\arctan((a + b)/a) \leqq \varphi \leqq +\arctan((a + b)/a) = \varphi_2$$

gezeichnet werden, während man für den inneren Kurventeil $r = a/\cos\varphi - b$ wählt:

$$\varphi_3 = -\arctan((a + 3b)/a) \leqq \varphi \leqq +\arctan((a + 3b)/a) = \varphi_4 \ .$$

Im H.P. füge man eine Beschriftung ein sowie die y-Achse und die Asymptote $x = a$ (beide im Bereich: $-a - 2b \leqq y \leqq +a + 2b$ und die x-Achse im Bereich $\text{Min}(0.0, a - b) \leqq x \leqq a + 2b$. Man rufe das U.P. dreimal auf, gegebenenfalls mit anderem Farbstift, mit den Argumenten $b = 1.5, 3, 4.5$ bei festem $a = 3$. Zur Darstellung der beiden Abschnitte der Länge b auf dem Radius zeichne man die Radien für $0 \leqq \varphi \leqq 0.7$ mit der Schrittweite $\Delta\varphi = 0.1$ gestrichelt vom Nullpunkt bis

r = a/cosφ - b und durchgezogen weiter bis r = a/cosφ + b für die Konchoide mit
b = 1.5 und unterhalb der x-Achse für $-0.7 \leqq φ \leqq 0$ bei der Muschelkurve mit b = 3 .

3.2 n)   Lissajou-Figuren

Man schreibe ein Programm, das Lissajou-Figuren zeichnet nach den Formeln:

$$x = a \, \cos(\omega_1 t), \qquad y = b \, \cos(\omega_2 t + \beta) \ .$$

Dazu lese man a, b, β, ω_1 und ω_2 ein. Man starte den Zeitparameter bei t = 0.
Wenn sich die Kreisfrequenzen ω_1 und ω_2 wie ganze Zahlen verhalten, ist die
Lissajou-Figur eine geschlossene Kurve. Man erhält nämlich die gleichen x- und
y-Werte wie für t = 0, wenn $\omega_1 T = n_1 \, 2\pi$ und $\omega_2 T = n_2 \, 2\pi$ ist bei ganzzahligen n_1
und n_2, d.h. wenn $\omega_1/\omega_2 = n_1/n_2$ ist.
Beispiel: Man lasse drei Lissajou-Figuren im Bereich $0 \leqq t \leqq T$ zeichnen mit
a < 8 cm, b < 8 cm, wobei sich zwei Kurven nur in β unterscheiden sollen, z.B.
β = 0 und β = π /2 . Man zeichne auch die Achsen.

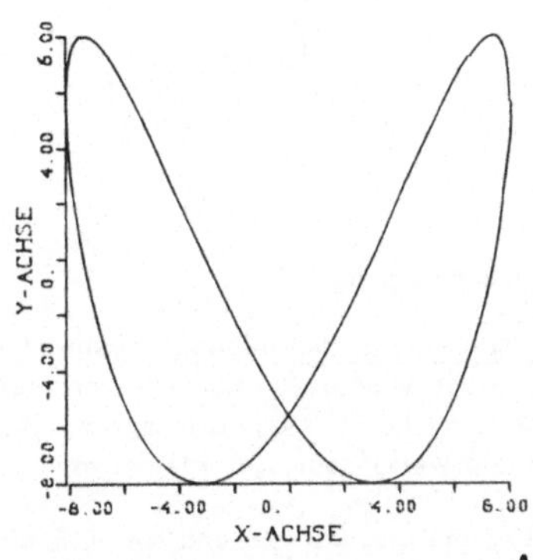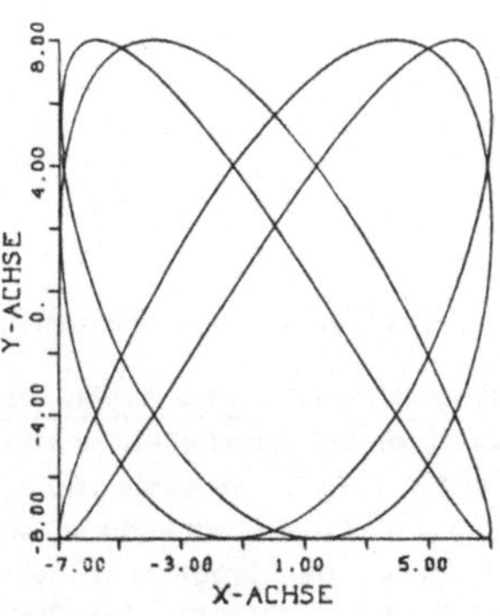

Abb. 3.2 n)

3.2 o)   Schwingende Kreisringe

Mit Formeln der Gestalt r = f(φ) lassen sich viele geometrische Formen in der
Ebene erzeugen (s. auch Kap. 3.5 b)). Hier soll nur eine spezielle Klasse von
Funktionen untersucht werden, die in erster Näherung entstehen, wenn man einen
Kreisring in kleine, radiale Schwingungen versetzt:

$$r = R + a \, \cos(n\varphi) \ \text{mit} \ a = a_0 \, \sin(\omega t) \ .$$

Diese Figuren sind erst interessant für n = 2, 3, ..., denn für n = 1 ist die Lage
des Ringschwerpunktes nicht erhalten, da für a > 0 im Bereich $-\pi /2 \leqq \varphi \leqq +\pi /2$
gilt: r > R und für $\pi /2 \leqq \varphi \leqq 3\pi /2$ gilt: r < R (Schwingungstal). Die Funktion mit
n = 2 hat 2 Maxima bei $\varphi_1 = 0$ und $\varphi_3 = \pi$ und 2 Minima bei $\varphi_2 = \pi /2$ und $\varphi_4 = 3\pi /2$.
Sie ähnelt einer in x-Richtung gestreckten Ellipse. Entsprechend hat eine Funk-
tion mit beliebigem n > 2 ihr erstes Maximum nach φ = 0 bei φ = 2π /n und insge-

samt n Maxima. Physikalisch interessant sind nur Funktionen mit $a \ll R$, geometrisch schön sind vor allem Funktionen mit $a \approx R$ oder auch $R = 0$.
Man schreibe ein U.P. 'RING' mit den Argumenten R, A, N, das die Kurve $r(\varphi)$ zeichnet im Bereich $0 \leqq \varphi \leqq 2\pi$.
Das H.P. rufe 'RING' für $N = 4$, $R = 5$ und $A = 2.0$, -1.5, ..., 2.0 oder für $N = 8$, und $R = 5$ und $A = 3.0$, -2.0, ..., $+3.0$.

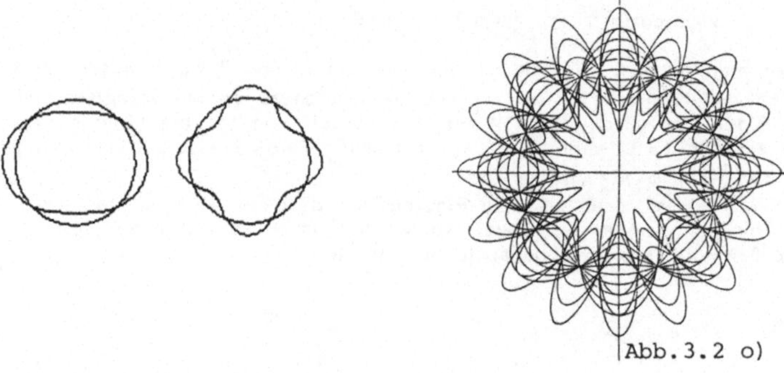

3.2 p)   Amplituden- und Frequenzmodulierte Schwingung

Man spricht von einer <u>amplitudenmodulierten Schwingung</u> (Schwebung), wenn die Amplitude b einer Schwingung $y = b \cdot \cos(\omega_1 t)$ selbst wieder harmonisch von der Zeit abhängt: $b = a(1 + m \cos(\omega_2 t))$. Der Faktor m heißt Modulationsgrad. Die Kreisfrequenz der Signalschwingung ω_2 ist normalerweise sehr viel kleiner als die Kreisfrequenz ω_1 der Trägerschwingung.
Man schreibe ein Programm, das die Werte $a = 4$, $m = 0.3$, $\omega_1 = 12$ und $\omega_2 = 0.8$ einliest und die Schwebung:

$$y_1 = a \cdot (1 + m \cdot \cos(\omega_2 t))\ \cos(\omega_1 t)$$

und das Signal:

$$y_2 = a \cdot (1 + m \cdot \cos(\omega_2 t))$$

Im Bereich $0 \leqq t \leqq 4\pi / \omega_2$ einschließlich der Achsen zeichnet. Man übertrage die Parameter als Beschriftung in die Zeichnung.

Bei einer <u>frequenzmodulierten Schwingung</u> ist die Kreisfrequenz ω einer Schwingung $y = a\ \cos(\omega t)$ nicht konstant, z.B. $\omega = \omega_1$, sondern sie weicht um den Kreisfrequenzhub ω_2 von der (hohen) Trägerkreisfrequenz ω_1 ab: $\omega = \omega_1 - \omega_2 \cdot \sin(\omega_3 t)$ ω hat offenbar ein Maximum für $\sin(\omega_3 \cdot t) = -1$. Darin ist ω_3 die (kleine) Kreisfrequenz des Signals:
$$y = a\ \cos(t(\omega_1 - \omega_2 \cdot \sin(\omega_3 t))) \ .$$

Man lese ein: $a = 4$, $\omega_1 = 9$, $\omega_2 = 5$ und $\omega_3 = 0.8$ und zeichne die Funktionen $y(t)$ und $a \sin(\omega_3 t)$ im Bereich $0 \leqq t \leqq 2\pi/\omega_3$ und beschrifte die Zeichnung.

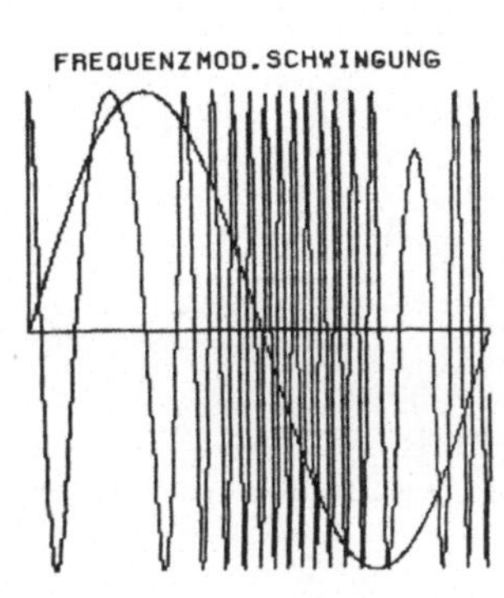

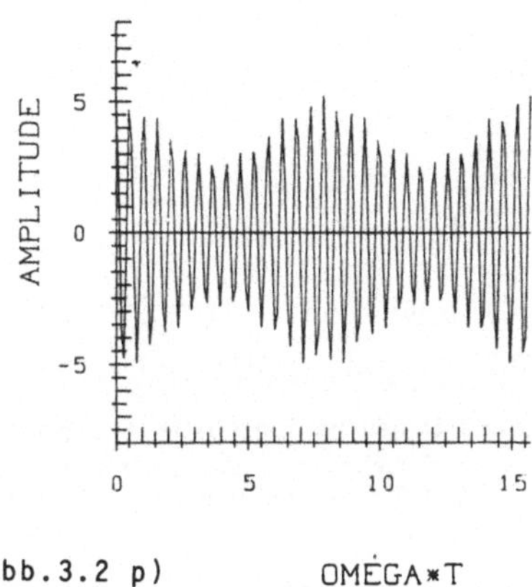

Abb.3.2 p)   OMEGA*T

3.2 q)   Synthese eines Spektrums

In der Kerntechnik läßt sich aus der Abhängigkeit der Absorption S einer radio-aktiven Strahlung der Energie E auf die in der Probe enthaltenen Substanzen schließen (Entfaltung eines Spektrums). Hier soll die umgekehrte, leichtere Aufgabe gelöst werden: wie sieht das Energiespektrum aus, wenn die Substanzen bekannt sind, d.h. wenn man die Amplituden a_i, die Energien E_i und die Breiten b_i der Linien eines Spektrums kennt? Nach der Breit-Wigner-Formel hat eine Absorptionslinie die Form:

$$S_i(E) = a_i/(b_i^2/4 + (E - E_i)^2) \ .$$

Offenbar hat $S_i(E)$ ein Maximum der Höhe $4a_i/b_i^2$, wenn der Nenner möglichst klein ist: $E = E_i$. Entfernt man sich von dieser Stelle E_i zu kleineren oder höheren E-Werten, bis $|E - E_i| = b_i/2$ ist, dann hat $S_i(E) = a_i/(b_i^2/4 + b_i^2/4) = 2a_i/b_i^2$ nur noch den halben Wert des Maximums. Daher heißt b_i die Linienbreite. Schließlich wird $S_i \approx 0$ für große oder kleine Werte von E, da meistens $E_i \gg b_i$ ist. Man schreibe ein U.P. 'SABSRP' mit den Argumenten A, B, E, EX, N und I, das für

$I \neq 0$ den Wert $S_i(EX)$ der I-ten Spektrallinie

und für

$I = 0$ den Wert $\sum_{i=1}^{N} S_i(EX)$ des Gesamtspektrums berechnet. Dabei sind A, B, E Vektoren mit N Komponenten. Im H.P. lese man für N = 8 folgende Werte ein:

I	A	B	E
1	6.0	0.8	7.0
2	6.0	0.5	8.0
3	1.3	0.6	4.7
4	5.1	0.5	4.0
5	2.0	0.35	3.5
6	8.5	2.0	5.5
7	4.0	0.29	10.0
8	0.5	1.0	1.8

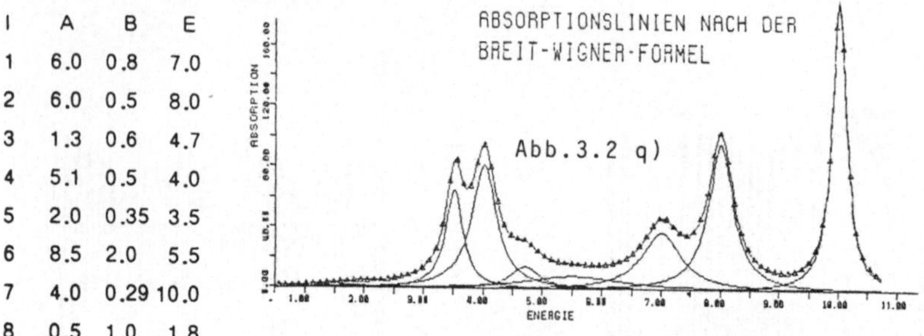

und lasse sämtliche Einzellinien im jeweiligen Bereich $E_i - 2b_i < EX < E_i + 2b_i$ und des Gesamtspektrums als gestrichelte Kurve oder andersfarbig im Bereich $1.0 \leqq EX \leqq 11.0$ einschließlich der Achsen plotten.

3.2 r) Fouriersynthese

Nehmen wir einmal an, für eine Funktion $y = f(x)$ mit der Periode T, d.h. $f(x + T) = f(x)$, sei eine Fourieranalyse

$$a_K = \frac{2}{T} \cdot \int_O^T f(x) \cdot \cos(2K\pi x/T)\,dx$$

$$b_K = \frac{2}{T} \cdot \int_O^T f(x) \cdot \sin(2K\pi x/T)\,dx$$

durchgeführt worden und wir könnten $f(x)$ durch die Fourierreihe approximieren:

$$FR(x,N) = a_o/2 + \sum_{K=1}^{N} (a_K \cos(2K\pi x/T) + b_K \sin(2K\pi x/T)) \ .$$

Dann ist es interessant, graphisch zu sehen wie bei gegebenen Koeffizienten a_K, b_K sich FR(X, N) für wachsendes N allmählich der Funktion $f(x)$ annähert. – Allgemein gilt, daß gerade Funktionen ($F(x) = f(-x)$) nur cos-Terme und ungerade Funktionen ($f(x) = -f(-x)$) nur sin-Terme enthalten. –

Man schreibe ein Funktionsprogramm 'FOUR' mit den Argumenten X, T, N, das den Funktionswert FR(X, N) berechnet. A und B sind Felder mit 50 Elementen,

die ebenso wie die Variable A0 in allen Programmteilen als globale Größen
(COMMON) bekannt sein sollen. Zusätzlich schreibe man ein U.P. 'ZEICHN' mit
den gleichen Argumenten, das 'FOUR' im Bereich $-0.2T \leqq X \leqq 1.2T$ zeichnet.
Im H.P. erstelle man zwei Zeichnungen für folgende Fälle:

1. $T = 8$, $a_o = 0$ und

$$a_K = 0,$$

$$b_K = (-1)^{K+1} \cdot 4/(K \cdot \pi) \quad \text{für } K = 1, 2, \ldots, 50$$

2. $T = 2\pi$, $a_o = 2\pi^2/3$ und

$$b_K = 0,$$

$$a_K = 4/K^2 \quad \text{für } K = 1, 2, \ldots, 50,$$

indem man jeweils 'ZEICHN' aufruft für $N = 2, 4, 6, 8$. In die erste Zeichnung
trage man zusätzlich die Funktion $y = x/2$ im Bereich $0 \leqq x \leqq 4$ ein und in die
zweite Zeichnung die Funktion $y = (x - \pi)^2$ im Bereich $0 \leqq x \leqq 2\pi$.

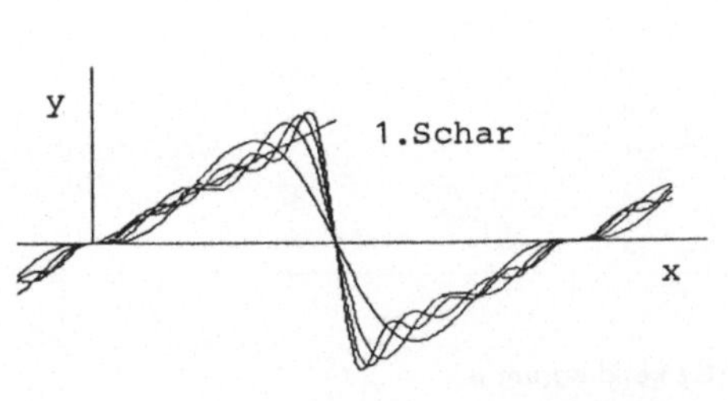

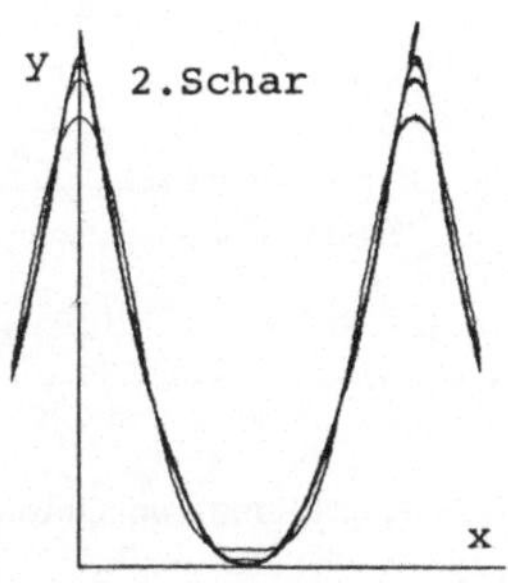

Abb.3.2r)

3.2 s)   Darstellung von Daten im Kreisdiagramm

Man schreibe ein U.P. zum Plotten eines Kreisdiagrammes (siehe Bild). Als Argumente enthalte das U.P. die Anzahl N der Sektoren, einen Vektor mit N reellen
Komponenten, ein Textfeld mit 8 Zeichen für die Maßeinheit der Komponenten,
ein Textfeld mit $40 \cdot 3$ Zeichen für die Überschrift. Zusätzlich wird noch ein Textfeld mit N Komponenten von je 20 Zeichen übergeben. Die Summe der Komponenten
$\sum_{i=1}^{N} X_i$ entspricht dem Winkel 2π . Daher wird die Komponente X_i dargestellt durch

den Sektorwinkel $2\pi \cdot X_i / \sum_{i=1}^{N} X_i$. Bezeichnet man den oberen Kreispunkt mit $\varphi = 0$, so sollen die vom Sektor zum Text führenden Hilfslinien im Bereich $-30° \leq \varphi \leq +30°$ und $150° \leq \varphi \leq 210°$ schräg verlaufen, um ein Überschreiben der Texte zu vermeiden. Im H.P. werden die Daten $(N \leq 20)$ und Texte eingelesen, der Plotter eröffnet, das U.P. gerufen und der Plotter wieder geschlossen. Die Zeichnung sollte die Größe einer DIN-A4-Seite (Querformat) haben. Falls möglich, schraffiere man die Sektoren radial verschiedenfarbig. Alle Daten sind positiv.

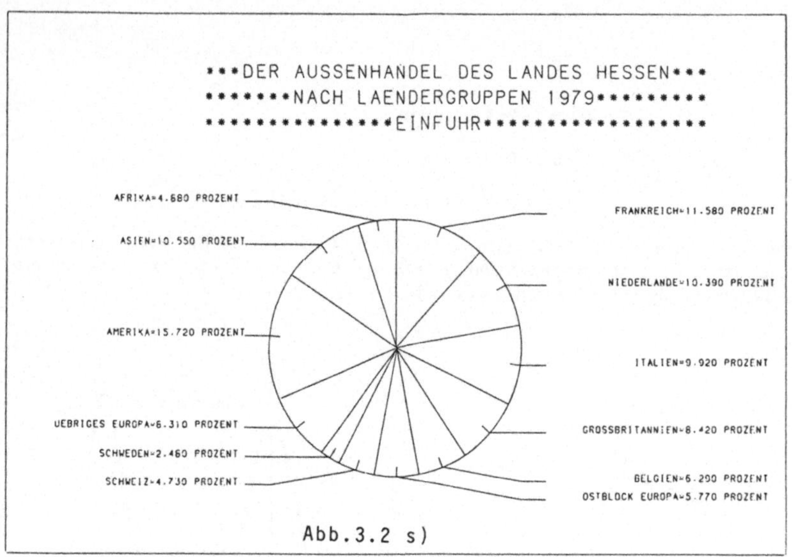

Abb.3.2 s)

3.2 t)   Darstellung von Daten im Balkendiagramm

Die Zahlen einer Matrix von 5 Zeilen und bis zu 10 Spalten sollen als Balkendiagramm (Histogramm) dargestellt werden. Die Zeilen sollen beispielsweise Warengruppen repräsentieren: Holz, Gas, Oel, Kohle, Uran und die Spalten repräsentieren 10 Länder: Frankreich, Deutschland, ... Um die Balkenlängen in cm proportional den Zahlen der Matrix A zeichnen zu können, sind sie zunächst zu normieren. Wir nehmen an, daß wenigstens eine Zahl der Matrix positiv ist und bestimmen das Maximum und Minimum der Zahlen: $A_{MAX} > 0$ und A_{MIN} . Nach Einlesen der gewünschten Balkenhöhe der Zeichnung h_{MAX} reduzieren wir alle Zahlen:

$$A(I,K) = h_{MAX} \cdot A(I,K)/A_{MAX}, \qquad \text{falls } A_{MIN} > 0 \text{ ist, und}$$

$$A(I,K) = h_{MAX} \cdot A(I,K)/(A_{MAX} - A_{MIN}), \qquad \text{falls } A_{MIN} < 0 \text{ ist.}$$

Angenommen A hat effektiv NMAX Zeilen und LMAX Spalten, so lasse man durch ein Unterprogramm 'BALKEN' LMAX Gruppen von jeweils NMAX Balken zeichnen.

Das U.P. hat daher die Argumente A, NMAX, LMAX, X0, Y0 und beginnt die Zeichnung des 1. Balkens im Punkte X0, Y0 als unterer, linker Ecke. Die Balken haben eine Breite von 0.5 cm. Den Höhen der 1. Gruppe entsprechen die A-Werte der 1. Spalte. Nach 1 cm Abstand in x-Richtung wird die nächste Gruppe gezeichnet usw. Das U.P. schraffiere auch die Balken:

	Abstand der Schraffurlinien
1. Balken: unschraffiert	
2. Balken: vertikal schraffiert	$dx = 0.166$ cm
3. Balken: horizontal schraffiert	$dy = 0.25$ cm
4. Balken: unter 45° schraffiert	$dy = 0.25$ cm
5. Balken: unter 135° schraffiert	$dy = 0.25$ cm

Der 2. Balken erhält also zwei vertikale Linien im Innern.
Bei dem 3. Balken ist zunächst abzufragen, ob die Balkenhöhe h_B überhaupt eine Schraffur erlaubt, und man beendet die Schraffurschleife, wenn die Balkenhöhe erreicht ist. Sollten die Balkenhöhen der Balken 3, 4, 5 negativ sein, ist beim Schraffieren mit der Schnittweite $dy = -0.25$ cm zu arbeiten.

Beim <u>4. Balken</u> beginnen wir die Schraffur in der unteren linken Ecke. Jede Schraffurlinie hat einen Anfangspunkt x_1, y_1 und einen Endpunkt x_2, y_2. Für sämtliche Anfangspunkte ist x_1 gleich dem x-Wert der linken unteren Balkenecke: x_B und für die Endpunkte ist normalerweise $x_2 = x_B + 0.5$. Der y_1-Wert der Schraffurlinie Nr. K ist: $y_1 = (K - 1) \cdot dy$. Man bricht die Schleife ab, wenn $|y_1| > |h_B|$ ist. Der Endpunkt der K-ten Linie liegt entweder auf dem rechten Rand: $y_2 = y_1 + 2 \cdot dy$ oder, falls dieses y_2 außerhalb des Balkenendes liegt: $|y_2| > |h_B|$, auf dem oberen oder unteren Balkenrand: $y_2 = h_B$. Wegen des 45°-Winkels ist dann $x_2 = x_B + |y_2 - y_1|$. Beim 4. Balken ist lediglich noch eine 'halbe' Schraffurlinie in einer Balkenecke zu zeichnen, die bei $x_1 = x_B + 0.25$, $y_1 = 0$ beginnt und normalerweise bei $x_2 = x_B + 0.5$, $y_2 = 0.25$ endet. Ist jedoch $|h_B| < 0.25$, so endet sie bei $x_2 = x_B + |h_B|$, $y_2 = h_B$.
Beim 5. Balken geht man vor wie beim 4. Balken. Es gilt $x_1 = x_B + 0.5$, $y_1 = (K - 1) \cdot dy$, $y_2 = y_1 + 2 \cdot dy$ bzw. $y_2 = h_B$ und $x_2 = x_B$ bzw. $x_2 = x_1 - |y_2 - y_1|$. Die 'halbe' Schraffurlinie beginnt bei $x_1 = x_B + 0.25$, $y_1 = 0$ und endet bei $x_2 = x_B$, $y_2 = 0.25$ bzw. bei $x_2 = x_1 - |h_B|$, $y_2 = h_B$.

Das Diagramm ist nur verständlich, wenn in ihm die Schraffur erklärt wird. Dazu setze man zunächst oben links über das Diagramm eine maximal dreizeilige Überschrift mit 15 Zeichen pro Zeile in 0.6 cm Schriftgröße, die eine Breite von $15 \cdot 0.6$ cm $= 9$ cm beansprucht. Dann lasse man mit dem U.P. 'BALKEN' 5 Balken mit abfallenden Höhen 5 cm, 4 cm, ..., 1 cm an einem Punkt P_3: 2 cm rechts und 3 cm unter die letzte Zeile der Überschrift zeichnen, indem man als Argumente eine Matrix C mit 5 Zeilen und nur einer Spalte und die Werte NMAX = 5, LMAX = 1 und die Koordinaten von P_3 übergibt. C enthält folgende Höhen: C(1,1) = 5.0, ..., C(5,1) = 1.0 . Die Namen der "Warengruppen" trage man vom H.P. aus neben die Köpfe dieser Musterballen ein, an die Positionen:

$$XTEXT(1) = X_3 + 0.6, \quad YTEXT(1) = y_3 + 4.5$$

$$XTEXT(2) = X_3 + 1.1, \quad YTEXT(2) = y_3 + 3.5$$

$$\text{---}$$

$$XTEXT(5) = X_3 + 2.6, \quad YTEXT(5) = y_3 + 0.5$$

mit jeweils bis zu 15 Zeichen in 0.5 cm Schriftgröße. Ebenso sind die "Ländernamen" einzulesen und die entsprechenden Balkengruppen mit maximal 5 Zeichen in 3 Zeilen einzutragen, je 0.4 cm hoch. Zum Schluß zeichne man noch eine unskalierte X-Achse und eine skalierte Y-Achse ein, indem man bei $y = h_{max}$ eine Markierung und den Wert von A_{max} einträgt.

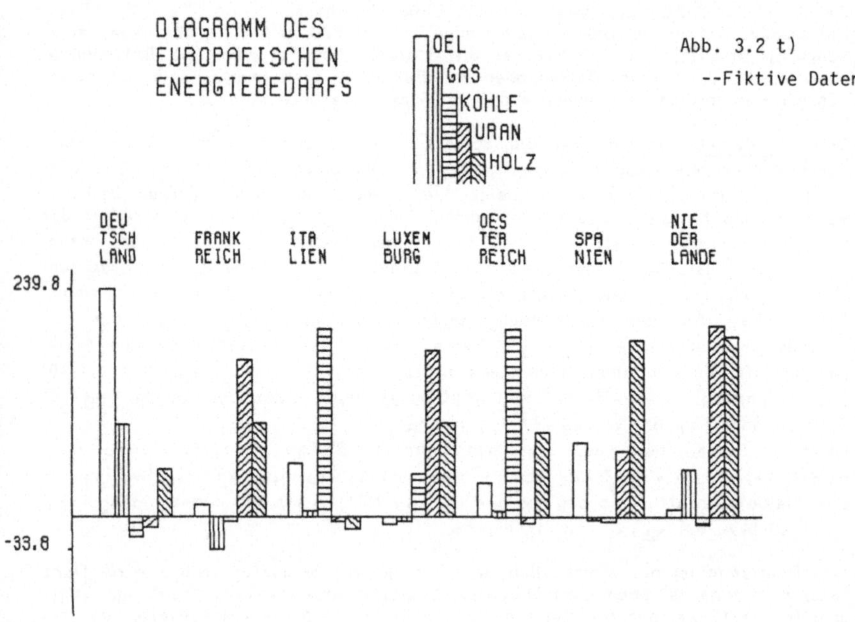

3.2 u)   Evoluten

Berechnet man zu jedem Punkt (x, y) einer glatten Kurve den zugehörigen Krümmungsmittelpunkt (x_M, y_M), so erhält man eine neue Kurve: die Evolute der Kurve $y(x)$. Es gibt verschiedene Verfahren, die Kurve $y_M(x_M)$ zu berechnen. Sie hängen davon ab, in welcher Form die Ausgangskurve gegeben ist.

1. gegeben: $y(x) = f(x)$
   Evolute: $x_M = x - q \cdot y'$, $y_M = y + q$ mit $q = (1 + y'^2)/y''$

2. gegeben: $x(t)$, $y(t)$
   Evolute: $x_M = x - q \cdot y'$, $y_M = y + q \cdot x'$ mit $x' = dx/dt$, $y' = dy/dt$

   und $q = (x'^2 + y'^2)/(x'y'' - x''y')$

3. gegeben: $r(\varphi)$
   Evolute: $x_M = r \cdot (1 - q) \cdot \cos\varphi - r' \cdot q \cdot \sin\varphi$, $y_M = r \cdot (1 - q) \sin\varphi + r' \cdot q \cdot \cos\varphi$

   mit $q = (r^2 + r'^2)/(r^2 + 2r'^2 - r \cdot r'')$ und $r' = dr/d\varphi$, $r'' = d^2 r/d\varphi^2$.

Schreiben wir für die Berechnung von x_M, y_M in diesen drei Fällen jeweils zwei Funktionen:

    1) XEVOL(XX, F, H),   YEVOL(XX, F, H),   falls $y = f(x)$ gegeben,

    2) XTEVOL(T, X, Y, H), YREVOL(T, X, Y, H) falls $x(t)$ und $y(t)$ geben,

    3) XREVOL(PHI, R, H),   YREVOL(PHI, R, H),   falls $r(\varphi)$ gegeben,

so werden die Größen q jeweils bei der Berechnung von x_M und abermals bei der Berechnung von y_M berechnet. Dies kostet unnötige Rechenzeit. Stattdessen formuliere man nur eine Funktion XEVOL mit fünf weiteren ENTRY's: YEVOL, ..., YREVOL und deklariere in einer EXTERNAL-Anweisung die Argumente F, X, Y, R als Funktionen, da diese an die Ableitungsroutinen weitergereicht werden. Wenn nun beim Aufruf von XEVOL oder YEVOL das Argument XX gleich XALT ist, rechne man mit dem vorhandenen q- und y'-Wert, anderenfalls sei XALT = XX und man berechne q und y' neu. Ebenso gehe man vor bei XTEVOL und YTEVOL, indem man T mit TALT vergleicht. Bei XREVOL und YREVOL sind für PHI $\neq$ PHIALT die Werte von r, r', q, $\sin\varphi$, $\cos\varphi$ neu zu berechnen. Diese sechsteilige Funktion mache Gebrauch von einer Ableitungsfunktion für $f'(x)$:

$$\text{DFDX(X, F, H)} = (F(X + H) - F(X - H))/(2H)$$

sowie von einer (darin als ENTRY eingebetteten) Funktion für die zweite Ableitung $f''(x)$:

$$\text{D2FDX2(X, F, H)} = (F(X + H) - 2.0 \cdot F(X) + F(X - H))/h^2 \ ,$$

mit denen man sämtliche auftretenden Ableitungen auswerten kann. Werden bei kleinen Nennern die Werte x_M, y_M zu groß, so setze man $x_M = 999.$ bzw. $y_M = 999.$ und frage dies im H.P. ab.

Im H.P. teste man dieses Programmsystem zunächst an einem bekannten Beispiel:

$$y = +3x^{1/2}, \quad x_M = 3x + 4.5, \quad y_M = -4y^3/81$$

oder einfacher:

$$y_M = -(2x_M - 3)^{3/2} \cdot 0.090721842 \quad (\text{Neil'sche Parabel}),$$

indem man die analytischen Kurven y und y_M im Bereich $0 \leqq x \leqq 10$ zeichnet. Dann lasse man im gleichen Bereich $y = -3x^{1/2}$ zeichnen und mit XEVOL und YEVOL die zugehörige Evolute numerisch berechnen und plotten mit $H = 0.5$. Beide Teile des Bildes sind spiegelsymmetrisch zur x-Achse.
Ebenso teste man das Programm mit einer Ellipse $x = a \cos t$, $y = b \sin t$ im Bereich $0 \leqq t \leqq 2\pi$. Ihre Evolute ist die Astroide $x_M = (a^2 - b^2)(\cos^3 t)/a$, $y_M = (b^2 - a^2) \cdot$ $(\sin^3 t)/b$. Schließlich überprüfe man die letzten Formeln an $r = e^{\varphi}$ im Bereich $-\pi/4 \leqq \varphi \leqq \pi/4$.
Die Überprüfung der Zeichnung mit dem Zirkel wird sehr erleichtert, wenn man im gesamten Parameterbereich auf der Kurve y(x) an 13 Stellen verschiedene zentrierte Symbole eintragen läßt und die gleichen Symbole an den korrespondierenden Punkten $y_M(x_M)$ plotten läßt.
Die Stärke des hier gewählten Verfahrens der numerischen Differentiation zeigt sich, wenn man Funktionen f(x) vorgibt, die nur numerisch, nicht aber analytisch bekannt sind, etwa als Lösung von: $\sinh(f) = 2x \cdot f$ im Bereich $x > 0.5$ (siehe Kap. 3.2 h)). Der Nachteil liegt im Verlust an Rechengenauigkeit durch Bildung der 1. und 2. Ableitungen und der Differenzen in den auftretenden Nennern, der eine generell doppelt genaue Rechnung erforderlich machen kann.

Abb.3.2 u)

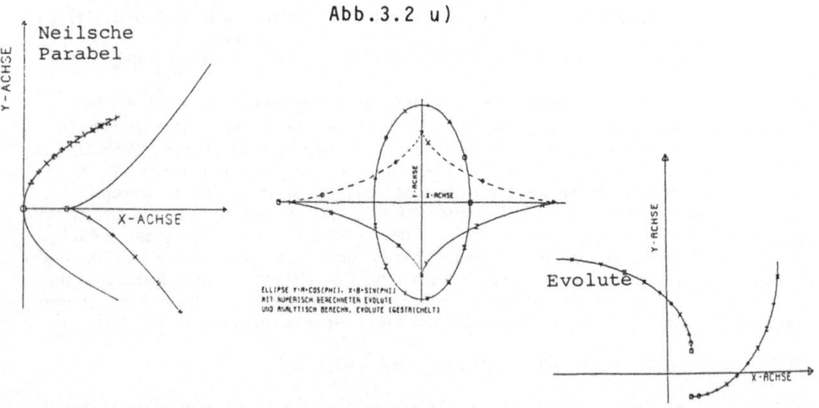

3.2 v)   Messerantrieb einer Mähmaschine

Für den in Figur 3.2 v) gezeigten Messerantrieb einer Mähmaschine sollen die Geschwindigkeiten und Beschleunigungen der Punkte B und C bei konstanter Winkelgeschwindigkeit $\omega = 1$ der Kurbel A_0A berechnet werden. Zusätzlich soll der Schwingwinkel ψ berechnet und die Kurve, die C beschreibt, einschließlich der

Achsen und der Kreise um A_0 und B_0 geplottet werden. Führen wir die Vektoren ein:

$$\mathbf{a} = (a_1, a_2) = r \cdot (\cos\varphi + i \sin\varphi) \mathrel{\hat{=}} A_0 A = 1 \text{ cm} \quad \text{(Kurbel)}$$
$$\mathbf{b}_0 = (b_0, 0) \mathrel{\hat{=}} A_0 B_0 = 4,8 \text{ cm} \qquad\qquad \text{(Gestell)}$$
$$\mathbf{b} = (b_1, b_2) = A_0 B, \qquad \mathbf{c} = (c_1, c_2) \mathrel{\hat{=}} A_0 C,$$

so sind bei gegebenem φ die Werte von a_1 und a_2 bekannt. Gegeben ist ferner:

$$|\mathbf{b} - \mathbf{b}_0| = |\mathbf{a} - \mathbf{b}| = |\mathbf{b} - \mathbf{c}| = R = 3,4 \text{ cm und } |\mathbf{a} - \mathbf{c}| = S = 4,9 \text{ cm.}$$

Diese vier Bedingungen lassen sich als Kreisgleichung für die Unbekannten b_1, b_2, c_1, c_2 formulieren.

$$(b_1 - b_0)^2 + b_2^2 \qquad = R^2 \qquad \text{(I)} \qquad \text{Kreis um } B_0$$
$$(a_1 - b_1)^2 + (a_2 - b_2)^2 \qquad = R^2 \qquad \text{(II)} \qquad \text{Kreis um } A$$
$$(b_1 - c_1)^2 + (b_2 - c_2)^2 \qquad = R^2 \qquad \text{(III)} \qquad \text{Kreis um } B$$
$$(a_1 - c_1)^2 + (a_2 - c_2)^2 \qquad = S^2 \qquad \text{(IV)} \qquad \text{Kreis um } A.$$

Bilden wir die Differenz II – I, so erhalten wir die Gleichung der Geraden (Chordale) durch die beiden Schnittpunkte dieser Kreise:

$$b_1 = (b_0^2 - r^2 + 2a_2 b_2)/(2(b_0 - a_1)) \quad \text{(V)}.$$

Dies setzen wir wieder in I ein:

$$b_2^2 + (b_2 q_1 + q_2)^2 = R^2 \text{ mit } q_1 = a_2/(b_0 - a_1) \text{ und } q_2 = (2b_0 a_1 - b_0^2 - r^2)/(2(b_0 - a_1)).$$

Bei bekannten a_1, a_2 läßt sich hieraus $b_2 > 0$ berechnen. Aus V erhält man dann b_1.

Statt in gleicher Weise c_1, c_2 aus III und IV zu ermitteln, betrachten wir das gleichschenklige Dreieck ABC. Sein Winkel bei B ergibt sich aus $\sin(\gamma/2) = S/(2R)$ zu $\gamma = 92{,}206135°$ und die gleichen Winkel bei A und C sind: $\tau = 43{,}896932°$. Man erhält daher $\mathbf{c}$, indem man zu $\mathbf{a}$ den Vektor $A \rightarrow C$ addiert. Er hat die Länge S und den Winkel $\varepsilon + \tau$:

$$c_1 = a_1 + S \cdot \cos(\varepsilon + \tau), \quad c_2 = a_2 + S \cdot \sin(\varepsilon + \tau).$$

Darin ist ε der Polarwinkel des Vektors $\mathbf{b} - \mathbf{a}$ und ψ der Schwingwinkel:

$$\varepsilon = \arctan((b_2 - a_2)/(b_1 - a_1)), \quad \psi = \arctan(b_2/(b_1 - b_0)) > \pi/2.$$

Man berechne zunächst in einer Schleife $-6° \leqq \varphi \leqq +366°$ je 125 Werte der Felder: b_1, b_2, c_1, c_2, ψ. Die Geschwindigkeiten für $-3° \leqq \varphi \leqq 363°$ und Beschleunigungen für $0° \leqq \varphi \leqq 360°$: $\dot{b}_1, \dot{b}_2, \dot{c}_1, \dot{c}_2, \ddot{b}_1, \ddot{b}_2, \ddot{c}_1, \ddot{c}_2$ ergeben sich aus der Identität:

$$\dot{b}_1 = db_1/dt = (db_1/d\varphi) \cdot (d\varphi/dt) \mathrel{\hat{=}} (\Delta b_1/\Delta\varphi) \cdot \omega \qquad \text{mit}$$

$$\Delta b_1/\Delta\varphi \equiv (b_1(K+1) - b_1(K-1))/0.10471975.$$

Der Wert im Nenner entspricht dem Bogenmaß von 6°. Ebenso erhält man die
2. Ableitungen: $\ddot{b}_1 = (\Delta \dot{b}_1 / \Delta\varphi) \cdot \omega$. Hier ist jeweils $\omega = 1/\text{sec}$.
Zur Kontrolle drucke man die Felder der Geschwindigkeiten und Beschleunigungen
zusammen mit den Werten:

$$v_B = (\dot{b}_1^2 + \dot{b}_2^2)^{1/2}, \quad \dot{v}_B = (\ddot{b}_1^2 + \ddot{b}_2^2)^{1/2}, \quad v_C = (\dot{c}_1^2 + \dot{c}_2^2)^{1/2}, \quad \dot{v}_C = (\ddot{c}_1^2 + \ddot{c}_2^2)^{1/2}$$

aus. Man zeichne auch gesondert eine Vergrößerung der Kurve des Punktes C.

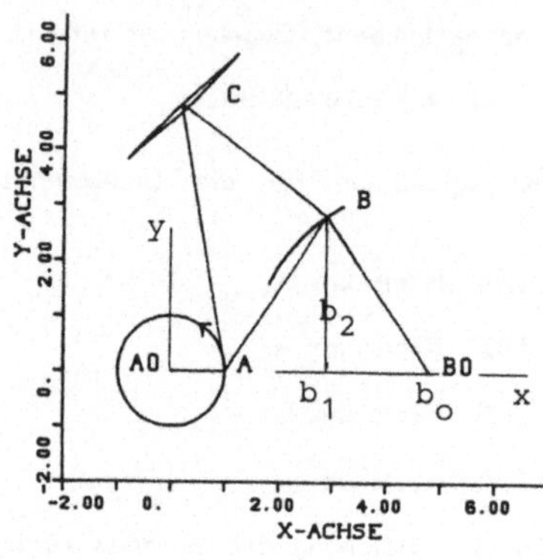
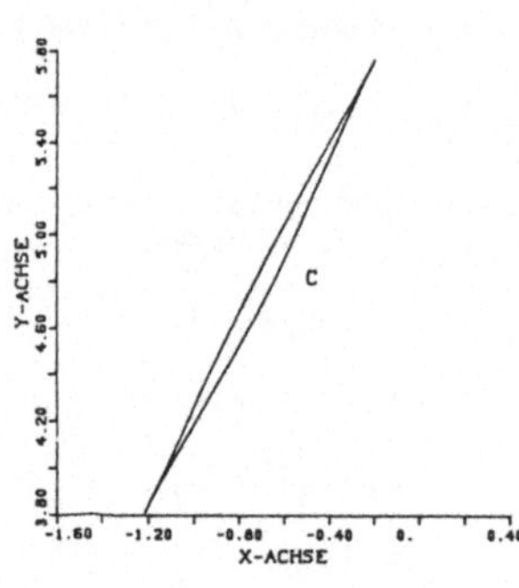

Abb. 3.2 v)

3.2 w)   Kegelschnitte

Die Kegelschnitte Ellipse, Parabel und Hyperbel lassen sich besonders einfach
zeichnen, wenn man ihre Parameterdarstellungen verwendet.

α) Man zeichne zwei Scharen von <u>konzentrischen Ellipsen</u> unter der Benutzung
   der Parameterdarstellung:

   $x = a \cos t, \qquad y = b \sin t$

   1. Schar: $b = 3.$, $a = 4., 4.5, 5., 5.5, 6.$ 2. Schar: $a = 6.$, $b = 3.5, 4., 4.5, 5..$

   Beide Scharen sollen in das gleiche Koordinatensystem gezeichnet werden.
   - Offenbar ist bei dieser Darstellung die Ellipsengleichung $(x/a)^2 + (y/b)^2$
   $= \cos^2 t + \sin^2 t = 1$ erfüllt. Der Winkel t entspricht <u>nicht</u> dem Polarwinkel φ .

β) Eine Ellipse, deren Brennpunkt mit dem Koordinatenursprung zusammenfällt,
   läßt sich in Polarkoordinaten darstellen in der Form:

   $r = p/(1 + \varepsilon \cos(\varphi - \varphi_0)), \quad x = r \cos\varphi, \quad y = r \sin\varphi, \quad \varepsilon < 1$.

   Ihre große Achse hat die Richtung φ_0 und die Länge $a = 2p/(1 - \varepsilon^2)$. Man
   zeichne eine <u>Schar gedrehter Ellipsen</u> mit $\varphi_0 = 30°, 60°, 90° \dots, 330°$.

γ) Man zeichne eine <u>Schar konzentrischer Ellipsen</u> mit Hilfe der Darstellung:

   $r = b/\sqrt{1 - \varepsilon^2 \cos^2\varphi}$ mit $\varepsilon = 0.8$. Hier ist φ der Polarwinkel, und der Mittelpunkt der Ellipse fällt mit dem Koordinatenursprung zusammen.
   Man zeichne die Ellipsen für $b = 1.5, 2.0, 2.5, \dots, 4.5$.

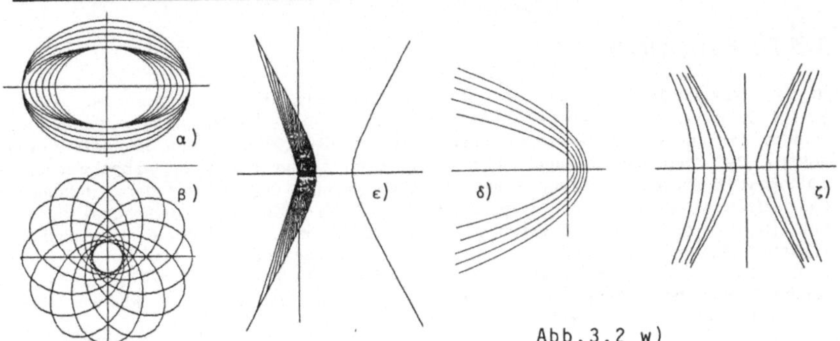

δ) __Parabel:__
Man zeichne die Parabelschar $r = p/(1 + \cos\varphi)$ für $p = 1.$, 1.5, ..., 3.0 im Bereich

$$|x| = |r\cos\varphi| < 9.0 \quad \text{und} \quad |y| = |r\sin\varphi| < 9.0 \quad .$$

Hyperbel:

ε) In der __Polargleichung der Hyperbel__ $r = p/(1 + \varepsilon\,\cos\varphi)$ mit $\varepsilon > 1$ ist der Pol (Ursprung) im Brennpunkt der Hyperbel. Die Lage der Assymptoden erhält man aus der Forderung, daß der Nenner verschwindet: $\varphi_1 = \arccos(-1/\varepsilon)$. Beim Überschreiten dieses Wertes wird bei negativem r der zweite Ast der Hyperbel gezeichnet.
Man zeichne ein Hyperbel mit $p = 3$, $\varepsilon = 2$ im Bereich $-\pi \leqq \varphi \leqq +\pi$. Für $|\varphi| < \varphi_1$ zeichne man auch die Radien r. Um ein Klecksen im Nullpunkt zu vermeiden, verbinde man dazu den Punkt $r(\varphi)$ nicht mit dem Nullpunkt, sondern mit dem Punkt: $x = -0.1\cos\varphi$, $y = -0.1\sin\varphi$. Die Kurven sind auf den Bereich $-4 < x < 9$ und $-8 < y < +8$ zu beschränken.

ζ) Man zeichne zwei __Scharen von Hyperbeln__ mit Hilfe der Parameterdarstellungen:

$$r = b/\sqrt{\varepsilon^2 \cos^2\varphi - 1} \quad \text{mit} \quad \varepsilon > 1 \quad .$$

Auf welche Winkelbereiche ist φ zu beschränken?

1. Schar: $b = 3.$, $\varepsilon = 1.5$, 2.0, ..., 4.0
2. Schar: $\varepsilon = 2.0$ $b = 1.0$, 2.0, ..., 5.0 .

η) Auch die __Parametergleichungen__ $x = a/\cos t$, $y = \pm b\,\tan t$ erfüllen für jedes t die Hyperbelgleichung: $(x/a)^2 - (y/b)^2 = 1$.
Man zeichne zwei Scharen: die erste Schar habe konstante große Halbachse a und b wird variiert, bei der zweiten Schar verfahre man umgekehrt.

3.3 Kurvenscharen

In der Praxis hängen Funktionen oft von mehr als einer Variablen ab, etwa $y = f(x,t)$. Wenn man bei ihrer graphischen Darstellung die Variablen unabhängig voneinander variiert, erhält man Kurvenscharen oder Netze. Dabei ist darauf zu achten, daß man den Anfangspunkt einer jeden neuen Kurve mit abgehobenem Zeichenstift ansteuert, da er anderenfalls durch eine Gerade mit dem Endpunkt der letzten Kurve verbunden wird. Häufig läßt sich auch eine Kurvenschar durch eine Rand- oder Hüllkurve abschließen oder durch eine orthogonale Kurvenschar ergänzen. Als Muster geben wir hier ein Prgramm an, das ein Netz aus Kreisen $r = 0.5, 1.0, \ldots, 4.0$ cm um den Ursprung und den Radien $\varphi = 10°, 20°, \ldots, 360°$ zeichnet. Letztere werden im Bereich $r_1 = 0.25$ cm bis $r_2 = 4$ cm wechselweise von außen nach innen gezeichnet.

```
      PROGRAM AB33(INPUT,OUTPUT,GRAFIK=0,TAPE5=INPUT,TAPE6=OUTPUT)
C  PROGRAM ZUM ZEICHNEN EINES NETZES VON KREISEN UND RADIEN
C
      DIMENSION CO(361),SI(361)
      GRAD = 3.1415926/180.
C************************************************************
C EINMALIGES BERECHNEN DER COS- UND SIN-WERTE ALS FELD
      DO 1 K=1,361
      X=GRAD*FLOAT(K-1)
      CO(K)=COS(X)
  1   SI(K)=SIN(X)
C*************************
C DEFINIEREN EINES NEUEN
C URSPRUNGS UND ZEICHNEN
C DER KREISE
      CALL PLOT(6.,6.,-3)
      DO 2 K=1,9
      R=FLOAT(K)/2.0
      CALL PLOT(R,0.0,3)
      DO 2 L=1,361,3
  2   CALL PLOT(R*CO(L),R*SI(L),2)
C*********************************
C UM PLOT-ZEIT ZU SPAREN WIRD
C EIN RUECKLAUF MIT ANGEHOBENEM
C STIFT VERMIEDEN: DIE RADIEN
C WERDEN ABWECHSELND VON INNEN
C NACH AUSSEN UND VON AUSSEN
C NACH INNEN GEZEICHNET
      S=-2.0
      DO 3 K=1,351,10
      S=-S
      X=(2.5+S)*CO(K)
      Y=(2.5+S)*SI(K)
      X1=(2.5-S)*CO(K)
      Y1=(2.5-S)*SI(K)
      CALL PLOT(X,Y,3)
  3   CALL PLOT(X1,Y1,2)
C*********************************
C ZEICHNEN DER ACHSEN
      CALL PLOT(5.0,0.0,3)
      CALL PLOT(-5.,0.0,2)
      CALL PLOT(0.0,5.0,3)
      CALL PLOT(0.0,-5.,2)
C*********************************
C FREIGABE DES PLOTTERS
      CALL PLOT(0.0,0.0,999)
      STOP
      END
12.05.39.UCLP, AACLST14X,      0.520KLNS.
```

Abb.3.3

Programm 3.3

TCF-1.5D   ** END OF LISTING **

3.3 a)   Planck'sche Strahlung: $P(\lambda, T)$

Ein schwarzer Körper strahlt im Lichtwellenlängenintervall λ bis $\lambda + d\lambda$ folgende Leistung ab:

$$dP = d\lambda \cdot b_1/(\lambda^5 \cdot (e^{b_2/(\lambda\,T)}-1))$$

mit $\qquad b_1 = 4\lambda\,hc_0^2, \quad b_2 = hc_0/k, \quad h = 6{,}625 \cdot 10^{-34} \text{ Joule} \cdot \text{sec}$

$$c_0 = 3 \cdot 10^8 \text{ m/sec}, \quad k = 1{,}38 \cdot 10^{-23} \text{ Joule/Kelvin}.$$

Man lasse die Kurven $dP/d\lambda$ für $T = 300,\ 350,\ 373,\ 400$ Kelvin im Bereich $0.1 \leqq \lambda \leqq 6.0$ µm zeichnen. Da die Kurve $dP(\lambda)/d\lambda$ mit $T = 400$ K die höchste Strahlungsleistung aufweist, skaliere man mit ihr die y-Achse. Beide Achsen sind zu zeichnen. Beim Zeichnen merke man sich den λ-Wert des Maximums von $dP/d\lambda$ und markiere das Maximum jeder Kurve mit einem zentrierten Symbol. Nach dem Wienschen Verschiebungsgesetz verschiebt sich das Maximum zu kürzeren Wellenlängen bei steigender Temperatur: $\lambda_{max} = \alpha/T$. Man beschrifte die Kurven mit den T-Werten.

Anschließend wechsle man die Farbe des Zeichenstiftes und zeichne für diese vier Temperaturen die Kurven der Gesamtstrahlungsleistung:

$$P(\Lambda) = b_1 \cdot \int_0^\Lambda d\lambda/(\lambda^5 \cdot (e^{b_2/(\lambda\tau)}-1)) = \int_0^\Lambda d\lambda \cdot dP/d\lambda = \int_0^\Lambda d\lambda \cdot \dot{P}(\lambda)\ .$$

$P(\Lambda)$ gibt an, wieviel Leistung im Bereich $0 \leqq \lambda \leqq \Lambda$ vom schwarzen Strahler ausgestrahlt wird. Offenbar ist $P(0) = 0$. Mit Hilfe der Trapezregel ermittelt man nacheinander den P-Wert aller weiteren Punkte:

$$P(\Lambda + d\Lambda) = P(\Lambda) + d\Lambda \cdot (\dot{P}(\Lambda + d\Lambda) + \dot{P}(\Lambda))/2\ .$$

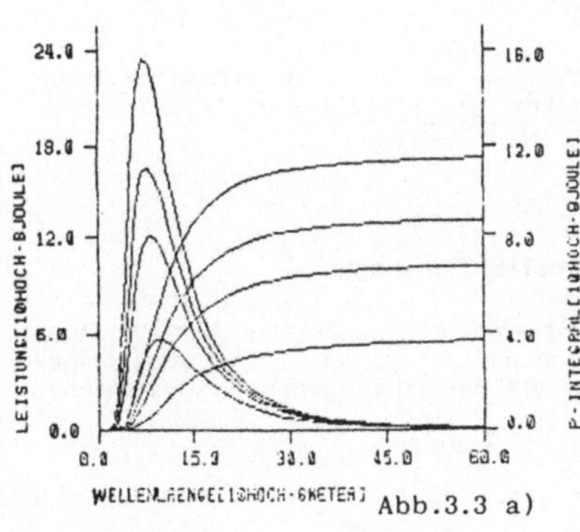

Abb.3.3 a)

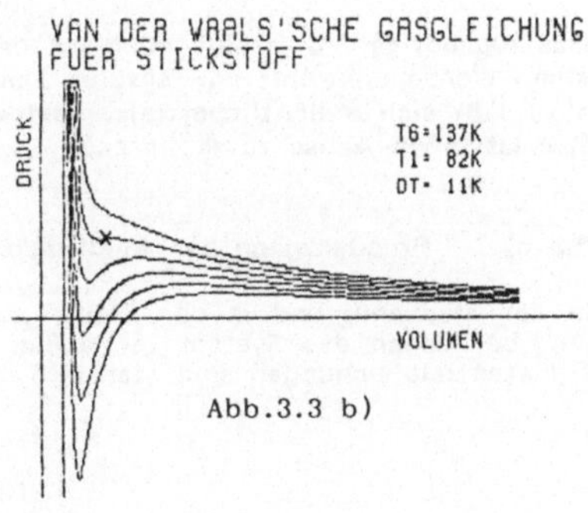

Abb.3.3 b)

Auch hier laufe Λ von 0.1 bis 6.0 µm. Bei einer Schrittweite von dΛ = 0.1 erhält man 60 P(Λ)-Werte, die man als Feld abspeichert. Sinnvollerweise beginnt man mit der T = 400 K-Kurve, die die höchsten Werte aufweist und bestimmt zu diesen P-Werten die Skalierung einer zweiten y-Achse, die man in der neuen Farbe bei Λ = 6.0 µm am rechten Zeichnungsrand einzeichnen läßt. Die folgenden drei Kurven kann man dann - etwa mit dem U.P. LINE - im gleichen Maßstab zeichnen lassen. Auch diese Kurven beschrifte man mit den T-Werten.

3.3 b)   Van der Waal'sche Gasgleichung

Man schreibe ein Programm, das mehrere Isothermen (T = const.) der Van der Waal'schen Gasgleichung zeichnet

$$p(V, T) = RT/(V - b) - a/V^2$$

im Bereich des spezifischen Volumens: $1{,}0 \cdot 10^{-3}$ m^3/kg $\leqq$ V $\leqq$ $30 \cdot 10^{-3}$ m^3/kg . Als Beispiel wähle man die Werte von Stickstoff für die

spezifische Gaskonstante	:	R = 296,7 J/(kg · K)
Binnendruck	:	a = 174 Nm^4/kg^2
spezifisches Kovolumen	:	b = $1{,}37 \cdot 10^{-3}$ m^3/kg .

Beginnend mit einer absoluten Temperatur T von 82 K lasse man 6 Isothermen zeichnen in Schritten von 11 K, so daß die letzte Isotherme 137 K aufweist. Die kritische Temperatur von N$_2$ liegt bei T_K = 126 K . Man zeichne nach Möglichkeit diese Kurve mit anderer Farbe. Da die p-Werte stark schwanken, definiere man p(V, T) als Funktionsunterprogramm und setze in ihm $p = p_1 = 1.0 \cdot 10^7$ N/m^2, falls die Formel $p > p_1$ liefert. Ebenso schneide man die negativen Werte ab: $p = -p_1$, falls die Formel $p < p_1$ liefert. Man zeichne auch die Achsen und markiere mit einem zentrierten Symbol den kritischen Punkt:

$$T_K = 126 \text{ K}, \; p_K = 3{,}4 \cdot 10^6 \text{ N/m}^2 \; .$$

Das zugehörige V_K erhält man aus der Tatsache, daß p(V) im kritischen Punkt einen Wendepunkt mit horizontaler Tangente hat: p' = p'' = 0 liefert V_K = 3b, denn p(V) läßt sich ersichtlicherweise schlecht zu V(p) invertieren.
Wie ist die p-Achse zu skalieren?

3.3 c)   Frequenzgang der Amplitude gedämpfter Schwingungen

In der Mechanik und in der Elektrotechnik treten oft gedämpfte Schwingungen auf, bei denen das System von außen harmonisch erregt wird. Die zugehörigen Differentialgleichungen sind identisch bis auf die Bezeichnungen der Konstanten:

$$m\ddot{x} + b\dot{x} + Dx = F \cdot \sin(\omega t)$$

$$L\ddot{q} + R\dot{q} + q/C = U \cdot \sin(\omega t) \; .$$

Daher schreiben wir diese Differentialgleichung in der gemeinsamen Form:

$$\ddot{x} + 2d\dot{x} + \omega_0^2\, x = F'\sin(\omega t)\ ,$$

wobei die Abkürzungen benutzt wurden:

$d = b/(2m)\,[= R/(2L)]$ Abklingungskonstante

$\omega_0^2 = D/m\,[= 1/(LC)]$ Eigenkreisfrequenz bei $d = F' = 0$

$F' = F/m\ [= U/L]$ Amplitude des Erregers .

Nach einer gewissen Zeit, der Einschwingungsphase, erreicht die Schwingung einen stationären Zustand. Die homogenen Lösungen sind abgeklungen, und die inhomogene Lösung (= eingeschwungener Zustand) hat sich durchgesetzt. Sie schwingt mit der Kreisfrequenz ω des Erregers und mit einer Phasenverschiebung φ zum Erreger:

$$x(t) = A \cdot \sin(\omega t - \varphi)\qquad\text{mit}$$

$$A = F'/((\omega_0^2 - \omega^2)^2 + 4d^2\omega^2)^{1/2}\ \text{und}$$

$$\varphi = \arctan(2d\omega/(\omega_0^2 - \omega^2))\ .$$

Man wähle beim Einlesen der Konstanten die Werte: $F' = 1$ und $\omega_0^2 = 1$ und zeichne den Kurvenverlauf der Amplitude A in Abhängigkeit von der Erregereigenfrequenz ω im Bereich $0 \leqq \omega \leqq 2\omega_0$ für verschieden starke Dämpfungen $d = 0.,\ 0.1\omega_0,\ 0.2\omega_0,\ \ldots,\ 0.7\omega_0$. Da der (Resonanz-)Nenner der Amplitude A für $d = 0$ und $\omega = \omega_0$ Null wird, erhält man für diesen Resonanzfall sehr große Amplituden, d.h. die Kurvenmaxima werden sehr groß. Allgemein liegen die Maxima der Kurve $A(\omega)$ bei $\omega = (\omega_0^2 - 2d^2)^{1/2}$ und haben die Höhe $A_{max} = F'/(2d(\omega_0^2 - d^2)^{1/2})$, d.h. für $d \ll \omega_0^2$ ist $A_{max} = F'/(2d\omega_0)$. Man schneide daher die Kurve mit $d = 0$ in der Höhe ab, wo die zweithöchste Kurve mit $d = 0.1\omega_0$ ihr Maximum hat, d.h. bei $A_{max} = 5F'/\omega_0^2$. Alle übrigen Kurven mit stärkerer Dämpfung d verlaufen flacher.
Man beschrifte die Kurven mit den d-Werten und zeichne die Achsen.
Erweiterung: Man zeichne auch die Kurvenschar der Phasenverschiebung $\varphi(\omega)$ im Bereich $0 \leqq \omega \leqq 2\omega_0$ für die gleichen d-Werte und wähle für negative Argumente der arctan-Funktion ($\omega > \omega_0$) die arctan-Werte im Bereich $\pi/2 \leqq \arctan \leqq \pi$, indem man für $\omega > \omega_0$ zur ATAN-Funktion den Wert π addiert.

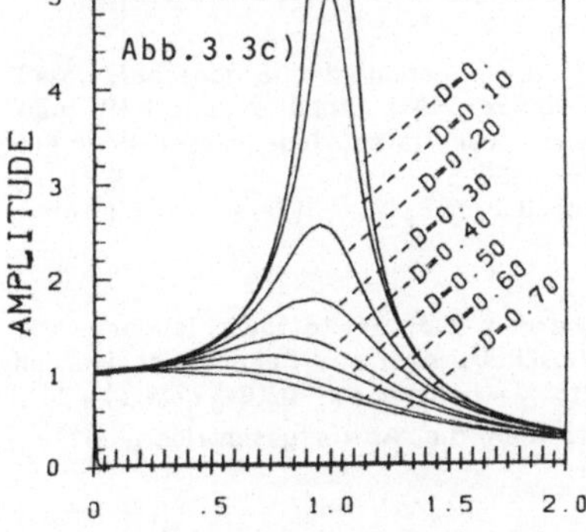

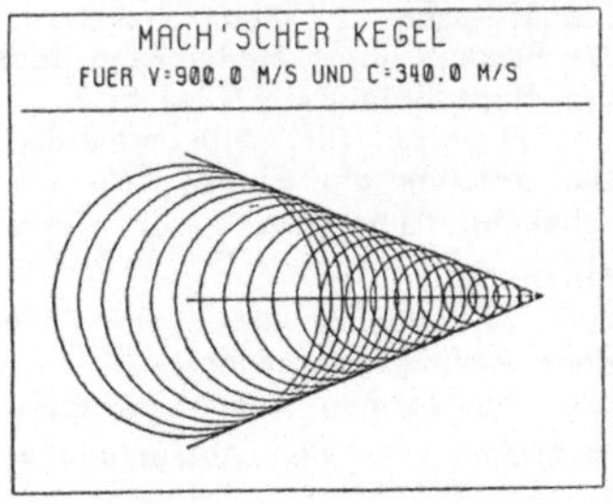

3.3 d)   Mach'scher Kegel

Eine Schallquelle bewege sich mit konstanter Geschwindigkeit vom Punkte (0,0) nach (X,0) nach der Formel $x = vt$. Zur Zeit t_j befindet sich die Quelle im Punkt $x_j = vt_j$ und zur Zeit T im Punkt $X = vT$. Plotten Sie das Wellenbild zur Zeit T. Die Quelle sandte zur Zeit t_j im Punkte x_j eine kugelförmige Schallwelle aus, die sich zur Zeit T zu einer Kugel mit dem Radius $r_j = c(T - t_j)$ ausgeweitet hat. Zeichnen Sie dazu 20 Kreise um die Punkte $x_j = 0$, X/20, $2 \cdot$ X/20, $3 \cdot$ X/20, ..., $19 \cdot$X/20 mit den entsprechenden Radien: $r_j = c\,(X - x_j)/v$ und die beiden einhüllenden Geraden $y = \pm\, c\,(x - X)/(v^2 - c^2)^{1/2}$. Die Zeichnung soll vom Plotter beschriftet werden mit:

$$\text{"Machscher Kegel für } v = 900 \text{ m/s}, \ c = 340 \text{ m/s".}$$

Man wähle: X = 15 cm. Das Zeichnen der Kreise mit dem Radius R und einen Punkt x_j geschehe in einem U.P. "KREIS(X(J), R)" (siehe Kap. 3.2, Programm 'AB32'). Man zeichne auch die x-Achse.

3.3 e)   Hüllkurven zu Kurvenscharen

Kann man eine Funktion $F(x,y,c) = 0$ bei gegebenem Parameter c nach y auflösen, so läßt sich die Kurve $y = f(x,c)$ graphisch darstellen. Für jeden Parameter c erhält man eine neue Kurve. Läßt man für verschiedene Werte von c die y-Kurven zeichnen, so erhält man eine Kurvenschar. Oft berühren diese Kurven eine gemeinsame Hüllkurve, die man auf folgende Weise erhält: Man bildet $\partial F/\partial c = 0$ und berechnet daraus den Scharparameter $c(x,y)$. Diesen setzt man in $F(x,y,c) = 0$ ein und erhält $F_1(x,y) = 0$. Die Auflösung nach $y = f_1(x)$ liefert die Hüllkurve.

Geradenschar
Es sei beispielsweise $F = y - cx - c^2 = 0$. Dies stellt eine Schar von Geraden dar. Es ist $\partial F/\partial c = -x - 2c = 0$. Daraus folgt $c = -x/2$ und $F_1 = y + x^2/2 - x^2/4 = 0$ als Hüllkurve. Die Geraden berühren also sämtlich die Parabel $y_1 = -x^2/4$.
Man zeichne im Bereich $-5 \leqq x \leqq +5$ und $-8 \leqq y \leqq 10$ die Geradenschar $y = cx + c^2$ für $-3 \leqq c \leqq +3$ ($\Delta c = 0.5$), indem man die beiden Schnittpunkte der Geraden mit den Rändern des (x,y)-Bereiches berechnet und miteinander verbindet. Dies geschehe in einem U.P., das den Parameter c als Argument hat.
Zusätzlich zeichne man (in anderer Farbe) die Hüllparabel und die Achsen.

Ellipsenschar
Die Ellipsen der Schar: $x^2/(c\,r)^2 + (c\,y)^2/r^2 - 1 = 0$ haben die Eigenschaft, daß das Produkt ihrer Halbachsen konstant ist: $a \cdot b = r^2$. Als Einhüllende erhält man vier Hyperbeln $y = r^2/(2x)$ bzw. $y = -r^2/(2x)$ und zwar liefert jede dieser Formeln eine Hyperbel für $x > 0$ und eine Hyperbel für $x < 0$.
Man zeichne die Ellipsen für r = 3 cm und c = 0.7, 0.8, ..., 1.3 sowie die einhüllenden Hyperbeln.

Wurfhalle
Vom Mittelpunkt einer Halle $(x = 0, y = 0)$ werden Körper fortgeschleudert mit einer Anfangsgeschwindigkeit v_0 und einem Abschußwinkel α . Bekanntlich werden ihre Wurfbahnen durch Parabeln dargestellt: $y - x \cdot \tan\alpha + x^2 \cdot g/(2v_0^2 \cos^2\alpha) = 0$.
Verändert man den Abwurfwinkel α und hält man die Abwurfgeschwindigkeit v_0

konstant, so erhält man fortlaufend neue Wurfparabeln. Als Einhüllende dieser
Parabelschar - sozusagen als Dach der Wurfhalle - erhält man:

$$y_1 = (v_0^2 - (g\, x/v_0)^2)/(2g) \ .$$

Man definiere $y(x,\alpha)$ und $y_1(x)$ als Anweisungsfunktionen und zeichne die
Wurfparabeln $y(x,\alpha)$ für $\alpha = 45°$, $50°$, ..., $135°$. Da man als Wurfweite
$w = v_0^2 \sin(2\alpha)/g$ erhält, ist jeweils der Bereich $0 \leqq x \leqq w$ für $0 \leqq \alpha \leqq 90°$
und $w \leqq x \leqq 0$ für $\alpha \geqq 90°$ zu plotten. Die Hüllkurve $y_1(x)$ erstreckt sich von
$-v_0^2/g \leqq x \leqq +v_0^2/g = w(45°)$.

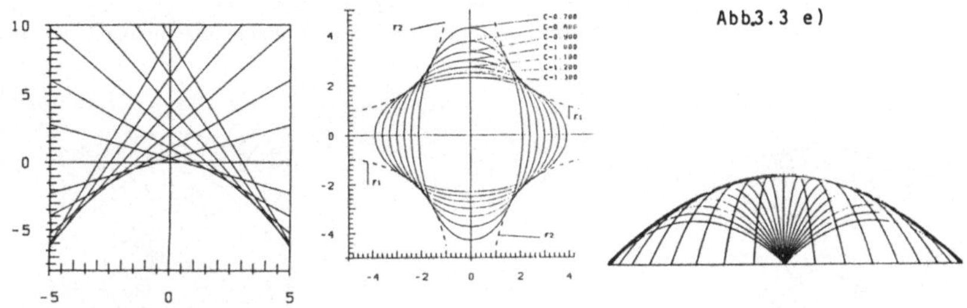

Abb.3.3 e)

3.3 f)   Orthogonaltrajektorien

3.3 f)   Orthogonaltrajektorien

Man kann zu einer Kurvenschar $y = f(x,c)$ normalerweise eine Differntialgleichung
angeben, deren Lösung die Schar darstellen. - Die Differentialgleichung kann
auch noch weitere Lösungen enthalten. - Dazu berechnet man aus der Ableitung
$y' = df/dx$ den Scharparameter $c(x,y,y')$ und ersetzt ihn in der Gleichung der
Schar $y = f(x,c)$. - Betrachten wir z.B. die Parabelschar $y = c \cdot x^2$, so erhalten wir
aus der Ableitung $y' = 2cx$ den Scharparameter $c = y'/(2x)$ und die Differentialgleichung der Schar: $y = y' \cdot x^2/(2x) = x \cdot y'/2$. Natürlich sind die Parabeln Lösung
dieser Differentialgleichung. -
Allgemein erhält man zur gegebenen Kurvenschar eine orthogonale Kurvenschar,
genannt die Orthonogonaltrajektorien, wenn man in der gefundenen Differentialgleichung y' durch $-1/y'$ ersetzt, denn eine Kurve $y(x)$ hat im Punkt x,y die
Steigung y' und die Kurvennormale hat dort die Steigung $-1/y'$. Im obigen Beispiel erhalten wir für die Orthogonaltrajektorien also die Differentialgleichung
$y = -x/(2y')$ oder $y' = -x/(2y)$ mit den Lösungen $x^2 + 2y^2 = d^2$. Dies sind Ellipsen
mit der Halbachse $a = d$ und $b = d/\sqrt{2}$. Sämtliche Ellipsen dieser Schar schneiden
sämtliche Parabeln der ersten Schar unter einem rechten Winkel.
Man zeichne im Bereich $-5 \leqq x \leqq +5$, $-5 \leqq y \leqq +5$ die Parabelschar für $c = -2.0$, -1.8,
-1.6, ..., $+1.8$, $+2.0$ und mit einer anderen Farbe die Ellipsenschar für $d = 1$, 2,
....., 7 .

Hyperbelschar

Die Gleichung $x^2/c + y^2/(c-1) = 1$ stellt für $c > 1$ konfokale Ellipsen und für $0 < c < 1$ konfokale Hyperbeln dar. Aus der Ableitung der Gleichung:

$$2x/c + 2yy'/(c-1) = 0$$

erhält man den Scharparameter $c = x/(x + yy')$. Setzt man ihn in die Gleichung der Schar ein, erhält man als Differentialgleichung $(x - y/y')(x + yy') = 1$. Offenbar ändert ein Ersetzen von y' durch $-1/y'$ die Differentialgleichung nicht: die Orthogonaltrajektorien sind in der Differentialgleichung erhalten, d.h. in der ursprünglichen Kurvenschar ist die Ellipsenschar orthogonal zur Hyperbelschar.

Man zeichne die Hyperbelschar für $c = 0.1, 0.2, \ldots, 0.9$ mit ihren Ästen $x > 0$ und $x < 0$ innerhalb des Kreises $x^2 + y^2 < 25$ und in anderer Farbe die Ellipsenschar für $c = 2^2, 2.5^2, 3^2, \ldots, 5^2$. Ebenso zeichne man die Achsen als unbeschriftete Geraden: $-5 < x < 5, -5 < y < 5$.

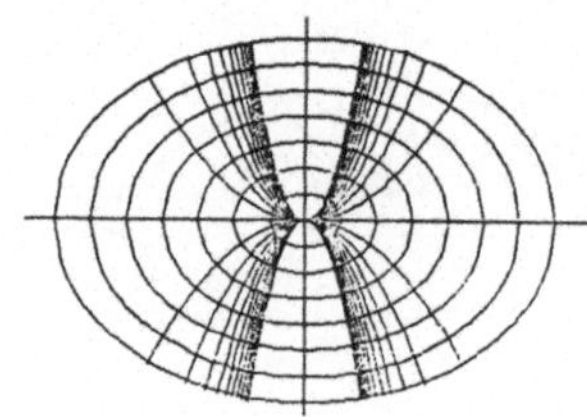
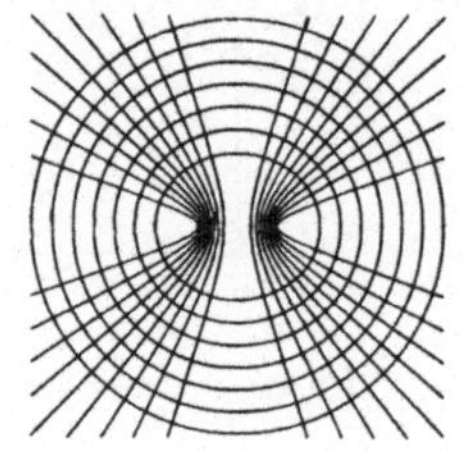

Abb. 3.3 f)

3.3 g)   Kreisbüschel

Zwei Kreise kann man leicht zu einem Kreisbüschel ergänzen. Der uninteressante Fall, daß beide Kreise den gleichen Mittelpunkt haben, soll hier nicht diskutiert werden, denn man kann diese Kreise einfach dadurch zu einer Schar ergänzen, daß man weitere Kreise um diesen gemeinsamen Mittelpunkt zeichnet. Interessanter sind die Fälle, wo die Mittelpunkte der beiden Kreise verschieden sind. Hier lassen sich drei Fälle unterscheiden:

I. Beide Kreise berühren sich (parabolisches Büschel)

Man ergänzt die beiden Kreise zu einem Büschel, indem man weitere Kreise zeichnet, die durch den gleichen Berührungspunkt gehen und die beiden ersten Kreise ebenfalls berühren. Hierzu wählt man als neue Mittelpunkte beliebige Punkte auf der Geraden aus, auf der die beiden ersten Mittelpunkte liegen. Die zugehörigen Radien sind gleich dem Abstand dieser Punkte vom Berührungspunkt. - Mit Hilfe des abgeänderten U.P. 'KREIS' von Kapitel 3.2 zeichne man ein parabolisches Kreisbüschel, bei dem sich alle Kreise im Ursprung $(0.,0.)$ berühren. Die Mittelpunkte liegen auf der x-Achse in: $x = -5.0, -4.0, \ldots, +5.0$. Die entsprechenden Radien sind: $r = 5.0, 4.0, \ldots, 5.0$. Der Fall $x = 0, r = 0$ entfällt. Man unterdrücke das Zeichnen, wenn ein Teil des Kreises aus dem Bereich $-5.0 < x < 5.0$ hinausläuft.

II. Beide Kreise schneiden sich (elliptisches Büschel)

Natürlich schneiden sich zwei Kreise immer nur in zwei Punkten. Man ergänzt beide Kreise zu einem Büschel, indem man weitere Kreise zeichnet, die durch diese beiden Punkte gehen. Wir nehmen an, die Gerade durch die Mittelpunkte der beiden gegebenen Kreise sei die x-Achse und die Gerade durch die beiden Schnittpunkte (genannt Chordale) sei die y-Achse. Die Schnittpunkte sind dann $(0., Y)$ und $(0., -Y)$. Die Mittelpunkte aller Büschelkreise liegen auf der x-Achse, etwa in $(X, 0.0)$. Ein Kreis um diesen Punkt hat die Gleichung:

$$(x - X)^2 + y^2 = r^2 .$$

Der Radius muß so gewählt werden, daß der Kreis durch den oberen Schnittpunkt geht: $(0 - X)^2 + Y^2 = r^2$. Damit erhalten wir als Kreisgleichung des Büschels: $x^2 - 2xX + y^2 = Y^2$.
Natürlich gehen diese Kreise auch durch den unteren Schnittpunkt. Den kleinsten Radius $(r = Y)$ hat der Kreis, dessen Mittelpunkt zwischen den Schnittpunkten liegt: $X = 0$.
Man lese Y ein (etwa: $Y = 2.5$ cm) und zeichne das zugehörige elliptische Büschel um die Mittelpunkte (auf der x-Achse):

$$X = -2Y, -1.6Y, -1.2Y, \ldots\ldots, +2Y$$

mit den Radien $R = (X^2 + Y^2)$, indem man jeweils das U.P. 'KREIS' aufruft:

$$\text{CALL KREIS}(X, 0.0, R).$$

Man zeichne auch die Strecke von $(0.0, -2Y)$ nach $(0.0, +2Y)$.

III. Beide (exzentrischen) Kreise haben keinen gemeinsamen Punkt
(hyperbolisches Büschel)

In diesem Fall liegt der eine Kreis ganz im anderen oder beide Kreise liegen jeweils im Außenbereich des anderen. In beiden Fällen läßt sich ein Büschel exzentrischer Kreise finden, zu dem beide Kreise gehören. Die Mittelpunkte beider Kreise sollen wieder auf der x-Achse liegen:

$$K_1 = = (x - x_1)^2 + y^2 - r_1^2 = 0$$

$$K_2 = = (x - x_2)^2 + y^2 - r_2^2 = 0$$

$$K = = K_1 + cK_2 = 0 \qquad\qquad \text{(Büschelgleichung)} .$$

Für $c = 0$ ist K identisch mit K_1, d.h. das Büschel enthält K_1 . Für $c \to \infty$ ist K identisch mit K_2, d.h. das Büschel enthält K_2 . Schließlich liefert jedes c einen neuen Kreis des Büschels bis auf den Fall, daß $c = -1$ ist. Dann ist $K = = 2x(x_2 - x_1) + x_1^2 - x_2^2 + r_2^2 - r_1^2 = 0$ eine Gerade, genannt Chordale:

$$x = ((r_1^2 - r_2^2)/(x_2 - x_1) + x_1 + x_2)/2 ,$$

die senkrecht zur x-Achse verläuft, da y nicht auftritt. - Diese Gerade gehört als "Kreis mit unendlich großem Radius" zum Büschel. - Wir wählen diese Gerade als y-Achse, indem wir $x = 0$ setzen. Dazu lesen wir r_1 und r_2 und den Wert von a ein: $a = x_2 - x_1$ als Abstand der beiden Mittelpunkte. Aus $x = 0$ erhält man

$$x_1 = a/2 + (r_2^2 - r_1^2)/(2a)$$

$$x_2 = a/2 - (r_2^2 - r_1^2)/(2a)$$

als Koordinaten der Mittelpunkte. Man kann nun c $(\neq -1)$ beliebig wählen und

erhält fortlaufend neue Kreisgleichungen aus der Büschelgleichung $K = 0$. So entsteht das hyperbolische Büschel. Es ist naheliegend, die Frage nach den Mittel-
punkten und Radien dieser Kreise zu stellen. Man erhält sie, indem man die
Schnittpunkte der Kreise

$$(x - x_1)^2 + y^2 - r_1^2 + c \left[(x - x_2)^2 + y^2 - r_2^2 \right] = 0$$

mit der x-Achse berechnet, d.h. indem man $y = 0$ setzt. Die Ergebnisse werden
unhandlich. Deswegen nehmen wir an, das Büschel sei nicht durch zwei Kreise
definiert, sondern durch den Kreis $K_1 = 0$ und der Forderung, daß die y-Achse die
Chordale des Büschels sein soll. Der Kreis darf die y-Achse nicht schneiden, d.h.
es ist $r^2 < x_1^2$, da wir sonst ein parabolisches Büschel erhalten. Dann gehört auch
der Kreis um den Mittelpunkt $-x_1$ mit gleichem Radius r zum Büschel:

$$K_1 = = (x - x_1)^2 + y^2 - r^2 = 0$$

$$K_2 = = (x + x_1)^2 + y^2 - r^2 = 0$$

Büschel: $K = K_1 + cK_2 = = x^2 + y^2 - 2xx_1(1 - c)/(1 + c) + x_1^2 - r^2 = 0$ (III) .

Dieser allgemeine Büschelkreis schneidet die x-Achse $(y = 0)$ in den Punkten
$x_3 = x_1 s + R$ und $x_4 = x_1 s - R$ mit den Abkürzungen: $s = (1 - c)/(1 + c)$ und
$R = (x_1^2 s^2 + r^2 - x_1^2)^{1/2}$. Er hat offenbar den Radius R und den Mittelpunkt
$x_m = x_1 s$. Für $c = 0$ $(s = 1)$ erhält man den Ausgangskreis $x_m = x_1$, $R = r$ und für
$c \rightarrow \infty$ erhält man mit $s = -1$ den spiegelsymmetrisch gelegenen Kreis K_2 mit
$x_m = -x_1$, $R = r$. Es ist offenbar sinnvoll, s als Scharparameter einzuführen. Man
darf jedoch nicht einfach s von -1 bis $+1$ laufen lassen und für jedes s einen
Kreis mit $x_m(s)$ und $R(s)$ zeichnen, um das Büschel zu erhalten, denn wegen
$r^2 < x_1^2$ würde R imaginär. Es gibt vielmehr einen betragsmäßig kleinsten Wert
von s, der aus der Forderung $R = 0$ berechnet wird:

$$x_1^2 s^2 + r^2 - x_1^2 = 0 \ , \ \text{also} \ s_0 = + (1 - r^2/x_1^2)^{1/2} .$$

Auf die zugehörigen Mittelpunkte $x_m = x_1 \cdot s_0$ und $x_m = -x_1 s_0$ ziehen sich also die
Kreise rechts und links der y-Achse zusammen. Wir nennen sie die Brennpunkte
des hyperbolischen Büschels.
Man lese r und $x_1 > r$ ein, berechne s_0 und die Schrittweite $ds = (1 - s_0)/3$ und
zeichne für jedes $s = 1 - 2ds$, $1 - ds$, 1, $1 + ds$, ..., $1 + 5ds$ die Kreise mit dem
Radius $R = (x_1^2(s^2 - 1) + r^2)^{1/2}$ um die Mittelpunkte $(x_1 s, 0.0)$ und $(-x_1 s, 0.0)$ und
markiere die Brennpunkte des Büschels.
<u>Bemerkung</u>:
Wir wollen noch zeigen, daß alle Kreise des elliptischen Büschels, die durch die
Brennpunkte des hyperbolischen Büschels gehen, othogonal zum hyperbolischen
Büschel sind. Nach Gleichung (III) ist:

$$x^2 + y^2 - 2xx_1 s = r^2 - x_1^2 .$$

Nach Kapitel 3.3 f) bilden wir die Differentialgleichung dieser hyperbolischen
Kreisschar durch Differenzieren: $s = (yy' + x)/x_1$ und Einsetzen: $y^2 - x^2 - 2xyy' =$
$r^2 - x_1^2$. Die Gleichung der elliptischen Kreisschar, die durch die Brennpunkte

$x_m = x_1\, s_0$ und $x_m = -x_1\, s_0$ geht lautet:

$$x^2 + (y - Y)^2 = x_m^2 + Y^2 \ .$$

Wieder erhält man durch Differenzieren: $Y = y + x/y'$ die Differentialgleichung der elliptischen Schar: $x^2 - y^2 - 2xy/y' = x_m^2$. Es ist $x_m^2 = x_1^2 - r^2$. Also gehen beide Differentialgleichungen durch Ersetzen von y' durch $-1/y'$ ineinander über. Die Büschel sind orthogonal. - Der kleinste Kreis des elliptischen Büschels hat den Ursprung als Mittelpunkt und den Radius x_m . -

Erweiterung:
Man zeichne in anderer Farbe auch das elliptische Büschel sowie die beiden unskalierten Achsen.

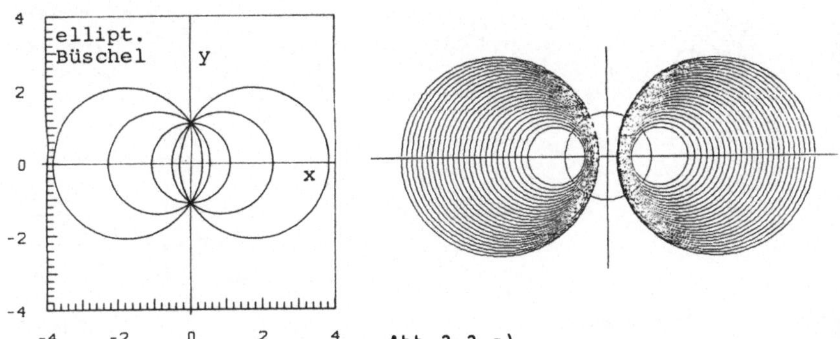

Abb.3.3 g)

3.3 h)   Ortskurven

Man schreibe ein Programm, das die Ortskurven für das unten dargestellte Schaltbild zeichnet.
Dazu rechne man den komplexen Gesamtwiderstand z_{ges} aus nach den Regeln der Serienschaltung: $z = z_1 + z_2 + \dots$ und der Parallelschaltung: $1/z = 1/z_1 + 1/z_2 + \dots$ von komplexen Widerständen: $z_L = j\omega L$, $z_c = -j/(\omega C)$, $z_R = R$ mit $j = \sqrt{-1}$. Läßt man ω den Bereich $2 \cdot 10^6 \leq \omega \leq 7 \cdot 10^6$ Hz durchlaufen, so erhält man für jedes ω einen Wert von z_{ges}, d.h. einen Punkt in der komplexen Zahlenebene.
Man lasse die Punkte durch den Plotter als Kurve verbinden ("Ortskurve"). Bei festem Wert von $R = 50\ \Omega$ zeichne man im angegebenen ω-Bereich 7 Kurven für die Fälle:

$$C_2 = 5 \text{ nF, } 7.5 \text{ nF, } 10.0 \text{ nF, } \dots, 20 \text{ nF} \ .$$

Anschließend variiere man für $C_2 = 10$ nF den Ohm'schen Widerstand:

$$R = 20, 30, ..., 100 \ \Omega \hspace{3cm} \text{(9 Kurven)}.$$

Zur späteren Auswertung der Kurven ist es erforderlich, die jeweils letzte Kurve mit den ω-Werten im Abstand $\Delta\omega = 0.2 \cdot 10^6$ Hz zu beschriften. Den zugehörigen Kurvenpunkt markiere man mit einem zentrierten Symbol. Alle übrigen Kurven werden an den gleichen ω-Stellen lediglich mit einem zentrierten Symbol versehen, aber nicht beschriftet.

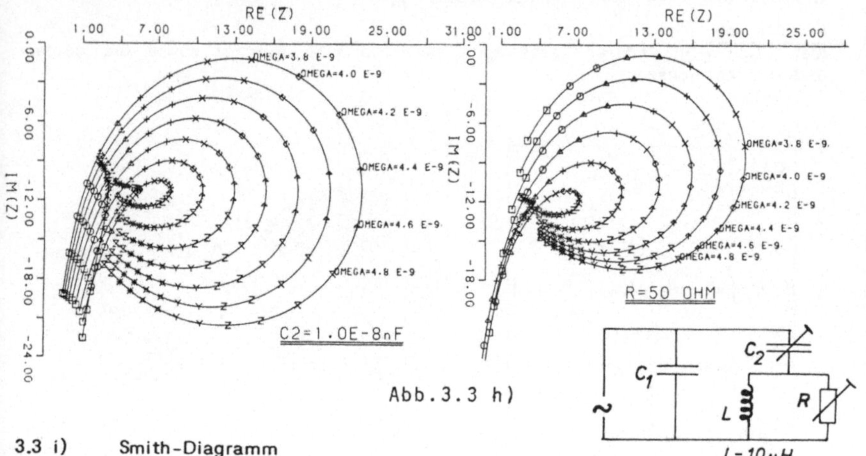

Abb. 3.3 h)

3.3 i)   Smith-Diagramm

Das Smith-Diagramm dient in der Elektrotechnik dazu, den komplexen Gesamtwiderstand von Wechselstromnetzen graphisch zu bestimmen ([11], S. 301 ff.). Dabei wird mit der Funktion

$$w = (z - 1)/(z + 1)$$

die rechte Halbebene $(x \geqq 0)$ der komplexen Ebene $(z = x + iy)$ auf den Einheitskreis $|w| = 1$ der komplexen w-Ebene $(w = u + iv)$ abgebildet. Die imaginäre Achse $x = 0$ wird zum Kreis $|w| = 1$. Einige weitere Bildpunkte sind:

z	$(0,0)$	$(1,0)$	$(\infty,0)$	$(0,1)$	$(0,\infty)$	$(0,-1)$	$(0,-\infty)$
w	$(-1,0)$	$(0,0)$	$(1,0)$	$(0,1)$	$(1,0)$	$(0,-1)$	$(1,0)$

Offenbar sind die Punkte $(0,1)$ und $(0,-1)$ Fixpunkte der Abbildung, denn sie liefern $w = z$. Die Geraden $x = \text{const} \geqq 0$ werden zu Kreisen, deren Mittelpunkte auf der u-Achse im Bereich $0 \leqq u_m < 1$ liegen. Sie berühren den Einheitskreis $|w| = 1$ von innen im Punkte $w = (1,0)$. Die Halbgeraden $y = \text{const}$ mit $0 \leqq x < \infty$ werden zu Kreisbögen, die ebenfalls im Kreis $|w| = 1$ liegen und die reele Achse $(v=0)$ der w-Ebene im Punkt $w=(1,0)$ berühren. Man zeichne beide Kreisscharen als Bilder der Geraden:

1) $x=0$, 0.1, 0.2, ..., 0.5; 0.7, 0.9, ..., 1.5; 2.0, 2.5, ..., 6.0,

wobei y jeweils von -5 bis +5 läuft mit $\Delta y = 0.1$.

2) $y=0.$, 0.1, ..., 1.0; 1.25, ..., 2.0; 2.5, 3.0,

wobei x jeweils von 0 bis 6.0 läuft mit $\Delta x = 0.05$.

Zusätzlich zeichne man das rechtwinklige (u, v)-Netz mit $\Delta u = \Delta v = 0.2$ im Bereich $-1 \leqq u \leqq 1$ und $-1 \leqq v \leqq 1$.
Die Zeichnung werde mit dem Aufruf: CALL FACTOR(4.0) vergrößert. Einige Kreise der ersten Schar ($x_K = 0.0$, 0.2, 0.5, 1.0, 2.0, 5.0) sollen mit diesen x-Werten beschriftet werden. Es ist sinnvoll, diese Beschriftung unter der u-Achse bei den Schnittpunkten dieser Kreise mit der u-Achse anzubringen:

$$u_K = (x_K - 1)/(x_K + 1); \qquad\qquad v_K = -0.1 .$$

Die Beschriftung der Kreisbögen der zweiten Schar ($y_K = \pm0.2$, ±0.5, $\pm1.$, ±1.5, $\pm2.$, $\pm3.$) wird zweckmäßigerweise am Einheitskreis vorgenommen. Sein Urbild ist die imaginäre Achse $x_K = 0$. Wir erhalten als Punkte für den Textanfang in der w-Ebene:

$$w_K = u_K + iv_K = (z_K - 1)/(z_K + 1) \text{ mit}$$

$$z_K = 0 + iy_K .$$

Beide Kreisscharen sind zueinander orthogonal. Daher schneiden die $y_K = $const-Kreise den Einheitskreis $|w| = 1$ senkrecht und die Texte können radial zum Einheitskreis eingetragen werden unter dem Winkel $\varphi_K = $ATAN2$(v_K, u_K)$.

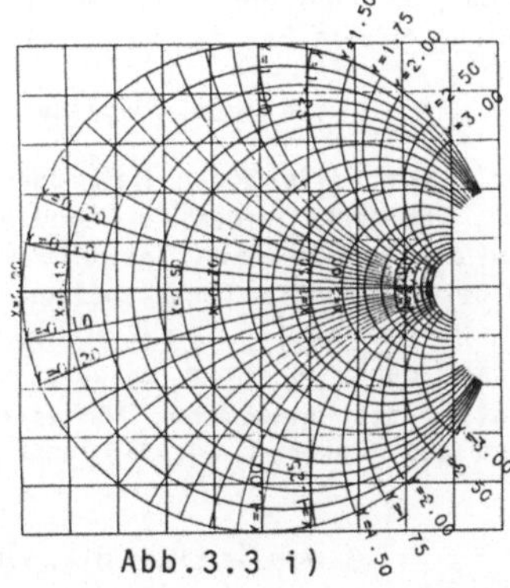

Abb.3.3 i)

3.3 j)   Orthogonale Netze bei der konformen Abbildung

Für jeden Punkt $z = x + iy$ eines Gebietes A der komplexen Zahlenebene sei ein Funktionswert $w = f(z)$ definiert. Dadurch wird jedem Punkt z des Gebietes A ein Punkt $w = u + iv$ eines Gebietes B der komplexen w-Ebene zugeordnet. Durchläuft z eine Kurve der z-Ebene, so liefert die Funktion f(z) punktweise die Bildkurve der w-Ebene. Umgekehrt liefert die Umkehrbildung $z = g(w)$ für jede Kurve aus dem Gebiet B der w-Ebene eine Kurve in der z-Ebene. Läßt man z ein Netz in der z-Ebene durchlaufen, so stellen die Bildpunkte $w = f(z)$ ein Netz in der w-Ebene dar und umgekehrt. Ist die Abbildung $w = f(z)$ differenzierbar und ist $df/dz \neq 0$, so schneiden sich zwei Bildkurven $w_1(z_1)$ und $w_2(z_2)$ <u>unter dem gleichen Winkel</u>, unter dem sich die Urbildkurven $z_1(t) = x_1(t) + iy_1(t)$ und $z_2(t) = x_2(t) + iy_2(t)$ in der z-Ebene schneiden. Man spricht dann von einer <u>konformen</u> oder winkeltreuen Abbildung, während komplexe, differenzierbare Funktionen auch <u>holomorph</u> genannt werden. - Auf Netze übertragen bedeutet dies, daß das kartesische Netz x_i = const, y_k = const der z-Ebene durch die Abbildung $w = f(z)$ in ein Netz von zwei orthogonalen Kurvenscharen der w-Ebene übergeht. Dies können z.B. zwei orthogonale Kreisscharen sein wie in Aufg. 3.3 i). Ebenso erhält man durch die Umkehrabbildung $z = g(w)$ mit $dg/dz \neq 0$ zum orthogonalen Netz u_i = const, v_k = const der w-Ebene als Urbilder zwei orthogonale Kurvenscharen der z-Ebene.

In manchen Fällen ist es wünschenswert, die Kurven des Netzes der w-Ebene zu beschriften mit den Werten der Koordinaten x_i und y_k der Urbildkurven der z-Ebene. Dazu denken wir uns die Texte parallel an die Urbildkurven in die z-Ebene eingetragen und anschließend abgebildet in die w-Ebene. Die Texte werden dann in der w-Ebene wieder parallel zu den Bildkurven verlaufen. Es sind lediglich zu den Koordinaten z_i der Textanfänge der z-Ebene die Bildpunkte w_i der Textanfänge in der w-Ebene und die Winkel zu berechnen, unter denen die Texte in der w-Ebene einzutragen sind. Sind etwa z_1 und z_2 der Anfangs- und Endpunkt eines Textes der z-Ebene und w_1 und w_2 die zugehörigen Abbilder, so bestimmen wir den Winkel des Vektors $w_2 - w_1$ mit Hilfe der Ableitung $f'(z_1) \approx (w_2 - w_1)/(z_2 - z_1)$ nach der Formel (siehe Aufg. 1.5 b), 1.6 e)):

$$\varphi = \mathrm{arc}(w_2 - w_1) \approx \mathrm{arc}(f'(z_1)) + \mathrm{arc}(z_2 - z_1) \ .$$

Bei einem kartesischen Netz der z-Ebene wählt man z.B. $\mathrm{arc}(z_2 - z_1) = 0°$ bzw. $90°$. Die Winkel $\mathrm{arc}(z_2 - z_1)$ sind also bekannt.
Für die verschiedenen Textanfänge z_i sind also lediglich die Winkel $\mathrm{arc}(f'(z_i))$ zu berechnen. Die Texte sind in der w-Ebene gut lesbar, wenn $-\pi/2 \leqq \varphi_i \leqq +\pi/2$ ist. Im Bereich $|\varphi_i| > \pi/2$ stehen die Texte "auf dem Kopf", es sei denn, man ersetzt dann die Winkel durch $\varphi_i \leftarrow \varphi_i - \pi \,\mathrm{sign}(\varphi_i)$.
Statt dieses kartesischen Netzes der w-Ebene kann man auch ein orthogonales Netz aus Kreisen ($|w|$ = R = const) und Radien (Φ = const) verwenden:

$$w = f(x + iy) = R(x, y)e^{i\Phi(x, y)}$$

mit $\qquad R(x, y) = |f(x + iy)|, \qquad \Phi(x, y) = \mathrm{arcus}(f(x + iy)).$

Der Betrag $|f(x + iy)|$ läßt sich dann als Höhe über der x-y-Ebene auftragen. Dieses "Gebirge" heißt <u>Relief</u> der Funktion f(z). Die Projektion der Höhenlinien auf die x-y-Ebene ergibt die erste Schar R = const. Da die Schar Φ = const senkrecht zu dieser Schar verläuft, stellen die Kurven Φ = const die Projektionen der Fallinien des Gebirges dar. Durch jeden Punkt des betrachteten x-y-Gebietes geht also ein R- und eine Φ-Kurve. Durch Ablesen dieser Werte kann man unmittelbar $w = R \cdot \exp(i\Phi)$ bestimmen.

α)   Kartesisches z-Netz bei w = sin z

Man zeichne das Netz der Funktion w = sin(z) in der w-Ebene, das als Urbild das
Netz $-\pi/2 \leq x \leq +\pi/2$, $-2.0 \leq y \leq +2.0$ mit $\Delta x = 0.1 = \Delta y$ hat und beschrifte die Kurven der w-Ebene mit den x- bzw. y-Werten.

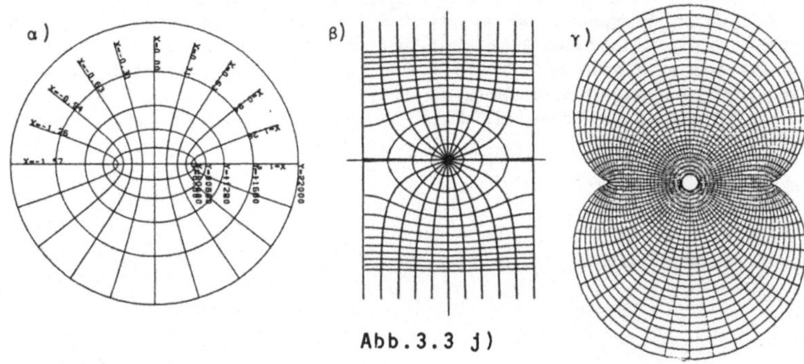

Abb.3.3 j)

β)   Polarkoordinatennetz bei w = sin z

Man zeichne das Netz von w = sin(z) in der w-Ebene für ein Urbildnetz aus
Kreisen und Radien: $-\pi \leq \varphi \leq +\pi$, $0.1 \leq r \leq 1.5$ mit $\Delta\varphi = 10°$ und $\Delta r = 0.1$. Natürlich ist: $z = r(\cos\varphi + i\sin\varphi) = r \cdot \exp(i\varphi)$.

γ)   Relief von w = sin z

Die Umkehrabbildung: z = arcsin(w) steht in FORTRAN nicht zur Verfügung.
Es läßt sich jedoch z = x + iy berechnen, wenn R und Φ in w = R · exp(iΦ) gegeben
sind ([12], S. 13); denn mit Hilfe der Additionstheoreme der Winkelfunktionen
erhält man:

$$\sin z = \sin(x + iy) = \sin(x)\cos(iy) + \cos(x)\sin(iy) \ .$$

$$= \sin(x)\cosh(y) + i\cos(x)\sinh(y)$$

$$\equiv u(x, y) + iv(x, y) \ .$$

Andererseits gilt allgemein in der w-Ebene:

$$R^2 = u^2 + v^2 , \quad \tan\Phi = v/u \ .$$

Setzt man die soeben erhaltenen Formeln von u und v ein, so erhält man nach
einigem Umformen:

$$R^2 = \sin^2 x + \sinh^2 y \qquad \text{bzw.} \quad \sinh y = (R^2 - \sin^2 x)^{1/2}$$

$$\tan\Phi = \cot(x) \cdot \tanh(y) \quad \text{bzw.} \quad \tan(x) = \tanh(y)/\tan\Phi \ .$$

Die letzte Gleichung liefert die Fallinien Φ = const, indem man zu gegebenem Φ
im Bereich $-\pi < \Phi < +\pi$ und vorgegebenem y aus dem Bereich $-2.5 \leq y \leq +2.5$ mit
$\Delta y = 0.02$ den zugehörigen x-Wert berechnet. In gleicher Weise liefert die For-

mel von R^2 die Höhenlinien $R = \text{const}$, wenn man von der Umkehrfunktion $y = \text{arsinh}(p) = \ln(p + (p^2 + 1)^{1/2}$ mit $p = (R^2 - \sin^2 x)^{1/2})$ Gebrauch macht. Dieses p ist sicher reell und positiv, wenn $R > 1$ ist. In diesem Fall kann man für x den Bereich $-\pi/2 \leqq x \leqq +\pi/2$ mit $\Delta x = 0.1$ wählen.

Man zeichne diese Kurve, speichere die x-y-Werte ab und zeichne eine zweite Kurve durch Spiegelung der ersten Kurve an der x-Achse $(y \leftarrow -y)$. Ist dagegen $R < 1$, so ist x zu beschränken auf den Bereich: $-\arcsin(R) \leqq x \leqq +\arcsin(R)$, um ein reelles p zu erhalten. Hier läßt sich gegebenenfalls der Arcussinus durch den Arcustangens ersetzten: $\arcsin(x) = \arctan(x/(1 - x^2)^{1/2})$. Auch in diesem Fall ist die ellipsenähnliche Höhenlinie durch Spiegelung an der x-Achse zu ergänzen.

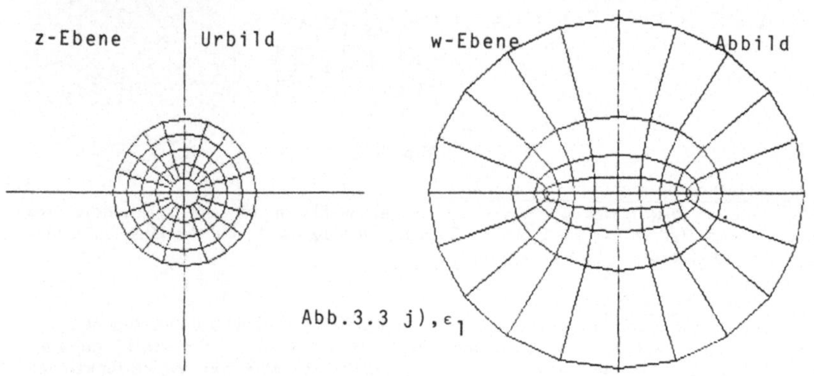

Abb.3.3 j), ε_1

δ)   Perspektivisches Bild von $w = \sin z$

Man zeichne ein perspektivisches Bild des Reliefgebirges $R(x, y) = |\sin z|$ im Bereich $-\pi \leqq x \leqq +\pi$, $-2.0 \leqq y \leqq +2.0$ und unterdrücke das Zeichnen der "Hidden lines" (siehe Kap. 3.4 und 3.5).

- Das $\sin(z)$- und das $\tan(z)$-Relief treten in der Elektrotechnik bei der Fernleitung von Wechselströmen auf ([12], S. 19). -

ε)   Simultane Darstellung von Urbild und Abbild

Bei der Joukowsky-Abbildung $w = (z + 1/z)/2$ wird das Innere des Einheitskreises der z-Ebene auf die ganze w-Ebene abgebildet, und ebenso wird das Äußere des Einheitskreises auf die ganze w-Ebene abgebildet.

Man schreibe ein Programm, das die z- und die w-Ebene nebeneinander auf einem graphischen Sichtgerät darstellt. Dazu zeichne man zunächst beide Achsenkreuze im Bereich $|z| \leqq 2.5$ und $|w| \leqq 2.5$, indem man gegebenenfalls die Bilder mit der SUBROUTINE FACTOR entsprechend der Bildschirmgröße vergrößert oder verkleinert. Anschließend werde in der z-Ebene ein Polarkoordinatennetz (Kreise: $r = \text{const} = 0.2, 0.4, \ldots, 1.0, 0 \leqq \varphi \leqq 2\pi$ und Radien: $\varphi = \text{const} = 0°, 15°, \ldots, 360°, r = 0.2, 0.25, 0.30, \ldots, 1.00$) des inneren Einheitskreises gezeichnet. Um Schritt für Schritt zu sehen welche w-Kurve den einzelnen Maschen des z-Netzes entspricht, zeichne man nach jeder z-Masche die zugehörige w-Masche.

Man kann die Zeichengeschwindigkeit dadurch herabsetzen, daß man nach jeder Masche ein überflüssiges Zeichen von der Tastatur einlesen läßt. Erst nach "Fütterung" dieses READ-Befehls wird die nächste Masche gezeichnet. - Diese Art der Steuerung ist nicht möglich, wenn das Plotten off-line abläuft! - Anschließend lösche man den Schirm - bzw. starte man das Programm neu - und zeichne ebenso das Netz des Äußeren des Einheitskreises im Bereich $1.0 \leqq r \leqq 2.5$ und sein Abbildnetz $w(z)$. In beiden Fällen erhält man als Abbilder konfokale Ellipsen und Hyperbeln.

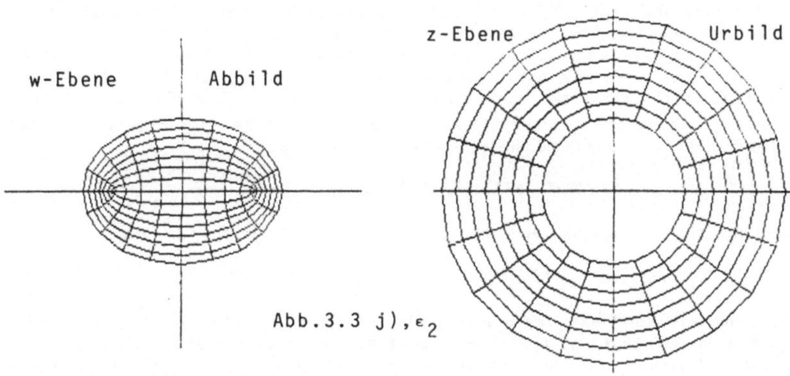

3.3 k)   Ebene Potentialfelder und Strömungen

In der Funktionentheorie wird gezeigt, daß eine komplexe Funktion $w = f(z)$, die in einem Gebiet der komplexen Ebene $z = x + iy$ einmal differenzierbar ist, dort beliebig oft differenzierbar ist. Die Ableitung

$$f'(z_1) = df/dz = \lim_{z_2 \to z_1} (f(z_2) - f(z_1))/(z_2 - z_1)$$

existiert definitionsgemäß nur dann, wenn ihr Wert $f'(z_1)$ unabhängig davon ist, aus welcher Richtung sich z_2 in der komplexen Ebene dem Punkt z_1 nähert. Das bedeutet z.B., daß bei einer Annäherung aus der x- oder der y-Richtung der gleiche Wert $f'(z)$ erhalten wird:

$$f'(z) = df/dz = \partial f/\partial x = \partial f/(i\partial y) \ .$$

Zerlegen wir den Funktionswert $w = f(z) = u(x, y) + i v(x, y)$ in Real- und Imaginärteil, so bedeutet dies für die partiellen Ableitungen u_x, u_y, v_x, v_y von u und v:

$$f'(z) = u_x(x, y) + i v_x(x, y) = (u_y(x, y) + i v_y(x, y))/i = v_y(x, y) - i u_y(x, y) \ .$$

Es gelten also die Cauchy-Riemann'schen Differentialgleichungen:

$$u_x = v_y, \quad u_y = -v_x \ .$$

Nochmaliges Differenzieren liefert die Potentialgleichungen der ebenen Potential-
theorie der Elektrizitätslehre bzw. der Strömungslehre:

$$\Delta u(x, y) = u_{xx} + u_{yy} = 0$$

$$\Delta v(x, y) = v_{xx} + v_{yy} = 0 \quad .$$

Diese Differentialgleichung tritt in der Technik immer bei "unendlich langen"
Anordnungen auf, z.B. bei sehr langen Tragflügeln oder bei sehr langen Drähten.
Bezeichnen wir für einen Augenblick die Raumkoordinaten in Richtung der Drähte mit z (nicht verwechseln mit dem z der komplexen Zahlenebene!), dann ändern sich die Potentiale und Strömungen meistens nicht, wenn man von einer
Ebene z_1 = const senkrecht zum Draht zu einer anderen Ebene z_2 = const übergeht, d.h. die Potential- oder Strömungsfunktionen f haben die Eigenschaft, daß
$\partial f/\partial z \equiv 0$ ist. Die dreidimensionale Potentialgleichung:

$$\Delta f = \partial^2 f/\partial x^2 + \partial^2 f/\partial y^2 + \partial^2 f/\partial z^2 = 0$$

reduziert sich bei solchen Anordnungen daher auf die einfachere Form:

$$\partial^2 f/\partial x^2 + \partial^2 f/\partial y^2 = 0$$

und kann als komplexe Differentialgleichung gelöst werden ([12], S. 1-147).
Betrachten wir z = x + iy wieder als Punkt der komplexen Zahlenebene, so läßt
sich eine Strömung in dieser Ebene mit der x-Komponente v_1 und der y-Kom-
ponente v_2 der Geschwindigkeit, falls sie wirbelfrei (rot $\mathbf{v} = 0 = \partial v_2/\partial x - \partial v_1/\partial y$)
und dort, wo sie quellenfrei (div $\mathbf{v} = 0 = \partial v_1/\partial x + \partial v_2/\partial y$) ist, aus zwei verschiedenen Potentialfunktionen u(x, y) oder v(x, y) herleiten:

$$v_1 = -\frac{\partial u}{\partial x}, \qquad v_2 = -\frac{\partial u}{\partial y}$$

oder

$$v_1 = -\frac{\partial v}{\partial y}, \qquad v_2 = +\frac{\partial v}{\partial y} \quad .$$

Man nennt u(x, y) das Geschwindigkeitspotential und v(x, y) die Stromfunktion.
Da hiernach die Cauchy-Riemann'schen Differentialgleichungen erfüllt sind, lassen sich u(x, y) und v(x, y) als Real- und Imaginärteil eines komplexen Strö-
mungspotentials f(z) = u(x, y) + iv(x, y) auffassen. Auch aus f(z) erhält man die
Geschwindigkeiten durch Differenzieren:

$$f'(z) = \frac{\partial u}{\partial x} + i\frac{\partial v}{\partial x} = -v_1 + iv_2 \quad .$$

Die Schar v(x, y) = const stellt die Schar der Stromlinien dar, d.h. die Schar der
Bahnkurven der Massenpunkte des strömenden Mediums. Die Schar u(x, y) = const
schneidet, wenn f'(z) existiert, alle Stromlinien im rechten Winkel:
u(x, y) = const sind Äquipotentiallinien.
- Man kann jedes so erhaltene Bild einer Strömung auch anders deuten, indem
man die Stromlinien als Äquipotentiallinien interpretiert und umgekehrt. In diesem Fall ist g(z) = -if(z) = v(x, y) - iu(x, y) das komplexe Strömungspotential. -

In der Elektrostatik heißen die Linien $v(x, y) = $const Kraftlinien oder Feldlinien. Tangential zu ihnen verläuft die elektrische Feldstärke **E**:

$$E_1 + iE_2 = -\frac{\partial u}{\partial x} + i\frac{\partial v}{\partial x} = \overline{-f'(z)}$$

$$|\,\mathbf{E}\,| = |\,f'(z)\,| \quad .$$

Zwei wichtige Eigenschaften komplexer Potentiale sollen noch erwähnt werden:

1. Bei der Überlagerung von Feldern oder Strömungen werden die komplexen Potentiale addiert: $f(z) = f_1(z) + f_2(z)$.

2. Wird ein Gebiet A der z-Ebene durch die holomorphe Abbildung $z = h(\zeta)$ auf ein Gebiet B der ζ-Ebene ($\zeta = \xi + i\eta$) umkehrbar eindeutig abgebildet ($h'(\zeta) \neq 0$), so ist $f(h(\zeta))$ das komplexe Potential einer Strömung (eines elektrischen Feldes) der ζ-Ebene. Man kann so z.B. komplizierte Strömungen der ζ-Ebene auf Parallelströmungen der z-Ebene abbilden.

α)   Potential $w = 1/z$ einer Doppelquelle bzw. eines ebenen, elektrostatischen
       Dipols

Man zeichne die Strom- und Potentiallinien für das komplexe Potential $w = 1/z$, indem man in der Umkehrfunktion $z = 1/w$ zunächst $v = $const setzt und u variiert im Bereich $-4.0 \leqq u \leqq -4.0$ mit $\Delta u = 0.1$ und dann $u = $const wählt und v variiert: $-4.0 \leqq v \leqq +4.0$. Die dabei erhaltenen z-Kurven werden gezeichnet. Beide Male erhält man Kreisbüschel. Das Büschel $v = $const (etwa $v = -3.8, -3.4, \dots, +3.8$) liefert die Stromlinien (bzw. Kraftlinien) und das Büschel $u = $const (mit $u = -3.8, -3.4, \dots, +3.8$) liefert die Äquipotentiallinien. Die Doppelquelle hat im Nullpunkt eine Quelle und eine Senke, während der Dipol aus zwei "unendlich" langen Drähten besteht, die sich "unendlich" nahe sind und gleichgroße Ladungen verschiedenen Vorzeichens tragen.

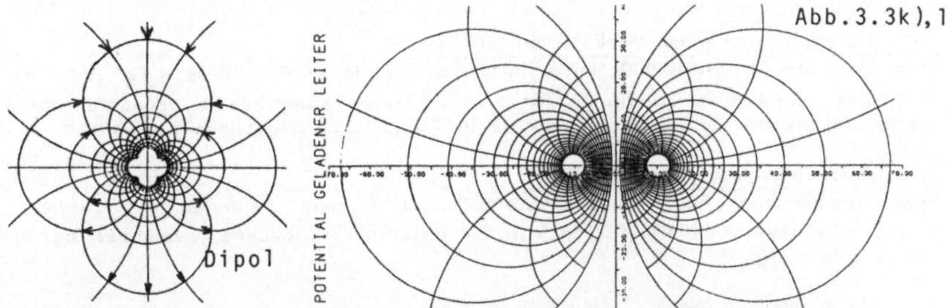

β)   Potential $w = \sqrt{z}$ einer umströmten (bzw. elektrisch geladenen) Platte

Man zeichne die Strom- und Potentiallinien an der Kante $x = 0$ einer umströmten Platte, die die x-y-Ebene in der positiv reelen Achse ($x > 0$) schneidet. Dazu halte man in der Funktion $z = w^2$ den Realteil u der Variablen $w = u + iv$ fest ($u = -4, -3, \dots, +4$) und variiere den Imaginärteil $v > 0$ und umgekehrt und zeichne die erhaltenen Kurven $z(w)$. Die Strömung ist offenbar für große positive x eine Parallelströmung.

Deutet man das Feld elektrostatisch, so trägt die Platte (negative x-Achse) das Potential 0. Der Gegenpol ist offenbar eine Platte bei $x \approx +\infty$, die parallel zur y-Achse verläuft oder eine entsprechend den Potentiallinien gebogene Platte im Endlichen $(x > 0)$.

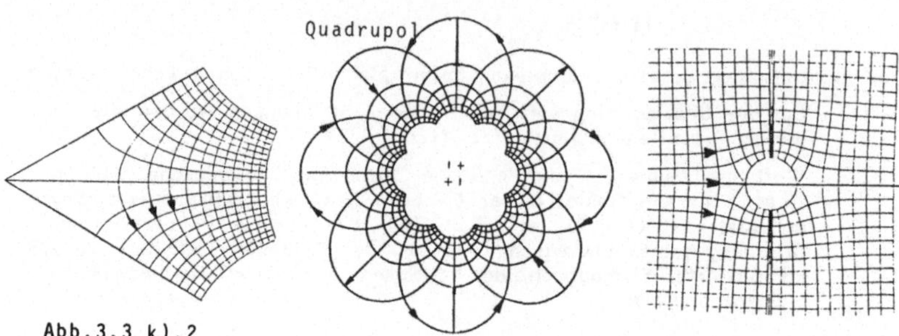

Abb.3.3 k),2

γ) Durchströmen eines rechten Winkels: $w = z^2$

Man zeichne die Strom- und Potentiallinien der Strömung entlang einer rechtwinklig geknickten Platte, die die z-Ebene entlang der x- und y-Achse schneidet. Dazu zeichne man das Urbild des orthogonalen Netzes $u_I = $ const, $v_K = $ const von $w = u + iv$ in der z-Ebene: $z = \sqrt{w}$. Der Nullpunkt der w-Ebene soll der Mittelpunkt des quadratischen u-v-Netzes sein. Bekanntlich wird durch $z = \sqrt{w}$ die volle w-Ebene auf die obere z-Halbebene abgebildet. Beabsichtigt man das Bild in der unteren z-Halbebene zu ergänzen, so ist neben $z(w)$ auch $\bar{z}(w) = \text{CONJG}(z(w))$ zu plotten.

δ) Durchströmen eines Winkels von 60°: $w = z^3$

Man lasse die Strom- und Potentiallinien des komplexen Potentials $w = z^3$ plotten. Sollte der verwendete Compiler für $z = w^{1/3}$ keine komplexe Kubikwurzel zur Verfügung stellen, so verwende man die in Aufg. 1.5 d) gegebenen Formeln.

ε) Feld eines Quadrupols: $w = 1/z^2$

Man zeichne das Feld eines Quadrupols. Nach dem Zeichnen der Kurven $z = w^{-1/2}$ müssen auch die Kurven $\bar{z}$ in der unteren z-Halbebene gezeichnet werden wie in Aufg. γ).

ζ) Strömung um einen Zylinder/Feld eines Zylinders mit diametraler Platte Durch die Joukowsky-Abbildung:

$$w = (z - a^2/z)/2$$

wird die Umströmung eines Zylinders mit dem Radius a und dem Durchtrittspunkt $x = y = 0$ der Achse durch die komplexe z-Ebene dargestellt. Die Strömung erfolgt in negativer x-Richtung. Die Stromlinien erhält man als Urbilder der Linien $v = $ const und die Potentiallinien als Urbilder der Linien $u = $ const, wenn

$w = u + iv$ gesetzt wird. Um $z(u, v)$ plotten zu können benötigt man die Umkehr-abbildung:

$$z = w + \sqrt{w^2 - a^2}$$

Man beschränke das Bild auf den Außenbereich des Zylinders $|z| > a$.
Man wähle $a = 2$ cm und das kartesische u-v-Netz im Bereich $-1.5a \leqq u \leqq 1.5a$, $-1.5a \leqq v \leqq 1.5a$. Die Funktionen der Urbilder $u(x, y) = \text{const} = u_K$ und $v(x, y) = \text{const} = v_i$ kann man auch direkt ausrechnen:

$$u_K = \frac{1}{2} \left(x + \frac{a^2 x}{x^2 + y^2} \right) \qquad\qquad v_i = \frac{1}{2} \left(y - \frac{a^2 y}{x^2 + y^2} \right)$$

und derart plotten, daß man zu u_K sinnvoller Weise ein x vorgibt und y berech-net, und daß man zu v_i umgekehrt zu gegebenem y das x berechnet. Auf diese Weise vermeidet man Mehrdeutigkeiten der Funktion $z(w)$. Dieses Verfahren läßt sich auch bei den letzten drei Aufgaben γ), δ), ϵ) anwenden. Eine Änderung der Strömungsgeschwindigkeit (Liniendichte) erhält man durch Variation von c in der allgemeineren Form

$$w = \frac{c}{2} \left(z + \frac{a^2}{z} \right) \quad \text{bzw.} \quad z = \frac{w}{c} + \sqrt{\left(\frac{w}{c} \right)^2 - a^2} \ .$$

Die erhaltenen Bilder lassen sich auch als Potential- und Kraftlinien eines me-tallischen geladenen Zylinders deuten, der von einer Metallplatte gleichen Poten-tials durchdrungen wird, die sich in Richtung der x-Achse und der Zylinderachse erstreckt.

η)   Quelle und Senke in endlichem Abstand: $w = c \ln(z - a)/(z + a)$
Die Funktion

$$w = c \ln \frac{z - a}{z + a}$$

stellt die Strömung dar, die aus einer Quelle im Punkte -a entspringt und in ei-ner Senke im Punkte +a versinkt. Dabei muß man sich Quelle und Senke unend-lich lang und senkrecht auf der x-y-Ebene vorstellen. Die Punkte a und -a sind die Durchstoßpunkte von Quelle und Senke (bzw. zweier langer Drähte) durch die komplexe z-Ebene. - In der Elektrostatik stellt diese Funktion das Potential zweier paralleler, unendlich langer Drähte dar, die entgegengesetzt gleiche La-dungen tragen.- Die Umkehrabbildung lautet:

$$z = a \frac{1 + e^{w/c}}{1 - e^{w/c}} = a \frac{1 + e^{u/c + iv/c}}{1 - e^{u/c + iv/c}} \ .$$

Wir nehmen an, daß a und c positiv reell sind, d.h., daß Quelle und Senke auf der x-y-Achse liegen. Wegen der Periodizität von $e^{iv/c}$ (siehe Aufg. 1.5 e)) wird der Streifen $-\pi < v/c \leqq +\pi$ auf die gesamte z-Ebene abgebildet. Es genügt daher, v im Bereich $-\pi c < v \leqq +\pi c$ zu variieren mit $\Delta v = \pi c/5$ und u auf den Be-reich: $-1.8c \leqq u \leqq +1.8c$ mit $\Delta u = 0.3$ zu beschränken.

Man vermeide den Nullpunkt $u = v = 0$ und seine Umgebung, da mit diesem Wert von w der Nenner von z verschwindet: $1 - e^0 = 0$.
Man wähle $a = 2$ und $c = 1$.
Die Funktion $w = i c \ln((z - a)/(z + a))$ liefert das gleiche Bild. Jedoch sind Strom- und Äquipotentiallinien vertauscht: in a und -a befinden sich Wirbelzentren mit gegenläufigem Umlaufsinn.

3.3 i)   Joukowskyprofile

Die Abbildung $w = (z + a^2/z)/2$ liefert in der w-Ebene tragflügelartige Kurven, wenn z Kreise durchläuft, die durch den Punkt $z_1 = (a, 0.)$ gehen und den Punkt $z_2 = (-a, 0.)$ umschließen. Die Profile sind spiegelsymmetrisch zur u-Achse der w-Ebene, wenn die Mittelpunkte der z-Kreise auf der x-Achse liegen, etwa in $x_0 < 0$. In diesem Fall ist ihr Radius $r = a - x_0 = a + |x_0|$. Je weiter die Mittelpunkte auf der x-Achse nach -a wandern, um so dicker werden die Profile.
Umgekehrt liefert der Kreis durch z_1 und z_2 mit dem Mittelpunkt $(0, 0.)$ als Bild die Strecke von $(a, 0.)$ nach $(-a, 0.)$ der w-Ebene, d.h. das Profil einer ebenen Platte. Liegen die Mittelpunkte der z-Kreise im 2. Quadranten der z-Ebene $(x_0 \leqq 0, y_0 > 0, r = \sqrt{(a + |x_0|)^2 + y_0^2})$, so sind die Profile in der w-Ebene nach oben gewölbt. Auch hierbei entarten die Profile bei $x_0 = 0$, $y_0 > 0$ zur kreisbogenförmig gewölbten Platte. Die Enden der Profile im Punkte $u = a$ der w-Ebene sind spitz, während echte Tragflügelprofile dort einen endlichen Winkel zwischen Ober- und Unterseite aufweisen.
Man schreibe ein Unterprogramm, das zu vorgegebenem z-Kreismittelpunkt (x_0, y_0) den Radius $r_0 = \sqrt{(a + |x_0|)^2 + y_0^2}$ berechnet, den Kreis: $x = x_0 + r_0 \cos\varphi$, $y = y_0 + r_0 \sin\varphi$ für $0 \leqq \varphi \leqq 2\pi$ durchläuft und die Kurve $w(z)$ mit $z = x + iy$ zeichnet. Die Argumente dieses Unterprogrammes sind x_0, y_0 und a.
Im Hauptprogramm lasse man zwei Bilder erstellen für:

1. Symmetrische Profile: $y_0 = 0$; $x_0 = 0.$, $-0.2a$, $-0.4a$, ..., $-1.4a$

2. Gewölbte Profile: $x_0 = 0.$, $-0.1a$, $-0.2a$, ..., $-0.5a$;

     $y_0 = (a - x_0)/4$.

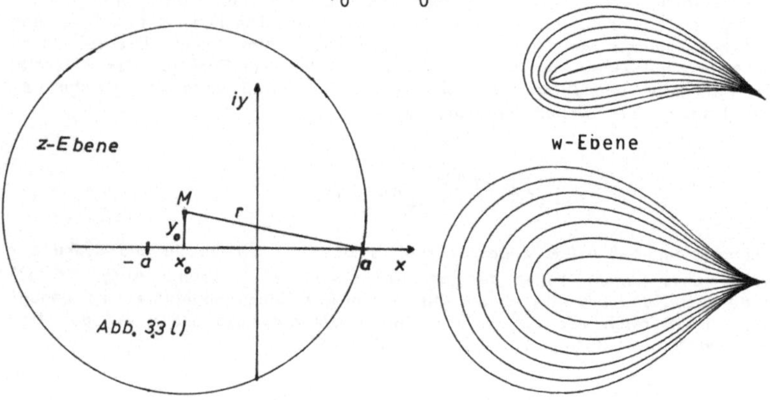

Abb. 3.3 i)

3.3 m)   Schar verallgemeinerter Strophoiden

Wie in Aufgabe 3.2 l) diskutiert wurde, entstehen Strophoiden aus den Schnittpunkten P_1 und P_2 eines Geradenbüschels, dessen Knoten im Scheitelpunkt
(-a, 0.) der Strophoide liegt, mit einem parabolischen Kreisbüschel, dessen
Kreismittelpunkte P_3 auf der y-Achse liegen und dessen gemeinsamer Berührungspunkt der Nullpunkt ist. Wir wählen jetzt die gleiche Geradenschar und
als Ort der Kreismittelpunkte P_3 wiederum die y-Achse, als gemeinsamen Berührungspunkt aller Kreise jedoch einen beliebigen Punkt (x_0, y_0) der Ebene. -
Seine Lage bestimmt die Größe der Kreisradien. - Dann erhalten wir für die
beiden Schnittpunkte P_1 und P_2 der Kreise mit den Geraden die Gleichung
einer "verallgemeinerten Strophoide":

$$y^2(a - x) = (x^2 - x_0^2 - y_0^2)(a + x) + 2yy_0 a \ .$$

Die bekannte Strophoide ist ein Spezialfall dieser Formel mit $x_0 = y_0 = 0$.

Man zeichne drei Scharen dieser "verallgemeinerten Strophoiden" für $a = 2$ in
getrennten Bildern:

  1. Schar: $x_0 = 0$, $y_0 = 0.$, 0.5, 1.0, ..., 5.0

  im Bereich: $-\sqrt{a^2 + y_0^2} \leqq x \leqq +\sqrt{a^2 + y_0^2}$ und $-15 \leqq y \leqq +10$,   ·

  2. Schar: $y_0 = 0$, $x_0 = 0.$, 0.5, 1.0, ..., 6.0

  im Bereich: $-12 \leqq y \leqq +12$ und $-\text{Max}(a, x_0) \leqq x \leqq +\text{Max}(a, x_0)$.

  3. Schar: $x_0 = y_0 = 0.$, 0.5, 1.0, ..., 5.0

  im Bereich: $-(x_0 + y_0 + a) \leqq x \leqq + x_0 + y_0 + a$ und $-12 \leqq y \leqq +12$.

In den Fällen 2 und 3 kommt es vor, daß die "Strophoiden" in zwei Teile zer-
fallen: ein konchoidenähnlicher Teil mit der Geraden x = +a als Assymptote und
eine ellipsenähnliche Kurve, die durch den Punkt (-a, 0.0) geht. Im Sonderfall
$x_0 = +a$, $y_0 = 0$ ist die Gerade x = +a eine Lösung zusammen mit dem Punkt
(-a, 0.), zu dem der ellipsenähnliche Teil degeneriert.
Man zeichne auch die x-Achse und die Gerade x = +a und markiere die Punkte
x_0, y_0 .

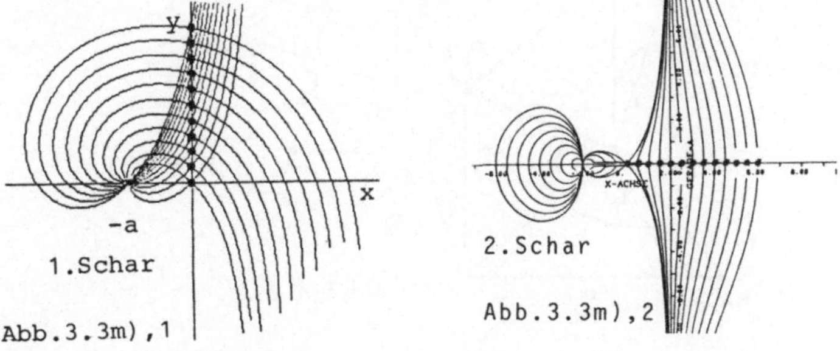

3.4   FLÄCHEN ZWEITEN GRADES

Bevor wir zur Darstellung räumlicher Flächen übergehen, sollen hier einige Bemerkungen über die Art der perspektivischen Darstellung räumlicher Objekte und das Unterdrücken des Zeichnens von Linien gemacht werden, die auf der dem Auge abgewandten Rückseite von Körpern liegen. Diese Linien sind unsichtbar, wenn man sich die Körper undurchsichtig vorstellt.

3.4 a)   Perspektivische Darstellung: Zentralprojektion/Parallelprojektion

Wir denken uns das kartesische x-y-Koordinatensystem raumfest und die darzustellende Fläche $f(x, y, z) = 0$ so verschoben, daß sie in der Nähe des Ursprungs liegt. Das Auge betrachte die Fläche vom Punkt $\mathbf{e} = (e_1, e_2, e_3)$ aus. Man erhält dann ein perspektivisches Bild der Fläche, wenn man im Augenpunkt eine Lichtquelle anbringt, die Fläche durch ein entsprechend gebogenes, drahtförmiges Netz darstellt, und eine Zeichenebene (Projektionsebene) so durch den Ursprung legt, daß der Augenvektor $\mathbf{e}$ senkrecht auf dieser Zeichenebene steht. Die Zeichenebene bewegt sich, wenn sich das Auge bewegt. Diese Darstellung heißt <u>orthogonale Zentralprojektion (Formel (I) unten)</u>, da sie von einem Zentrum, dem Auge aus, durchgeführt wird und der Vektor vom Körperzentrum $(0, 0, 0)$ zum Auge senkrecht auf der Zeichenebene steht.
Die Schatten der Drähte auf der Zeichenebene liefern ein anschauliches Bild der Fläche. Natürlich muß man sich die Flächenpunkte, die "hinter dem Ursprung" liegen, auch auf diese Fläche projiziert denken, indem man sie mit dem Augenpunkt verbindet und den Schnittpunkt dieser Verbindungslinien mit der Zeichenebene als Bildpunkt wählt.
In der Zeichenebene legen wir ein rechtwinkliges ξ, η-Koordinatensystem fest: der Ursprung des ξ, η-Systems fällt mit dem Ursprung des x, y, z-Systems zusammen (siehe Abb. 3.4 a)). Die ξ-Achse ist identisch mit der Schnittgeraden der Zeichenebene mit der x, y-Ebene und verläuft vom Auge aus gesehen nach rechts. Die η-Achse erhält man als Schnitt der Zeichenebene mit der Ebene, die durch die z-Achse und dem Augenvektor $\mathbf{e}$ aufgespannt wird, d.h. die η-Achse stellt den "Schatten der z-Achse" auf der Zeichenebene dar.

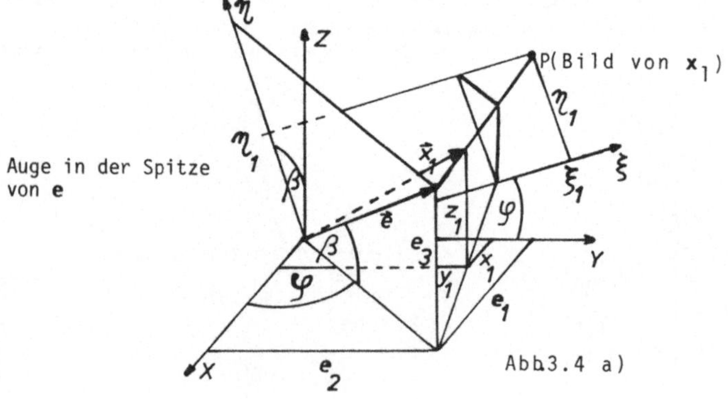

Wir beschränken uns bei der räumlichen Darstellung eines Flächenstücks auf die Punkte (x, y, z), die näher am Ursprung liegen als das Auge: $|\mathbf{e}| > |\mathbf{x}|$. Jeder Raumpunkt (x, y, z) liefert einen Bildpunkt in der Zeichenebene mit den Koordinaten:

$$\xi = \mathbf{e}^2 (e_1 y - e_2 x)/(\sqrt{e_1^2 + e_2^2}\ (\mathbf{e}^2 - \mathbf{e} \cdot \mathbf{x}))$$

$$\eta = \sqrt{\mathbf{e}^2}\ (z\,\mathbf{e}^2 - e_3(\mathbf{e} \cdot \mathbf{x}))/((\sqrt{e_1^2 + e_2^2}\,(\mathbf{e}^2 - \mathbf{e} \cdot \mathbf{x})) \tag{I}$$

mit den Skalarprodukten:

$$\mathbf{e}^2 = e_1^2 + e_2^2 + e_3^2 \quad \text{und} \quad \mathbf{e} \cdot \mathbf{x} = e_1 x + e_2 y + e_3 z \ .$$

Für den Sonderfall, daß das Auge sich in der z-Achse befindet ($e_1 = e_2 = 0$, $e_3 > 0$), fällt die Zeichenebene mit der x,y-Ebene zusammen, und man erhält:

$$\xi = x/(1 - z/e_3) \qquad\qquad \eta = y/(1 - z/e_3) \ . \tag{II}$$

Diese Formeln für die Zentralprojektion gehen über in die Formeln (III) für die Parallelprojektion, wenn sich das Auge in unendlich großem Abstand $|\mathbf{e}| \to \infty$ befindet. Drücken wir den Augenvektor durch räumliche Polarkoordinaten r_0, ϑ_0, φ_0 aus, d.h.

$$\mathbf{e} = r_0\,(\sin\vartheta_0 \cdot \cos\varphi_0,\ \sin\vartheta_0 \cdot \sin\varphi_0,\ \cos\vartheta_0),$$

so erhalten wir für $r_0 \to \infty$ als Zeichenkoordinaten des Raumpunktes (x, y, z):

$$\xi = y \cdot \cos\varphi_0 - x \cdot \sin\varphi_0 \qquad \eta = z \cdot \sin\vartheta_0 - \cos\vartheta_0(x \cdot \cos\varphi_0 + y \cdot \sin\varphi_0). \tag{III}$$

Bei Rotationskörpern, die durch Rotation um die z-Achse entstehen, ist es irrelevant von welcher Seite aus sie betrachtet werden. Wählt man in diesem Fall als Standpunkt des (unendlich fernen) Beobachters die x-z-Ebene, so ist $\varphi_0 = 0$, und man erhält für die Parallelprojektion von Rotationskörpern mit Oberflächen $r = f(z)$:

$$\xi = y, \qquad \eta = z \sin\vartheta_0 - x \cos\vartheta_0 \ . \tag{IV}$$

Diese Körper lassen sich auch von einem im Endlichen liegenden Punkt $(e_1, 0, e_3)$ betrachten. Für diesen Fall erhält man als Zentralprojektion von Rotationskörpern nach Formel (I):

$$\xi = y/(1 - q), \qquad\qquad \eta = \sqrt{1 + (e_3/e_1)^2}\ (z - e_3 q)/(1 - q) \tag{V}$$

mit
$$q = (e_1 x + e_3 z)/(e_1^2 + e_3^2) \ .$$

Bei der Darstellung einer Fläche per Computer sollte man in diesen Formeln alle Ausdrücke, die nur vom Augenvektor abhängen (z.B. $\mathbf{e}^2$ oder $\cos\varphi_0$), nur einmal berechnen lassen.
Man läßt den Punkt (x, y, z) auf einem Netz in der darzustellenden Raumfläche bzw. Körperfläche "entlang laufen", berechnet für jeden Wert von (x, y, z) die Koordinaten ξ, η und zeichnet die ξ, η –Kurvenschar:

```
CALL POLT (XI,ETA,2)
```

Ein Musterprogramm ist im Abschnitt 3.4 c) gegeben.

3.4 b)   Problem der verdeckten Linien

Die im letzten Abschnitt dargestellte Methode der perspektivischen Projektion
der Raumpunkte (x, y, z) einer Fläche auf die Zeichenebene ξ, η liefert ein
sogenanntes Drahtmodell der Fläche, d.h. die Fläche erscheint im Bild transparent: Man erkennt die Vorder- und Rückseiten des von der Fläche begrenzten
Körpers. Dies wirkt für den Betrachter oft verwirrend. Das Bild wird anschau-
licher, wenn man nur die Vorderseite der Körper zeichnen läßt und das Zeichnen der Rückseiten (der "Hidden lines") unterdrückt. Die Unterscheidung, was
Vorder- und was Rückseite ist, hängt von der Position des Auges ab. Sie ist
leicht durchzuführen für "einfache" Körper wie Kugel, Ellipsoid oder Zylinder.
Hat der Körper dagegen mehrere Vorderseiten, die vom Auge aus gesehen hin-
tereinanderliegen und sich teilweise verdecken, so kann man zwar einen Teil
der Linien durch das Unterdrücken des Zeichnens der Rückseiten entfernen, es
werden aber einige weiter hinten liegende Vorderseiten durch die dem Auge
näherliegenden Vorderseiten "durchscheinen", so daß das anschauliche Bild wieder gestört ist: Man erhält ein "Stirnmodell", im Englischen auch "front model" genannt. Programme, die dieses Durchscheinen verschiedener Vorderseiten
unterdrücken und somit das "wahre Bild" einer Anordnung von Körpern zeigen
("volume model" oder "solid model") sind aufwendig und werden normalerweise
nicht in Programmierkursen erstellt.
Wir definieren eine Vorderseite folgendmaßen: Ein Punkt (x, y, z) liegt auf der
Vorderseite, wenn die auf ihm errichtete Flächennorm $\mathbf{n}(x, y, z)$ zum Auge
zeigt, d.h. mit dem Vektor $\mathbf{e} - \mathbf{x}$ vom Punkt $\mathbf{x}$ zum Auge einen Winkel bildet,
der im Bereich $-\pi/2 \leq \varphi \leq +\pi/2$ liegt.
In diesem Fall ist $\cos\varphi \geq 0$. Man berechnet $\cos\varphi$ aus dem Skalarprodukt:

$$\cos\varphi = \mathbf{n} \cdot (\mathbf{e} - \mathbf{x}) / (\,|\mathbf{n}|\,\,|\mathbf{e} - \mathbf{x}|\,)\ .$$

Da der Nenner positiv ist, genügt die Abfrage des Vorzeichens des Skalarproduktes:

$$\mathbf{n} \cdot (\mathbf{e} - \mathbf{x}) \gtreqless 0\ ? \tag{I}$$

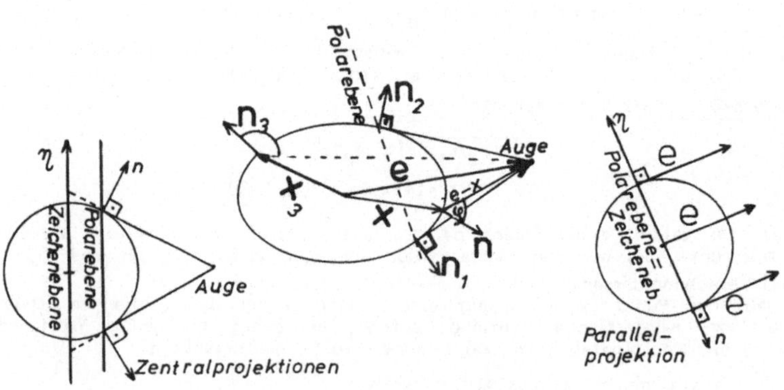

Abb. 3.4 b)

Auf der Randkurve zwischen sichtbarer Vorderseite und unsichtbarer Rückseite steht die Normale senkrecht auf dem Vektor $\mathbf{e} - \mathbf{x}$ vom Punkt zum Auge, d.h. $\varphi = \pm\pi/2$ und $\cos\varphi = 0$. Das Auge befindet sich in der Tangentialebene dieser Randpunkte, und es gilt daher für die Punkte der Kontur bei einer Zentralprojektion:

$$\mathbf{n} \cdot (\mathbf{e} - \mathbf{x}) = 0 \ . \tag{II}$$

Diese Formel zur Bestimmung des Randes ist falsch für den Fall, daß das Auge sich im Unendlichen befindet (Parallelprojektion), denn dann sind alle Vektoren $\mathbf{e} - \mathbf{x}$ zu $\mathbf{e}$ parallel. Das heißt, bei der Parallelprojektion stehen die Normalen der Randpunkte senkrecht auf der Projektionsrichtung $\mathbf{e}$:

$$\mathbf{n} \cdot \mathbf{e} = 0 \ . \tag{III}$$

Ist die Körperfläche im Raum gegeben durch eine Gleichung der Form

$$f(x, y, z) = 0 \ , \tag{IV}$$

so läßt sich die Normale analytisch (oder numerisch) berechnen:

$$\mathbf{n}(x, y, z) = \left(\frac{\partial f}{\partial x}, \frac{\partial f}{\partial y}, \frac{\partial f}{\partial z}\right) \ . \tag{V}$$

Die Flächen lassen sich oft auch in Parameterdarstellung angeben:

$$\mathbf{x} = (x(u,v), y(u,v), z(u,v)) \ .$$

In diesem Fall erhält man den Normalvektor als Vektorprodukt:

$$\mathbf{n}(x,y,z) = \frac{\partial \mathbf{x}}{\partial u} \times \frac{\partial \mathbf{x}}{\partial v} = (y_u z_v - y_v z_u, \ z_u x_v - x_u z_v, \ x_u z_v - y_u x_v) \tag{VI}$$

mit

$$\frac{\partial \mathbf{x}}{\partial u} = \left(\frac{\partial x}{\partial u}, \frac{\partial y}{\partial u}, \frac{\partial z}{\partial u}\right) \quad \text{und} \quad \frac{\partial \mathbf{x}}{\partial v} = \left(\frac{\partial x}{\partial v}, \frac{\partial y}{\partial v}, \frac{\partial z}{\partial v}\right) \ ,$$

sofern $\mathbf{n} \neq (0, 0, 0)$ ist.

Ein zusätzliches Problem kann dadurch entstehen, daß eine Oberfläche an der Vorderseite Löcher hat, durch die man auf die Innenwand der Rückseite sehen kann. Dies soll hier nicht behandelt werden.

Die Gleichung (II) stellt eine Fläche im Raum dar. Da die Randpunkte der Fläche zusätzlich die Flächengleichung (IV) $f(x,y,z) = 0$ erfüllen, repräsentieren beide Gleichungen zusammen eine Raumkurve. Häufig läßt sich eine der drei Koordinaten x, y, z frei wählen, während man die beiden restlichen Koordinaten aus den Gleichungen (II) und (IV) erhält. Wünschenswert ist immer die funktionale Darstellung $\eta(\xi)$ des Bildes der Kontur in der Zeichenebene. - So liefert zum Beispiel der sichtbare Rand einer Kugel sowohl in orthogonaler Zentral- als auch in Parallelprojektion als Bild $\eta(\xi)$ einen Kreis. - Doch nicht immer läßt sich die Funktion $\eta(\xi)$ explizit angeben. Wir werden dieses Problem bei den einzelnen Aufgaben jeweils neu diskutieren.

Besteht die Körperoberfläche aus ebenen Flächen wie bei konvexen Polyedern, so erübrigt es sich, die Normale zu berechnen, denn man kann an der Ebenengleichung erkennen, ob die Ebene sichtbar ist oder nicht.

Besonders einfach darzustellen sind die Konturen der Flächen 2. Grades ([13],
S. 462). Wenn die Symmetrieachsen der Flächen parallel zu den Koordinatenachsen verlaufen, entfallen die Mischterme xy, yz, xz, und es gilt:

$$ax^2 + by^2 + cz^2 + 2a_1 x + 2b_1 y + 2c_1 z + d = 0 \quad . \tag{VII}$$

In dieser Form der Gleichung sind enthalten: Kegel, Ebenen, Zylinder, Hyper-
boloide, Paraboloide und Ellipsoide. Beispielsweise ist:

$$x^2 + y^2 + z^2 - 25 = 0$$

eine Kugel mit dem Mittelpunkt (0, 0, 0) und dem Radius $R = 5$. Im Normalfall denken wir uns x und y vorgegeben und z nach (VII) berechnet. Als Normale erhalten wir nach (IV) und (VII):

$$\mathbf{n} = (ax + a_1, \ by + b_1, \ cz + c_1) \quad . \tag{VIII}$$

Mit dieser **x**-abhängigen Normale läßt sich (VII) neu formulieren:

$$\mathbf{n} \cdot \mathbf{x} + a_1 x + b_1 y + c_1 z + d = 0 \quad . \tag{IX}$$

Andererseits gilt nach (II) für die Konturen $\mathbf{n} \cdot \mathbf{e} = \mathbf{n} \cdot \mathbf{x}$. Da die Randpunkte
auch auf der Fläche (IX) liegen, erhalten wir die Gleichung der <u>Polarebene</u>
der Fläche 2. Grades bei Zentralprojektionen:

$$\mathbf{n} \cdot \mathbf{e} + a_1 x + b_1 y + c_1 z + d = 0 \ , \qquad \text{d.h.}$$

$$x(e_1 a + a_1) + y(e_2 b + b_1) + z(e_3 c + c_1) + e_1 a_1 + e_2 b_1 + e_3 c_1 + d = 0 \quad . \tag{X}$$

Alle Randpunkte (Konturpunkte) von Flächen zweiten Grades liegen bei einer
Zentralprojektion also in der Polarebene (X).

Im Spezialfall der Parallelprojektion ist nach (III) $\mathbf{n} \cdot \mathbf{e} = 0$. Setzen wir hier
den Normalvektor (VIII) ein, so liegen <u>bei der Parallelprojektion</u> alle Konturpunkte einer Fläche 2. Grades in der Polarebene:

$$xae_1 + ybe_2 + zce_3 + (e_1 a_1 + e_2 b_1 + e_3 c_1) = 0 \quad . \tag{XI}$$

Mit den Formeln (X) bzw. (XI) läßt sich die Abfrage (I) vereinfachen. Bezeichnen wir die linke Seite von (X) mit h(x, y, z), so besagt (X), daß in der Ebene der dem Auge gerade noch sichtbaren Randpunkte gilt: $h(x, y, z) = 0$. Für
alle übrigen Raumpunkte ist: $h(x, y, z) \neq 0$. Auf einer Seite dieser Ebene ist
überall $h(x, y, z) > 0$ und auf der anderen Seite gilt $h(x, y, z) < 0$. Der Nullpunkt, der im Körper liegen soll und das Auge liegen auf verschiedenen Seiten
der Ebene. Für den Nullpunkt gilt nach (X):

$$h(0, 0, 0) = e_1 a_1 + e_2 b_1 + e_3 c_1 + d = q \quad .$$

Wir bezeichnen diesen Wert mit q. Die dem Auge unsichtbaren Punkte der Fläche 2. Grades haben h(x,y,z)-Werte mit dem gleichen Vorzeichen wie q, die
sichtbaren Punkte haben zu q verschiedenes Vorzeichen ihres h(x,y,z)-Wertes.
Anstatt für jeden Punkt (VIII) und (I) zu berechnen, kann man die Punkte zeichnen, wenn

$$\text{sign}(h(x,y,z)) = -\text{sign}(q) \tag{XII}$$

ist. Nach (X) gilt: $h(x, y, z) = \mathbf{x} \cdot \mathbf{j} + q$ mit $\mathbf{j} = (e_1 a + a_1, e_2 b + b_1, e_3 c + c_1)$ für Zentralprojektionen von Flächen 2. Grades.

Bei Parallelprojektionen gilt nach (XI) entsprechend:

$$q = e_1 a_1 + e_2 b_1 + e_3 c_1 \quad \text{und} \quad \mathbf{j} = (ae_1,\ be_2,\ ce_3) \quad . \tag{XIII}$$

Die Größe q ist also nur einmal zu berechnen, während das Skalarprodukt $\mathbf{x} \cdot \mathbf{j}$ für jeden Oberflächenpunkt neu auszuwerten ist.

In Abb. 3.4 b), B sind die beiden Ebenen (X) und (XI) am Beispiel einer Kugel gezeigt. Im linken Teil der Abbildung befindet sich das Auge im endlichen Abstand vor der Kugel. Für die Kugel $x^2 + y^2 + z^2 - R^2 = 0$ liefert die Gleichung (X) als Ebene der Randpunkte: $h = xe_1 + ye_2 + ze_3 - R^2 = 0, \quad \text{d.h.} \quad \mathbf{x} \cdot \mathbf{e} = R^2 \quad .$

Mit $q = -R^2 < 0$ sind nach (XIII) die Punkte $\mathbf{x} \cdot \mathbf{e} \gtreqless R^2$ sichtbar.
Dies besagt, daß die Projektion von $\mathbf{e}$ auf den Einheitsvektor $\mathbf{x}/R$ in Richtung des Radius die Länge R hat. Im rechten Teil der Abbildung 3.4 b) befindet sich das Auge im Unendlichen. Bei einer solchen Parallelprojektion liefert die Gleichung (XI): $xe_1 + ye_2 + ze_3 = 0$, d.h. die Ebene geht durch den Nullpunkt und steht senkrecht auf dem Vektor $\mathbf{e}$. Sie ist also identisch mit der Zeichenebene.

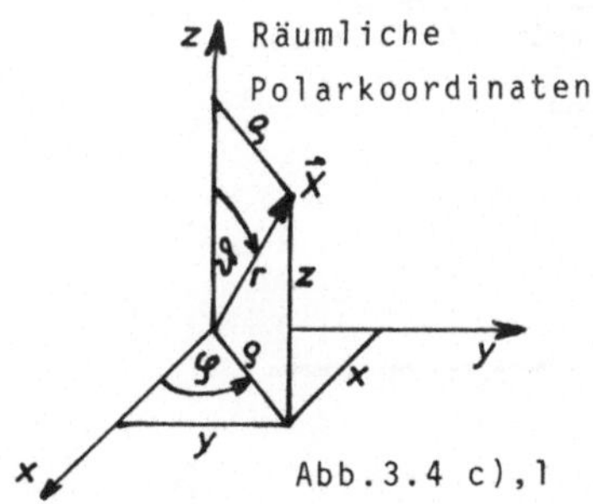

Abb.3.4 c),1

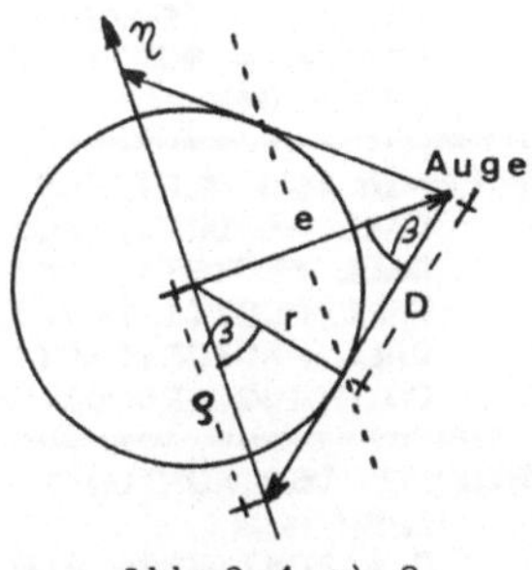

Abb.3.4 c),2

3.4 c)   Musterprogramm: Bild einer Kugel

Als Beispiel für die in 3.4 a) und b) angegebenen Verfahren soll eine Kugel dargestellt werden. Als Kurvennetz in der Kugeloberfläche wählen wir die Längen- und Breitenkreise. Es ist zweckmäßig, räumliche Polarkoordinaten einzuführen.
Auf den Breitenkreisen ist der Winkel ϑ konstant (Nordpol: $\vartheta = 0$, Äquator: $\vartheta = \pi/2$, Südpol: $\vartheta = \pi$) und φ variiert: $0 \leqq \varphi \leqq 2\pi$. Umgekehrt ist auf den Längskreisen φ konstant und ϑ variiert: $0 \leqq \vartheta \leqq \pi$. Nach Abbildung 3.4 c), 1 erhält man als kartesische Koordinaten aus den Polarkoordinaten r, ϑ , φ :

$$\begin{aligned}
x &= r \cdot \sin\vartheta \cdot \cos\varphi \\
y &= r \cdot \sin\vartheta \cdot \sin\varphi \\
z &= r \cdot \cos\vartheta \quad .
\end{aligned} \tag{I}$$

```fortran
C	PROGRAMM 3. 4 C) ZUM ZEICHNEN EINER KUGEL
	COMMON E(3), CO(0: 360), SI(0: 360), IPEN, R, RSQ, ESQ,
     1			XIFACT, ETAFAC
	DATA R, E, FACT/4. 0, 80. , 5. , 70. , 0. 3/
	WRITE(5, *) 'BITTE R, E1, E2, E3, FACT'
	READ(5, *) R, E, FACT
	WRITE(5, *)	'MIT KONTUR: 1, OHNE KONTUR: 2 ??'
	READ(5, *) KONTUR
	WRITE(5, *)	'R, E1, E2, E3, FACT==', R, E, FACT
	WRITE(6, *)	'R, E1, E2, E3, FACT==', R, E, FACT
C=============================================================
C	EINMALIGES BERECHNEN DER SIN- UND COS-WERTE
	DO 1 L=0, 360
	X = L*3. 1416/180.
	SI(L) = SIN(X)
1	CO(L) = COS(X)
C=============================================================
C	BERECHNEN DER KONSTANTEN DER ZENTRALPROJEKTION
C		IN GLEICHUNG 3. 4 A), (I)
	ESQ = E(1)**2 + E(2)**2 + E(3)**2
	XIFACT = ESQ/SQRT( E(1)**2 + E(2)**2)
	ETAFAC = SQRT( ESQ/( E(1)**2 + E(2)**2))
	RSQ = R*R
C=============================================================
C	EROEFNEN DES PLOTTERS
	CALL NEWDEV(, 'KUGEL. VEC', 9)
	CALL PLOTST(, 'CM', 1)
	CALL PLOT(1. 8*R, 1. 8*R, -3)
	CALL FACTOR(FACT)
	GOTO(1000, 2000), KONTUR
C=============================================================
C	ZEICHNEN DER KONTUR
1000	IPEN = 3
	D = SQRT(ESQ- RSQ)
	BETA = ATAN( R/D )
	RHO = 1. /SQRT( 1. /RSQ - 1. /ESQ )
	DO 4 L = 0, 360
	XI = RHO*CO(L)
	ETA = RHO*SI(L)
	CALL PLOT(XI, ETA, IPEN)
4	IPEN = 2
C=============================================================
C	ZEICHNEN DER Breitenkreise MIT THETA = CONST.
2000	DO 2 KTHETA = 15, 165, 15
	IPEN = 3
	DO 2 KPHI = 0, 360, 2
	CALL BILD( KTHETA, KPHI )
2	IPEN = 2
C=============================================================
```

```
C    ZEICHNEN DER LAENGENKREISE MIT PHI = CONST
          DO 3 KPHI = 0, 345, 15
          IPEN = 3
          DO 3 KTHETA = 8, 172, 2
          CALL BILD( KTHETA, KPHI )
3         IPEN = 2
C==================================================================
C    AUSGABE DER ZEICHNUNG UND FREIGABE DES PLOTTERS
          CALL PLOTND
          END
C==================================================================
C    SUBROUTINE ZUM ZEICHNEN DER KUGELVORDERSEITE
          SUBROUTINE BILD( KTHETA, KPHI )
          COMMON E(3), CO(0:360), SI(0:360), IPEN, R, RQ, ESQ,
     1              XIFACT, ETAFAC
          X = R*SI(KTHETA)*CO(KPHI)
          Y = R*SI(KTHETA)*SI(KPHI)
          Z = R*CO(KTHETA)
          EX = E(1)*X + E(2)*Y + E(3)*Z
C==================================================================
C    FEDER ABHEBEN , FALLS  PUNKT UNSICHTBAR
          IF( EX. LT. RSQ ) IPEN = 3
C    ZENTRALPROJEKTION LAUT GL.  3. 4 A), (I)
          XI = XIFACT*(E(1)*Y - E(2)*X)/(ESQ-EX)
          ETA= ETAFAC*( Z*ESQ - E(3)*EX)/(ESQ-EX)
          CALL PLOT(XI, ETA, IPEN)
          RETURN
          END
```

Abb. 3.4 c), 3

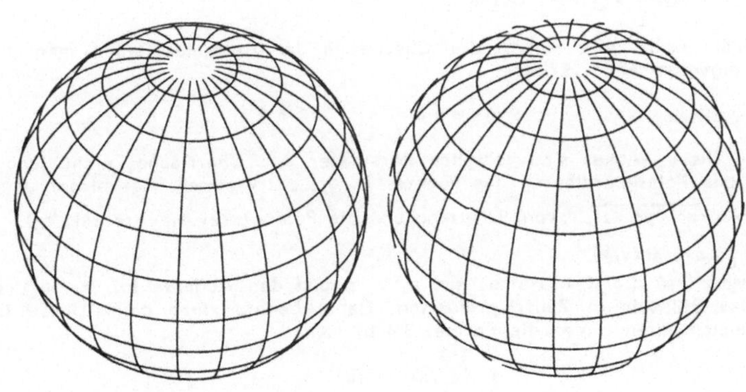

Wir vermeiden das Zusammenlaufen aller Längenkreise am Nord- und Südpol und eine mögliche Bildung eines Kleckses, indem wir ϑ von 3° bis 177° variieren. Als Normalvektor wählen wir den Radius $\mathbf{r}$. Die Punkte $\mathbf{x} = \mathbf{r}$ der Oberfläche sind sichtbar, solange $\mathbf{n} \cdot (\mathbf{e} - \mathbf{r}) \geqq 0$, d.h. $\mathbf{r} \cdot (\mathbf{e} - \mathbf{r}) \geqq 0$ ist.
Mit $\mathbf{r} \cdot \mathbf{r} = r^2$ lautet die Abfrage: $\mathbf{r} \cdot \mathbf{e} \geqq r^2$? Der Startpunkt eines jeden Kreises ist mit abgehobenen Zeichenstiften anzufahren ($l = 3$). Der Rand erscheint zerfranst, wenn wir nicht auch noch den Hüllkreis zeichnen. Nach Abbildung 3.4 c), 2 gilt:

$$D = \sqrt{\mathbf{e}^2 - r^2} = \sqrt{e_1^2 + e_2^2 + e_3^2 - r^2}, \quad \tan\beta = r/D = \rho / |\mathbf{e}| \quad .$$

$$\rho = 1/\sqrt{1/r^2 - 1/(e_1^2 + e_2^2 + e_3^2)} \quad .$$

Das Bild des Konturkreises ist ein Kreis mit dem Radius ρ in der ξ - η -Zeichenebene, den wir als $\xi = \rho \cos\Psi$, $\eta = \rho \sin\Psi$ zeichnen lassen. Dies ist ein Beispiel dafür , daß sich die Randkurve $\eta(\xi)$ explizit angeben läßt: $\xi^2 + \eta^2 = \rho^2$. Im Programm wurde zu Demonstrationszwecken bewußt mit der allgemeinen Formel (I) von Abschnitt 3.4 a) gearbeitet und von der Tatsache kein Gebrauch gemacht, daß die Kugel ein Rotationskörper ist.

3.4 d)   Ellipsoid

Die Formeln 3.4 c) (I) lassen sich leicht abgewandelt zur Darstellung eines Ellipsoids benutzen:

$$x = a \, \sin\vartheta \, \cos\varphi$$

$$y = b \, \sin\vartheta \, \sin\varphi$$

$$z = c \, \cos\vartheta$$

denn offenbar erfüllt ein solcher Punkt (x, y, z) die Gleichung des Ellipsoids:

$$(x/a)^2 + (y/b)^2 + (z/c)^2 = 1 \quad . \tag{I}$$

Man erhält alle Punkte der Oberfläche des Ellipsoids, wenn man die Winkel folgendermaßen variiert:

$$0 \leqq \varphi \leqq 2\pi, \qquad 0 \leqq \vartheta \leqq \pi \quad .$$

- Diese Winkel sind lediglich Parameter der Oberfläche, <u>nicht</u> jedoch räumliche Polarkoordinaten des Punktes (x, y, z). Vielmehr hat dieser den Abstand $r_0 = \sqrt{x^2 + y^2 + z^2}$ vom Ursprung und die Polarwinkel $\vartheta_0 = \arccos(z/r_0)$, $\varphi_0 = \arctan(y/x)$. -
Man lese die drei Halbachsen a, b, c und den Augenvektor $\mathbf{e}$ ein und zeichne das Ellipsoid in Zentralprojektion. Dabei benutze man beim Unterdrücken der unsichtbaren Linien die Formel 3.4 b) (XII):

$$\mathbf{j} = (e_1/a^2, \ e_2/b^2, \ e_3/c^2), \qquad q = -1 \quad .$$

Natürlich läßt sich die Kontur zeichnen, indem man die z-Koordinate vorgibt, und die Unbekannten x, y ermittelt aus der Gleichung der Polarebene und der Gleichung (I) des Ellipsoids, denn die Kontur ist die Schnittkurve dieser beiden Flächen. Dieses Verfahren kann man bei der Zentralprojektion und der Parallelprojektion anwenden. Wir geben zusätzlich die analytische Form der Bildellipse bei Parallelprojektionen an. Die Winkel der Beobachtungsrichtung e sind: θ, φ . Bei den Abkürzungen:

$$q = c^2 \sin^2\theta + \cos^2\theta \, (a^2 \cos^2\varphi + b^2 \sin^2\varphi)$$

$$r = a^2 \sin^2\varphi + b^2 \cos^2\varphi$$

$$t = (b^2 - a^2) \cos\theta \sin(2\varphi)/2$$

$$s = a^2 b^2 \cos^2\theta + r c^2 \sin^2\theta$$

$$\beta = 0.5 \, \arctan(2t/(q - r))$$

$$a' = \sqrt{s/(q \cos^2\beta + r \sin^2\beta + t \sin(2\beta))}$$

$$b' = \sqrt{s/(q \sin^2\beta + r \cos^2\beta - t \sin(2\beta))}$$

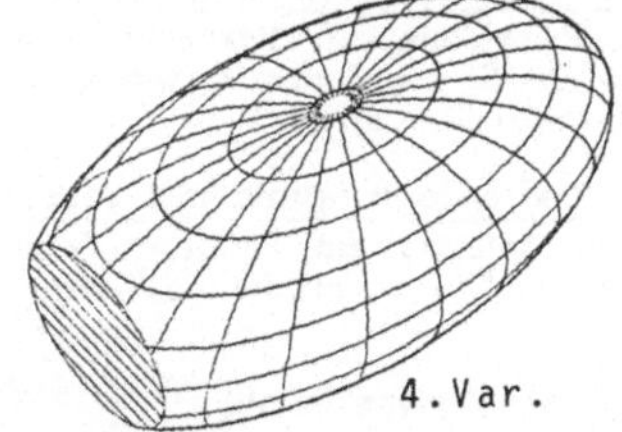

ist β der Winkel, um den die Konturellipse in der ξ -η -Ebene gedreht ist. Man zeichnet sie in Parameterdarstellung ($0 \leqq \Psi \leqq 2\pi$):

$$\xi = a' \cos\beta \, \cos\Psi - b' \sin\beta \, \sin\Psi$$

$$\eta = a' \sin\beta \, \cos\Psi + b' \cos\beta \, \sin\Psi \quad .$$

Die nachfolgenden Bilder zeigen ein Ellipsoid mit und ohne Konturellipse.

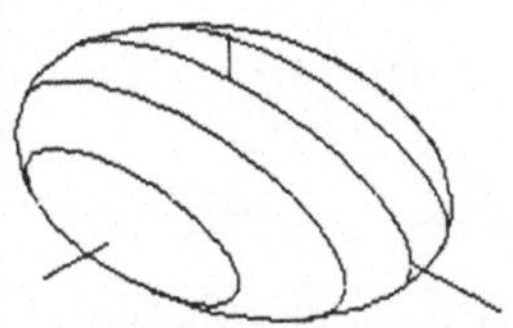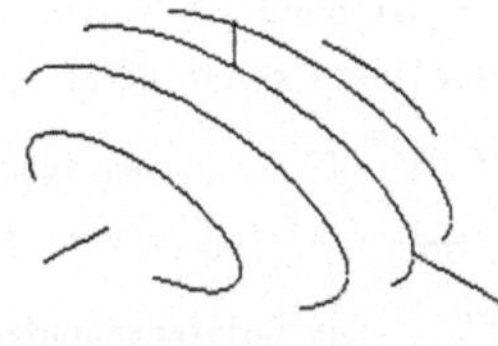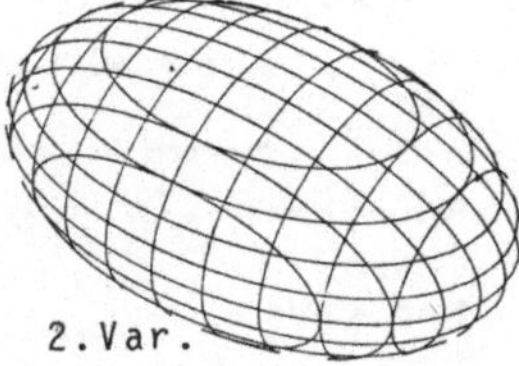

Abb. 3.4 d)

1. Variante: Ellipsoid in Parameterdarstellung

Man zeichne das Ellipsoid in Parallelprojektion und benutze Formel 3.4 b) (XIII): q = 0 bei gleichem j.

2. Variante: Ellipsoid dargestellt durch Ellipsenscharen

Schneidet eine Ebene ein Ellipsoid, so erhält man als Schnittkurve eine Ellipse. Man zeichne ein Ellipsoid durch Darstellung der drei Ellipsenscharen, die entstehen, wenn man das Ellipsoid senkrecht zur x,- y- oder z-Achse schneidet. Legt man beispielsweise einen Schnitt senkrecht zur x-Achse bei x = u mit -a < u < +a, so erhält man die Ellipse:

$$(y/b)^2 + (z/c)^2 = 1 - (u/a)^2 \equiv v^2 \quad ,$$

d.h.

$$(y/b')^2 + (z/c')^2 = 1$$

mit den Halbachsen $b' = b \cdot v$, $c' = c \cdot v$. Die Ellipsen kann man durchlaufen, indem man y vorgibt im Bereich $-b' \leqq y \leqq +b'$ und z berechnet mit positiven (bzw. negativen) Wurzelvorzeichen. Ähnlich verfährt man mit den anderen Ellipsenscharen.
Es ist sinnvoll, das Zeichnen einer Schar als Unterprogramm zu formulieren, das jeweils mit vertauschten Achsen gerufen wird.

3. Variante: Rotationsellipsoid
Man zeichne ein diskusförmiges Ellipsoid mit zwei gleichen, großen Halbachsen ($a = b = 5$, $c = 2$) und verwende die Formeln zur Parallelprojektion von Rotationskörpern: 3.4 a) (IV).

4. Variante: Ellipsoid mit abgeschnittener Polkappe
Man zeichne ein Ellipsoid (wie in der 2. Variante) mit abgeschnittener Polkappe. Die Schnittfläche werde schraffiert.

3.4 e)   Hyperboloid

Man stelle das einschalige elliptische Hyperboloid:
$$(x/a)^2 + (y/b)^2 - (z/c)^2 = 1 \tag{I}$$

dar durch Ellipsen, die man bei den Schnitten senkrecht zur z-Achse in der Höhe $z = u$ erhält:
$$(x/a)^2 + (y/b)^2 = 1 + u^2/c^2, \text{ d.h. } (x/a')^2 + (y/b')2 = 1$$
mit
$$a' = a \sqrt{1 + u^2/c^2}, \quad b' = b \sqrt{1 + u^2/c^2}$$

und durch Hyperbeln, die man erhält, wenn man die x-z-Ebene um die z-Achse dreht und mit dem Hyperboloid schneidet:
$$y = mx, \; x^2(1/a^2 + m^2/b^2) = 1 + z^2/c^2 \;, \text{ d.h. } (x/A)^2 - (z/c)^2 = 1$$
mit
$$m = \tan 0°, \tan 15°, \tan 30°, \ldots\ldots, \tan 165° .$$

Hier liefert jeder Wert von $z_{min} \leqq z \leqq z_{max}$ einen x-Wert und somit auch den y-Wert.
Man wähle $\Delta z = (z_{max} - z_{min})/20$. Die Polarebenengleichung lautet (3.4 b) (X)):
$$xe_1/a^2 + ye_2/b^2 - ze_3/c^2 - 1 = 0 . \tag{II}$$

Für den Nullpunkt und alle Punkte auf seiner Seite der Polarebene gilt dann:
$$xe_1/a^2 + ye_2/b^2 - ze_3/c^2 < 1 .$$

Es sind also alle Punkte zu zeichnen, für die dieser Wert $\geqq 1$ ist. Die Kontur ist gegeben als Schnitt der Polarebene mit dem Hyperboloid (I).
Man gibt z vor, berechnet $y(x)$ aus der Polarebene und setzt beides in (I) ein. Dies liefert eine quadratische Gleichung für x, mit den Lösungen x_1 und x_2 für den rechten und linken Rand.

1. Variante: Zweischaliges Hyperboloid dargestellt durch Ellipsen und Hyperbeln
Man zeichne ebenso die untere Schale ($z < 0$) des zweischaligen Hyperboloids:
$$(x/a)^2 + (y/b)^2 - (z/c)^2 = 1 . \tag{III}$$

2. Variante: Einschaliges Hyperboloid in Parameterdarstellung

Man zeichne das einschalige Hyperboloid durch Darstellung der $s = $ const- und $t = $ const-Kurven in:

$$x = a \cdot \cosh t \cdot \cos s, \quad y = b \cdot \cosh t \cdot \sin s, \quad z = c \cdot \sinh t \ .$$

Offenbar handelt es sich hier um ein Hyperboloid, denn mit der Formel $\cosh^2 t - \sinh^2 t = 1$ erhalten wir:

$$(x/a)^2 + (y/b)^2 - (z/c)^2 = 1 \ .$$

Jeder Schnitt mit konstantem t, d.h. konstantem z liefert eine Ellipse:

$$x = a' \cos s, \quad y = b' \sin s \ .$$

Bei Vorgabe von minimalen und maximalen z-Werten $(z_1 < 0, \ z_2 > 0)$ läßt sich das t-Intervall berechnen:

$$t = \operatorname{arsinh}(z/c) = \ln(z/c + \sqrt{z^2/c^2 + 1}) \ .$$

Der Parameter s variiert im Bereich $0 \leqq s \leqq 2\pi$. Sämtliche Ränder werden ebenfalls gezeichnet.

3. Variante: Zweischaliges Hyperboloid in Parameterdarstellung

Man zeichne die untere Schale eines zweischaligen Hyperboloids entsprechend der Parameterdarstellung

$$x = a \tan(t) \cos(s), \quad y = b \tan(t) \sin(s), \quad z = -c/\cos(t)$$

als Netz aus $t = $ const- und $s = $ const-Scharen. Man erhält das Maximum der unteren Schale für $t_1 = 0$ als $z_1 = -c$, $x = y = 0$. Der tiefste, vorgesehene z-Wert (z_2) liefert den zugehörigen t-Wert: $t_2 = \arccos(-c/z_2)$. Da $z_2 < -c$ ist, fällt t_2 in das Intervall $0 < t_2 < \pi/2$. Wenn sich das Auge unterhalb der Schale befindet $(e_3 < z_2)$, werde die ellipsenförmige Unterseite $(z_2 = $ const) schraffiert. Man zeichne auch die Ränder.

4. Variante:
Hyperboloid in der Darstellung durch Geradenscharen

Läßt man eine Gerade, die parallel zur x-Achse verläuft, um die z-Achse kreisen, so erhält man einen Zylinder. Ist die Gerade jedoch windschief zur z-Achse, so erhält man ein einschaliges Hyperboloid. Stellt man sich vor, daß diese windschiefe Gerade zunächst parallel zur z-Achse war und sie dadurch windschief wurde, daß man sie nach rechts um den Winkel ε gekippt hat, so erkennt man, daß es eine zugehörige 2. Gerade gibt, die man erhält, wenn man die parallele Gerade nach links kippt. Läßt man die nach links gekippte Gerade ebenfalls kreisen, so erhält man das gleiche Hyperboloid (I). Die Parameterdarstellung der beiden Geradenscharen lautet:

$$x = a(\cos\varphi + t \sin\varphi), \quad y = b(\sin\varphi - t \cos\varphi), \quad z = \pm ct \ .$$

Für jeden Wert von t im Bereich $-\infty < t < +\infty$ erhält man einen Punkt des Hyperboloids. Die beiden Geradenscharen gehen durch Spiegelung an der x-y-Ebene $(z \rightarrow -z)$ ineinander über. Gibt man ein maximales $z = z_1$ vor und wählt man als Minimum $z_2 = -z_1$, so erhalten wir als oberen und unteren Rand x-y-Ellipsen, die von beiden Geradenscharen geschnitten werden. Beide Ränder sind in ihrem sichtbaren Bereich zu zeichnen. Alle Punkte vor der Polarebene (II) sind sichtbar. Da die Projektion der Geraden auf die Zeichenebene wieder Geraden liefert, genügt es, die Bildpunkte (ξ_1, η_1) und (ξ_2, η_2) der Raumpunkte $P_1 = (x_1(t_1), y_1(t_1), z_1)$ und $P_2 = (x_2(-t_1), y_2(-t_1), -z_1)$ miteinander zu verbinden, falls beide Punkte sichtbar sind. Dabei ist bei der ersten Schar $t_1 = z_1/c$. Sind P_1 und P_2 unsichtbar, so wird das Bild der Strecke P_1P_2 nicht gezeichnet. Es kommt vor, daß einer der beiden Punkte sichtbar ist und der andere nicht. In diesem Fall wird die Polarebene (II) von der Strecke P_1P_2 durchstoßen. Man erhält als t-Wert des Durchstoßpunktes:

$$ t = (1 - \frac{e_1}{a} \cos\varphi - \frac{e_2}{b} \sin\varphi)/(\frac{e_1}{a} \sin\varphi - \frac{e_2}{b} \cos\varphi \mp \frac{e_3}{c}) \quad . $$

Der sichtbare der beiden Punkte P_1 und P_2 ist mit dem zu diesem t-Wert gehörenden Punkt $\mathbf{x}(t)$ zu verbinden.
Man zeichne die Geraden für

$$ \varphi = \pi/20, \; 2\pi/20, \; 3\pi/20, \; \ldots, \; 40\pi/20 = 2\pi \quad . $$

Man lasse die Geradenschar in einem Unterprogramm zeichnen, das für jede Geradenschar einmal aufgerufen wird. Die rechte und linke Randkurve soll als Kurve aller Durchstoßpunkte gezeichnet werden, für die z-Werte im Bereich $z_2 \leqq z \leqq z_1$ liegen oder als Bild der Schnittkurve Polarebene (II) mit dem Hyperboloid. – In Schmehausen/Westfalen wurde ein Kraftwerkskühlturm als einschaliges Hyperboloid gebaut. Die windschiefen Geraden vom oberen zum unteren Kreis ($a = b$) haben etwa die Länge von 100 m .–

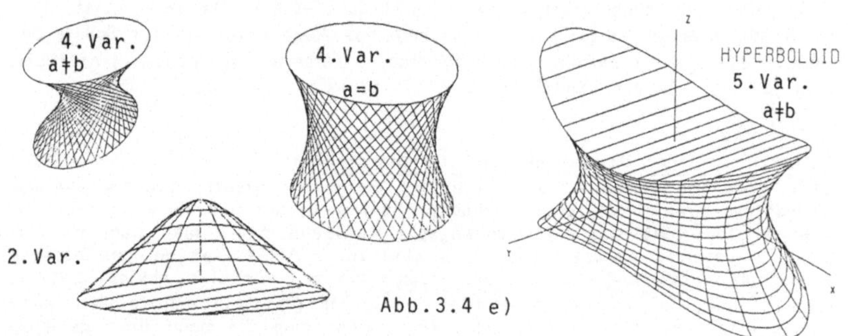

5. Variante:

Hyperboloid mit einem Netz aus Polarkoordinaten

Führt man in Gleichung (I) räumliche Polarkoordinaten ein wie in Aufgabe 3.4 c):

$$ x = r\sin\theta \cos\varphi, \quad y = r\sin\theta \sin\varphi, \quad z = r\cos\theta, $$

so läßt sich (I) nach r auflösen:

$$ \frac{1}{r^2} = (\frac{\sin\theta \cos\varphi}{a})^2 + (\frac{\sin\theta \sin\varphi}{b})^2 - (\frac{\cos\theta}{c})^2 \qquad (IV) $$

d.h. zu gegebenen Winkeln θ, φ läßt sich r berechnen. Damit sind die kartesischen Koordinaten x, y, z bekannt, und man kann die Kurven $\theta = $ const (Schnittkurven der Kegel um die z-Achse mit dem elliptischen Hyperboloid) und $\varphi = $ const (Hyperboloid aus Schnittkurven der Ebenen, die die z-Achse enthalten) perspektivisch darstellen. Dabei ist es sinnvoll, die θ_i so zu wählen, daß die z_i bei $\varphi = 0$ äquidistant sind:

$$-z_1, \ -0.9z_1, \ -0.8z_1, \ \ldots\ldots, \ +0.9z_1, \ +z_1 > 0 \ (z_1 \text{ sei vorgegeben}).$$

Für diese 21 z_i-Werte erhält man aus (IV):

$$r_i = a \ \sqrt{1 + z_i^2/a^2 + z_i^2/c^2}$$

und schließlich $\theta_i = \arccos(z_i/r_i)$. Während dieser θ-Wert festgehalten wird, läuft φ von 0 bis 2π in Schritten von $\pi/60$. Umgekehrt läuft bei gegebenem $\varphi = \pi/15, \ 2\pi/15, \ 3\pi/15, \ \ldots\ldots, \ 30\pi/15$ θ von θ_1 nach θ_{21} in Schritten von $(\theta_{21} - \theta_1)/60$.
Man schraffiere den "Deckel", falls $e_3 > z_1$ ist. Auch folgende Strecken sind zu zeichnen: von (a, 0, 0) nach (2a, 0, 0) und von (0, b, 0) nach (0, 2b, 0). Zur Erhöhung der Anschaulichkeit zeichne man auch die rechte und linke Kontur.

3.4 f) Paraboloid

Bei jeder Variante sollen nur die dem Auge sichtbaren Teile des Paraboloids einschließlich ihrer Ränder gezeichnet werden.

1. Variante: Paraboloid dargestellt durch Ellipsen und Parabeln
Man zeichne ein elliptisches Paraboloid

$$(x/a)^2 + (y/b)^2 = z/c \ .$$

Die Schnitte parallel zur x-y-Ebene ($z = $ const $= z_0$) liefern die Ellipsen mit den Halbachsen $a' = a \ \sqrt{z_0/c}$ und $b' = b \ \sqrt{z_0/c}$, die sich am besten in der Parameterdarstellung $x = a' \ \cos\varphi$, $y = b' \ \sin\varphi$, $z = z_0$ darstellen lassen, während die Ebenen $y = mx$, die die z-Achse enthalten, als Schnittkurven Parabeln liefern:

$$z/c = x^2(1/a^2 + m^2/b^2) \quad \text{bzw.} \quad z/c = y^2(1/b^2 + 1/(ma)^2) \ .$$

Man lese $a > 0$, $b > 0$, $c > 0$ und $z_1 < 0$ ein und zeichne das Paraboloid durch Darstellung der Ellipsen und Parabeln im Bereich $0 \geqq z \geqq z_1$. Es ist sinnvoll, bei der Darstellung der Parabeln nicht m als Parameter zu wählen, sondern den Drehwinkel φ der $y = mx$-Ebene um die z-Achse:

$$x = r \cos\varphi, \quad y = r \sin\varphi, \quad z = c((x/a)^2 + (y/b)^2) \ .$$

Für festes φ im Bereich $0 \leqq \varphi \leqq 2\pi$ läuft r im Intervall

$$0.2 \leqq r \leqq \sqrt{(z_1/c)/(\cos^2\varphi/a^2 + \sin^2\varphi/b^2)} \ .$$

2. Variante:

__Hyperbolisches Paraboloid dargestellt durch Parabelscharen__

Man zeichne ein hyperbolisches Paraboloid

$$x^2/a^2 - y^2/b^2 = z/c \ .$$

Hier liefern die Schnitte senkrecht zur x-Achse $(x = x_0)$ nach unten offene Parabeln $z = c(-y^2/b^2 + x_0^2/a^2)$, während in den Ebenen senkrecht zur y-Achse $(y = y_0)$ die Parabeln nach oben offen sind.

Man schneide das Paraboloid bei $z = z_1 < 0$ und bei $x = \pm x_1$ $(x_1 > 0)$ ab. Dann liegen die Sattelhöcker (Maxima) bei $x = \pm x_1$ und $y = 0$. Sie haben eine Höhe von $z_2 = cx_1^2/a^2$. Bei x_1 werden die größten y-Werte erreicht:

$$y_1 = \pm b \, (x_1^2/a^2 - z_1/c)^{1/2} \ .$$

Man stelle das Paraboloid als Netz aus den nach oben und unten offenen Parabeln dar.

3. Variante:

__Hyperbolisches Paraboloid dargestellt durch Hyperbeln und Parabeln__

Man zeichne das hyperbolische Paraboloid der 2. Variante durch Plotten der nach unten offenen Parabeln und der Hyperbel, die durch die Schnitte $z = \text{const} = z_0 > z_1$ entstehen:

$$x^2/a'^2 - y^2/b'^2 = 1 \quad \text{mit} \quad a' = a \, \sqrt{z_0/c}, \ b' = b \, \sqrt{z_0/c} \ .$$

Für $z_0 > 0$ verlaufen die Achsen dieser Hyperbeln parallel zur x-Achse, und sie liegen in der x-z-Ebene, während für $z_1 < z_0 < 0$ die Hyperbel $y^2/b''^2 - x^2/a''^2 = 1$ die Halbachsen $a'' = a \, \sqrt{-z_0/c}$ und $b'' = b \, \sqrt{-z_0/c}$ hat. Ihre Achse verläuft parallel zur y-Achse in der unteren y-z-Ebene. Im Grenzfall $z_0 = 0$ entartet die Hyperbel zum Geradenpaar $x/a = \pm y/b$. Die erste Hyperbelschar läßt sich am leichtesten in Parameterdarstellung programmieren:

$$x = \pm a'/\cos t, \quad y = \pm b'\tan t, \quad z = z_0 > 0 \ .$$

Hier liefert $t = 0$ die Scheitelpunkte auf der x-Achse und $x = x_1$ den maximalen t-Wert. Für $z_0 \leqq 0$ verfahre man entsprechend.

4. Variante:

__Gleichseitiges Hyperbolisches Paraboloid__

Die Eigenschaften eines hyperbolischen Paraboloids, dessen Hyperbeln zwei gleiche Achsen $(a = b)$ haben, lassen sich leicht studieren an der Form $z = qxy$. Die Hyperbeln $y = z_0/(qx)$ der horizontalen Schnitte $z = z_0$ haben gleiche Halbachsen $a = b = \sqrt{2z_0/q}$. Ihre Assymptoten sind parallel zu den Koordinatenachsen x und y. Nehmen wir an, daß $q > 0$ ist, dann liefert $z_0 > 0$ eine Hyperbel mit Ästen im 1. und 3. Quadranten und $z_0 < 0$ eine Hyperbel im 2. und 4. Quadranten. Schneidet man die Fläche $z = qxy$ senkrecht zur x- oder y-Achse, so erhält man als Schnittkurven Geraden: $x = x_0$ liefert die Geradenschar $z = qx_0 y$ und $y = y_0$ liefert $z = qy_0 x$. Man kann auch die Schnittebenen $y = mx + n$ wählen, die senkrecht auf der x-y-Ebene stehen. Sie liefern als Schnittkurven $z = qmx^2 + qnx$ Parabeln, die nach oben $(m > 0)$ oder unten $(m < 0)$ offen sind.

Man stelle dieses Netz aus Geradenscharen perspektivisch dar und unterdrücke das Zeichnen der Flächenrückseite. Dazu können wir die Formeln 3.4 b) VII bis XI nicht anwenden, da in Formel VII der Mischterm xy nicht auftrat. Sie lassen sich leicht neu berechnen, da $\mathbf{n} = \mathbf{grad}(z - qxy) = (-qy, -qx, 1)$ ist. Damit sind bei der Zentralprojektion $(\mathbf{n} \cdot (\mathbf{e} - \mathbf{x}) \geq 0)$ die Punkte

$$z \geqq q(e_2 x + e_1 y) - e_3$$

sichtbar. – Das Gleichheitszeichen entspricht der Polarebene und liefert die Kontur. – Ebenso liefert eine Parallelprojektion $(\mathbf{n} \cdot \mathbf{e} \geqq 0)$ sichtbare Punkte im Bereich $e_3 \geqq q(e_2 x + e_1 y)$. Diese Polarebene steht für jede Lage des Augenvektors senkrecht auf der x-y-Ebene, da die Koordinate z nicht auftritt. Beschränkt man die Flächendarstellung auf einen quadratischen Bereich $-d \leqq x, y \leqq +d$, und schneidet man die Spitzen der Flächen ab: $-z_0 \leqq z \leqq +z_0$ mit $z_0 < qd^2$, so erhält man die Hyperbeln $\pm z_0 = qxy$ als oberen bzw. unteren Flächenrand. Die Geradenscharen des Netzes enden dann zum Teil auf dem Rand des quadratischen Bereiches (wenn $x_0 < z_0/(qd)$ oder $y_0 < z_0/(qd)$), zum Teil auf den Hyperbeln bei $\pm z_0$ oder auf der Polarebene.

5. Variante:

Hyperbolisches Paraboloid dargestellt durch Geradenscharen

Ein hyperbolisches Paraboloid läßt sich als Regelfläche darstellen durch zwei Scharen von Geraden:

$$x = a(s + t), \quad y = b(s - t), \quad z = 4cst,$$

denn offenbar ist die Gleichung $x^2/a^2 - y^2/b^2 = z/c$ erfüllt. Für jeden Punkt x, y kann man den s- und t-Wert leicht angeben:

$$2s = x/a + y/b, \quad 2t = y/b - x/a .$$

Mit s und t liegt auch der z-Wert fest. Lösen wir diese Gleichungen nach y auf, so erhalten wir für die orthogonalen Projektionen der Raumgeraden auf die x-y-Ebene: $y = -bx/a + 2bs$ und $y = bx/a + 2bt$.
Die Projektionen der Geraden $s = const$ haben in dieser Ebene die Steigungen $-b/a$, d.h. sie sind parallel. Entsprechendes gilt für die Projektionen der t-Geraden mit der Steigung $+b/a$. Im Prinzip sind diese Geraden unendlich lang. Es entsteht also die Frage, bis zu welchem Rand wir das Paraboloid darstellen wollen. Man kann sich auf einen Zylinder $x^2 + y^2 \leqq r^2$ beschränken oder vier Schnittebenen bei $x = \pm q$, $y = \pm q$ legen. Dann wären jeweils die Schnittpunkte der s- oder der t-Geraden mit diesen Außenflächen zu berechnen. Wir fordern, daß bei gegebenem s der t-Wert so gewählt wird, daß $(x/a)^2 + (y/b)^2 = r^2$ ist. Setzen wir hierin die Parameterdarstellung von x und y ein, so erhalten wir $t_{1,2} = \pm\sqrt{r^2/2 - s^2}$ für die Endpunkte der Geraden.
Man lese a, b, c und r ein und variiere s im Bereich $-r/\sqrt{2} < s < +r/\sqrt{2}$. Zu jedem s-Wert berechnet man t_1 und t_2 und die zugehörigen Punkte $P_1 = (x_1, y_1, z_1)$ und $P_2 = (x_2, y_2, z_2)$. Liegen beide Punkte vor der Polarebene, so werden sie miteinander verbunden. Ist nur ein Punkt sichtbar, so wird der Schnittpunkt P_3 der Geraden durch P_1 und P_2:

$$\frac{x - x_1}{x_2 - x_1} = \frac{y - y_1}{y_2 - y_1} = \frac{z - z_1}{z_2 - z_1}$$

für den Fall einer Zentralprojektion

mit der Polarebene $xe_1/a^2 - ye_2/b^2 - z/(2c) = e_3/(2c)$ berechnet und P_3 mit dem
sichtbaren Punkt verbunden. Hierbei sind also drei lineare Gleichungen mit
drei Unbekannten (x_3, y_3, z_3) zu lösen.
Bei den $t=$const-Geraden geht man in gleicher Weise vor. Für gegebenes t
aus dem Bereich: $-r/\sqrt{2} < t < +r/\sqrt{2}$ wird berechnet: $s_{1,2} = \pm\sqrt{r^2/2 - t^2}$. Damit
liegen die Endpunkte der t-geraden fest.
Die Randkurve dieses Paraboloids ist gegeben als Schnitt der Polarebene mit
dem Paraboloid und als Schnitt des ellipstischen Zylinders

$$x = a'\cos\varphi, \quad y = b'\sin\varphi \text{ mit } 0 \leqq \varphi \leqq 2\pi, \quad a' = ar, \quad b' = br$$

mit dem Paraboloid. Die Punkte dieser letzten Schnittkurve sind auf Sichtbarkeit abzufragen. Die Paraboloidgleichung liefert ihre z-Komponente.
Man erhält einen körperhaften Eindruck, wenn die Mantellinien des elliptischen Zylinders von der letzten Schnittkurve bis zur Ebene $z = -cr^2$ gezeichnet
werden, einschließlich der unten liegenden Ellipse.

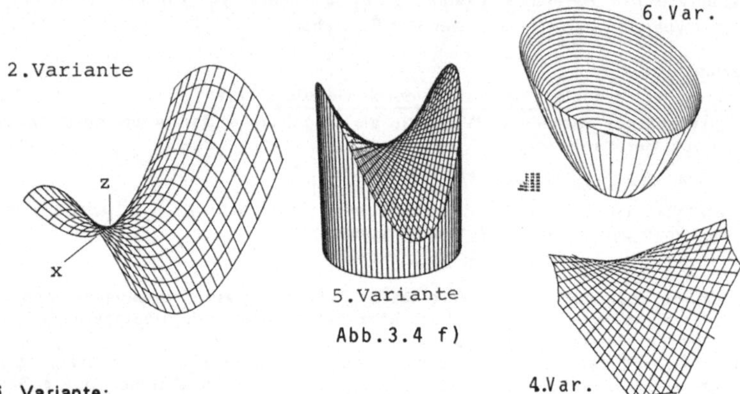

6. Variante:
Offenes elliptisches Paraboloid

Man zeichne ein elliptisches Paraboloid wie in der 1. Variante, jedoch soll
die Innenwand, sofern sie sichtbar ist, durch die Ellipsen $z_K =$ const und die
Außenwand durch die Parabeln in den Schnittebenen $y = mx$ dargestellt werden.
Wir nehmen an, daß der obere ellipsenförmige Rand $(x/a)^2 + (y/b)^2 = z_1/c$
sichtbar ist, d.h., daß der Augenpunkt hoch genug liegt: $e_3 > z_1 > 0$. Durch den
oberen Rand schaut das Auge auf die Innenwand des Ellipsoids und sieht dort
Teile der Ellipsen $(x/a)^2 + (y/b)^2 = z_K/c$ mit $0 < z_K < z_1$. Von diesen Ellipsen
sind nur die Bildteile sichtbar, die innerhalb des Bildes der Randellipse verlaufen. Alle Ellipsen haben als ξ, η-Bilder wieder Ellipsen. Man zeichnet also
die Bilder der z_K-Ellipsen, sofern sie innerhalb des Bildes der z_1-Randellipse
verlaufen.
Zum Berechnen der Bilder wählen wir die Parallelprojektion (3.4 a) (III)):

$$\xi = -x\sin\varphi_0 + y\cos\varphi_0$$
$$\eta' \equiv (z_K\sin\theta_0 - \eta)/\cos\theta_0 = x\cos\varphi_0 + y\sin\varphi_0 \quad .$$

Dieses System läßt sich nach x und y auflösen:

$$x = -\xi \sin\varphi_0 + \eta' \cos\varphi_0, \qquad y = \xi \cos\varphi_0 + \eta' \sin\varphi_0$$

Setzen wir diese Ausdrücke in die Formeln der x-y-Ellipsen ein, so erhalten wir die Formeln der ξ-η-Ellipsen. Man kann den sichtbaren Teil der Innenwand also zeichnen. Bei den Parabeln der Außenwand verfahre man wie in der 1. Variante.

3.4 g)   Kegel

Die Gleichung $(x/a_1)^2 + (y/a_2)^2 = (z/a_3)^2$ beschreibt Doppelkegel, die die z-Achse als Kegelachse haben und deren Spitze im Ursprung des Koordinatensystems liegt. Die Schnitte $z = \text{const} = z_1$ liefern Ellipsen $(x/a_1')^2 + y/a_2')^2 = 1$ mit den Halbachsen $a_i' = a_1 |z_1| /a_3$. Es ist nicht schwer, ein Drahtmodell dieses Doppelkegels zu zeichnen: für gegebenes $z_1 > 0$ variiert man z im Bereich $-z_1 \leqq z \leqq +z_1$ und zeichnet die Ellipsen $x = a_1' \cos t$, $y = a_2' \sin t$ für $0 \leqq t \leqq 2\pi$. Die Mantellinien erhält man durch Verbinden der Punkte (x_1, y_1, z_1) der oberen Ellipse mit den Punkten $(-x_1, -y_1, -z_1)$ der unteren Ellipse, d.h. durch Verbinden von ξ_1, η_1 mit $-\xi_1$, $-\eta_1$ im Falle einer Parallelprojektion.

1. Variante:

Massiver Doppelkegel

Man zeichne einen "massiven" Doppelkegel, indem man $e_3 > z_1$ wählt und in der oberen Ellipse mit $z = z_1$ die Radien von $(0, 0, z_1)$ nach (x_1, y_1, z_1) einträgt mit $\Delta\varphi = 9°$.
Zum Unterdrücken der unsichtbaren Teile des Mantels benötigen wir den Normalenvektor $\mathbf{n} = (x/a_1^2, y/a_2^2, -z/a_3^2)$. Damit lautet die Kegelgleichung $\mathbf{n} \cdot \mathbf{x} = 0$ und die Gleichung der Polarebene $\mathbf{n} \cdot (\mathbf{e} - \mathbf{x}) = \mathbf{n} \cdot \mathbf{e} - \mathbf{n} \cdot \mathbf{x} = 0$ ist hier für den Fall der Zentralprojektion identisch mit dem Fall der Parallelprojektion. Die Vektoren $\mathbf{x}$ liegen im Kegelmantel. Der Normalvektor kann entlang einer Mantellinie konstant gewählt werden, denn mit $\mathbf{n} \cdot \mathbf{x} = 0$ ist auch $\mathbf{n} \cdot g\mathbf{x} = 0$. Die Polarebene $\mathbf{n} \cdot \mathbf{e} = 0$ enthält den Nullpunkt und schneidet den Kegel in vier Mantellinien. Die Grenze zwischen den sichtbaren und unsichtbaren Bereichen sind also die Geraden. Man kann die zugehörigen vier Grenzwinkel $\varphi_1, \varphi_2, \varphi_3, \varphi_4$ als Polarkoordinaten im Raum folgendermaßen berechnen.
Wir wählen $z = \pm a_3$ und stellen die obere $(z = +a_3)$ und die untere $(z = -a_3)$ Ellipse in Parameterform dar: $x = a_1 \cos t$, $y = a_2 \sin t$. Mit der Einführung neuer Variabler: $e_i' = e_i/a_i$ erhält man als Lösung der beiden Gleichungen $\mathbf{n} \cdot \mathbf{x} = 0$ und $\mathbf{n} \cdot \mathbf{e} = 0$

$$t = \arctan(Q/\sqrt{1 - Q^2})$$

mit

$$Q = \sin t = (\pm e_1' e_3' \pm e_1' \sqrt{e_1'^2 + e_2'^2 - e_3'^2})/(e_1'^2 + e_2'^2) \ .$$

Die Wurzel ist reel, wenn das Auge im Außenraum des Kegelmantels liegt.Für positives Vorzeichen im ersten Term $(+e_1' e_3')$ erhält man die beiden Grenzwinkel der $z = +a_3$ Ellipse und umgekehrt.

Diese Parameter t_i liefern auch die Polarwinkel der vier Randmantellinien:

$$d_i = \arctan(y_i/x_i) = \arctan(\tan(t_i) \cdot a_2/a_3) \ .$$

Die Mantellinien werden für

$$z = z_1 > 0, \quad x = (z_1 a_1/a_3) \cos t, \quad y = (z_1 a_2/a_3) \sin t$$

gezeichnet im Bereich $t_1 \leqq t \leqq t_2$ und für $z_1 < 0$ im Bereich $t_3 \leqq t \leqq t_4$ jeweils mit $\Delta t = 5°$, indem man den zugehörigen $\xi\,\eta$-Punkt mit dem Nullpunkt der ξ,η-Ebene verbindet.

Die Ellipsen in den Höhen z_K mit $-z_1 \leqq z_K \leqq +z_1$ zeichnet man in den gleichen Winkelbereichen jedoch mit den Halbachsen $a_1' = z_K a_1/a_3$ und $a_2' = z_K a_2/a_3$.

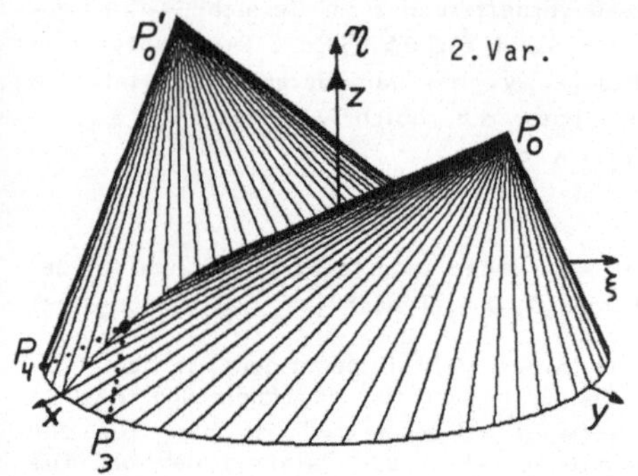

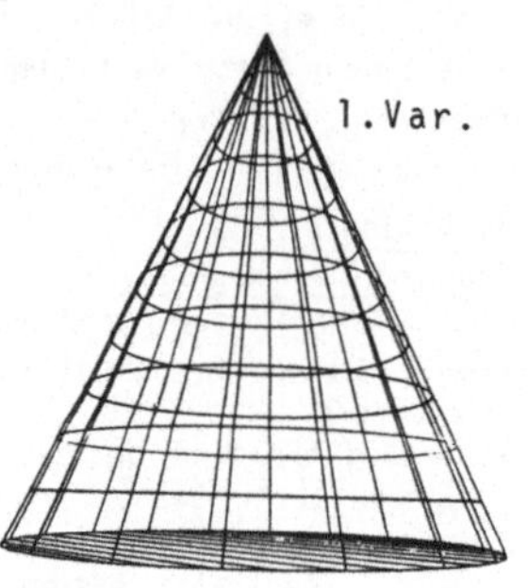

Abb.3.4 g)

2. Variante:
Zwei Kegel über einem gemeinsamen Grundkreis

Man zeichne zwei Kegel über einem gemeinsamen Grundkreis in der Ebene $z_1 = 0$: $x_1^2 + y_1^2 = r^2$. Ihre Spitzen in den Punkten $P_0 = (0, y_0, z_0) = \mathbf{x}_0$ und $P_0' = (0, -y_0, z_0) = \mathbf{x}_0'$ liegen spiegelsymmetrisch zur x-z-Ebene. Die Mantellinien sind Geraden von den Kreispunkten P_1 zu den Spitzen P_0 und P_0': $\mathbf{x} = \mathbf{x}_1 + g \cdot (\mathbf{x}_0 - \mathbf{x}_1)$. Eliminiert man den Parameter g, so erhält man als Kegelgleichungen:

$$x^2 + (y - y_0 \cdot z/z_0)^2 = r^2 (1 - z/z_0)^2 \ .$$

Bei positivem y_0 liegt die Spitze in P_0, für $y_0 < 0$ liegt die Spitze in P_0' . Nach Gleichung 3.4 b) (V) läßt sich hieraus die Normale berechnen

$$\mathbf{n}_0 = (x, y - y_0 z/z_0, r^2(1 - z/z_0)/z_0 + (y_0 z/z_0 - y) y_0/z_0) \ . \tag{I}$$

Die Mantellinien sind in voller Länge sichtbar, wenn ihr unterer Endpunkt $(z = 0)$ sichtbar ist. Dort vereinfachen sich die Normalvektoren zu:

$$\mathbf{n}_0 = (x, y, (r^2 - y y_0)/z_0) \ .$$

Man durchlaufe den Grundkreis: $x_1 = r\cos\varphi$, $y_1 = r\sin\varphi$ für $0 \leqq \varphi \leqq 2\pi$ und verbindet den x_1-y_1-Punkt des Halbkreises $y_1 \geqq 0$ mit P_0, falls $\mathbf{n}_0$ mit $y_0 > 0$ zum Auge zeigt und den x_1-y_1-Punkt des Halbkreises $y_1 \leqq 0$ mit P_0' falls $\mathbf{n}_0$ mit $y_0 < 0$ zum Auge zeigt. Dann fehlen noch die Mantellinien vom ersten Halbkreis nach P_0' und vom zweiten Halbkreis nach P_0 . Diese verlaufen teilweise im jeweils anderen Kegel, da sich die Kegel gegenseitig durchdringen. Die Schnittkurve ist eine Ellipse in der x-z-Ebene. Wir erhalten diese Ellipsenpunkte als Durchstoßpunkte $\mathbf{x}_2$ der Mantellinien $\mathbf{x}_2 = \mathbf{x}_1 + g(\mathbf{x}_0 - \mathbf{x}_1)$ mit $0 \leqq g \leqq 1$ durch die x-z-Ebene $(y = 0)$, d.h. wir bestimmen g an der Forderung $y_2 = 0 = y_1 + g(y_0 - y_1)$. Damit ist:

$$\mathbf{x}_2 = (-xy_0/(y - y_0), \ 0, \ yz_0/(y - y_0)) \ .$$

Wir durchlaufen zum Zeichnen der restlichen Mantellinien nochmals den Halbkreis $y \geqq 0$, d.h. den Bereich $0 \leqq \varphi \leqq \pi$ und berechnen x_1, y_1, x_2, z_2 . Ist nun der Punkt $P_3 = (x_1, +y_1, 0)$ im Kegel P_0' (Normale $\mathbf{n}_0$ mit $y_0 < 0$) sichtbar, und ist der Punkt $P_4 = (x_1, -y_1, 0)$ im Kegel P_0 (Normale $\mathbf{n}_0$ mit $y_0 > 0$) sichtbar, so wird der beiden Mantellinien gemeinsame Durchstoßpunkt $\mathbf{x}_2$ mit P_0' und P_0 verbunden. Dabei merke man sich die Zeichenkoordinaten ξ_2, η_2 . Sobald einer der beiden Punkte P_3 oder P_4 - wir nehmen an es sei P_4 - nicht mehr sichtbar ist, wird seine Mantellinie nicht mehr gezeichnet. Die Zeichenkoordinaten ξ_2, η_2 werden festgehalten: ξ_2', η_2' und für die restlichen noch sichtbaren Punkte P_3 wird der Schnittpunkt der Bildgeraden von $\mathbf{x}_2$ nach P_0' (d.h. ξ_2, $\eta_2 \to \xi_0'$, η_0') mit der Bildgeraden ξ_2', $\eta_2' \to \xi_0$, η_0 des letzten P_4-Punktes berechnet und dieser Schnittpunkt ξ_5, η_5 mit ξ_0', η_0' verbunden. Entsprechend gehe man vor, wenn P_3 als erster Punkt nicht mehr sichtbar ist.
Horizontale Schnitte liefern in jedem Kegel einen Kreis. Die Mittelpunkte der Kreise in der Höhe $z_r = gz_0$ liegen auf der Geraden vom Nullpunkt zu den Spitzen P_0 bzw. P_0', d.h. die Kreismittelpunkte liegen in der y-z-Ebene $(x_m = 0)$. Ihre Radien nehmen zu den Spitzen $(g = 1)$ hin ab: $r_m = r(1 - g)$. Die y-Koordinaten der beiden Kreismittelpunkte sind: $y_m = \pm gy_0$.
Man zeichne die Kreise sinnvollerweise in der Darstellung:

$$x = r_m \cos\varphi , \quad y = y_m + r_m \sin\varphi , \quad z = z_m .$$

Man zeichne die Kreise jeweils nur in den Halbräumen $y \geqq 0$ (für $y_m > 0$) und $y \leqq 0$ (für $y_m < 0$), denn die Kreisabschnitte, die in den anderen Halbraum hineinragen, verlaufen innerhalb des anderen Kegels und sind unsichtbar.

3.4 h)   Zylinder

1. Variante:
Beleuchteter Zylinder

Man zeichne einen elliptischen Zylinder mit den Halbachsen a und b und der Höhe h, der senkrecht auf der x-y-Ebene steht:

$$(x/a)^2 + (y/b)^2 = 1 \quad \text{bzw.} \quad r^2 = b^2/(1 - e^2 \cos^2\varphi) \quad \text{mit} \quad e = \sqrt{1 - b^2/a^2} \ .$$

Als Normale auf den Zylindermantel erhält man nach 3.4 b) (V)

$$\mathbf{n} = (x/a^2, y/b^2, 0) .$$

Wählt man eine Parallelprojektion, so enthält die Polarebene $\mathbf{n} \cdot \mathbf{e} = 0 = xe_1/a^2 + ye_2/b^2$ den Nullpunkt und die z-Achse. Bei einer Beobachtung aus der Richtung $\mathbf{e} = (\sin\theta_0 \cos\varphi_0, \sin\theta_0 \sin\varphi_0, \cos\theta_0)$ liefert die letzte Gleichung den sichtbaren Bereich des Zylinders:

$$\bar{\varphi} < \varphi < \bar{\varphi} + \pi$$

mit

$$\bar{\varphi} = \arctan(\frac{y}{x}) = \arctan(-\frac{e_1 b^2}{e_2 a^2}) = \arctan(-b^2/(a^2 \cdot \tan\varphi_0)).$$

In diesem Bereich sollen die Mantellinien des Zylinders gezeichnet werden, deren Abstand seiner Beleuchtungsstärke entspricht. Der Zylinder werde aus der Richtung φ_1 beleuchtet, d.h. die Lichtquelle befinde sich in $\mathbf{l} = L(\cos\varphi_1, \sin\varphi_1, 0)$ mit $L \to \infty$. Die Beleuchtungsstärke ist proportional $\cos\beta$, wenn β der Winkel ist zwischen der Zylindernormalen $\mathbf{n}$ und der Richtung $\mathbf{l}$ der Lichtstrahlen: $\cos\beta = \mathbf{n} \cdot \mathbf{l}/(|\mathbf{n}| \cdot |\mathbf{l}|)$. Man erhält:

$$\cos\beta = \frac{b^2 \cos\varphi \cos\varphi_1 + a^2 \sin\varphi \sin\varphi_1}{(b^4 \cos\varphi + a^4 \sin\varphi)^{1/2}}$$

Das Maximum dieser Beleuchtungsstärke liegt bei $\varphi_2 = \arctan(b^2 \tan(\varphi_1)/a^2)$.
- Bei einem Kreiszylinder ($a = b$) liegt die hellste Stelle des Zylinders in Richtung der Lichtquelle $\varphi_2 = \varphi_1$. - Der Abstand $\Delta\varphi$ der Mantellinie soll proportional zur Beleuchtungsstärke sein:

$$\Delta\varphi = 0.20(|\cos\beta(\varphi)| + 0.02) = \Delta\varphi(\varphi) .$$

- Der Term 0.02 verhindert einen zu kleinen Linienabstand $\Delta\varphi = 0$ für streifenden Lichteinfall $\beta = \pi/2$. -
Man zeichne zunächst zwei Mantellinien bei

$$\varphi_3 = \varphi_2 + (0.20 + 0.02)/2$$

und

$$\varphi_4 = \varphi_2 - (0.20 + 0.02)/2 .$$

Anschließend zeichne man iterativ weitere Mantellinien an den Stellen:

$$\varphi_3 \leftarrow \varphi_3 + \Delta\varphi(\varphi_3)$$

und

$$\varphi_4 \leftarrow \varphi_4 - \Delta\varphi(\varphi_4) ,$$

solange φ_3 und φ_4 im sichtbaren φ-Bereich liegen.

Man zeichne auch die obere Ellipse ($z = h$), da wir $\theta_0 < \pi/2$ annehmen und den sichtbaren Teil der unteren Ellipse ($z = 0$).
Man zeichne mehrere Bilder mit unterschiedlichen Positionen von Auge und Lichtquelle.

<u>Erweiterung:</u>
Man subsumiere einen Hohlzylinder und stelle den in der oberen Ellipse sichtbaren Teil der Innenwand dar durch die Ellipsen der Schnitte $z_K = const < h$ oder
durch eine Beleuchtung der Mantellinien der rückwärtigen Innenwand (vgl. 3.4
f), letzte Variante).
Man addiere die Beleuchtungsstärke zweier Lichtquellen in den Positionen φ_1 und
φ_1' .

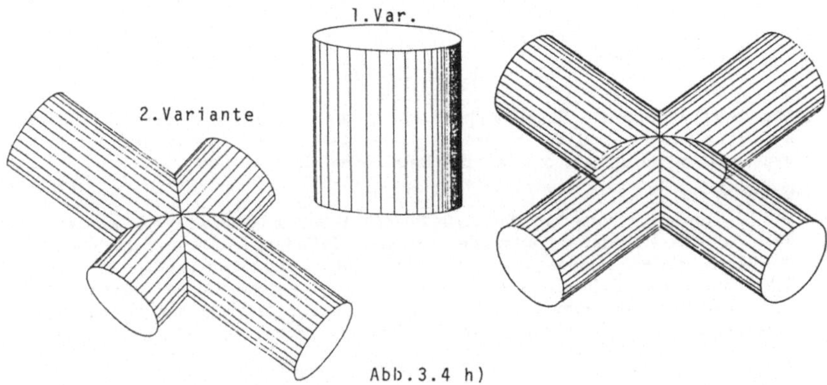

2. Variante:
<u>Durchdringung zweier Rohre</u>
Man zeichne zwei Zylinder mit gleichem Radius r, die die x- bzw. y-Achse als
Zylinderachse haben:

$$y^2 + z^2 = r^2 \qquad\qquad (I)$$

bzw.

$$x^2 + z^2 = r^2 \qquad\qquad (II)$$

in den Bereichen $-2r \leqq x, y \leqq +4r$. Von "oben" betrachtet ($e_3 \to \infty$) erkennt man
die Schnittebenen bei $y = \pm x$. Die Schnitte $z = \pm r$ berühren beide Zylinder in ihrer
obersten bzw. untersten Mantellinie. Diese schneiden sich gegenseitig unter 90° .
Dagegen liefert jeder Schnitt im Bereich $-r < z < +r$ vier rechte Winkel, deren
Spitzen auf den Ebenen $y = x$ oder $y = -x$ liegen. Wir wählen eine Parallelprojektion mit einem Beobachtungspunkt im ersten Oktanden $0 < \varphi_0 < \pi/2$ und $0 < \theta_0 < \pi/2$.
Dann enthalten die Polarebenen der Zylinder die Zylinderachsen. Das Bild wirkt
plastischer, wenn die Mantellinien auf den Zylindern gleiche Abstände haben.
Dazu führen wir Drehwinkel ψ um die Zylinderachsen ein. Im Zylinder (I) ist
$y = r\cos\psi$, $z = r\sin\psi$ und im Zylinder (II) ist: $x = r\cos\psi$, $z = r\sin\psi$ die Darstellung
der Mantellinie. Die Normalen zu den Zylindermänteln sind $\mathbf{n}_1 = (0, y, z)$ und
$\mathbf{n}_2 = (x, 0, z)$. Damit erhält man die Polarebenen:

$$\mathbf{n}_1 \cdot \mathbf{e} = 0 = e_2 y + e_3 z, \quad \text{d.h.} \quad z = -y e_2 / e_3$$

$$\mathbf{n}_2 \cdot \mathbf{e} = 0 = e_1 x + e_3 z, \quad \text{d.h.} \quad z = -x e_1 / e_3 \ .$$

Beide Polarebenen enthalten also die jeweilige Zylinderachse ($y = z = 0$ bzw. $x = z = 0$). Aus der Steigung dieser Ebenen entnehmen wir den ψ-Bereich, in dem die Zylinder sichtbar sind:

$$\tan\psi_1 = z/y = -e_2/e_3 = -\sin\varphi_0 \cdot \tan\theta_0, \quad \psi_1' = \psi_1 + \pi$$

$$\psi_1 \leqq \psi \leqq \psi_1' \quad \text{im Zylinder (I)}$$

$$\tan\psi_2 \doteq z/y = -e_1/e_3 = \cos\varphi_0 \cdot \tan\theta_0, \quad \psi_2' = \psi_2 + \pi$$

$$\psi_2 \leqq \psi \leqq \psi_2' \quad \text{im Zylinder (II)}.$$

Man zeichne auch die Schnittellipsen bei $y = \pm x$, die ganz sichtbaren Kreise bei $x = +2$ und $y = +4r$ und die Kreise bei $x = -2r$ und $y = -4r$, die jeweils nur in den gegebenen ψ-Bereichen, d.h. vor der Polarebene sichtbar sind.

Erweiterung:

Die sichtbaren Frontseiten der Zylindermäntel bei $x < 0$ bzw. $y < 0$ werden zum Teil von den sichtbaren Seiten der vorderen Zylindermäntel im Bild überdeckt. In diesen Fällen zeichne man die Mantellinien nicht von außen bis zu den Schnittlinien der Zylinder, sondern schneide zwei entsprechende Geraden in der ξ, η -Zeichenebene. Eine dieser Geraden ist jeweils das Bild der letzten Mantellinie bei ψ_1' bzw. ψ_2', falls aus dem 1. Oktanden beobachtet wird.

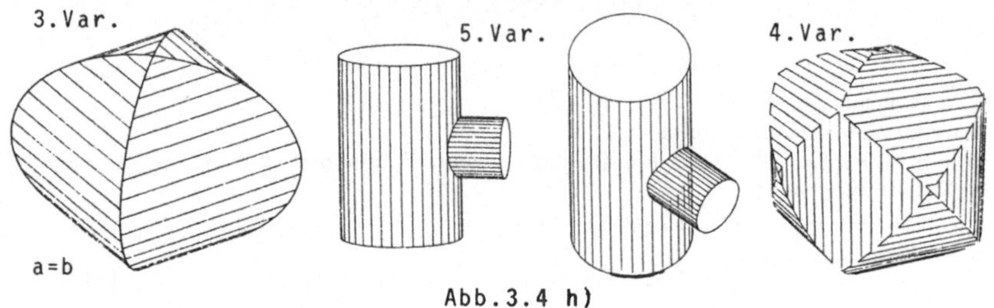

Abb.3.4 h)

3. Variante:

Durchschnittsmenge zweier sich schneidender Zylinder

Man zeichne den Körper, der aus der Menge aller Raumpunkte besteht, die beiden Zylindern der letzten Variante angehören.

4. Variante:

Durchschnittsmenge dreier sich orthogonal durchdringender Zylinder

Man zeichne den Körper, der entsteht, wenn sich drei Zylinder durchdringen, die gleichen Radius und die Koordinatenachsen als Zylinderachsen haben.
Man zeichne die Mantellinien der einzelnen Zylinderflächen mit verschiedenen Farben und formuliere dazu ein Unterprogramm, das bei zyklischem Vertauschen der Koordinaten dreimal gerufen wird und jeweils die Teilflächen zeichnet, die zu einem Zylinder gehören.

5. Variante:

Ansetzen eines kleinen Zylinders an einen größeren Zylinder

Man zeichne einen "großen" Zylinder um die z-Achse im Bereich $-3R \leqq z \leqq +3R$ und einen kleinen Zylinder ($r = R/2$) um die y-Achse, der bei $y \approx R$ an den großen Zylinder angeschweißt ist.

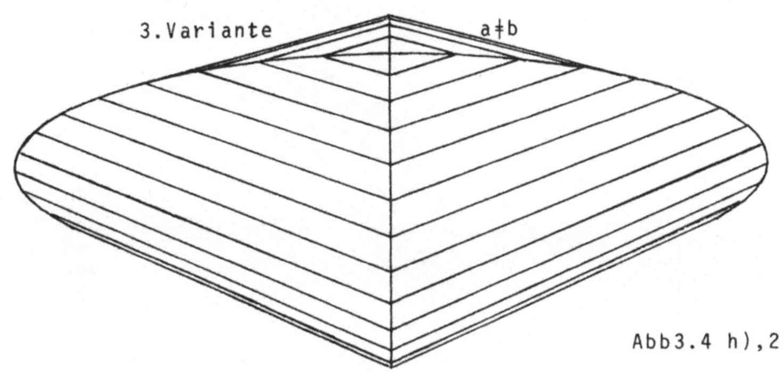

Erweiterung:

Man wähle einen Zylinder mit elliptischem Querschnitt.

3.4 i)   Differenzkörper aus Halbkugel und Zylinder

Auf der x-y-Ebene liege eine Halbkugel, deren Mittelpunkt mit dem Ursprung (0, 0, 0) des Koordinatensystems zusammenfällt. Ihr Radius sei R. Aus ihr sei ein Zylinder mit dem Radius $r = R/2$ herausgestanzt, dessen Achse parallel zur z-Achse verläuft und die x-y-Ebene im Punkt (0, R/2) durchdringt. Die Gleichung des Zylinderkreises lautet:

$$x^2 + (y - R/2)^2 = (R/2)^2, \quad \text{also:} \quad x^2 + y^2 = Ry \quad .$$

Man lese einen Augenpunkt ein mit $e_1 > 0$ und $e_2 > 0$. Dann zeichne man ein perspektivisches Bild der Halbkugel mit Längen und Breitenkreisen, die auf der dem Auge abgewandten Seite und im Bereich des Zylinders, d.h. dort wo $x^2 + y^2 < Ry$ ist, nicht gezeichnet werden. Das Auge sieht, wenn $e_3 > R$ gewählt wird, auf die Rückwand des Zylinders, etwa im Bereich $x < 0$. Wir wählen als Normale zur Zylinderfläche den Radius $\mathbf{r} = (x, y - R/2, 0)$. Die Innenseite der Rückwand ist sichtbar, wenn $\mathbf{r} \cdot (\mathbf{e} - \mathbf{x}) \leqq 0$ ist, wobei $\mathbf{e} = (e_1, e_2, e_3)$ der Augenvektor ist.

Man zeichne dort die Mantellinien für $10° \leqq \varphi \leqq 360°$. Ihr unterer Fußpunkt liegt in der x-y-Ebene: ($r\cos\varphi$, $r\sin\varphi + R/2$, 0) . Ihr oberer Endpunkt liegt auf der Kugel: $z = \sqrt{R^2 - x^2 - y^2}$ und hat die gleichen x-y-Koordinaten.

Man durchlaufe die Schleife nochmals und verbinde die oberen Endpunkte im gesamten Winkelbereich, da der obere Rand des Ausschnittes überall sichtbar ist. So erhält man die Schnittkurve von Kugel und Zylinder. In der x-y-Ebene

werde der Zylinderkreis (= Kurve der unteren Endpunkte) nur dort gezeichnet,
wo die Rückwand sichtbar ist.

<u>Alternative:</u>

Man zeichne den Teil der Halbkugel, der vom Zylinder ausgestanzt wurde. Bei
ihm sind die vorderen Mantellinien sichtbar:

$$\mathbf{r} \cdot (\mathbf{e} - \mathbf{x}) \geqq 0 \quad .$$

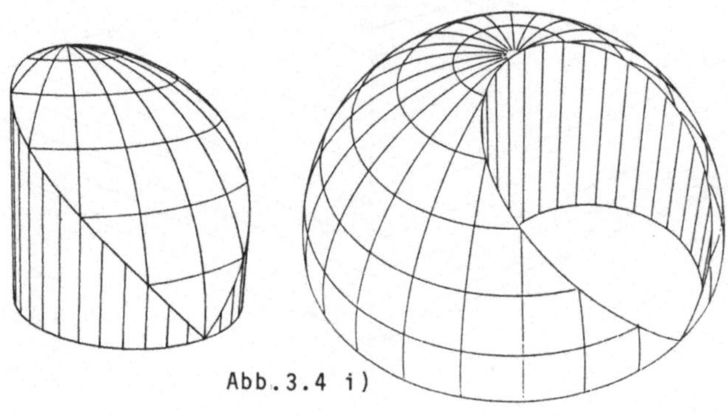

Abb. 3.4 i)

3.4 j)   Polyeder mit vorgegebenen Ecken

Bevor wir zu Flächen im Raum übergehen, sollen hier zunächst Geraden in der
Ebene betrachtet werden: $y = ax + b$. Man kann diese Gleichung anders formulieren: $f(x, y) = y - ax - b = 0$. Sämtliche Punkte (x, y) der Ebene, für die
$f(x, y) = 0$ ist, liegen auf dieser Geraden. Für alle übrigen Punkte ist $f(x, y) \neq 0$.
Da die Funktion $f(x, y)$ stetig ist, sind die f-Werte auf einer Seite der Geraden
größer als Null und auf der anderen Seite der Geraden kleiner als Null. Der
Nullpunkt selbst trägt den Wert $f(0, 0) = -b$. Also hat die f-Funktion in allen
Punkten (x, y), die auf der Seite der Geraden liegen, auf der der Nullpunkt
liegt, ebenfalls das Vorzeichen von $-b$, d.h. die Bedingung sign $f(x, y) = $ sign$(-b)$
kennzeichnet die Seite der Geraden auf der der Nullpunkt liegt, während die
andere Seite durch sign $f(x, y) = $ sign(b) charakterisiert ist.
Man gibt z.B. in der Ebene fünf Punkte vor: (x_i, y_i), $i = 1, 2, \ldots, 5$, von denen
die ersten vier Punkte ein (unregelmäßiges) Viereck bilden. Der fünfte Punkt
soll innerhalb dieses Vierecks liegen. Durch diese Anordnung sind im allgemeinen zehn Strecken definiert: die vier Seiten des Vierecks, zwei Diagonalen und
die Verbindung des 5. Punktes zu den vier Eckpunkten, denn wir nehmen an, daß
dieser nicht auf einer Diagonalen liegt.
Wie kann ein Programm feststellen, welche Strecken das Viereck (allgemein
den Rand des Polygons) bilden und welche Strecken in seinem Inneren verlaufen?
Die Antwort ist leicht: eine Strecke $(x_i, y_i) \longleftrightarrow (x_k, y_k)$ gehört zum Rand,
wenn für alle übrigen Punkte (x_e, y_e) das Vorzeichen von $f_{ik}(x_e, y_e)$ gleich ist.
Dabei ist $f_{ik}(x, y) = (x - x_i)(y_k - y_i) - (y - y_i)(x_k - x_i) = 0$ die Geradengleichung der
betrachteten Strecke. Bei gleichem Vorzeichen von f_{ik} liegen alle übrigen Punkte auf der gleichen Seite der Geraden $f_{ik} = 0$. Die Gerade durch i und k gehört

also zum Rand der Punktmenge, denn würde f_{ik} im Inneren der Punktmenge verlaufen, dann würden einige Punkte positives f_{ik} und andere Punkte negatives f_{ik}
aufweisen.

Vorübung:

Man schreibe ein Programm, das n Punkte (x_i, y_i) einer Ebene einliest und eine
Zeichnung erstellt, in der die Punkte durch zentrierte Symbole markiert sind und
jeder Punkt mit jedem Punkt durch eine Gerade verbunden ist. Dann erstelle das
Programm eine zweite Zeichnung, die wiederum alle Punkte enthält und in der
zusätzlich nur der oben definierte konvexe Rand aufgezeichnet ist. In diesem
Bild entfallen die im Inneren des Polygons verlaufenden Strecken.

Für <u>Ebenen im Raum</u> gilt: $f(x, y, z) = ax + by + cz + d = 0$. Alle Punkte, die nicht
auf der Ebene liegen, liefern $f(x, y, z) \neq 0$. Auf der einen Seite der Ebene ist
überall $f(x, y, z) > 0$ und auf der anderen Seite der Ebene ist $f(x, y, z) < 0$. Im
Nullpunkt erhält man $f(0, 0, 0) = +d$.

α) Man schreibe ein Programm, das n Punkte (x_i, y_i, z_i) einliest und ein Drahtmodell dieses Polyeders in Parallelprojektion zeichnet. Dabei entstehen
   $n(n - 1)/2$ Strecken.

β) Aus n Punkten lassen sich $n(n - 1)(n - 2)/6$ verschiedene Tripel i, j, k auswählen. Wenn es keine drei Punkte gibt, die auf einer Geraden liegen, dann gibt
   es ebensoviele räumliche Dreiecke i, j, k.
   Man lese n Punkte $\mathbf{x}_i = (x_i, y_i, z_i)$, $i = 1, 2, \ldots, n \leq 100$ ein und betrachte
   alle Dreiecke $1 \leq i < j < k \leq n$ und stelle fest, ob das Dreieck im Inneren des
   Körpers verläuft, der die n Punkte als Ecken hat, oder nicht. Dazu ist es bei
   gegebenem Dreieck i, j, k erforderlich, bei allen übrigen Punkten l mit
   $k < l \leq n$ festzustellen, ob sie auf der gleichen Seite der durch das Dreieck definierten Ebene liegen. Wenn alle Punkte l auf der gleichen Seite der Ebene
   i, j, k liegen, ist i, j, k ein Dreieck, das zur Oberfläche des Körpers gehört.
   Wir tragen die Nummern dieser drei Punkte in eine ganzzahlige Matrix 'SURF'
   ein:

$$M = M + 1, \quad SURF(1, M) = I, \quad SURF(2, M) = J, \quad SURF(3, M) = K .$$

Die Variable M zählt die Anzahl der Oberflächendreiecke $(M \leq 1000)$.
Die Ebenengleichung $f(x, y, z) = ax + by + cz + d = 0$ des Dreiecks i,j,k enthält:

$$a = (y_j - y_i)(z_k - z_i) - (y_k - y_i)(z_j - z_i)$$

$$b = (x_k - x_i)(z_j - z_i) - (x_j - x_i)(z_k - z_i)$$

$$c = (x_j - x_i)(y_k - y_i) - (x_k - x_i)(y_j - y_i)$$

$$d = -(ax_i + by_i + cz_i)$$

Offenbar müssen die Koeffizienten a, b, c, d für jedes Dreieck i, j, k neu
berechnet werden, während sie in der l-Schleife konstant sind.
Man zeichne ein Bild des Körpers als <u>Drahtmodell</u>, das aus sämtlichen Ober-
flächendreiecken besteht.

γ) Jezt sollen zusätzlich die Oberflächendreiecke der Aufgabe β) fortgelassen
   werden, die auf der dem Auge abgewandten Rückseite des Körpers liegen.
   Ein Oberflächendreieck i, j, k liegt dann auf der <u>Rückseite</u>, wenn sich das

Auge (im Punkt $\mathbf{e}$) auf der gleichen Seite der Dreiecksebene befindet wie
alle übrigen Punkte $\mathbf{x}_l$, d.h. wenn

$$\text{sign } f(e_1,\, e_2,\, e_3) = \text{sign } f(x_l,\, y_l,\, z_l) \text{ ist.}$$

Diese Oberflächendreiecke werden gar nicht erst abgespeichert. - Die Koeffizienten in f sind natürlich abhängig von i, j und k. -
Häufig kommt es vor, daß mehr als drei Punkte in einer Ebene liegen. Liegen
z.B. vier Punkte in einer Oberflächenebene, so liefert das Programm vier
Oberflächendreiecke. - Man erkennt diese sehr leicht, wenn man sich nacheinander eine der vier Ecken des von den vier Punkten gebildeten Vierecks weg-
denkt. -
Das Polyeder wirkt optisch erst "schön", wenn man in diesem Fall das Zeichnen der überflüssigen Diagonalen unterdrückt. Solche Diagonalen treten natürlich auch in Oberflächenfünfecken und -n-Ecken auf. Wir müssen daher zunächst feststellen, ob es mehrere Oberflächendreiecke gibt, die in der gleichen Raumebene liegen, d.h. die gleichen Koeffizienten a, b, c, d haben. Dazu speichern wir zu jedem Oberflächendreieck nicht nur die Punktnummern
i, j, k in 'SURF' ab, sondern auch die Koeffizienten a/d, b/d, c/d in einer
Matrix 'PLANE':

$$\text{PLANE}(1,\, M) = A/D, \quad \text{PLANE}(2,\, M) = B/D, \quad \text{PLANE}(3,\, M) = C/D \ .$$

Dabei wurde angenommen, daß der Nullpunkt im Inneren des Körpers und
nicht auf seiner Oberfläche liegt: $D \neq 0$. - Die Ebene ändert sich nicht, wenn
man ihre Gleichung durch D kürzt. - Es genügt, sich nach Berechnung von
'PLANE' und 'SURF' diejenigen Dreiecksnummer (M-Werte) in einem Vektor
'NECK' zu merken, für die die Komponenten von 'PLANE' (bis auf eine
Rechengenauigkeit von 1.E - 6) übereinstimmen, d.h. die in einer Ebene liegen.
Nehmen wir an, es seien n'Dreiecke. Dazu liefert 'SURF' 3n'Punkte, von
denen mehrere identisch sind. - Beispielsweise besteht ein Oberflächenfünfeck
aus zehn Dreiecken. - Sie bilden ein n"-Eck der Körperoberfläche ($n'' \leqq n'$).
Zu den Punkten dieses n"-Ecks werden die Koordinaten ξ, η der Zeichenebene
(Parallelprojektion) ausgerechnet, und es wird das ξ, η-n"-Eck gezeichnet bei
gleichzeitiger Unterdrückung der Diagonalen (siehe Vorübung 3.4 j)). Anschließend werden die n' Dreiecke aus 'PLANE' und 'SURF' gestrichen, die das
n"-Eck gebildet hatten. Ihre M-Werte findet man im 'NECK'. Nachdem alle
n"-Ecken gezeichnet sind, werden noch die übrig gebliebenen Oberflächendreiecke der Vorderseite gezeichnet.
Man teste das Programm mit einem

δ) <u>Würfel:</u> $x_i = \pm 1, \quad y_i = \pm 1, \quad z_i = \pm 1$.

Die verschiedenen Vorzeichenkombinationen liefern $2^3 = 8$ Eckpunkte. Als weitere <u>platonische Körper</u> zeichne man einen:

ε) <u>Oktaeder:</u> $\mathbf{x}_i = (\pm 1,\, 0,\, 0), \quad (0,\, \pm 1,\, 0), \quad (0,\, 0,\, \pm 1)$.

Die Oberfläche dieses Körpers besteht aus acht gleichseitigen Dreiecken.
Er hat sechs Eckpunkte.

ζ) <u>Dodekaeder:</u>

Das Dodekaeder hat zwölf gleichseitige Fünfecke als Oberfläche und besitzt
20 Ecken.

$$\mathbf{x}_i = (\pm d,\ 0.,\ \pm 0.5),\quad (\pm 0.5,\ \pm d,\ 0),\quad (0.,\ \pm 0.5,\ \pm d),\quad (\pm g,\ \pm g,\ \pm g)$$

mit

$$d = (3 + \sqrt{5})/4,\quad g = \cos 36° \quad.$$

Die Seitenlänge dieser Fünfecke ist gleich 1 ([15], S. 174). Die acht Punkte mit den Komponenten $\pm g$ bilden einen Würfel.

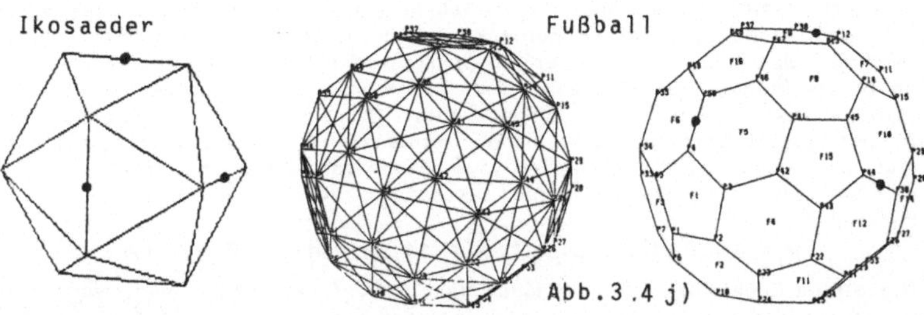

η) Kuboktaeder:

Schneidet man einem Würfel der Kantenlänge $a = 8$ cm derart die Ecken ab, daß die Schnittebene durch die Mittelpunkte der drei Kanten definiert ist, die an der jeweiligen Ecke zusammenlaufen, so erhält man ein Kuboktaeder. In den Quadraten der Würfeloberfläche bleiben wieder Quadrate übrig, deren Ecken die Seitenmittelpunkte der ursprünglichen, größeren Quadrate sind. An den abgeschnittenen Ecken entstehen Dreiecke als Schnittflächen. Diese sind Teil einer Oktaederoberfläche, die man erhält, wenn man jedes Dreieck um jede Dreieckseite einmal nach außen klappt. Die 12 Ecken des Kuboktaeders sind:

$$(0,\ \pm 4,\ \pm 4),\quad (\pm 4,\ 0,\ \pm 4),\quad (\pm 4,\ \pm 4,\ 0)\quad.$$

Man zeichne dieses Kuboktaeder als Volumenmodell und unterdrücke das Zeichnen der Flächendiagonalen der Quadrate durch Abfragen ihrer Länge ($= a$). Alle übrigen Kanten haben die Länge $a/\sqrt{2}$. Man kann auch von der Tatsache Gebrauch machen, daß diese Diagonalen achsenparallel verlaufen:

$$(x_i - x_k) + (y_i - y_k) + (z_i - z_k) = a\quad.$$

ϑ) Ikosaeder:

Die Oberfläche eines Ikosaeders besteht aus 20 gleichseitigen Dreiecken. Sämtliche seiner Ecken liegen in der Oberfläche eines Würfels der Kantenlänge a. Es sei $a = 8$ cm. Die Länge der Dreiecksseiten ist $s = a(-1 + \sqrt{5})/2 = 4.944$ cm. Damit erhalten wir als Eckpunkte: $(\pm 4,\ 0,\ \pm 2.472)$, $(\pm 2.472,\ \pm 4,\ 0)$ und $(0,\ \pm 2.472,\ \pm 4)$. Eine Reduzierung von mehreren Dreiecken zu n-Ecken ist nicht erforderlich, da die Oberfläche des Ikosaeders nur Dreiecke enthält.

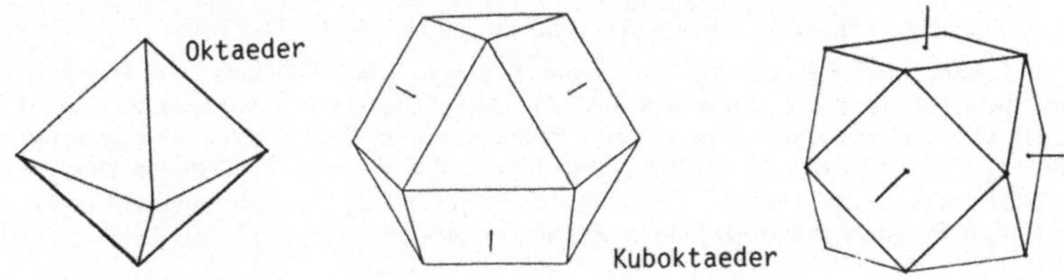

ι) Fußball:

Beim Ikosaeder stoßen an jeder Ecke fünf Dreiecke zusammen. Schneidet man sämtliche Ecken ab, so erhält man in der Schnittebene regelmäßige Fünfecke. In den 20 Dreiecken des Ikosaeders fehlen dann die Ecken, d.h. aus ihnen sind 20 Sechsecke geworden. Wir schneiden die Ikosaederecken genau so ab, daß die entstehenden Sechsecke gleichseitig sind. Da die Fünfecke mit den Sechsecken eine gemeinsame Kante haben, sind sämtliche Kanten des neuen Körpers gleich lang. Die 12 Fünfecke liegen in der Oberfläche eines Dodekaeders. Man kann den Körper 'Dodekikosaeder' nennen. Seine Form wird heute als Fußball benutzt, wobei man die Fünf- und Sechsecke verschieden färbt. Er hat 60 Ecken. Die Eingabe ihrer 180 Koordinaten ist mühsam und führt zwangsläufig zu Tippfehlern. Wir wählen daher einen Genierungsalgorithmus und gehen von den Maßen des oben beschriebenen Ikosaeders aus: $s = 4.944$ cm. Die abzuschneidenden Ikosaederecken a_i bestehen aus den 12 Punkten:

$$a_i = (\pm 4,\ 0,\ \pm 2.472),\quad (\pm 2.472,\ \pm 4,\ 0)\ \text{und}\ (0,\ \pm 2.472,\ \pm 4)\ .$$

Die ersten Punkte b_i in einem jeden der 12 Fünfecke erhält man, wenn man in den Vektor a_i die Komponenten ± 2.472 durch die Komponenten ± 0.824 ersetzt. Die übrigen 4 Ecken eines jeden Fünfecks erhält man durch Rotation der Vektoren b_i um die Vektoren a_i als Drehachse um 72°, 144°, 216° und 280° (siehe 3.4 l)). Mit dieser Prozedur erhalten wir aus den 12 Ikosaederecken a_i die 60 Dodekikosaederecken b_i . Alle auftretenden Kanten (gleich den Fünfeck- und Sechseckseiten) haben die Länge 1.648 cm. Man kann diese Tatsache dazu benutzen, das Zeichnen der Diagonalen in den Fünf- und Sechsecken zu unterdrücken, denn diese haben eine größere Länge. Wendet man beim Zeichnen des Volumenmodells des Fußballes den oben beschriebenen, allgemeinen Algorithmus an, so werden insgesamt $\binom{60}{3} \approx 36000$ Ebenen (Dreiecke) i, j, k überprüft. Von diesen wiederum liegen nur ca. 260 in der dem Auge zugewandten Oberfläche. Sie reduzieren sich auf 6 sichtbare Fünfecke und 10 sichtbare Sechsecke.

3.4 k)   Polyeder mit vorgegebener Oberfläche

In der letzten Aufgabe wurde das Polyeder gegeben durch eine Anzahl von Raumpunkten. Der Rechner hatte herauszufinden, welche Flächen im Innern des Polyeders lagen, welche seine Oberfläche bilden, und welche Teilflächen der Oberfläche sichtbar sind. Oft ist jedoch bekannt, welche Flächen zur Oberfläche eines Polyeders gehören. Dann genügt es, durch den Rechner feststellen zu lassen, welche Flächen sichtbar sind.
Man lese die Anzahl FMAX (≤ 80) ein, die angibt, aus wievielen Flächen die Oberfläche des Polyeders besteht. Dann wird ein Vektor NF eingegeben, z.B.:

$$NF(1) = 3,\quad NF(2) = 5,\quad \ldots\ldots,\quad NF(FMAX) = 7\ ,$$

der besagt, daß z.B. die 1. Fläche ein Dreieck, die 2. Fläche ein Fünfeck usw., die letzte Fläche ein Siebeneck ist. Wir lassen maximal Achtecke zu: $NF(I) \leq 8$. Zusätzlich werden die Anzahl der Polyederecken PMAX und ihre Koordinaten: X_i, Y_i, Z_i, $i = 1, 2, \ldots\ldots,$ PMAX eingegeben. Als letztes wird neben dem Augenvektor noch eine Matrix 'PUNKT' benötigt, in der zusammengestellt ist, aus welchen Punkten die einzelnen n-Ecken bestehen:

$$
\text{PUNKT} \quad = \quad
\begin{pmatrix}
4 & 3 & \ldots \\
7 & 4 & \ldots \\
9 & 21 & \ldots \\
0 & 15 & \ldots \\
\cdot & 12 & \ldots \\
\cdot & 0 & \ldots \\
\cdot & \cdot & \\
\cdot & \cdot & \\
0 & 0 & \ldots
\end{pmatrix}
$$

Hier besteht die 1. Fläche (= 1. Spalte) aus einem Dreieck mit den Eckpunkten Nr. 4, 7 und 9, die 2. Fläche (= 2. Spalte) aus einem Fünfeck mit den Eckpunkten Nr. 3, 4, 21, 15 und 12 usw. Insgesamt hat 'PUNKT' 8 Zeilen, da wir maximal Achtecke zulassen und 80 Spalten, da FMAX $\leq$ 80 ist.

Das Programm berechne mit Hilfe der Punkte der ersten drei Zeilen von 'PUNKT', ob das zugehörige n-Eck der Spalte sichtbar ist oder nicht. Entsprechend wird in einem Vektor 'SICHT' eine 1 oder eine 0 eingetragen. Anschließend werden alle sichtbaren Flächen gezeichnet: hier werden z.B. nacheinander die Punkte 3 mit 4, 4 mit 21, 21 mit 15, 15 mit 12, und 12 mit 3 verbunden, falls die 2. Fläche sichtbar ist. Sind zwei aneinandergrenzende Flächen sichtbar, so wird ihre gemeinsame Kante zweimal gezeichnet. Das nehmen wir in Kauf, denn es gibt am sichtbaren Rand des Polyeders Kanten, bei denen nur eine der angrenzenden Flächen sichtbar ist.

3.4 l)   Drehung eines Körpers

In den bisherigen 3D-Darstellungen ist der Körper fest mit dem Koordinatensystem verbunden. Lediglich das Auge kann sich um ihn herum bewegen. Wollte man dagegen einen Würfel auf die Spitze stellen, so müßte man neue Würfelecken X_i, Y_i, Z_i vorgeben. Man kann jedoch die neuen Koordinaten X'_i, Y'_i, Z'_i nach der Drehung aus den alten Koordinaten vor der Drehung berechnen lassen, wenn man die Drehachse $\mathbf{u} = (u_x, u_y, u_z)$ und den Drehwinkel β kennt:

$$
\begin{pmatrix} X'_i \\ Y'_i \\ Z'_i \end{pmatrix}
= \frac{1}{h} \cdot
\begin{pmatrix}
h - d_2^2 - d_3^2 & d_1 d_2 - d_3 & d_1 d_3 + d_2 \\
d_1 d_2 + d_3 & h - d_1^2 - d_3^2 & d_2 d_3 - d_1 \\
d_1 d_3 - d_2 & d_2 d_3 + d_1 & h - d_1^2 - d_2^2
\end{pmatrix}
\cdot
\begin{pmatrix} X_i \\ Y_i \\ Z_i \end{pmatrix}
$$

mit $\mathbf{d} = \mathbf{u} \, \tan(\beta/2)$ und $h = (1 + \mathbf{d}^2)/2$

(siehe [16], S. 93). Hier ist ausgenommen, daß der Drehvektor $\mathbf{u}$ im Ursprung ansetzt, d.h. daß die Drehachse durch den Ursprung geht. Anderenfalls muß vor der Drehung noch eine Translation durchgeführt werden.

3.5   ALLGEMEINE FLÄCHEN IM RAUM

Bisher wurden Quadriken oder Polyeder gezeichnet. In diesem Abschnitt sollen allgemeine Flächen der Form $z = f(x,y)$ dargestellt werden. Die Formeln zur Projektion der Raumkoordinaten auf die Zeichenebene wurden im Abschnitt 3.4 a) gegeben.

3.5 a)   Torus

Ein Torus entsteht durch Rotation eines Kreises mit dem Radius r um eine Achse, die in der Kreisebene liegt und den Kreis nicht schneidet. Der senkrechte Abstand der Achse vom Kreismittelpunkt sei R. wir wählen die Drehachse als z-Achse und bezeichnen den Drehwinkel als φ . Zusätzlich führen wir einen Drehwinkel ψ ein, dessen Spitze im Kreismittelpunkt liegt. Durchläuft ein Punkt den Kreis, so läuft ψ von 0 bis 2π . Die Richtung $\psi = 0$ zeige von der z-Achse weg. Man erhält dann als Parameterdarstellung des Torus:

$$x = (R + r\cos\psi)\, \cos\varphi, \quad y = (R + r\cos\psi)\, \sin\varphi, \quad z = r\sin\psi \ .$$

Die Flächen $\varphi = $ const liefern als Schnitt Kreise mit dem Radius r ('Wurstscheiben'), während die Kurven $\psi = $ const Kreise um die z-Achse darstellen, mit dem Radius $\rho = R + r\cos\psi$.
Man zeichne beide Kreisscharen mit $\Delta\varphi = \Delta\psi = \pi/6$. Zur perspektivischen Darstellung mit Unterdrückung der Rückseite benötigen wir noch den Normalvektor $\mathbf{n}$. Offenbar steht der Einheitsvektor $\mathbf{r}_1$ senkrecht auf der Torusfläche:

$$\mathbf{r}_1 = \mathbf{n} = (\cos\psi\ \cos\varphi,\ \cos\psi\ \sin\varphi,\ \sin\psi) \ .$$

Es ist sinnvoll, die cos- und sin-Werte nur einmal berechnen zu lassen und in einem Feld abzulegen wie im Musterprogramm 3.4 c). "Fährt" man bei einer Zentralprojektion mit dem Auge an den Torus heran, so erscheint der vordere Teil des Ringes größer als der hintere zu sein, infolge der perspektivischen Verzerrung. Obwohl ein Torus "nur aus Kreisen besteht", zählt er nicht zu den Quadriken, denn nach Elimination von φ und ψ findet man als implizite Darstellung:

$$(\sqrt{x^2 + y^2} - R)^2 + z^2 = r^2$$

<u>Varianten:</u>
Man zeichne nur ein Teilstück im Bereich φ_1 bis φ_2 und schraffiere die Stirnfläche.
Man zeichne einen Torus mit elliptischem Querschnitt:

$$x = (R + r\cos\psi)\, \cos\varphi, \quad y = (R + r\cos\psi)\, \sin\varphi, \quad z = b\sin\psi \ .$$

Man zeichne den elliptischen Torus

$$x = (R_1 + r\cos\psi)\, \cos\varphi, \quad y = (R_2 + r\cos\psi)\, \sin\varphi, \quad z = r\sin\psi \ .$$

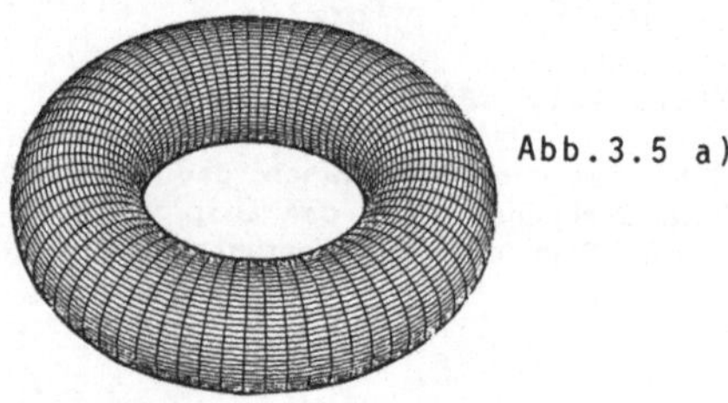

Abb.3.5 a)

3.5 b)   Schwingende Pneus

Man kann schwingende Oberflächen von Flüssigkeitstropfen, Ballons oder Atom-
kernen nach Kugelfunktionen entwickeln. Betrachten wir zunächst die Deforma-
tion eines Kreises $r = r_0 = const$. Die Funktion $r = r_0(1 + b\cos^2\varphi)$ stellt eine ellipsenähnliche Kurve dar, wenn man r und φ als Polarkoordinate deutet.

φ	0	90°	π
$\cos(\varphi)$	1	0	-1
r	1.5	1	1.5

für $r_0 = 1$ und $b = \dfrac{1}{2}$

Ein ähnliches Bild erhält man, wenn man statt $\cos^2\varphi$ die Funktion $\cos 2\varphi$ verwendet:

φ	0	$\dfrac{\pi}{4}$	$\dfrac{\pi}{2}$	$\dfrac{3\pi}{4}$	π	$\dfrac{5\pi}{4}$	$\dfrac{3}{2}\pi$	$\dfrac{7\pi}{4}$	2π
$\cos 2\varphi$	1	1	-1	1	1	1	-1	1	1
r	1.5 Max.	1	0.5 Min.	1	1.5 Max.	1	0.5 Min.	1	1.5 Max.

für $r_0 = 1$, $b = \dfrac{1}{2}$.

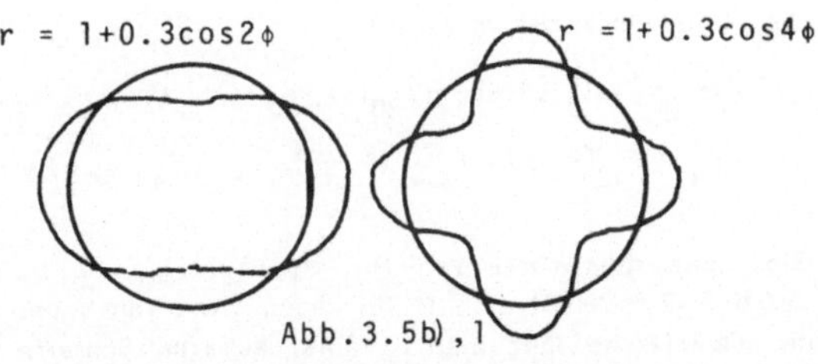

Abb. 3.5 b) ,1

Wählt man die Funktion $r = r_0(1 + b \cdot \cos 4\varphi)$, so erhält man bei einem Umlauf
4 Minima, da $\cos 4\varphi$ für $\varphi = \dfrac{\pi}{4}$ ($\triangleq 45°$) schon ein Minimum ($= -1$) hat. So wie hier
bei ebenen Polarkoordinaten r als Funktion von φ gegeben wurde, läßt sich bei
der Verwendung von räumlichen Polarkoordinaten $R(\vartheta, \varphi)$ eine Kugel $R = R_0 = const$
zu einem Diskus oder einer Zigarre etc. deformieren: $R = R_0(1 + f(\vartheta, \varphi))$. Die bisher gezeigten Bilder wären dann Schnitte durch die Äquatorialebene mit $\vartheta = const =$
$\pi/2$. Es ist üblich, die Funktion $f(\vartheta, \varphi)$ als Reihenentwicklung nach $\cos(n\varphi)$,
$\cos(n\vartheta)$, $\sin(n\varphi)$ und $\sin(n\vartheta)$ zu schreiben (Fourier-Reihe) oder nach Kugelfunktionen $Y_{lm}(\vartheta, \varphi)$ zu entwickeln (siehe "Wellengleichung" $\Delta u + k^2 u = 0$, Hertz-

scher Dipol, in [17], 3. Bd., S. 157). Die Kugelfunktionen lassen sich als Produkt von θ-abhängigen ("zugeordneten") Legendre'schen Funktionen $P_{lm}(\theta)$ und φ-abhängigen komplexen e-Funktionen schreiben: $Y_{em} = P_{lm}(\theta) \cdot e^{im\varphi}$. Wegen $e^{\pm im\varphi} = \cos(m\varphi) \pm i\,\sin(m\varphi)$ heben sich die Imaginärteile bei der Bildung von

$$e^{im\varphi} + e^{-im\varphi} = 2\cos(m\varphi)$$

heraus, da $P_{lm} = P_{l-m}$ ist. In der Reihenentwicklung von R lassen wir nur folgende Funktionen zu :

Funktion		Maximum
"zonal"	$Y_{20} = \sqrt{\dfrac{5}{4\pi}}\,(\dfrac{3}{2}\cos^2\theta - \dfrac{1}{2})$	0.6308
"sektoriell"	$Y_{22} + Y_{2-2} = \sqrt{\dfrac{15}{32\pi}} \cdot \sin^2\theta \cdot 2\cos(2\varphi)$	0.7725
"zonal" :	$Y_{40} = \dfrac{3}{16\sqrt{\pi}} \cdot (35\cos^4\theta - 30\cos^2\theta + 3)$	0.8463
"tesseral" :	$Y_{42} + Y_{4-2} = \dfrac{3}{8}\sqrt{\dfrac{5}{2\pi}} \cdot \sin^2\theta \cdot (7\cos^2\theta - 1) \cdot 2\cos(2\varphi)$	0.8602
"sektoriell" :	$Y_{44} + Y_{4-4} = \dfrac{3}{16} \cdot \sqrt{\dfrac{35}{2\pi}}\,\sin^4\theta \cdot 2 \cdot \cos(4\varphi)$	0.8851

Die Reihenentwicklung lautet:

$$R(\theta, \varphi) = R_0\,[1 + b_1 \cdot Y_{20}(\theta) + b_2 \cdot (Y_{22}(\theta, \varphi) + Y_{2-2}(\theta, \varphi)) + b_3 \cdot Y_{40}(\theta)$$

$$+ b_4 \cdot (Y_{42}(\theta, \varphi) + Y_{4-2}(\theta, \varphi)) + b_5 \cdot (Y_{44}(\theta, \varphi) + Y_{4-4}(\theta, \varphi))] \qquad (1)$$

Gibt man die Werte von R_0, b_1, b_2, ..., b_5 beliebig vor, etwa im Bereich $-2 \leqq b_i \leqq +2$, so läßt sich R für jeden Wert von θ und φ berechnen. Zum Zeichnen der Oberfläche läßt man in einer äußeren Schleife θ in Schritten von ca. 15° laufen und in der inneren Schleife φ in Schritten von 2° im Bereich: $0 \leqq \varphi \leqq 360°$; dies liefert die "Breitengrad-Kurven". Umgekehrt liefert eine grobe, äußere φ-Schleife, und eine feine, innere θ-Schleife ($0 \leqq \theta \leqq 180°$) die "Längengrad-Kurven". Da die Funktionen Y_{20} und Y_{40} nicht von φ abhängen, sind Flächen mit $b_1 \neq 0$, $b_3 \neq 0$, $b_2 = b_4 = b_5 = 0$ rotationssymmetrisch um die z-Achse. Positives b_1 zieht die Kugel in z-Richtung zur "Zigarre", negatives b_1 staucht die Kugel zum Diskus.

Aus R, θ, φ erhält man die Koordinaten : $x = R \cdot \sin\theta \cdot \cos\varphi$, $y = R\sin\theta \cdot \sin\varphi$, $z = R\cos\theta$.

Will man das Zeichnen der Rückseite verhindern, so benötigt man den Normalvektor $\mathbf{n} = \dfrac{\partial \mathbf{x}}{\partial \varphi} \times \dfrac{\partial \mathbf{x}}{\partial \theta}$. Seine Komponenten lassen sich analytisch oder numerisch berechnen. Ein anderes Verfahren besteht darin, die Oberfläche des Pneus als Ort der Nullstellen der Funktion $f(r, \theta, \varphi) = r - R(\theta, \varphi)$ aufzufassen. Innerhalb des

Pneus ist r<R, also f<0 und außerhalb des Pneus ist f>0 . Daher ist **n** = **grad** f . Natürlich ist der Gradient in Kugelkoordinaten bekannt (siehe [17], S. 60, 74, 84) :

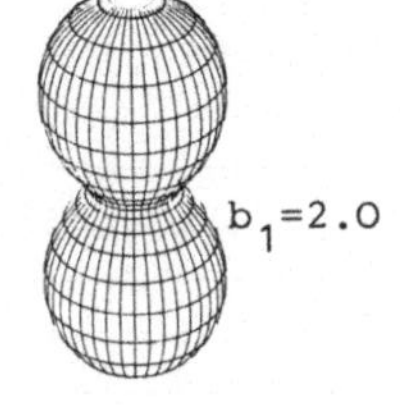

$$\text{\textbf{grad}}\ f = \frac{\partial f}{\partial r}\ \mathbf{e}_r + \frac{1}{r}\frac{\partial f}{\partial \theta}\ \mathbf{e}_\theta + \frac{1}{r\sin\theta}\ \frac{\partial f}{\partial \varphi}\ \mathbf{e}_\varphi$$

mit den Einheitsvektoren

$$\mathbf{e}_r = (\sin\theta\ \cos\varphi,\ \sin\theta\ \sin\varphi,\ \cos\theta)$$

$$\mathbf{e}_\theta = (\cos\theta\ \cos\varphi,\ \cos\theta\ \sin\varphi,\ -\sin\theta)$$

$$\mathbf{e}_\varphi = (-\sin\varphi,\ \cos\varphi,\ 0)\ .$$

Wegen $\partial f/\partial r = 1$ müssen lediglich die Ableitungen $\partial f/\partial \varphi$ und $\partial f/\partial \theta$ numerisch berechnet und als FUNCTION's definiert werden.
Physikalisch sinnvoll sind nur kleine Werte der b_i . Wählt man große b-Parameter, so kommt es vor, daß die Minima durch die jeweilige Rückseite hindurchstoßen.

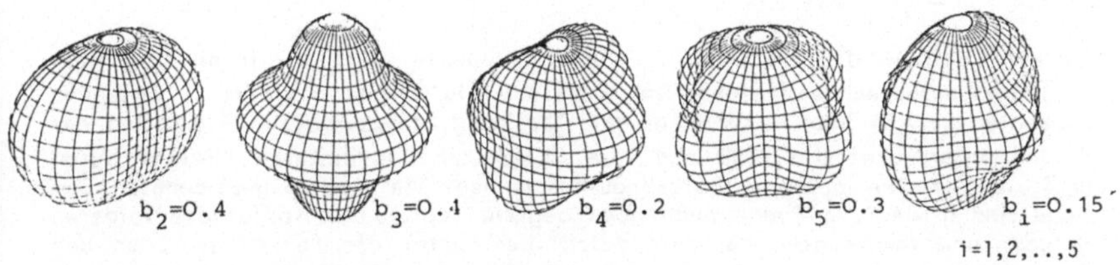

Abb. 3.5b)

3.5 c)   Flächen z = f(x, y)

Oft lassen sich Raumflächen analytisch vorgeben, in der Form g(x, y, z) = 0 . Wir nehmen an, diese Gleichung lasse sich nach z auflösen: z = f(x, y) . Dann kann man die Fläche als "Gebirge" darstellen, indem man für jeden Punkt P eines Netzes (x, y) oder (r, φ) der x-y-Ebene den z-Wert berechnet und als Höhe über P aufträgt. Die Darstellung eines transparenten Drahtmodells macht im Normalfall keine Schwierigkeiten. Sollen aber die Rückseiten nicht gezeichnet werden, so benötigt man nach Kap. 3.4 b) den Normalvektor der Fläche:

$$\mathbf{n} = \text{\textbf{grad}}\ g(x,\ y,\ z) = \left(\frac{\partial g}{\partial x},\ \frac{\partial g}{\partial y},\ \frac{\partial g}{\partial z}\right) = \left(-\frac{\partial f}{\partial x},\ -\frac{\partial f}{\partial y},\ +1\right)\ .$$

- Die in Zylinderkoordinaten gegebenen Funktionen h(r, φ, z) werden in Kap. 3.5 f) behandelt. -

Man stelle die Funktion

$$z = \sum_{i=1}^{n} a_i e^{-b_i((x - x_i)^2 + (y - y_i)^2)}$$

mit $n = 4$ und

i	1	2	3	4
x_i	3	3	-3	-3
y_i	3	-3	3	-3
a_i	2	3	4	5
b_i	0.5	1.5	0.3	0.8

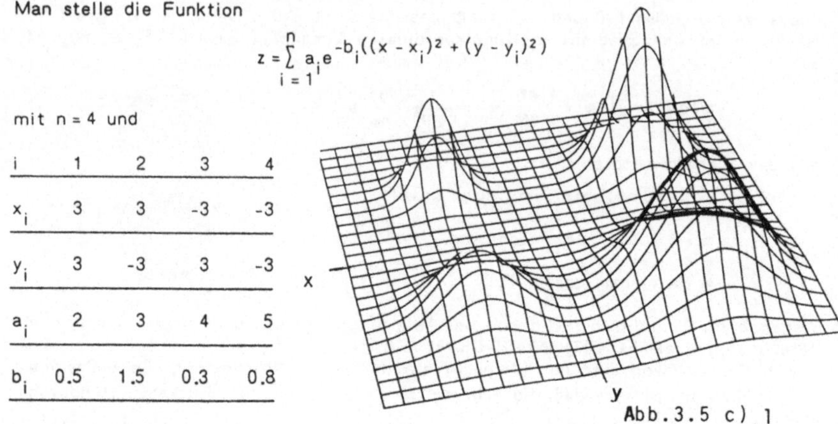

Abb.3.5 c),1

in Parallelprojektion als Stirnmodell dar. Offenbar erhält man durch differenzieren als Normalvektor:

$$\mathbf{n} = (2\Sigma a_i b_i(x - x_i)E_i,\ 2\Sigma a_i b_i(y - y_i)E_i,\ 1) \quad \text{mit} \quad E_i = e^{-b_i((x - x_i)^2 + (y - y_i)^2)} .$$

Man achte darauf, daß die Werte E_i und die Produkte $a_i b_i E_i$ für jeden x, y-Wert
nur einmal ausgerechnet werden. Das Auge soll die Fläche aus dem 1. Oktanden
beobachten ($e_i > 0$). Man erkennt in der Abbildung, daß zwar die Rückseiten der
"Berge" unterdrückt sind, daß aber die Stirnseiten der hinteren "Berge" durch
die Stirnseiten der vorderen "Berge" durchscheinen. Die doppelt gezeichneten Be-
reiche sind in der ξ-η-Ebene nach oben begrenzt durch die Kontur des vorderen
"Berges" und nach unten begrenzt durch die Kontur des Sattels zwischen den
"Bergen". Diese Aussage läßt sich benutzen, um die hinteren, durchscheinenden
Stirnseiten zu eliminieren. In der Zeichnung wurde am dritten "Berg" ($i = 3$) die-
ser Bereich (von Hand) stark umrandet.
Es ist sinnvoll, ein Netz mit der Maschenweite $Dx = Dy = 0.5$ zu wählen und als
Ausschnitt den Bereich $-6 \leqq x \leqq +6$, $-6 \leqq y \leqq +6$ darzustellen. Beim Zeichnen der
Kurven wähle man als Schrittweite zwischen den Knoten des Netzes $dx = Dx/10$
bzw. $dy = Dy/10$.
An einem einfachen Beispiel soll jetzt das Problem der verdeckten Linien mathe-
matisch untersucht werden. Angenommen die Fläche $z = f(x,y)$ soll in Parallelprojektion dargestellt werden:

$$\xi = y \cos\varphi - x \sin\varphi$$

$$\eta = z(x,y) \sin\theta - \cos\theta\ (x \cos\varphi + y \sin\varphi) . \tag{1}$$

Konkret soll untersucht werden, ob der Punkt x_1, y_1, $z(x_1, y_1)$ sichtbar ist.
Wenn $z = f(x,y)$ eindeutig ist - das sei vorausgesetzt -, erhält man ein bestimmtes Koordinatenpaar ξ_1, η_1 . Liegen bei der gewählten Beobachtungsrichtung θ,
φ jedoch mehrere Teile ("Berge") der Fläche $z = f(x,y)$ hintereinander, so kommt
es vor, daß die Rücktransformation $x(\xi_1, \eta_1)$, $y(\xi_1, \eta_1)$ in bestimmten Gebieten

der (ξ, η)-Ebene nicht eindeutig ist: mehrere (x, y)-Punkte liefern den gleichen Bildpunkt (ξ, η), da sie hintereinander liegen:

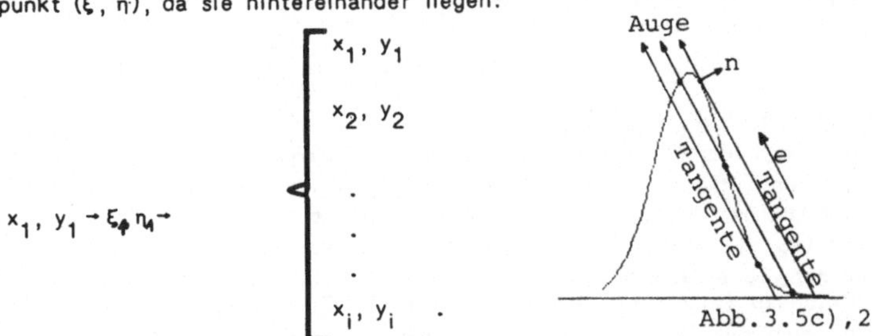

$$x_1, y_1 \rightarrow \xi_{\phi} \eta_{\mu} \rightarrow \begin{cases} x_1, y_1 \\ x_2, y_2 \\ \cdot \\ \cdot \\ \cdot \\ x_i, y_i \end{cases} \cdot$$

Der Punkt x_1, y_1 ist nur dann zu zeichnen, wenn er dem Beobachter am nächsten liegt, d.h., wenn $\mathbf{x}_1 \cdot \mathbf{e} > \mathbf{x}_K \cdot \mathbf{e}$ für $K = 2, 3, \ldots, i$.

Leider ist im Normalfall die Rücktransformation $x(\xi, \eta)$, $y(\xi, \eta)$ analytisch schwierig. Das zeigt folgendes Beispiel:

$$z(x, y) = \frac{a_1}{1 + (x - X_1)^2 + (y - Y_1)^2} \quad .$$

Diese Fläche hat ein Maximum der Höhe a_1 im Punkt (X_1, Y_1).
Nach (I) ist:

$$y = x \tan\varphi + \xi/\cos\varphi \quad . \tag{II}$$

Hiermit erhält man

$$\eta = z(x, x \tan\varphi + \xi \cos\varphi) \sin\theta - \cos\theta \, (x \cos\varphi + x \sin^2\varphi/\cos\varphi + \xi \tan\varphi)$$

$$\eta = \frac{a_1 \sin\theta}{1 + (x-X_1)^2 + (x \tan\varphi + \xi/\cos\varphi - Y_1)^2} - \cos\theta \, (x/\cos\varphi + \xi \tan\varphi) \quad . \tag{III}$$

Aus der letzten Formel läßt sich $x(\xi, \eta)$ berechnen. Es ist eine Gleichung dritten Grades in x . Man erhält bis zu drei verschiedene Lösungen x_1, x_2, x_3, zu denen Gleichung (II) die Werte y_1, y_2, y_3 liefert. Anschaulich bedeutet dies, daß eine Projektionsgerade (θ, φ) den "Berg" $z(x, y)$ auf der Vorder- und Rückseite durchdringt und anschließend hinter dem "Berg" nochmals auf die Fläche $z(x, y)$ trifft. Einer der 3 Punkte ist der ursprünglich gegebene Punkt (x,y). Wählt man eine Fläche mit zwei "Bergen":

$$z = a_1/(1 + (x - X_1)^2 + (y - Y_1)^2) + a_2/(1 + (x - X_2)^2 + (y - Y_2)^2) \quad ,$$

so erhält man eine der Gleichung (III) ähnliche Gleichung von fünftem Grade, d.h. es gibt Beobachtungsrichtungen, bei denen eine Projektionsgerade beide "Berge" durchdringt und dann auf die Fläche trifft. Jeder weitere "Berg" erhöht den Grad des Polynoms (III) um 2 . Wie man sieht, erfordert es in solchen Fällen einigen Programmier- und Rechenzeitaufwand, um für alle Punkte (ξ, η) die Lösungen x_2, x_3, $\ldots$, x_i von (III) zu bestimmen.

Wir geben hier noch einen einfachen Algorithmus an, der das Durchscheinen der Stirnseiten von hinteren "Bergen" durch die Stirnseiten der vorderen "Berge" unterdrückt. Dieses Verfahren ist als Programmieraufgabe mit wenig Programmcode

(ca. 70 Zeilen) leicht zu lösen, dafür aber rechenintensiv beim Ablauf. - In [18]
sind schnellere Algorithmen angegeben. -
Wir wählen ein äquidistantes Netz:

$$x_K = x_1 + (K - 1) \cdot Dx, \qquad y_K = y_1 + (K - 1) \cdot Dy$$

im Bereich $x_1 \leqq x \leqq x_n$, $y_1 \leqq y \leqq y_m$.
Es werden nacheinander die Schnittkurven der Ebenen $x = x_K = const$, $K = 1$, 2,
....., n mit der Fläche $z - f(x,y) = 0$ in orthogonaler Parallelprojektion gezeichnet.
Diese Schnittkurven starten im Punkt (x_K, y_1) und enden bei (x_K, y_m) . Soll z.B.
der Punkt (x_K, y) mit $y_1 \leqq y \leqq y_m$ gezeichnet werden, so muß zunächst festgestellt werden, ob er sichtbar ist. Wir nehmen an, das Auge beobachtet aus dem
ersten Oktanden ($e_1 > 0$, $e_2 > 0$, d.h. $0 < \varphi < \pi/2$) . Dann kann der Punkt (x_K, y)
nur durch eine der Schnittkurven $x = x_j = const$ mit $j > K$ verdeckt sein, da diese
dem Beobachter näher liegen. Nur solche Punkte der x_j-Kurven können den Punkt
(x_K, y) abdecken, die gleiches ξ haben, d.h. die vom Beobachter aus gesehen vor
(x_K, y) liegen:

$$\xi = y \cos\varphi - x_K \sin\varphi = y_j \cos\varphi - x_j \sin\varphi \quad .$$

Damit erhält man

$$y_j = y + (x_j - x_K) \tan\varphi = y + (j - K) \cdot Dx \cdot \tan\varphi$$

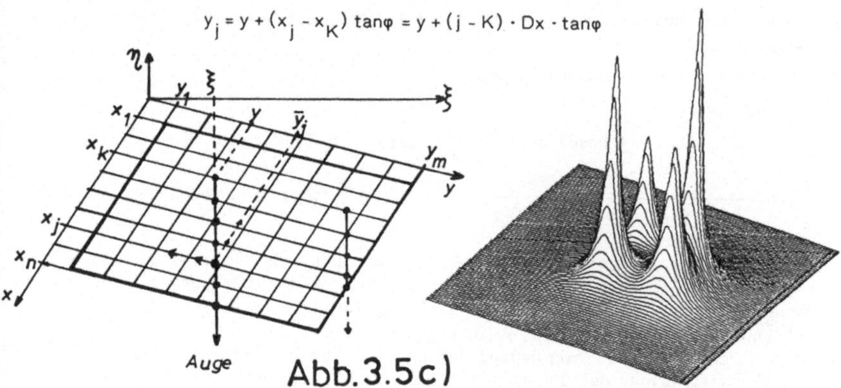

Abb.3.5 c)

Der Punkt (x_K, y) ist sichtbar und wird mit abgesenktem Zeichenstift angesteuert, wenn der Wert

$$\eta_j = z \cdot \sin\theta - \cos\theta(x_j \cos\varphi + \bar{y}_j \sin\varphi)$$

aller Punkte $(x_j, \bar{y}_j)$ mit $j = K+1$, $K+2$, ..., n und $z = f(x_j, \bar{y}_j)$ kleiner ist als
der η-Wert des Punktes (x_K, y) . Auch unsichtbare Punkte müssen angesteuert
werden, jedoch mit angehobenem Zeichenstift. Die j-Schleife wird vorzeitig abgebrochen, sobald $\bar{y}_j$ den Rand y_m überschreitet oder ein η_j-Wert größer als η ist.
Zusätzlich zeichne man die Ränder $x = x_n = const$ und $y = y_m = const$, da sie auf
jeden Fall sichtbar sind, wenn das Auge sich im ersten Oktanden befindet. Man
kann die Zeichenarbeit von einem U.P. erledigen lassen und dieses so formulieren, daß es wahlweise auch die Schnittkurvenschar der Ebenen $y = y_K = const$ plottet.

Erweiterung:

Man lasse auch die Minima zeichnen, die nach unten aus der $f(x,y)$-Fläche her-
ausragt. In diesem Fall wird der Punkt (x_K, y) auch dann gezeichnet, wenn sein
η-Wert kleiner ist als sämtliche η-Werte der Punkte $(x_j, \bar{y}_j)$.

Man wähle als Funktion

$$f_1(x,y) = \frac{3}{0.3 + (x-3)^2 + y^2} + \frac{2}{0.4 + (x-2)^2 + y^2} + \frac{3}{0.25 + x^2 + (y-5)^2} + \frac{4}{0.6 + (x-3)^2 + (y-5)^2}$$

3.5 d)   Fächerförmige Regelflächen

Mit dem Wort "Fächer" soll hier eine Fläche bezeichnet werden, die dadurch
entsteht, daß ein Raumpunkt (X_0, Y_0, Z_0), der "Pol" des Fächers, durch eine
Geradenschar mit den Punkten einer Raumkurve $(x(t), y(t), z(t))$ verbunden wird.
Ist beispielsweise die Raumkurve ein Kreis und liegt der Pol nicht in der Kreis-
ebene, so erhält man einen Kegel als Spezialfall eines Fächers. Der Pol ist die
Kegelspitze.
Bei der Darstellung eines Fächers als Drahtmodell lassen sich schöne Figuren
produzieren, die an filigrane, transparente Glocken von Seequallen erinnern.
Nimmt man jedoch an, daß der Fächer nicht transparent ist, so gibt es zwei
Methoden zum Unterdrücken von unsichtbaren Flächenteilen. Bei der einen Methode geht man vor wie in 3.4 b) geschildert. Der benötigte Normalvektor steht
ersichtlicherweise senkrecht auf dem Geradenvektor $\mathbf{x} - \mathbf{x}_0$ (Mantellinie) vom Pol
$\mathbf{x}_0$ zum Kurvenpunkt $\mathbf{x}(t)$ und senkrecht auf dem Tangentenvektor $\dot{\mathbf{x}}$ der Kurve

$$\dot{\mathbf{x}} = (\frac{dx}{dt}, \frac{dy}{dt}, \frac{dz}{dt}),$$

d.h. es läßt sich als Vektorprodukt berechnen:

$$\mathbf{n} = (\mathbf{x} - \mathbf{x}_0) \times \dot{\mathbf{x}} = ((y - y_0)\dot{z} - (z - z_0)\dot{y}, \quad (z - z_0)\dot{x} - (x - x_0)\dot{z}, \quad (x - x_0)\dot{y} - (y - y_0)\dot{x}) \ .$$

Das Vorzeichen von $\mathbf{n}$ ist eventuell entgegengesetzt zu definieren, falls die Kurve
in Gegenrichtung durchfahren wird. - Bei dieser Methode können hintere Stirnflächen durch vordere Stirnflächen durchscheinen.
Dies läßt sich mit der 2. Methode vermeiden. Dazu wählen wir eine orthogonale
Parallelprojektion, legen den Pol $\mathbf{x}_0$ in die z-Achse $(z_0 > 0)$ und drehen (siehe
3.4 l)) den Fächer so, daß seine Randkurve in die Nähe der x-y-Ebene oder tie-
fer $(z(t) < 0)$ wandert, so daß möglichst $\eta(t) < \eta_0$ ist. Man beginnt das Zeichnen
der Geradenschar bei einem Punkt $\mathbf{x}(t)$, der dem Auge am nächsten liegt. -
Häufig wird dies der Punkt mit $\xi = 0$ sein. - Bei einer Parallelprojektion bedeutet dies $y\cos\varphi = x\sin\varphi$. Dies ist eine Bestimmungsgleichung für den Startpara-
meter t_1: $y(t_1) = x(t_1) \cdot \tan\varphi$, wobei φ der Polarwinkel des Augenvektors ist.
Das Bild der zugehörigen Mantellinie vom Pol $(0, \eta_0)$ zum Kurvenpunktbild $(0, \eta_1)$
liegt in der η-Achse. Diese Strecke hat in der ξ, η-Ebene also die Neigung von
$-\pi/2$. Läuft nun t von t_1 bis zum Kurvenende, das wir im Bereich $\xi > 0$ annehmen, so wird eine Mantellinie nur gezeichnet, wenn sie weniger geneigt ist als
die letzte der gezeichneten Linien: $q(t) > q_{max}$. Man erhält die Neigung:

$$q = \text{ATAN2}(\eta - \eta_0, \xi) \ .$$

Anschließend läßt man t von t_1 mit negativer Schrittweite bis zum Kurvenanfang laufen, der im "Normalfall" im Bereich $\xi < 0$ liegt. In diesem Teil werden nur Linien gezeichnet, die stärker geneigt sind als die stärksten, bisher gezeichnete Neigung: $q(t) < q_{min}$.

Man wähle als Kurven:

1. $x(t) = (r_0 + r_1 \sin(10t)) \cos t, \quad y(t) = (r_0 + r_1 \sin(10t)) \sin t$

     $z(t) = 0; \quad r_1 = 1, r_0 = 10; \quad$ Bereich: $-170° \leqq t \leqq +190°; \quad t_1 = 10;$

     Pol: $x_0 = y_0 = 0, \quad z_0 = 15; \quad$ Auge: $d_0 = 10°, \vartheta_0 = 70°$,

2. $\mathbf{x}(t) = (r_0 \cos t, r_0 \sin t, h * \sin(10t))$

     $r_0 = 10, h = 2; \quad$ Pol: $x_0 = y_0 = 0, z_0 = 3$

     Bereich: $\varphi_0 - \pi \leqq t \leqq \varphi_0 + \pi; \quad$ Auge: $\varphi_0 = 10°, \vartheta_0 = 70°$.

3.   Mischung aus Kurve 1 und Kurve 2:

     Kurve 3 $\equiv$ Kurve 1 für $\sin(10t) < 0$

     Kurve 3 $\equiv$ Kurve 2 für $\sin(10t) > 0$.

     Pol: $x_0 = y_0 = 0, \quad z_0 = 4$.

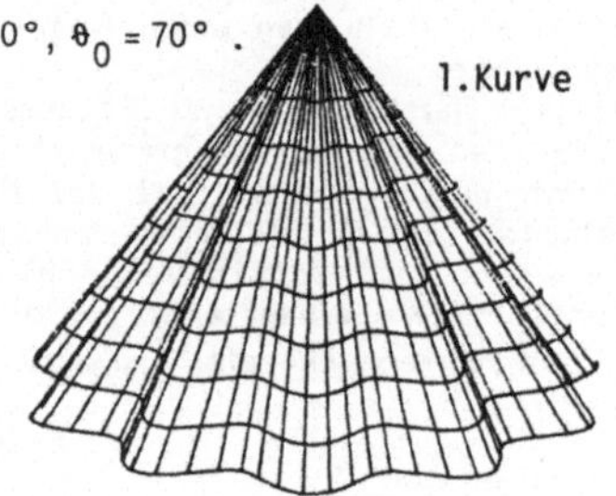

4. $\mathbf{x}(t) = (\pi - t, a \sin t, 0); \quad a = 1.5; \quad$ Auge: $\varphi_0 = 40°, \vartheta_0 = 60°;$

     Pol: $x_0 = y_0 = 0, z_0 = 8; \quad$ Bereich: $0 \leqq t \leqq 4\pi$.

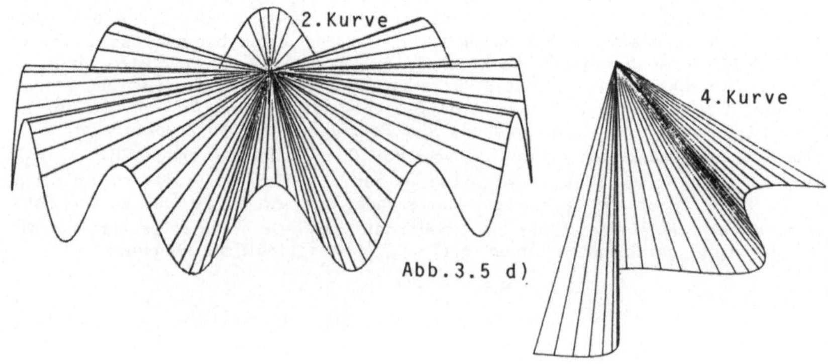

Abb.3.5 d)

3.5 e)   Bandförmige Regelflächen

Gegeben seien zwei Kurven im Raum durch die Parameterdarstellungen

$$\mathbf{x}_1(t) = (x_1(t),\ y_1(t),\ z_1(t))\ \text{und}\ \mathbf{x}_2(t) = (x_2(t),\ y_2(t),\ z_2(t))\ .$$

Zu jedem Wert des Parameters t erhält man jeweils einen Punkt auf beiden Kurven. Verbindet man diese beiden Punkte mit einer Geraden und wiederholt dies für das nächste Paar mit anderem t-Wert usw. so erhält man ein Band. Der Vektor $\mathbf{x}_2(t) - \mathbf{x}_1(t)$ zeigt von $\mathbf{x}_1$ nach $\mathbf{x}_2$. Addiert man das s-fache dieses Vektors zum Vektor $\mathbf{x}_1$, so erhält man sämtliche Punkte der Geraden durch $\mathbf{x}_1$ und $\mathbf{x}_2$, wenn s alle reellen Zahlen durchläuft

$$-\infty \leqq s \leqq +\infty:\ \mathbf{x} = \mathbf{x}_1 + s \cdot (\mathbf{x}_2 - \mathbf{x}_1)\ .$$

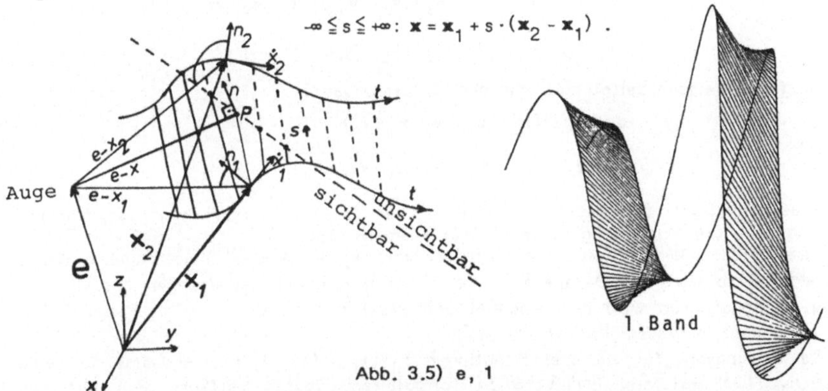

Abb. 3.5) e, 1

Die bandförmige Fläche wird durch die Parameter t und s beschrieben. Die Geraden t = const verlaufen quer zum Band von Rand zu Rand, und die Kurven s = const verlaufen in Längsrichtung des Bandes und sind parallel zu den Rändern. Für s = 0 ist $\mathbf{x} = \mathbf{x}_1$ und für s = 1 ist $\mathbf{x} = \mathbf{x}_2$. Durch Drehung des Bandes im Raum kann es vorkommen, daß nur ein Teil der Strecke $\overline{\mathbf{x}_1\,\mathbf{x}_2}$ sichtbar ist (windschiefe Geraden). Dies ist dann der Fall, wenn entlang der Geraden von $\mathbf{x}_1$ nach $\mathbf{x}_2$ der Normalenvektor einmal auf dem Band senkrecht auf der Verbindungslinie zum Auge steht. In Abbildung 3.5 e), 1 ist $\mathbf{n}_1$ zum Auge hin geneigt, $\mathbf{n}_2$ vom Auge weg geneigt, und im Punkte P sei $\mathbf{e} - \mathbf{x}$ senkrecht zum Normalenvektor $\mathbf{n}$, so daß das Geradenstück von P bis $\mathbf{x}_2$ dem Auge unsichtbar ist. Wir suchen den s-Wert des Punktes P. Er wird abhängen vom gewählten Pärchen $\mathbf{x}_1$, $\mathbf{x}_2$, d.h. vom Parameter t . Die Normalen sind senkrecht zur Verbindung $\mathbf{x}_2 - \mathbf{x}_1$ und stehen in $\mathbf{x}_1$ senkrecht auf der Kurventangente

$$\dot{\mathbf{x}}_1 = (\frac{dx_1}{dt},\ \frac{dy_1}{dt},\ \frac{dz_1}{dt})$$

und in $\mathbf{x}_2$ senkrecht auf $\dot{\mathbf{x}}_2$. Allgemein lautet die Tangente zu $\mathbf{x}(t)$:

$$\dot{\mathbf{x}} = \dot{\mathbf{x}}_1 + s \cdot (\dot{\mathbf{x}}_2 - \dot{\mathbf{x}}_1)\ .$$

Damit erhält man die Normale als Vektorprodukt: $\mathbf{n}(s) = \dot{\mathbf{x}} \times (\mathbf{x}_2 - \mathbf{x}_1)\ .$

Wir fragen bei der Zentralprojektion nach dem Wert von s, für den der Vektor **n** senkrecht auf **e** - **x** steht: $\mathbf{n}(s) \cdot (\mathbf{e} - \mathbf{x}(s)) = 0$ (= Spatprodukt). Diese Gleichung läßt sich nach s auflösen:

$$s_0 = \left(1 - \frac{\dot{\mathbf{x}}_2 \cdot ((\mathbf{x}_2 - \mathbf{x}_1) \times \mathbf{e})}{\dot{\mathbf{x}}_1 \cdot ((\mathbf{x}_2 - \mathbf{x}_1) \times \mathbf{e})} \right)^{-1} .$$

- Die Spatprodukte enthalten das gleiche Vektorprodukt. s_0 ist eine Zahl ! - Man lasse nur s_0-Werte zu im Bereich $0 \leqq s_0 \leqq 1$.
Bevor man die Gerade von $\mathbf{x}_1$ nach $\mathbf{x}_2$ zeichnet, ist zu fragen, ob $\mathbf{x}_1$ und $\mathbf{x}_2$ sichtbar sind, d.h. ist

$$q_1 = \mathbf{n}_1 \cdot (\mathbf{e} - \mathbf{x}_1) = (\dot{\mathbf{x}}_1 \times (\mathbf{x}_2 - \mathbf{x}_1)) \cdot (\mathbf{e} - \mathbf{x}_1) > 0$$

und

$$q_2 = \mathbf{n}_2 \cdot (\mathbf{e} - \mathbf{x}_2) = (\mathbf{x}_2 \times (\mathbf{x}_2 - \mathbf{x}_1)) \cdot (\mathbf{e} - \mathbf{x}_2) > 0 \ ?$$

Sinnvollerweise arbeitet man mit den Unformungen:

$$q_1 = \dot{\mathbf{x}}_1 \cdot ((\mathbf{x}_2 - \mathbf{x}_1) \times \mathbf{e} + \mathbf{x}_1 \times \mathbf{x}_2)$$

und

$$q_2 = \dot{\mathbf{x}}_2 \cdot ((\dot{\mathbf{x}}_2 - \mathbf{x}_1) \times \mathbf{e} + \mathbf{x}_1 \times \mathbf{x}_2) .$$

- Je nach Laufrichtung des Parameters t auf den Kurven x(t) kann es erforderlich sein, die Vorzeichen beider q-Werte umzuklappen. -
Sind beide q-Werte positiv, so wird $\mathbf{x}_1$ mit $\mathbf{x}_2$ verbunden. Sind beide q-Werte negativ, so wird die Gerade $\mathbf{x}_1 \rightarrow \mathbf{x}_2$ nicht gezeichnet. Ist dagegen das Produkt $q_1 q_2$ negativ, so wird s_0 berechnet und $\mathbf{x}(s_0)$ mit dem sichtbaren Punkt ($q > 0$) verbunden. In diesem Fall ist $0 \leqq s_0 \leqq 1$.
Es ist sinnvoll, für die drei Funktionen $x_1(t)$, $y_1(t)$, $z_1(t)$ insgesamt nur eine FUNCTION mit drei ENTRY'S zu formulieren. Ebenso verfährt man mit den Gruppen $(\dot{x}_1(t), \dot{y}_1(t), \dot{z}_1(t))$, $(x_2(t), y_2(t), z_2(t))$ und $(\dot{x}_2(t), \dot{y}_2(t), \dot{z}_2(t))$. Die Bilder sollen die Bänder in Zentralprojektion unter Vermeidung der Darstellung der Rückseiten wiedergeben.
Die Randkurven $\mathbf{x}_1(t)$, $\mathbf{x}_2(t)$ sind auf jeden Fall zu zeichnen.
Man kann optische Effekte erzielen, wenn man auf den Rückseiten (oder Unterseiten) der Flächen statt der Geraden $\mathbf{x}_1 \rightarrow \mathbf{x}_2$ die "Parallelkurven" zu $\mathbf{x}_2(t)$ zeichnet:

$$\mathbf{x}(u,t) = \mathbf{x}_1(t) \cdot u + (1 - u)\mathbf{x}_2(t), \quad \text{für } 0 \leqq u \leqq 1, \quad \Delta u = 0.1 .$$

1. Band um die y-Achse:

$$\mathbf{x}_1(t) = (k_1 \sqrt{t} \cos(\omega_1 t), \quad k_2 t, \quad k_3 \sqrt{t} \sin(\omega_1 t))$$

$$\mathbf{x}_2(t) = (l_1 \sqrt{t} \cos(\omega_2 t + a), \quad l_2 t + y_0, \quad l_3 \sqrt{t} \sin(\omega_2 t + a))$$

mit

$$k_1 = 2, \quad k_2 = 1, \quad k_3 = 3, \quad l_1 = 1.5, \quad l_2 = 1, \quad l_3 = 2.5, \quad \omega_1 = \omega_2 = \pi$$

$$a = \pi/4, \quad y_0 = 2 \text{ im Bereich } 0.2 \leqq t \leqq 6.0 .$$

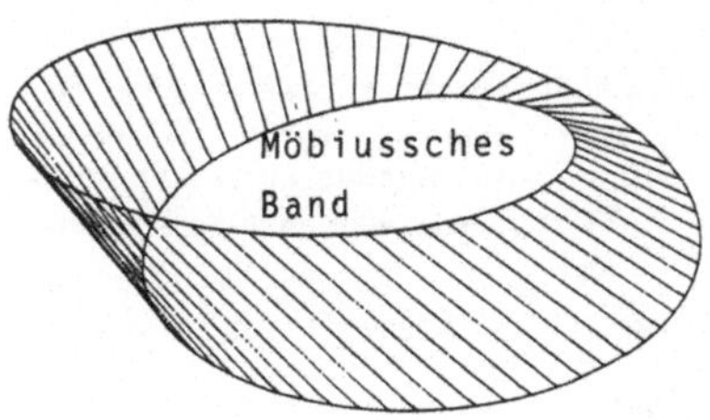

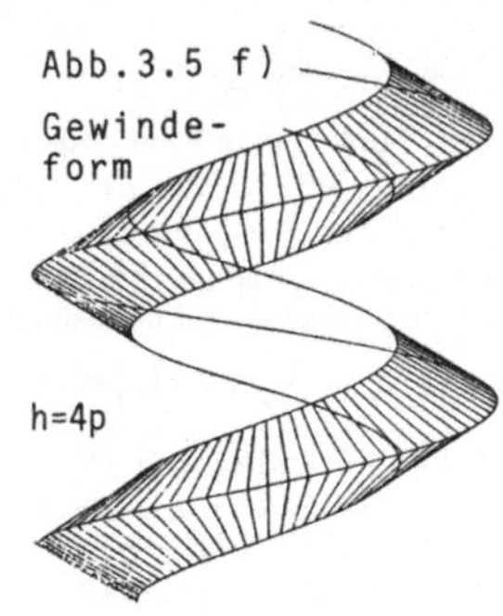

Abb. 3.5 e), 2

2. Möbius'sches Band:

$$\mathbf{x}_1 = \mathbf{x}(\varphi), \qquad \mathbf{x}_2 = \mathbf{x}(\varphi + 2\pi) \quad \text{im Bereich } 0 \leqq \varphi \leqq 2\pi$$

mit

$$\mathbf{x}(\varphi) = (R\cos\varphi + r\cos(\varphi/2), \quad R\sin\varphi + r\sin(\varphi/2), \; h\sin(\varphi/2))$$

mit

$$t \equiv \varphi \text{ und } R = 6 \text{ cm}, \; r = 2 \text{ cm}, \; h = 2 \text{ cm}$$

als Drahtmodell.

3. "Waschbrett":

$$\mathbf{x}_1(t) = (3, \; rt, \; p\sin t), \qquad \mathbf{x}_2(t) = (-3, \; rt, \; p\sin(t+\pi)) \; .$$

Man wähle etwa: $r = 1.0$, $p = 0.8$, $0 \leqq t \leqq 3\pi$, $\Delta t = 0.2$.
Die Konturen und Formen dieser Bänder ändern sich, wenn man $\mathbf{x}_1(t)$ nicht mit $\mathbf{x}_2(t)$, sondern mit $\mathbf{x}_2(t - t_0)$ verbindet.
Die Zwischenrechnungen und das Ergebnis sind einfacher, wenn man die Sichtbarkeitsgrenze s_0 für die <u>Parallelprojektion</u> berechnet, denn dann ist: $\mathbf{n}(s) \cdot \mathbf{e} = 0$ und man erhält direkt mit $\mathbf{n}(s) = \mathbf{n}_1 + s(\mathbf{n}_2 - \mathbf{n}_1)$:

mit
$$s_0 = \mathbf{n}_1 \cdot \mathbf{e}(\mathbf{n}_1 \cdot \mathbf{e} - \mathbf{n}_2 \cdot \mathbf{e})$$

$$\mathbf{n}_1 \cdot \mathbf{e} = (\dot{\mathbf{x}}_1 \times (\mathbf{x}_2 - \mathbf{x}_1)) \cdot \mathbf{e} = \dot{\mathbf{x}}_1 \cdot ((\mathbf{x}_2 - \mathbf{x}_1) \times \mathbf{e})$$

$$\mathbf{n}_2 \cdot \mathbf{e} = (\dot{\mathbf{x}}_2 \times (\mathbf{x}_2 - \mathbf{x}_1)) \cdot \mathbf{e} = \dot{\mathbf{x}}_2 \cdot ((\mathbf{x}_2 - \mathbf{x}_1) \times \mathbf{e}) \quad .$$

3.5 f)   Schraubflächen

Schraubflächen entstehen dadurch, daß man Linien (z.B. Geraden oder Kreise) um eine Achse rotieren läßt und gleichzeitig in Richtung der Achse verschiebt. Bei der Verschraubung von Geraden spricht man von Regelschraubflächen (regula = Gerade) und bei der Verschraubung von Kreisen spricht man von zyklischen Schraubflächen (cyklus = Kreis). - Allgemein können der Normalvektor $\mathbf{n}$ und die sichtbaren Bereiche nach der Methode von Aufgabe 3.5 e) berechnet oder direkt geometrisch ermittelt werden.

1. Schraubtorse:

Der Punkt $x_1(\varphi) = (r_1 \cos\varphi, r_1 \sin\varphi, \varphi h/2\pi)$ durchläuft ersichtlicherweise eine gewöhnliche (euklidische) Schraublinie auf einem Zylindermantel mit der Ganghöhe h und der Steigung $\tan\beta = h/2\pi r_1$. Die Schraubtorse wird erzeugt durch die mitlaufende Tangente an die Schraublinie ([19], S. 72 ff.). Wir wählen eine Tangente der Länge 2r und erhalten:

$$x_2(\varphi) = (r_1 \cos\varphi + R \sin\varphi, r_1 \sin\varphi - R \cos\varphi, \varphi h/2\pi - 2r_1 \sin\beta)$$

mit $R = 2r_1 \cos\beta$. R ist die Projektion der Tangente auf die x-y-Ebene.

Man zeichne die Schraubtorse in Zentralprojektion mit $h = r_1$ im Bereich $-\pi/2 \leqq \varphi \leqq 5\pi/2$ und positioniere den Beobachter in die x-z-Ebene ($e_2 = 0$) . Als Normalvektor erhält man: $n = (\sin\varphi, -\cos\varphi, \cot\beta)$. Er ist entlang der erzeugenden Tangente konstant, d.h. die Gerade von x_1 nach x_2 ist bei einer Parallelprojektion immer insgesamt sichtbar oder sie verläuft insgesamt auf der unsichtbaren Rückseite der Fläche.

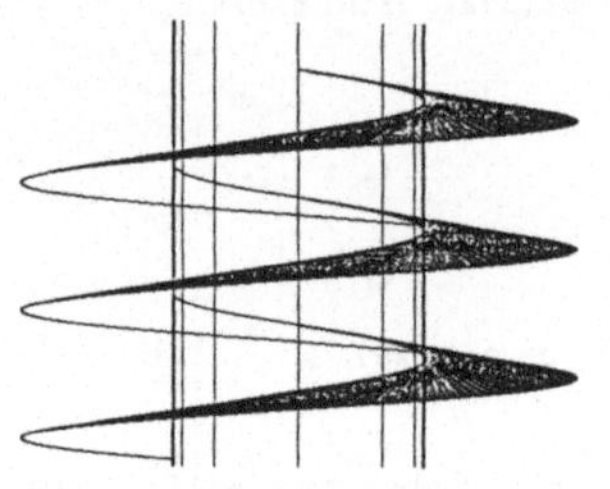

Abb. 3.5 f), 1

2. Flachgängige Wendelfläche

$$x_1(t) = (0, 0, \varphi h/2\pi) \qquad (z\text{-Achse})$$
$$x_2(t) = (r\cos\varphi, r\sin\varphi, \varphi h/2\pi)$$

Der Differenzvektor $x_1 - x_2$ bleibt srtets parallel zur x-y-Ebene, da $z_2 - z_1 = 0$ ist. Die z-Achse gehört zur Fläche. Dort liegt der Normalvektor horizontal ($s = 0$):

$$n = (-\sin\varphi, \cos\varphi, -2\pi rs/h) .$$

Wählen wir eine Parallelprojektion mit einem Beobachter in der x-z-Ebene ($\varphi_0 = 0$, $e = (\sin\theta_0, 0, \cos\theta_0)$), so zeigen die Normalen für $0 \leqq \varphi \leqq \pi$ (d.h. im Halbraum $y \geqq 0$) zum Beobachter, und die Geraden $x_2 - x_1$ sind in voller Länge sichtbar. In dem anderen Halbraum ($y < 0$) sind die Geraden $x(s) = x_1 + s(x_2 - x_1)$ immer nur stückweise sichtbar von

$$x(s = s_0) \quad \text{bis} \quad x(s = 1) \quad \text{mit} \quad s_0 = -h\tan(\theta_0)\sin(\varphi)/(2\pi r)$$

(laut letzter Formel von Aufgabe 3.5 e)). Bei $s_0 = 1$ werden die Geraden insgesamt unsichtbar. Dies liefert den unteren Grenzwinkel

$$\varphi_1 = \arcsin\left(\frac{-2\pi r}{h \tan\theta_0}\right) < 0 ,$$

der natürlich nach dem i-ten Umlauf als $\varphi_1 \pm 2\pi i$ wieder antrifft. Im Bereich $\varphi_1 \leqq \varphi \leqq 0$ zeichne man auch die Konturlinie $\mathbf{x}(s_0(\varphi))$ und im Bereich $\varphi_1 \leqq \varphi \leqq 3\pi$ die Randkurve $\mathbf{x}_2(t)$.

3. Schiefe Regelschraubfläche:

$$\mathbf{x}_1(\varphi) = (r_1 \cos\varphi,\ r_1 \sin\varphi,\ \varphi h/2\pi)$$

$$\mathbf{x}_2(\varphi) = (r_2 \cos\varphi,\ r_2 \sin\varphi,\ \varphi h/2\pi + h_2)\ .$$

Auch hier schneidet die Gerade durch $\mathbf{x}_1$ und $\mathbf{x}_2$ die z-Achse. - Diese Eigenschaft geht verloren, wenn man in $\mathbf{x}_1$ oder $\mathbf{x}_2$ den Winkel φ durch $\varphi + \varphi_0$ ersetzt. - Es sei $r_2 > r_1$. Ein horizontaler Schnitt durch diese Fläche liefert als Schnittkurve eine archimedische Spirale. Man erhält sie, indem man im Geradenvektor $\mathbf{x} = (1 - s)\mathbf{x}_1 + s\mathbf{x}_2$ setzt: $z = z_0 = \text{const}$. Dies liefert: $s = z_0 - \varphi h/2\pi)/h_2$. Man zeichne eine dieser Spiralen $\mathbf{x}(s)$ durch Vorgabe von z_0 und Variation von s: $0 \leqq s \leqq 1$, wobei φ von s abhängt: $\varphi = 2\pi(z_0 - sh_2)/h$.

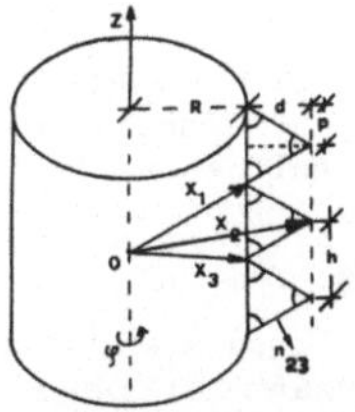

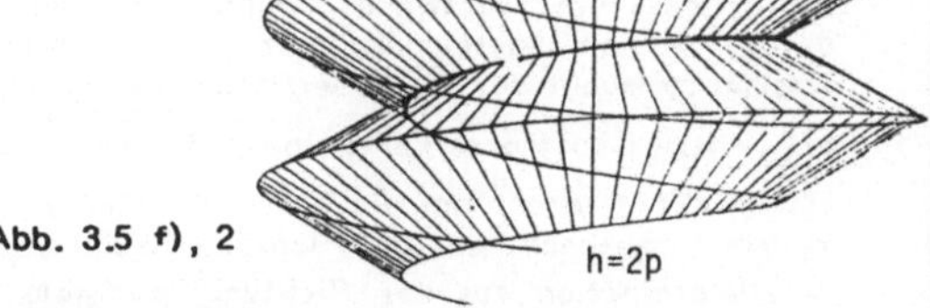

Abb. 3.5 f), 2

4. Gewinde einer Schraube:

Man stelle die Oberseite ($\mathbf{x}_1$, $\mathbf{x}_2$) und die Unterseite ($\mathbf{x}_2$, $\mathbf{x}_3$) des Gewindes einer Schraube dar, durch Verbinden der Punkte mit gleichem φ:

$$\mathbf{x}_2 = (R+d)\cos\varphi,\ (R+d)\sin\varphi,\ \varphi h/2\pi)$$

$$\mathbf{x}_1 = (R\cos\varphi,\ R\sin\varphi,\ \varphi h/2\pi + p)$$

$$\mathbf{x}_3 = (R\cos\varphi,\ R\sin\varphi,\ \varphi h/2\pi - p)$$

im Bereich

$$-0.8 \leqq \varphi \leqq 10.0 \quad \text{mit} \quad \Delta\varphi = 5° = 0{,}08726$$

mit $d = 1{,}5$ cm, $R = 2$ cm, $h = $ cm, $p = d/\sqrt{3} = 0.866$ cm.
($R = $ Kerndurchmesser, $d = $ Gewindetiefe, $h = $ Steigung).
Die Vektoren $\mathbf{x}_1(\varphi)$, $\mathbf{x}_2(\varphi)$, $\mathbf{x}_3(\varphi)$ bilden ein gleichseitiges Dreieck. Die Mantelfläche werde schraffiert durch Verbinden der Punkte $\mathbf{x}_1(\varphi)$ mit $\mathbf{x}_3(\varphi + 2\pi)$, sofern diese Linie sichtbar ist, d.h. wenn $e_1 \cos\varphi + e_2 \sin\varphi > R$ ist und $\mathbf{x}_3$ nicht zu hoch liegt: $\varphi + 2\pi \leqq 10.0$. Im Bereich $10.0 - 2\pi \leqq \varphi \leqq 10.0$ wähle man als obere Grenze der Mantellinien statt $\mathbf{x}_3(\varphi + 2\pi)$ die Punkte: $(R\cos\varphi,\ R\sin\varphi,\ 10h/2\pi + p)$. - Es werden noch die Normalen $\mathbf{n}_{1,2}$ auf der Oberseite und $\mathbf{n}_{2,3}$ auf der Unterseite des Wulstes benötigt:

$$\mathbf{n}_{1,2} = (\cos\varphi + t\sin\varphi,\ \sin\varphi - t\cos\varphi,\ d/p) \quad \text{mit} \quad t = dh/(2\pi p(R + sd))$$

$$\mathbf{n}_{2,3} = (\cos\varphi - t_1 \cdot \sin\varphi,\ \sin\varphi + t_1 \cdot \cos\varphi,\ -d/p)\ \text{mit}\ t_1 = \frac{dh}{2\pi\,p(R + d(1 - s))}\ .$$

Auf der Oberseite ist

$$\mathbf{x}(s) = ((R + sd)\cos\varphi,\ (R + sd)\sin\varphi,\ \varphi h/2\pi + p(1 - s))$$

und auf der Unterseite ist

$$\mathbf{x}(s) = ((R + d(1 - s))\cos\varphi,\ (R + d(1 - s))\sin\varphi,\ \varphi h/2\pi - sp)\ .$$

Man arbeite mit einer FUNCTION als Spatprodukt und zeichne auch die Linien $\mathbf{x}_i(\varphi)$.

5. Zyklische Schraubflächen:

Läßt man wie bei einem Torus einen Kreis um eine Achse kreisen und bewegt man ihn zusätzlich in Richtung der Achse, so erhält man ein spiralförmig gewundenes Rohr: eine zyklische Schraubfläche. Der Kreis habe den Radius r, sein Mittelpunkt $\mathbf{x}_m$ habe den Abstand R von der Achse und bewege sich bei einem Umlauf um die Ganghöhe h in Richtung der Achse:

$$\mathbf{x}_m = (R\cos\varphi,\ R\sin\varphi,\ \varphi h/2\pi)\ .$$

Man kann den Kreis um die senkrechte Verbindungsgerade vom Kreismittelpunkt zur z-Achse um den Winkel β kippen, so daß die Kreisfläche senkrecht steht auf der von seinem Mittelpunkt durchlaufenen Schraublinie. Dann hat der Vektor vom Kreismittelpunkt zur Rohroberfläche die Koordinaten:

$\underline{\alpha)}$ $\mathbf{x}_1 = r(\cos\psi\,\cos\varphi + \sin\varphi\,\sin\psi\,\sin\beta,\ \cos\psi\,\sin\varphi - \cos\varphi\,\sin\psi\,\sin\beta,\ \sin\psi\,\cos\beta)$.

Der Winkel ψ dreht um die Rohrachse und φ dreht um die z-Achse. Der Vektor $\mathbf{x}_1$ steht senkrecht auf der Rohroberfläche und dient als Normalvektor. Bei einer Parallelprojektion aus der Richtung $\mathbf{e} = (\sin\theta,\ 0,\ \cos\theta)$ ist der Oberflächenpunkt $\mathbf{x} = \mathbf{x}_m + \mathbf{x}_1$ sichtbar, wenn $\mathbf{x}_1 \cdot \mathbf{e} > 0$ ist, d.h. wenn

$$(\cos\psi\,\cos\varphi + \sin\varphi\,\sin\psi\,\sin\beta)\,\sin\theta + \sin\psi\,\cos\beta\,\cos\theta \geqq 0 \quad \text{ist.}$$

Man stelle diese Rohrschlange dar im Bereich:

$$0 \leqq \varphi \leqq 5\pi,\quad 0 \leqq \psi \leqq 2\pi \quad \text{mit}\quad h = 8r\ .$$

$\underline{\beta)}$ Kippt man den verschraubten Kreis um $\beta = 90°$, so daß er stets parallel zur x-y-Ebene ist und definieren wir in ihm die ($\psi = 0$)-Richtung als parallel zur x- -Achse, so ist: $\mathbf{x}_1 = (r\cos\psi,\ r\sin\psi,\ 0)$ und man erhält als Gleichung der Rohrfläche durch Elimination von ψ und φ:

$$f(x,\ y,\ z) = x^2 + y^2 + R^2 - r^2 - 2R(x\cos(2\pi z/h) + y\sin(2\pi z/h)) = 0\ .$$

Daraus läßt sich der Normalvektor als Gradient berechnen:

$$\mathbf{n} = \mathbf{grad}\,f = (x - R\cos\varphi,\ y - R\sin\varphi,\ 2R\pi(x\sin\varphi - y\cos\varphi)/h)\ .$$

Man wähle den gleichen (φ,ψ)-Bereich wie bei α) .
In welchen Bereich wird der hintere Teil der Schlange ($\pi/2 \leqq \varphi \leqq 3\pi/2$) vom vorderen Teil perspektivisch gesehen verdeckt (Durchscheinen der hinteren Stirnfläche)? Welche Gebilde entstehen für $r > R$ oder $h < 2r$?

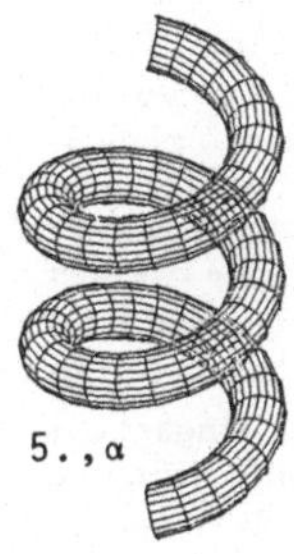

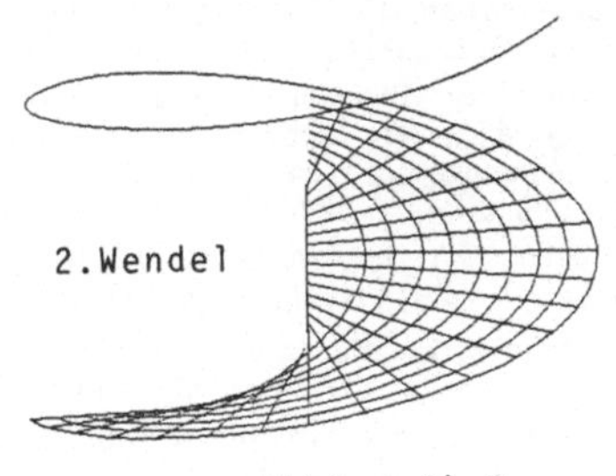

Abb3.5 f),3

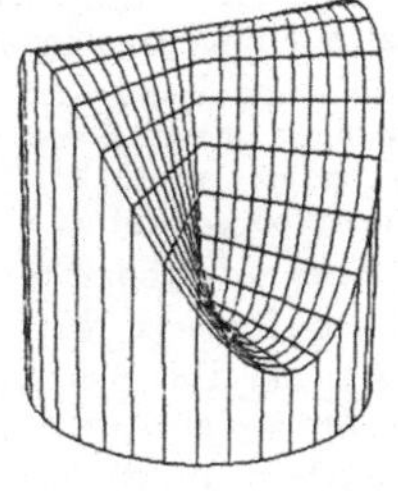

6. Schwingende Gerade in Rotation

Berechnet man die Werte der Funktion $z = f(x,y) = -4xy/(x^2 + y^2)$ entlang einer Geraden $y = ax$, so erhält man $z = -4a/(1 + a^2)$. Dieser Wert ist unabhängig von x und y, d.h. z ist entlang dieser Geraden konstant. Die Gerade verläuft horizontal und stellt daher eine Höhenlinie der Fläche dar. Man erkennt dies auch an der Darstellung der Fläche in Polarkoordinaten:

$$x = r\cos\varphi, \quad y = r\sin\varphi, \quad z = -2\sin2\varphi, \tag{1}$$

denn z ist unabhängig von r . Diese horizontalen Geraden $y = x\tan\varphi$ rotieren um die z-Achse und schwingen bei einem Umlauf zweimal in z-Richtung auf und ab:

$$z = +2 \text{ für } \varphi = 135° \text{ und } \varphi = 315°, \quad z = -2 \text{ für } \varphi = 45° \text{ und } \varphi = 225° .$$

Man schreibe ein U.P., das diese Regelfläche $z(r,\varphi)$ perspektivisch darstellt. Als Netz wähle man die Kreise $r = \text{const}$ mit $r = 0.25, 0.50, \ldots, 2.50$ und die Geraden $\varphi = \text{const}$ mit $\varphi = 10°, 20°, \ldots, 360°$. Zur Überprüfung der Sichtbarkeit eines Flächenpunktes **x** berechnet man den Normalenvektor

$$\mathbf{n} = (4y(y^2 - x^2)/r^4, \; 4x(x^2 - y^2)/r^4, \; 1) \triangleq (-\sin\varphi\cos2\varphi, \; \cos\varphi\cos2\varphi, \; r/4) .$$

An der Konturgrenze zwischen sichtbaren und unsichtbaren Flächenteilen ist $\mathbf{n}\cdot(\mathbf{e} - \mathbf{x}) = 0$. Setzen wir hier n und **x** (nach (1)) ein, so erhalten wir für die Konturlinie:

$$r_3(\varphi) = 4\cos2\varphi(e_1\sin\varphi - e_2\cos\varphi)/(e_3 + 2\sin2\varphi) .$$

Zu gegebenem φ berechnet man zunächst r_3 und r_3 liefert den Konturpunkt $\mathbf{x}_3$ nach (1) .
Man wähle den Augenpunkt im Bereich $-45° < \varphi_0 < +45°$. Dann ist $|e_2| < |e_1|$ und $\varphi_0 = \arctan(e_2/e_1)$. Zusätzlich sei $|e_1| > 3$ und $|e_3| > 3$.

<u>Zeichnen der Geraden:</u>

Im Normalfall beginnen die Geraden auf der z-Achse ($r = 0$) im Punkte $\mathbf{x}_1 = (0, 0, -2\sin2\varphi)$ und enden im Punkte $\mathbf{x}_2 = (2.5\cos\varphi, 2.5\cos\varphi, -2\sin2\varphi)$, da wir ihre Länge gleich 2.5 wählen. Um auch die Mantelfläche des Zylinders zu erhalten verbinde man im Bereich: $\varphi_0 - \pi/2 < \varphi < \varphi_0 + \pi/2$ den Punkt $\mathbf{x}_2$ sogleich mit dem Punkt $\mathbf{x}_4 = (2.5\cos\varphi, 2.5\sin\varphi, -3.0)$. - Natürlich werden nicht die Punkte $\mathbf{x}_i$ gezeichnet, sondern ihre Bilder (ξ_i, η_i). - Von den 36 Geraden $\mathbf{x}_1\mathbf{x}_2$, die man für $\varphi = 10°, 20°, \ldots, 360°$ erhält, sollen die Geraden auf der unsichtbaren Rück-seite nicht gezeichnet werden. Dazu berechnen wir zwei Lösungen φ_1, φ_2 der Gleichung $r_3(\varphi) = 2.5$ mit Hilfe einer Iteration oder einfacher mit dem Taschen-rechner, denn diese Gleichung läßt sich nicht nach φ auflösen. Es genügt eine Genauigkeit von 1° . - Der Augenvektor (25.0, 0.0, 10.0) liefert beispielsweise die Grenzwinkel $\varphi_1 = -52.37°$ und $\varphi_2 = 145.53°$. - Diese Lösungen φ_1, φ_2 werden mit dem Augenvektor eingelesen. Nur der Winkelbereich $\varphi_1 \leq \varphi \leq \varphi_2$ ist sichtbar. Die φ-Schleife läuft von $\varphi_1(< -45°(\hat{=} 315°))$ bis $\varphi_2(> +135°)$. Es kommt vor, daß Teile der Geraden auf der Vorderseite ebenfalls verdeckt sind. Dazu fragen wir in der φ-Schleife ab, ob $0 < r_3 < 2.5$ ist. Ist dies der Fall, so beginnen wir die Gerade nicht auf der z-Achse bei $\mathbf{x}_1$, sondern bei $\mathbf{x}_3 = (r_3 \cos\varphi, r_3 \sin\varphi, -2\sin2\varphi)$.

<u>Zeichnen der Kreise:</u>

In einer äußeren Schleife wird r festgehalten: $r = 0.25, 0.50, \ldots, 2.50$ und in der inneren Schleife läuft φ von φ_1 bis φ_2 mit einer Schrittweite von $\Delta\varphi = 2°$. Man berechnet zu $\mathbf{x}(r,\varphi)$ den Bildpunkt (ξ,η) und bewegt den abgesenkten Zei-chenstift dorthin, falls $r_3 < r$ ist. Anderenfalls wird (ξ,η) mit abgehobenem Stift angesteuert. Zum Schluß zeichne man noch das Bild des unteren Zylinder-kreises $\mathbf{x}_4(\varphi)$ im Bereich $\varphi_0 - \pi/2 < \varphi < \varphi_0 + \pi/2$ und das Bild der Konturlinie $r_3(\varphi)$, indem man einmal φ variiert von 135° bis φ_2 und zum anderen φ "laufen läßt" von -45° bis φ_1 in Schritten von +1° bzw. -1° . Jeweils wird $r_3(\varphi)$, $\mathbf{x}_3$ und (ξ_3,η_3) berechnet bzw. gezeichnet.

3.5 g)   Rotationskörper

Wir wählen die z-Achse als Rotationsachse. Es ist sinnvoll, statt der karte-sischen Koordinaten x, y, z die Zylinderkoordinaten r, φ, z einzuführen:

$$x = r\cos\varphi, \quad y = r\sin\varphi \quad \text{bzw.} \quad r = \sqrt{x^2 + y^2}, \quad \varphi = \arctan(y/x) .$$

Der Rotationskörper soll aus der x-z-Ebene betrachtet werden:

$$\mathbf{e} = r_0(\sin\theta_0, 0, \cos\theta_0) .$$

Mit $\mathbf{e}^2 = r_0^2$ erhält man nach Kap. 3.4 b) als Zeichenkoordinaten bei der Zentral-projektion:

$$\xi = \frac{r_0 \, r\sin\varphi}{r_0 - r\cos\varphi \sin\theta_0 - z\cos\theta_0}, \quad \eta = \frac{r_0(z\sin\theta_0 - r\cos\varphi \cos\theta_0)}{r_0 - r\cos\varphi \sin\theta_0 - z\cos\theta_0} \tag{I}$$

und bei der Parallelprojektion $(r_0 \to \infty)$:

$$\xi = r\sin\varphi = y, \quad \eta = z\sin\theta_0 - r\cos\theta_0 \cos\varphi . \tag{II}$$

Man kann zwei Arten von Rotationskörpern unterscheiden. Einmal ist ein "Ge-birge" über der x-y-Ebene gegeben, daß rotationssymmetrisch um die z-Achse ist: $z = g(r)$, d.h. für jedes r gibt es genau einen in z-Richtung aufzutragenden Funktionswert g, während ein horizontaler Schritt $z = $ const mehrere ringförmige "Gebirge" durchschneiden kann, d.h. die Lösung $r = g^{-1}(z)$ ist mehrdeutig.

Im zweiten Fall ist $r = f(z)$ als eindeutige Funktion gegeben. Dies liefert vasenförmige Körper. Jeder Schnitt $z = \text{const}$ liefert einen Kreis als Schnittkurve, während die Vorgabe von $r = \text{const}$ in $z = f^{-1}(r)$ normalerweise mehrere Werte von z liefert, d.h. ein Zylinder $r = \text{const}$ durchschneidet den "Vasenkörper" in verschiedenen Höhen z . Wir setzen voraus, daß die Funktionen $g(r)$ und $f(z)$ stetig sind und stetige Ableitungen besitzen.

$\underline{\alpha)}$ Betrachten wir zunächst die $\underline{\text{"Rotationsflächen"}}$ $z = g(r)$ bzw. $G(x, y, z) = z - g(r) = 0$, dann erhalten wir als Flächennormale

$$\mathbf{n} = \mathbf{grad}\, G = (-\frac{x}{r} \cdot \frac{dg}{dr},\ -\frac{y}{r} \cdot \frac{dg}{dr},\ +1) \ .$$

Dies läßt sich mit der Abkürzung $g' = dg/dr$ anders schreiben: $\mathbf{n} = (-xg', -yg', r)$. Der Normalvektor wird zum Unterdrücken der Rückseiten der ringförmigen "Berge" benötigt. Die Konturen der unsichtbaren Bereiche (siehe Kap. 3.4 b)) sind bei einer Parallelprojektion gegeben durch die Gleichung

$$\mathbf{n} \cdot \mathbf{e} = 0 = -xg'\sin\theta_0 + r\cos\theta_0 \ .$$

Mit $x = r\cos\varphi$ läßt sich also bei gegebenem r der Winkel φ des Konturpunktes $(r, \varphi, g(r))$ ausrechnen, der die sichtbare Vorderseite von der unsichtbaren Rückseite trennt:

$$\cos\varphi = \cot(\theta_0)/g'(r) \ , \tag{III}$$

sofern der Quotient ≤ 1 ist. Anderenfalls ist der Kreis zum gegebenen r ganz sichtbar. Die Konturen (III) sind auf den "Bergen" ($g < 0$), nicht aber in den "Tälern" zu zeichnen. In Abbildung 3.5 g), 1 sind die von den Konturen (III) eingeschlossenen Bereiche schraffiert wiedergegeben. Die Kreise stellen die Maxima der $\underline{\text{ringförmigen "Berge"}}$ dar. Man erkennt, daß jeweils der in +x-Richtung gegebene Rand der Konturen praktisch mit einem Kreis identisch ist. Anschaulich bedeutet dies, daß eine Projektionsgerade durch das Maximum eines "Berges" nahezu identisch ist mit einer Projektionsgeraden, die als Tangente den "Berg" in einem Konturpunkt berührt.
Diese Aussage läßt sich zur Konstruktion eines einfachen "Hidden-line-Algorithmuses" verwenden: Man fragt für jeden Punkt $P = (r, \varphi, z = g(r))$ ab, ob er von dem Maximum $P_i = (r_i, \varphi_i, z_i)$ eines der Ringberge verdeckt wird. Dazu lassen wir in einem Unterprogramm sämtliche Maxima $r_1, r_2, \ldots\ldots, r_n$ suchen oder wir lesen diese n Werte r_i ein. Für jeden Punkt P werden in einer Schleife ($1 \leq i \leq n$) alle Maxima P_i berechnet und abgefragt, ob eines davon P verdeckt. Die Berechnung von P_i ist einfach: Bei einer Projektion parallel zur x-z-Ebene ist $y = y_i = r_i\sin\varphi_i$. Also ist $\varphi_i = \arcsin(y/r_i)$. Ringberge mit $r_i < y$, d.h. $y/r_i > 1$ können P nicht verdecken; es gibt keinen arcsin-Wert. Zunächst beschränken wir uns beim Zeichnen des Bildes auf die rechte Bildhälfte $0 \leq \varphi \leq \pi$, $0 \leq \varphi_i \leq \pi$, $y > 0$, $y_i > 0$. Dann gibt es immer zwei Lösungen zur arcsin-Funktion: $\varphi_i \leq \pi/2$ und $\pi - \varphi_i(\leq \pi)$. Für $\varphi > \pi/2$ und $\pi - \varphi_i < \varphi$ ersetzen wir φ_i durch $\pi - \varphi_i$. In den übrigen Fällen bleibt φ_i unverändert. Damit ist P_i berechnet: $z_i = g(r_i)$, $x_i = r_i\cos\varphi_i$. Der Punkt P wird von P_i verdeckt, wenn die Gerade durch P und P_i steiler verläuft als die Projektionsgerade zum Auge des Beobachters, d.h. wenn

$$\cot\theta_i = (z_i - z)/(x_i - x) > \cot\theta_0 \text{ ist.}$$

Ist für einen Index i die Ungleichung erfüllt, so wird P nicht gezeichnet, sondern mit angehobener Nadel (IPEN=3) angesteuert (siehe Abb. 3.5 g), 4).

Das Zeichnen der linken Bildhälfte $(y = \xi < 0)$ erreicht man in einfacher Weise dadurch, daß man in einer äußeren Schleife das Vorzeichen S ändert:

```
DO 10 S = +1.0, -1.0, -2.0
```

und im Zeichenbefehl die Koordinate $\xi (= XI)$ mit diesem Vorzeichen multipliziert:

```
CALL PLOT(S*XI, ETA, IPEN) .
```

<u>Verbesserung des Algorithmus:</u>

Man erkennt im Bild, daß dort, wo die y-z-Ebene die Ringberge schneidet, ein kleiner Teil der hinteren Fläche durch die "Berge" durchscheint. Dies liegt daran, daß die hinteren Konturen in Abbildung 3.5 g), 1 in y-Richtung etwas weiter reichen als die als Konturersatz gewählten Kreise r_i . Ebenso haben wir die Kontur des zentralen Berges $(r_1 = 0)$ nicht berücksichtigt. Beides läßt sich dadurch korrigieren, daß man im Raum $x < 0 (\varphi > \pi/2)$ zusätzlich kleine radiale Geradenstücke in Abbildung 3.5 g), 2 als Konturen einführt. Sie verlaufen vom Ringbergmaximum r_i zu dem Punkte B, wo die Konturen (III) radial verlaufen: $\partial\varphi_b/\partial r = 0$. Diese Forderung führt zu $g''(r_b) = 0$. Zu den Lösungen r_b dieser Gleichung erhält man aus (III) die Winkel φ_b dieser Wendepunkte. Auch die Kontur des zentralen Berges hat solch einen Wendepunkt. Falls der y-Wert des Punktes P in den Bereich dieser Geradenstücke fällt

$$r_i \sin\varphi_b < y < r_b \sin\varphi_b \quad ,$$

kann man abfragen, ob der Punkt $\bar{P}_b$ des Geradenstückes den Punkt P verdeckt. $\bar{P}_b$ hat die Koordinaten $\bar{r}_b = y/\sin\varphi_b$, φ_b und $\bar{z}_b = g(\bar{r}_b)$, $\bar{x}_b = \bar{r}_b \cos\varphi_b$. Damit steht ein schneller "Hidden-Line-Algorithmus" für Flächen $z = g(r)$ zur Verfügung.

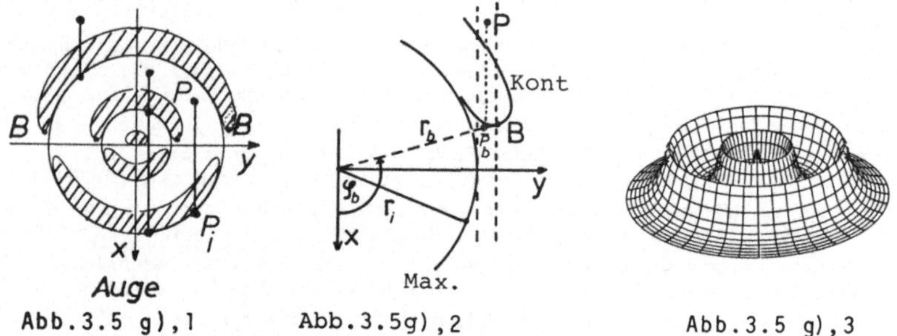

Abb. 3.5 g), 1　　　　Abb. 3.5 g), 2　　　　Abb. 3.5 g), 3

Man stelle die Funktion

$$z = g(r) = \frac{0.5}{0.16 + r^2} + \frac{0.8}{0.25 + (r - 2)^2} + \frac{1.2}{0.36 + (r - 5)^2}$$

dreidimensional dar im Bereich $-7 \leqq x \leqq +7$, $-7 \leqq y \leqq +7$ bzw. $0 \leqq r \leqq 7$, $0 \leqq \varphi \leqq 2\pi$.

β) Auch bei der Darstellung von <u>vasenförmigen Rotationskörpern $r = f(z)$</u> wählen wir den Beobachtungsstandpunkt in der x-z-Ebene:

$$\mathbf{e} = (\sin\theta_0,\; 0,\; \cos\theta_0),\quad \varphi_0 = 0\;.$$

Den Normalvektor an diese Rotationsfläche erhält man aus dem Gradienten der Funktion $F(x,\,y,\,z) \equiv x^2 + y^2 - f^2(z) = 0$:

$$\mathbf{n} = (x,\; y,\; -f(z)\,f'(z))\;.$$

Bei einer Parallelprojektion werden die Konturen geliefert aus der Forderung $\mathbf{n} \cdot \mathbf{e} = 0 = x\sin\theta_0 - f\,f'\cos\theta_0$. In Zylinderkoordinaten $(r,\,\varphi,\,z)$ ist in diesem Fall:

$$x = r\cos\varphi = f(z)\cos\varphi\;.$$

Also gilt für die Kontur:

$$\cos\varphi = f'(z)\cot\theta_0\;. \tag{IV}$$

Stellen wir uns die Maxima der Funktion $r = f(z)$ als Wülste einer Vase vor, so sind durch $f'(z) < -\tan\theta_0$ die insgesamt sichtbaren Oberseiten der Wülste gekennzeichnet: $f'(z)\cot\theta_0 < -1$. Die Gleichung (IV) hat dann keine Lösung, d.h. es gibt keinen Grenzwinkel φ zwischen sichtbarer Vorderseite und unsichtbarer Rückseite. Dasselbe gilt für die insgesamt unsichtbaren Unterseiten der Wülste:

$$f'(z) > \tan\theta_0,\;\text{d.h.}\; f'(z)\cot\theta_0 > +1\;.$$

Nur in den Zonen $|f'(z)| \leqq \tan\theta_0$ läßt sich ein Konturpunkt angeben. Zu gegebenem z liefert Gleichung (IV) die Winkel φ . Zusätzlich ist $r = f(z)$. Die Konturen werden jedoch nur auf den Wülsten gezeichnet, wo $f''(z) < 0$ ist und nicht in den Einschnürungen der Vase. Abbildung 3.5 g), 5 verdeutlicht die Situation.
Beim Zeichnen des r-φ-Netzes kann es vorkommen, daß ein Punkt P der Oberseite $(f'(z)\cot\theta_0 < 1)$ durch einen weiter oben liegenden Wulst verdeckt wird. Beim Punkt P in Abbildung 3.5 g), 5 ist dies der Fall. Sein Bild P' liegt dann offenbar innerhalb der Kontur K3 dieses Wulstes, d.h. $\xi_P < \xi_{K3}$ bei gleicher Höhe $\eta_P = \eta_{K3}$. Um festzustellen, ob Punkte $P = (x,y,z)$ der Oberseite verdeckt sind, müssen also ξ_P, $\eta_P = \eta_k$ und daraus ξ_k und z_k berechnet werden. Gibt es eine Kontur k mit $\xi_P < \xi_k$, die höher liegt: $z_k > z$, so ist P verdeckt. Die Berechnung von ξ_k ist jedoch mühsam. Setzt man $r_k = f(z_k)$ und (IV) in (II) ein, so erhält man als Bestimmungsgleichung für z_k:

$$\eta_k/\sin\theta_0 = z_k - f(z_k)f'(z_k)\;. \tag{V}$$

Die Lösungen z_k dieser Gleichung liefern: $r_k = f(z_k)$, $\cos\varphi_k = f'(z_k)\cot\theta_0$ und $\xi_k = r_k\sin\varphi_k$. Wenn für eine von diesen Nullstellen $\xi_P < \xi_k$ ist, dann ist P verdeckt und man hebt die Zeichenfeder ab: IPEN=3.
Um die Lösung von (V) für jeden Punkt P zu vermeiden legen wir einmalig vor Beginn der Zeichenarbeit zwei Tabellen mit sämtlichen z_k- und ξ_k-Werten in Matrixform an:

$$\text{ZK(IETA,K)}\;,\quad \text{XIK(IETA,K)}\;,$$

indem wir z_k mit sehr kleiner Schrittweite den gesamten Bereich $z_{min} \leqq z_k \leqq z_{max}$ durchlaufen lassen und wie bei der analytischen Methode (V) φ_k, r_k, ξ_k und η_k berechnen. Als Zeilenindex wählen wir IETA $= 200(\eta - \eta_{min})/(\eta_{max} - \eta_{min}) + 1$ und als Spaltenindex die Nummer K der Kontur. Jede Kontur hat also eine Spalte für sich. Die Konturen sind auf der z-Skala durch Bereiche getrennt, wo (IV) nicht lösbar ist. In diesen Bereichen wird die Konturnummer K erhöht: $K = K + 1$.

Beim Zeichnen des Körpers sind jetzt für jeden Punkt (x, y, z) lediglich ξ, η und IETA zu berechnen, und es ist in der entsprechenden Matrixzeile zu prüfen, ob einmal z_k(IETA,K) > z und XIK(IETA,K) > ξ vorkommt für K = 1, 2, ..., KMAX.

Man kann mit diesen Matrizen auch ein ähnliches Verfahren zur Darstellung des durch die obere Öffnung sichtbaren Innenraumes entwickeln.
Man stelle den Rotationskörper mit der Oberflächenfunktion

$$r = f(z) = 2 + z/4 + 2 \sin z$$

in Parallelprojektion im Bereich $z_{min} = 0.$, $z_{max} = 12.$ als Volumenmodell dreidimensional dar (Abb. 3.5 g), 6).

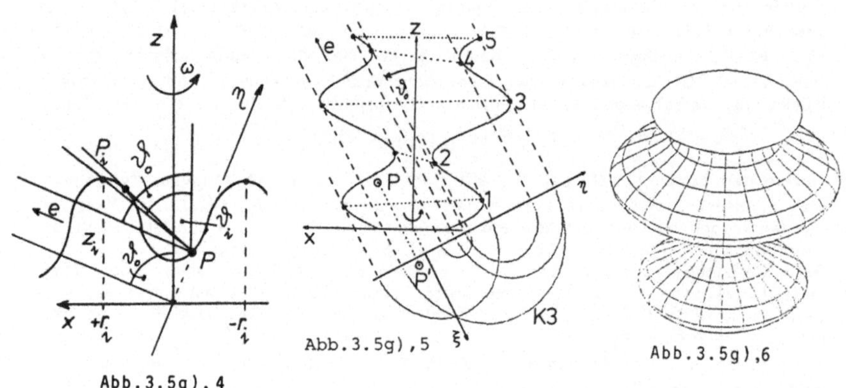

Abb.3.5g),4   Abb.3.5g),5   Abb.3.5g),6

3.5 h)   3D-Bilder/Anaglyphen

In den bisherigen Aufgaben wurden räumliche Objekte in Orthogonalprojektion dargestellt: Die Zeichenebene stand immer senkrecht auf dem Vektor e, der zum Beobachter zeigt, welcher als einäugig angenommen wurde. Wir lassen jetzt den Vektor e zur Nasenwurzel des Beobachters zeigen und wählen weiterhin die Zeichenebene senkrecht zu e . Die Vektoren vom Ursprung zu den beiden Augen des Beobachters stehen dann nicht mehr senkrecht auf der Papierebene. Von jedem Auge aus wird der betrachtete Körper schief auf die Zeichenfläche projiziert.
Soll das Bild bei einer Betrachtung mit einer Rot-Grün-3D-Brille einen dreidimensionalen Eindruck hervorrufen, so muß das Bild, das das linke mit rotem Glas versehene Auge sieht, grün gezeichnet werden, und das Bild für das rechte Auge muß rot sein. Man erhält bei einem Augenabstand von 6.8 cm:

$$\xi_{rot} = (q(e_1 y - e_2 x) - 3.4\, \mathbf{e} \cdot \mathbf{x})/t$$

$$\xi_{grün} = (q(e_1 y - e_2 x) + 3.4\, \mathbf{e} \cdot \mathbf{x})/t$$

$$\eta_{rot} = \eta_{grün} = \eta = q(z\, \mathbf{e}^2 - e_3\, \mathbf{e} \cdot \mathbf{x})/(t \cdot \sqrt{\mathbf{e}^2})$$

mit

$$q = \mathbf{e}^2 / \sqrt{e_1^3 + e_2^2} \quad \text{und} \quad t = \mathbf{e}^2 - \mathbf{e} \cdot \mathbf{x}$$

als Koordinaten in der Zeichenebene.

Beim Betrachten der Bilder ist darauf zu achten, daß man senkrecht auf die Bildebene schaut. Es kann für den Betrachter auch angenehm sein, die Zeichnung auf den Arbeitstisch zu legen und in dieser Lage zu betrachten. In diesem Fall sind die Zeichenkoordinaten X, Y leicht herzuleiten. Der Vektor $\mathbf{X} = (X, Y, Z)$ soll ein beliebiger Punkt der Geraden vom Auge $\mathbf{e}$ zum Punkt $\mathbf{x}$ sein. Die entsprechende Geradengleichung lautet in Parameterdarstellung: $\mathbf{X} = \mathbf{x} + g(\mathbf{e} - \mathbf{x})$. Sie durchstößt die Zeichenebene: $Z = 0$. Diese Forderung liefert den Parameter des Projektionspunktes: $g = z/(z - e_3)$. Man erhält also als Zeichenkoordinaten:

$$X = x + (e_1 - x)z/(z - e_3) , \quad Y = y + (e_2 - y)z/(z - e_3) \quad .$$

Betrachtet man das Bild stereoskopisch in Richtung der positiven y-Achse, so haben die Augen die Koordinaten $\mathbf{e}_{rechts} = (3.4, e_2, e_3)$ und $\mathbf{e}_{links} = (-3.4, e_2, e_3)$ mit $e_2 < 0, e_3 > 0$. Damit erhält man als Koordinaten des 3D-Bildes:

$$X_{rot} = x + (3.4 - x)z/(z - e_3) , \quad X_{grün} = x - (3.4 + x)z/(z - e_3) ,$$

$$Y_{rot} = Y_{grün} = Y .$$

Man zeichne ein <u>3D-Bild einer Kugel</u>, indem man das Programm der Aufgabe 3.4 c) entsprechend abwandelt.
Bei den 3D-Bildern ist zu berücksichtigen, daß das rechte Auge eine andere Konturlinie sieht als das linke Auge. Man kann also nicht das Bild einer einzigen Raumkurve einmal rot und das andere Mal grün zeichnen lassen. Vielmehr handelt es sich um zwei verschiedene Raumkurven. In dem hier gewählten Beispiel der Kugel gilt für beide Konturlinien die Kugelgleichung $x^2 + y^2 + z^2 = R^2$. Das rechte Auge sieht die rote Konturlinie: $3.4(3.4 - x) + e_2(e_2 - y) + e_3(e_3 - z) = 0$. Aus beiden Gleichungen lassen sich y und z berechnen, wenn man x das Intervall $-R \leqq x \leqq +R$ durchlaufen läßt. Bei der grünen Konturlinie ist die 2. Gleichung durch: $-3.4(-3.4 - x) + e_2(e_2 - y) + e_3(e_3 - z) = 0$ zu ersetzen.

3.6   COMPUTERKUNST

Ein interessanter Überblick über die Computerkunst ist in [20] gegeben. Vorgegebene Bilder lassen sich mit dem Computer verzerren oder umgestalten in bezug auf Linienform und -farbe. Es lassen sich per Rechner Muster erzeugen, variieren, bewegen, ineinander überführen, drehen oder deformieren. Jedem Leser sind heute die Vielzahl der Computerspiele bekannt, bei denen sich Figuren in abstrakten Landschaften bewegen.
Von der Vielfalt dieser Möglichkeiten sollen hier nur wenige Beispiele angeführt werden.

3.6 a)   Pingraphik mit außenliegenden Pins

Pingraphiken kann man dadurch erzeugen, daß man Nägel in ein Brett schlägt und diese dann paarweise mit farbigen Schnüren verbindet.

α) Man lasse ein gleichseitiges Dreieck zeichnen, mit 10 cm Seitenlänge und unterteile jede Seite in 20 gleiche Abschnitte, so daß jede Seite einschließlich der Eckpunkte 21 äquidistante Teilpunkte enthält. Die Endpunkte (Nr. 21) fallen jeweils mit den Anfangspunkten (Nr. 1) der nächsten Seite zusammen.
Man verbinde alle Punkte mit der gleichen Nummer.

β) Man gehe ebenso vor wie in Aufgabe α), wähle jedoch als Anfangsfigur ein Quadrat (10 cm · 10 cm) oder ein Rechteck (6 cm · 10 cm).

γ) Man lasse einen Kreis zeichnen und unterteile seine Peripherie in gleiche Abschnitte. Die Teilungspunkte haben einen Zentrierwinkel von $\varphi_i = i \cdot 3°$. Man verbinde jeden Punkt P_i mit dem Punkt $P_{k,i}$ durch eine Gerade. $P_{k,i}$ hat den Zentrierwinkel $\varphi_{k,i} = k \cdot i \cdot 3°$. Jeder Wert von k liefert ein neues Bild: eine sichelförmige Figur mit k-1 Spitzen.
Man wähle etwa k = 2 oder k = 4 .

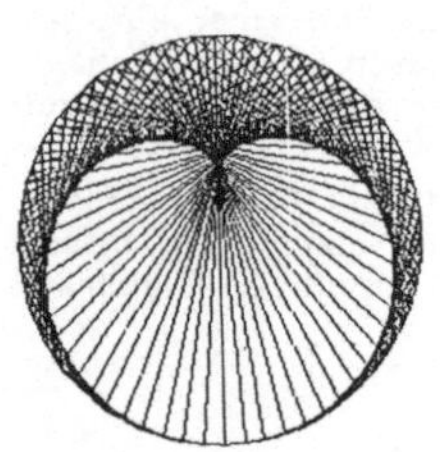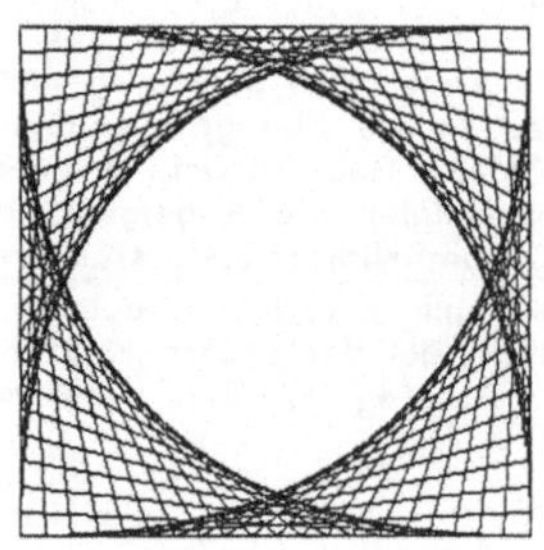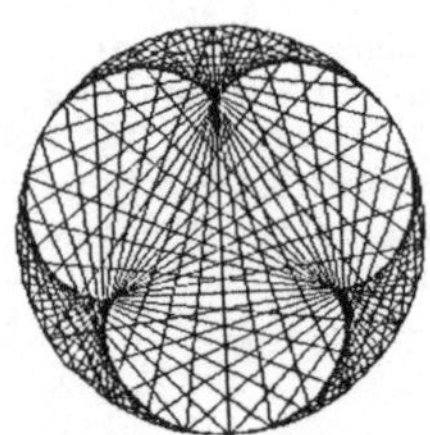

Abb.3.6 a)

3.6 b)   Pingraphik mit innenliegenden Pins

In einem kartesischen Koordinatensystem werde die x-Achse im Bereich $0 \leqq x \leqq 8$ gleichmäßig unterteilt: $x_i = 0.5(1 - i)$ mit $i = 1, 2, 3, \ldots, 17$. Ebenso unterteile man die y-Achse: $y_i = 0.5(17 - i)$ mit $i = 1, 2, 3, \ldots, 17$. Anschließend zeichne man die 17 Rhomben mit den Ecken $(x_i, 0)$, $(0, y_i)$, $(-x_i, 0)$, $(0, -y_i)$ für $i = 1, 2, 3, \ldots, 17$. Nach Aufgabe 3.3 e) kann man zeigen, daß die Einhüllenden dieser Geradenschar Parabeln sind, die einen 4eckigen Stern bilden. Wählt man nicht ein rechtwinkliges Geradenpaar für die Pins, sondern Geraden, die sich unter 360°/n schneiden, so erhält man Sterne mit n Ecken.

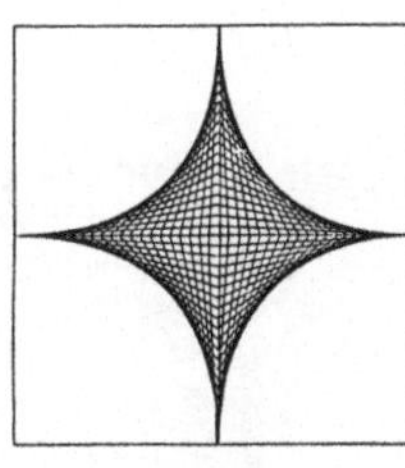

Abb.3.6 b)

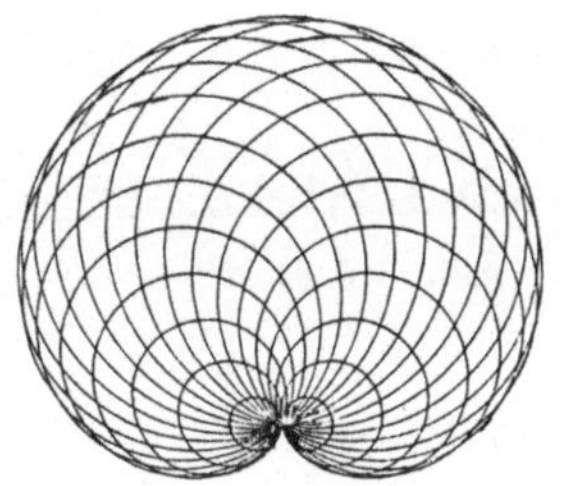

Abb.3.6c)

3.6 c)   Apfel

Man denke sich einen Kreis K_0 um den Nullpunkt mit einem Radius von $r = 2$ cm . Er schneidet offenbar die y-Achse im Punkte $(0., -2.)$, den wir Rollpunkt nennen wollen.

Man zeichne fortlaufend Kreise, deren Mittelpunkt K_i auf dem gedachten Kreis K_0 liegen und die durch den Rollpunkt gehen. Offenbar haben die so definierten Kreise die Mittelpunkte:

$$K_i = (r\cos\varphi_i,\ r\sin\varphi_i) \quad \text{und die Radien} \quad R_i = \sqrt{4(1 + r\sin\varphi_i) + r^2} \ .$$

Man schreibe eine SUBROUTINE, die um die Punkte K_i einen Kreis mit dem Radius R_i zeichnet und rufe sie für $\varphi_i = 15°, 30°, \ldots, 345°$. Der Kreis K_0 würde das Bild stören und wird daher nicht gezeichnet.

3.6 d)   Verformung einer Ellipse zu einem Dreieck

Man lese die Halbachsen a, b einer Ellipse ein und berechne auf ihrer Peripherie 99 Punkte: $x_i = a\cos\varphi_i$, $y_i = b\sin\varphi_i$ mit $\varphi_i = i \cdot 2\pi/99$, $i = 0, 1, 2, \ldots, 98$. Ebenso verteile man 99 Punkte gleichmäßig auf die Seiten eines Dreiecks mit den Eckpunkten $(c, 0)$, $(2c, 0)$, $(1.5c, c\sqrt{3}/2)$, so daß die Ecken die Punktnummern 0,33 und 66 haben. Dann zeichne man 30 Bilder, indem man allmählich die Ellipsenpunkte in die Dreieckspunkte (X_i, Y_i) überführt:

$$x_{ik} = x_i + k(X_i - x_i)/30 \ , \qquad y_{ik} = y_i + k(Y_i - y_i)/30 \ .$$

Die Punkte (x_{ik}, y_{ik}) werden für $i = 0, 1, \ldots, 99$ miteinander verbunden und liefern das k-te Zwischenbild, während $k = 0$ die Ellipse darstellt und $k = 30$ das Dreieck ergibt.

Welche Figuren ergeben sich, wenn die Punkte auf der Ellipse und dem Dreieck nicht den gleichen Umlaufsinn haben oder wenn φ_i durch $\varphi_i + b$ ersetzt wird?

Auf diese numerische Art lassen sich fast sämtliche Figuren ineinander überführen.

Bei analytisch gegebenen Figuren $g(x, y) = 0$ und $f(x, y) = 0$ lassen sich Zwischenbilder erzeugen, in der Form: $s \cdot g(x, y) + (1 - s)f(x, y) = 0$, die für $s = 0$ in die Figur $f = 0$ und für $s = 1$ in die Figur $g = 0$ übergehen.

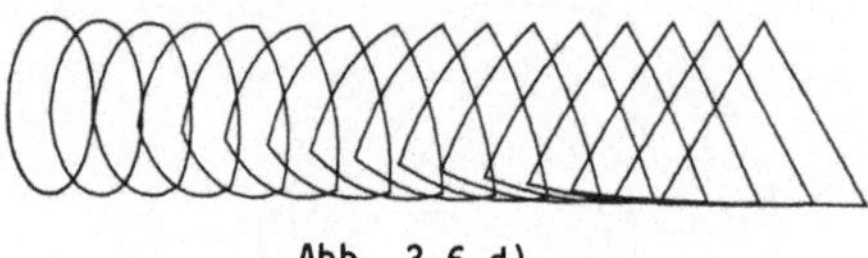

Abb. 3.6 d)

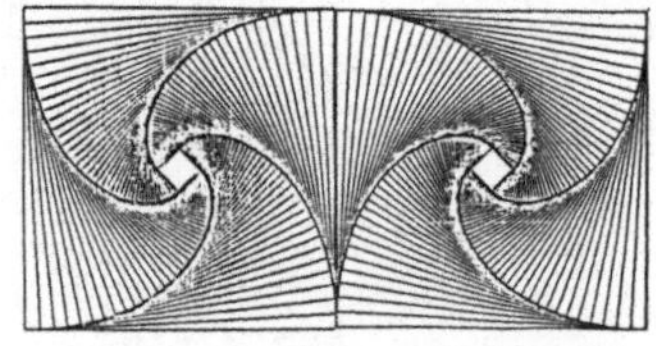

Abb. 3.6 f)

3.6 e)   "Spirograph"

Man kann die in Aufgabe 3.2 d) und e) gegebenen Formeln für die gestreckten $(c < b)$ und verschlungenen $(c > b)$ Epi- und Hypozykloiden verwenden, um hübsche Muster zu erzeugen wie sie Kinder mit ihren Malmaschinen ("Spirographen") produzieren. Dabei sollen sich der Rollkreisradius b und der Basiskreisradius a zueinander wie ganze Zahlen verhalten, damit sich die Zykloiden nach einer endlichen Anzahl von Umläufen schließen.

Epizykloiden gehen durch den Nullpunkt, wenn $c = a + b$ ist, während man dies für Hypozykloiden erreicht, wenn man $c = a - b$ setzt.

Man erhält "wilde Rotationen", wenn $b \ll a$ und $c \approx a$ ist.

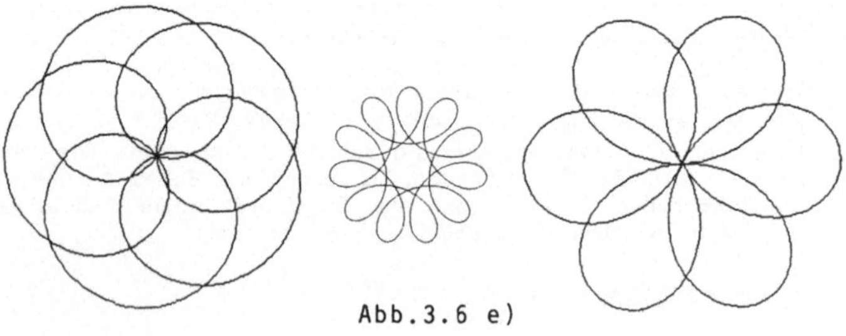

Abb. 3.6 e)

3.6 f)   Spiralformen

1. Variante:

In einer Archimedischen Spirale $r = c\varphi$ nimmt der Radius pro Umlauf $\varphi = c\,2\pi$ zu. Wir wählen $c = 0.01$ und zeichnen die Spirale mit grober Schrittweite ε für den Polarwinkel φ: $\varphi = 0, \varepsilon, 2\varepsilon, \ldots, k\varepsilon$ mit $\varepsilon = (2\pi + \delta)/n$. Ist z.B. $\delta = 0$ und $n = 6$, so entspricht die Schrittweite ε einem Winkel von 60° . Beim 7. Schritt ist wieder $\varphi = 2\pi \cdot 0°$ erreicht bei vergrößertem Radius r . Wählt man als Abweichung δ das Bogenmaß des Winkels von ±1°, so wird mit dem 7. Schritt der Winkel von 360 ±6° erreicht. Diese Ecke der Spirale ist gegenüber der benachbarten Ecke (bei 0°) leicht gedreht. Dies wiederholt sich beim nächsten Umlauf. Es treten als optische Täuschung sechs neue Spiralen auf, die nach links ($\delta > 0$) oder rechts ($\delta < 0$) drehen.

Man zeichne folgende Spiralen:

	K	c	n	δ
1. Spirale:	80	0.01	5	-0.1
2. Spirale	80	0.01	6	+0.1 .

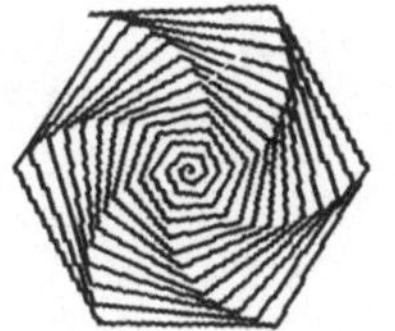

Abb. 3.6 f), 1

2. Variante:
("Mäusekarussell")

Vier Mäuse sitzen in den Ecken eines Quadrates und beginnen gleichzeitig hinter der Maus herzulaufen, die sich in der gegen den Uhrzeigersinn benachbarten Ecke befindet. Jede Maus ist zugleich Jäger und Gejagte. Da sich die Zielmäuse quer zu ihren Jägern bewegen, driften alle Mäuse allmählich nach links zur Mitte des ursprünglichen Quadrates ab. Sie laufen auf spiralförmigen Bahnen. Aus Symmetriegründen bilden die Mäuse jederzeit ein Quadrat, da gleiche Geschwindigkeit vorausgesetzt ist. Die Quadrate drehen sich und werden immer kleiner, da sich die Mäuse näherkommen.

Man zeichne die Folge von Quadraten. Es kann geometrisch leicht eingesehen werden, daß für zwei Nachbarpunkte auf der durchlaufenen Spirale gilt: $-r\,d\varphi = dr$. Damit handelt es sich um logarithmische Spiralen $r = ce^{-\varphi}$. Starten wir eine Maus in $x = y = a/2$, so können wir c bestimmen:

$$r = ae^{\pi/4 - \varphi}/\sqrt{2} = 1.55088\,ae$$

Man zeichne die Quadrate mit den Ecken

$$(x = r\cos\varphi,\ y = r\sin\varphi) ,\quad (-y, x) ,\quad (-x, y)\quad \text{und}\quad (y, -x)$$

für $\varphi = \pi/4$ bis $\varphi = \pi$ mit $\Delta\varphi = 0.05$ und $r = 3$.

Die Mäuse laufen im Uhrzeigersinn, wenn man die Zeichnung an der x- oder y-Achse spiegelt, d.h. wenn man die Quadrate (x, -y), (-y, -x), (-x, y) und (y, x) zeichnen läßt. Klebt man zwei der ursprünglichen Bilder zusammen, so erhält man bekannte Figuren der "Computer Art".

LITERATUR

1   M. Abramowitz; I.A. Stegun: Handbook of Mathematical Functions
                                     Dover Publications, 1965.

2   B. Carnahan; H.A. Luther;   Applied Numerical Methods
      J.O. Wilkes: J. Wiley & Sons, 1969.

3   D.D. McCracken: A Guide to FORTRAN IV Programming
                                     J. Wiley & Sons, 1972.

4   H. Rutishauser; E. Stiefel;   Numerik symmetrischer Matrizen
      H.R. Schwarz: Teubner, 1972.

5   A. Fetzer; H. Fränkel: Mathematik
                                     3 Bände, Schroedel, 1979.

6   W.Brauch: Programmieren mit FORTRAN 77 für Inge-
                                     nieure ,Teubner 1983

7   O. Perron: Die Lehre von Kettenbrüchen
                                     2 Bände, Teubner, 1954.

8   J.M. Smith: Numerische Probleme und ihre Lösung
                                     mit dem Taschenrechner
                                     Vieweg, 1977.

9   J.W. Cooper: The Minicomputer in the laboratory
                                     J. Wiley & Sons, 1977.

10   G. May: Strukturiertes Programmieren mit
                                     FORTRAN
                                     C. Hanser, 1980.

11   H. Fricke; P. Vaske: Grundlagen der Elektrotechnik, Teil 1,
                                     Elektrische Netzwerke
                                     Teubner, 1982.

12   J. Heinold; K.W. Gaede: Einführung in die Höhere Mathematik,
                                     Teil 4 (Funktionstheorie)
                                     C. Hanser, 1980.

13   H.v. Mangold, K. Knopp: Einführung in die Höhere Mathematik,
                                     Bd. 2
                                     Hirzel, 1948.

14   S.R. Levine: Course Notes, Course 365: Interactive
                                     Computer Graphics
                                     Integrated Computer Systems, 1980.

15   Reidt; G. Wolff: Die Elemente der Mathematik, Bd. 2
                                     F. Schöningh und H. Schroedel, 1964.

16   W. Bachmann; R. Haacke: Matrizenrechnung für Ingenieure
                                         Springer, 1982.

17   W. Greiner: Theoretische Physik, Bd. 1
                                         Harri Deutsch, 1981.

18   Collected Algorithms from CACM, Algo-
                                         rithm No. 475 (1972) and No. 483
                                         (1973).

19   W. Noli: Darstellende   Geometrie,   2.   Teil
                                         W. Noli-Selbstverlag, Giessen, 1971.

20   IBM Form D12-0013: "Computerkunst",
                                         IBM Deutschland, 1978.

21   G.E. Forsythe: Generation and use of orthongonal
                                         polynomials for data fitting with a
                                         digital computer
                                         J. Soc. ind. appl. Math. 5, pp. 74-88,
                                         1957.

22   M.R. Spiegel: Statistik
                                         McGraw Hill, Deutsche Ausgabe, 1976.

23   K. Rottmann: Mathematische Formelsammlung
                                         Bibliographisches Institut, Bd. 13, 1960.

24   G. Jorden-Engeln;   Formelsammlung zur Numerischen
          F. Reutter: Mathematik
                                         Bibliographisches   Institut,   Bd.   106,
                                         1981.

25   E. Kamke: Differentialgleichungen, Lösungsmetho-
                                         den und Lösungen, Bd. I
                                         Akademische Verlagsgesellschaft, Leip-
                                         zig, 1959.

26   W. Hengartner;   Einführung in die Monte-Carlo-Methode
          R. Theodorescu: C. Hanse, 1978.

27   G.D. Smith: Numerische Lösung von partiellen Diffe-
                                         rentialgleichungen
                                         Vieweg, 1970.

28   H. Eckhardt: Numerische Verfahren in der Energie-
                                         technik
                                         Teubner, 1978.

29   N. Wirth: Algorithmen und Datenstrukturen
                                         Teubner, 1979.

SACHREGISTER

Es wurden nicht alle Worte des Inhaltsverzeichnisses (S.7 ff) als Stichworte aufgeführt.

Leitfäden der angewandten Informatik